人邮教育

"创新设计思维"
数字媒体与艺术设计类新形态丛书

移动学习版

Illustrator CC

平面设计 核心技能一本通

胡明星 刘婕 主编 　**唐涵 钱丽璞** 副主编

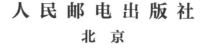

U0233662

人民邮电出版社
北　京

图书在版编目（C I P）数据

Illustrator CC平面设计核心技能一本通：移动学习版 / 胡明星，刘婕主编. -- 北京：人民邮电出版社，2022.11

（"创新设计思维"数字媒体与艺术设计类新形态丛书）

ISBN 978-7-115-59801-1

Ⅰ. ①I… Ⅱ. ①胡… ②刘… Ⅲ. ①平面设计—图形软件—教材 Ⅳ. ①TP391.412

中国版本图书馆CIP数据核字(2022)第136876号

内 容 提 要

Illustrator是Adobe公司推出的一款矢量绘图软件，在VI、UI、平面广告、插画等领域应用广泛。本书以Illustrator CC 2020为蓝本，讲解Illustrator在平面设计中的核心应用。全书共14章，首先详细介绍Illustrator的基础知识，然后介绍常用操作，包括绘制基本图形、绘制复杂图形、图形高级上色、添加与处理文字等，再逐步深入介绍路径、对象、图表、符号、图形样式等，最后以综合案例的方式，讲解Illustrator在各个领域的具体应用。

本书结合大量"实战""范例"对知识点进行讲解，还提供了"小测""巩固练习""技能提升"等栏目来辅助读者学习和提升应用技能。除此之外，本书的操作步骤旁还附有对应的二维码，读者扫描二维码即可观看操作步骤的视频演示。

本书可作为各院校平面设计与制作相关专业的教材，也可供Illustrator初学者自学，还可作为平面设计人员的参考用书。

- ◆ 主　编　胡明星　刘　婕
  副主编　唐　涵　钱丽璞
  责任编辑　韦雅雪
  责任印制　王　郁　陈　犇
- ◆ 人民邮电出版社出版发行　　北京市丰台区成寿寺路 11 号
  邮编　100164　　电子邮件　315@ptpress.com.cn
  网址　https://www.ptpress.com.cn
  涿州市般润文化传播有限公司印刷
- ◆ 开本：880×1092　1/16
  印张：20.25　　　　　　　　　　2022 年 11 月第 1 版
  字数：732 千字　　　　　　　　2024 年 12 月河北第 3 次印刷

定价：109.00 元

读者服务热线：(010)81055256　印装质量热线：(010)81055316
反盗版热线：(010)81055315
广告经营许可证：京东市监广登字 20170147 号

PREFACE 前言

当下，互联网和信息技术的快速发展，为我国加快建设质量强国、网络强国、数字中国提供了力量支撑。随着5G技术的普及，信息传播的速度大大提升，平面设计的内容和展现方式变得更加丰富。图片这种常见的信息表现形式要想吸引用户，就必须提升其信息表现力和视觉效果，这对平面设计人员的设计思维和创新能力提出了更高的要求。

党的二十大报告中提到："教育、科技、人才是全面建设社会主义现代化国家的基础性、战略性支撑。"近年来教育课程改革不断推进，计算机软、硬件日新月异，教学方式不断更新，传统平面设计教材的讲解方式已不再适应当前的教学环境。鉴于此，编写团队深入学习党的二十大报告的精髓要义，立足"实施科教兴国战略，强化现代化建设人才支撑"，在最新教学研究成果的基础上编写了本书，以帮助各类院校培养优秀的平面设计人才。本书内容全面，知识讲解透彻，不同需求的读者都可以通过学习本书有所收获。读者可根据下表的建议进行学习。

学习阶段	章节	学习方式	技能目标
入门	第1章、第2章	实战操作、范例演示、课堂小测、综合实训、巩固练习、技能提升	① 了解Illustrator的基础知识，包括Illustrator软件、Illustrator文件的基本操作，以及辅助工具的使用方法 ② 掌握绘制基本图形的方法，如线型绘图、网格绘图、形状绘图等
进阶	第3章、第4章、第5章、第6章、第7章、第9章、第12章	案例展示、实战操作、范例演示、课堂小测、综合实训、巩固练习、技能提升	① 掌握绘制复杂图形的方法，包括使用钢笔工具、曲率工具、画笔工具、斑点画笔工具、铅笔工具等绘图，以及图形擦除与分割等 ② 掌握图形高级上色的方法，包括渐变上色、图案上色、吸管上色、实时上色等 ③ 掌握添加与处理文字的方法，包括创建文字和编辑文字等 ④ 掌握编辑路径的方法，包括基本编辑和高级处理等 ⑤ 掌握管理对象，以及应用图表、符号与图形样式等操作 ⑥ 掌握切片、输出与自动化处理的方法
提高	第8章、第10章、第11章	案例展示、实战操作、范例演示、课堂小测、综合实训、巩固练习、技能提升	① 掌握对象的高级操作，如对象的变形等 ② 掌握不透明度、混合模式和蒙版的使用方法 ③ 掌握特殊效果的使用方法
精通	第13章、第14章	行业知识、案例分析、设计实战、巩固练习、技能提升	① 能够融会贯通地应用本书所讲述知识，综合运用Illustrator进行平面设计 ② 掌握文字设计、VI设计、海报设计、商业插画设计、书籍装帧设计、包装设计、画册设计、UI设计的方法

目 内容与特色

本书以知识点与案例结合的方式讲解了Illustrator在平面设计中的应用。本书的特色主要包括以下5点。

▶ **体系完整，内容全面。** 本书条理清晰、内容丰富，从Illustrator的基础知识入手，由浅入深、循序渐进地讲解

Illustrator的各项操作，并在讲解过程中尽量做到细致、深入，辅以理论、案例、测试、实训、练习等，以帮助读者加深对知识的理解程度、提升实际操作能力。

▶ **实例丰富，类型多样。** 本书案例丰富，以"实战""范例"的形式，让读者在操作中掌握知识，了解实际工作中的各类平面设计方法。这些实例不仅包括基础的矢量图形绘制，还有大量的网页、海报、广告、标志、书籍装帧等领域的设计实战，符合平面设计目前的发展趋势。

▶ **步骤讲解翔实，配图直观。** 本书的讲解深入浅出，不论是理论知识讲解还是案例操作，都有对应的配图讲解，且配图中还添加了与重点操作相对应的标注，便于读者理解和阅读，从而更好地学习和掌握Illustrator的各项操作。

▶ **融入了设计理念和设计素养。** 本书的"范例"和"综合实训"在结合该章重要知识点的基础上进行了行业案例设计，这些设计不仅有详细的行业背景，还结合了真实的工作场景，充分融入设计理念和设计素养，给出了相关设计要求和思路，培养读者的设计能力和独立完成任务的能力。

▶ **学与练相结合，实用性强。** 本书将理论讲解与案例讲解相结合，通过大量的实例帮助读者理解和巩固所学知识，具有较强的操作性和实用性。同时，本书还提供"小测"和"巩固练习"，以提高读者的动手能力。

📢 讲解体例

本书精心设计了"本章导读→目标→知识讲解→实战→范例→综合实训→巩固练习→技能提升→综合案例"的教学方法，以激发读者的学习兴趣。本书通过细致而巧妙的理论知识讲解，再辅以实例与练习，帮助读者强化所学的知识与技能，提高实际应用能力。

▶ **本章导读：** 每章开头均以为什么学习、学习后能解决哪些问题切入，引导读者对本章所学知识产生思考，并引发其学习兴趣。

▶ **目标：** 从知识、能力和情感3个方面，帮助读者明确学习目标，厘清学习思路。

▶ **知识讲解：** 深入浅出地讲解理论知识，并通过图文结合的形式对知识进行解析和说明。

▶ **实战：** 紧密结合知识讲解，以实战的形式进行演练，帮助读者更好地理解并掌握知识。

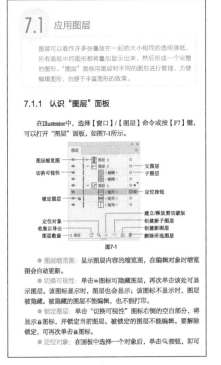

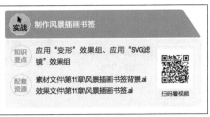

- ▸ **范例**：精选范例，对范例的要求进行了说明，并给出操作要求及过程，帮助读者分析范例并根据要求完成操作。
- ▸ **综合实训**：结合设计背景和设计理念，给出明确的操作要求和操作思路，使读者能够独立完成操作，提高读者的设计素养和实际动手能力。

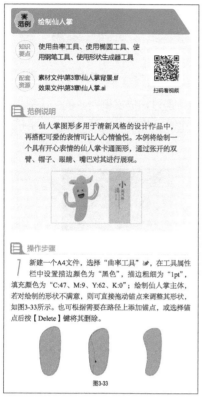

- ▸ **巩固练习**：给出相关操作要求和效果，重在锻炼读者的动手能力。
- ▸ **技能提升**：提供相关知识的补充讲解，便于读者进行拓展学习。
- ▸ **综合案例**：本书最后两章结合文字设计、VI设计、海报设计、商业插画设计、书籍装帧设计、包装设计、画册设计、UI设计等设计了综合案例，融合真实的行业知识与设计要求，对案例进行分析后再一步步进行具体的操作，帮助读者模拟实际设计工作的完整流程，使读者更快地适应设计工作。

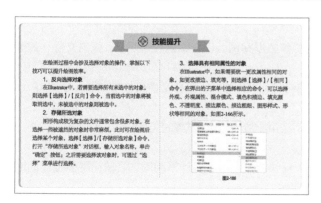

配套资源

本书提供立体化的配套资源，读者可登录人邮教育社区（www.ryjiaoyu.com），在本书页面中下载。
本书的配套资源包括基本资源和拓展资源。

演示视频   +   素材和效果文件   +   PPT、大纲和教学教案

▶ **演示视频**：本书所有的实例操作均提供了教学视频，读者可通过扫描实例对应的二维码进行在线学习，也可扫描下图二维码关注"人邮云课"公众号，输入校验码"rygjsmai"，将本书视频"加入"手机上的移动学习平台，利用碎片时间轻松学。

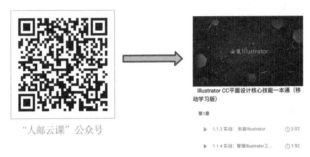

"人邮云课"公众号

Illustrator CC平面设计核心技能一本通（移动学习版）

第1章

▶ 1.1.2 实战：安装Illustrator   ⏱ 2:02

▶ 1.1.4 实战：管理Illustrator工...   ⏱ 1:52

▶ **素材和效果文件**：本书提供所有实例需要的素材和效果文件，素材和效果文件均以案例名称命名，便于读者查找。

▶ **PPT、大纲和教学教案**：本书提供PPT课件，Word文档格式的大纲和教学教案，以便教师顺利开展教学工作。

案例库   +   实训库   +   课堂互动资料   +   题库   +   拓展素材资源   +   高效技能精粹

▶ **案例库**：本书按知识点分类整理了大量Illustrator软件操作拓展案例，包含案例操作要求、素材文件、效果文件和操作视频。

▶ **实训库**：本书提供大量Illustrator软件操作实训资料，包含实训操作要求、素材文件和效果文件。

▶ **课堂互动资料**：提供大量可用于课堂互动的问题和答案。

▶ **题库**：本书提供丰富的与Illustrator相关的试题，读者可自由组合出不同的试卷进行测试。

▶ **拓展素材资源**：本书提供可用于日常设计的拓展素材。

▶ **高效技能精粹**：本书提供实用的平面设计速查资料，包括快捷键汇总、设计常用网站汇总和平面设计理论基础知识，帮助读者提高平面设计的效率。

编者

2024年1月

目录 CONTENTS

第 3 章 绘制复杂图形 45

第 4 章 图形高级上色 64

第 5 章 添加与处理文字 82

第6章 编辑路径 101

第7章 管理对象 116

第 8 章 对象的高级操作 142

Illustrator基础知识

📖 本章导读

学习Illustrator之前，需要了解Illustrator可以用来做什么、Illustrator如何安装、Illustrator的工作界面有哪些组成部分、Illustrator的文件如何操作等基础知识。

🖥 知识目标

< 了解Illustrator的应用领域
< 掌握Illustrator的安装和工作界面
< 掌握Illustrator文件的基本操作
< 掌握文件的查看、设置方法
< 掌握辅助工具的使用方法

🏆 能力目标

< 创建商品主图
< 排版音乐海报、网页、画册

💝 情感目标

< 培养学习Illustrator的兴趣
< 提升对Illustrator基础知识的理解和运用能力

1.1 Illustrator介绍

Illustrator是Adobe公司开发的一款矢量绘图软件，常被称为"AI"，被广泛应用于各行各业的矢量绘图与设计领域。作为初学者，应先对Illustrator的应用领域、安装和工作界面有一定的认识和了解。

1.1.1 Illustrator的应用领域

Illustrator在图形绘制、图形优化及艺术处理等方面具有强大的功能，能充分满足设计人员的实际工作需要，它被广泛应用于海报、视觉识别（Visual Identity，VI）、用户界面（User Interface，UI）、网页、插画、包装、画册、商标等设计领域中。

1. 海报设计

海报是一种信息传递艺术，也是一种大众化的宣传工具。设计师可以通过对图形、色彩、构图等的运用，让海报产生强烈的视觉效果，以达到宣传信息的目的。Illustrator在海报设计方面的运用非常广泛，如制作促销海报、宣传海报。公益海报等。图1-1所示为产品宣传海报设计案例。

图1-1

2. VI设计

VI设计是一种明确企业理念、企业形象和企业文化的整体设计，又称为"企业统一形象设计"。它通过对企业的产品包装、广告等进行一致性设计，赋予企业固定形象，从而提高企业在市场上的识别度。图1-2所示为VI设计案例。

图1-2

3. UI设计

UI设计也称为用户界面设计，是指对软件的人机交互、操作逻辑、界面的整体设计，如手表表盘界面设计、App界面设计等。随着IT行业的发展和移动设备、智能设备的逐渐普及，企业和用户对网站和产品的交互设计愈加重视，UI设计在交互设计中的应用也越来越广泛。图1-3所示为手机App的UI设计案例。

图1-3

4. 网页设计

利用Illustrator可以轻松实现网页图形绘制、网页排版等操作。图1-4所示为某网站的网页设计案例。

图1-4

5. 插画设计

将要在纸张上画的作品转移到Illustrator中绘制，不仅能表现出逼真的传统绘画效果，还能制作出用真实画笔无法实现的特殊效果，并且用Illustrator绘制的画更便于印刷。插画设计可以与服装设计、产品包装设计、网页设计、海报设计等相结合。图1-5所示为某地产企业的节气插画设计案例。

图1-5

6. 包装设计

包装设计是指选用合适的包装材料，根据产品本身的特性及受众的喜好等相关因素，运用巧妙的制作工艺，为产品进行的容器结构造型设计和包装的美化装饰设计。包装设计包含产品容器、产品内外包装、产品吊牌和标签等的设计，以及运输包装设计、礼品包装设计等。图1-6所示为优秀的包装设计案例。

图1-6

7. 画册设计

画册设计是指用流畅的线条、和谐的图片，以及优美的文字，组合成一本既富有创意，又具有可读性、可观赏性的精美画册，用于全方位展示企业或个人的理念、风貌，从而达到宣传产品、塑造品牌形象的目的。图1-7所示为企业画册设计案例。

图1-7

8. 商标设计

商标是指生产者、经营者为了区分自己与他人的商品或服务，用在商品及其包装上或服务标记上的，由文字、字母、数字、图形、颜色及上述要素的组合构成的一种可视性标志。图1-8所示为优秀的商标设计案例。

图1-8

1.1.2 Illustrator的安装

将Illustrator安装到计算机中后，才能够运用它进行各项操作。

实战　安装Illustrator

知识
要点　Illustrator的下载、安装

扫码看视频

 操作步骤

1 打开Adobe官方网站，单击"帮助与支持"选项卡，在打开的页面中单击"下载并安装"按钮，如图1-9所示。需要注意的是，不同时期Adobe官方网站的页面可能不同。

图1-9

2 在打开的网页中找到Illustrator，单击"免费试用"按钮，如图1-10所示。若找不到该软件，则可直接在页面上方的搜索框中输入"Illustrator"进行搜索。

图1-10

3 在打开的对话框中设置下载名称和下载到计算机中的位置，单击"下载"按钮，按照提示下载Illustrator，如图1-11所示。

4 稍后Illustrator安装程序将被自动下载到计算机中，找到下载到计算机中的Illustrator安装程序，双击Illustrator安装程序进行安装；在打开的安装界面中会提示登录账户，若没有Adobe账户，则单击"创建账户"超链接，按照提示创建一个新账户，如图1-12所示。

图1-11

图1-12

5 登录账户后按照提示继续进行安装，稍后Illustrator将被自动安装到当前计算机中。安装完后可试用该软件一段时间。若需要长期使用该软件，则需要在步骤2中单击"立即购买"按钮进行购买。

1.1.3　启动与退出Illustrator

启动与退出Illustrator是使用Illustrator的基本操作。

1. 启动Illustrator

● 方法一：单击计算机桌面左下角的"开始"按钮■，在弹出的菜单中选择【Adobe】/【Adobe Illustrator 2020】命令，启动Illustrator 。

● 方法二：在计算机中双击Illustrator 图标■，快速启动Illustrator。

2. 退出Illustrator

● 方法一：在Illustrator中选择【文件】/【退出】命令。

● 方法二：直接单击Illustrator 标题栏右上角的"关闭"按钮。

● 方法三：在任务栏中的Illustrator图标上单击鼠标右键，在弹出的快捷菜单中选择"关闭"命令

技巧

单击计算机桌面左下角的"开始"按钮■，展开"Adobe"菜单，将鼠标指针移动到 Adobe Illustrator 2020 上，单击鼠标右键，在弹出的快捷菜单中选择相应命令将 Illustrator 固定到"开始"菜单或任务栏中，当下次需要启动Illustrator时，可双击对应位置的 Illustrator 图标快速启动 Illustrator。

1.1.4　熟悉Illustrator的工作界面

启动Illustrator后便会进入其工作界面，该工作界面主要由文件窗口、工具箱、工具属性栏、面板、菜单栏等组成，如图1-13所示。下面介绍Illustrator工作界面各主要组成部分的作用。

图1-13

1. 文件窗口

文件窗口为编辑图稿的区域，将鼠标指针移动至文件名称上，按住鼠标左键拖动鼠标即可将文件窗口和工作界面分离。文件窗口主要由标题栏、工作区和状态栏组成，如图1-14所示。

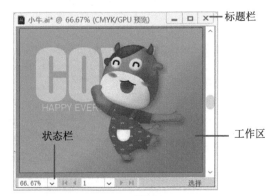

图1-14

● 标题栏：标题栏显示了文件名、文件显示比例和颜色模式，若未保存文件，则文件名显示为"未标题"与数字的组合。

● 工作区：工作区是指绘图区域，由画板和灰色区域组成。

● 状态栏：状态栏显示了当前文件的显示比例、画板数量、当前使用工具等信息。在"显示比例"数值框中输入数值后按【Enter】键可以改变文件的显示比例；单击"画板导航"数值框右侧的∨按钮，在弹出的下拉列表中可选择某一个画板，也可单击"首项"按钮 ◄◄、"上一项"按钮 ◄、"下一项"按钮 ►、"末项"按钮 ►► 切换画板。

2. 工具箱

工具箱集合了用于创建和编辑图形、图像及页面元素的各种工具。有的工具右下角有一个黑色的小三角形标记，表示该工具位于一个工具组中，工具组中还有一些隐藏的工具。在该工具上按住鼠标左键或单击鼠标右键，可显示该工具组中隐藏的工具，如图1-15所示。单击工具箱顶部的折叠按钮 ◄◄，可以将工具箱中的工具紧凑排列。

3. 工具属性栏

工具属性栏用于显示当前使用的工具的属性。在选择不同的工具后，工具属性栏中的选项会随着当前工具的改变而发生相应的变化。若工作界面中没有显示工具属性栏，则选择【窗口】/【控制】命令显示出工具属性栏。

4. 面板

面板主要用于配合编辑图稿、设置参数和选项等。在默认情况下，面板以面板图标的形式堆放在工作界面的右侧，单击面板图标可展开对应的面板，如图1-16所示。

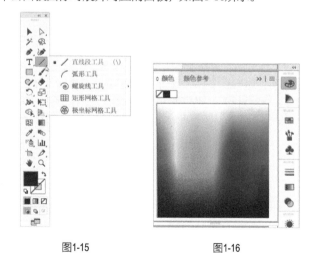

图1-15　　　　　　图1-16

5. 菜单栏

菜单栏包含文件、编辑、对象、文字、选择、效果、视图、窗口和帮助等9个菜单。选择某个菜单项，在弹出的菜单

中选择一个命令，可执行该命令。在菜单栏中，某些命令的右侧有对应的快捷键，用户可以按快捷键快速执行相应的命令，而不必打开菜单。例如，按【Ctrl+G】组合键可执行【对象】/【编组】命令。

　实战 管理Illustrator工作界面中的面板

 知识要点 打开与关闭面板、拆分与堆放面板、折叠与展开面板

扫码看视频

📋 操作步骤

1 若工作界面中需要的面板没有打开，则可通过"窗口"菜单打开，例如，选择【窗口】/【信息】命令可打开"信息"面板，如图1-17所示；再次选择该命令或直接单击"信息"面板右上角的"关闭"按钮 × 可关闭该面板。

图1-17

2 很多面板默认会堆放到一个面板组中，将鼠标指针移动至面板名称上，按住鼠标左键拖动面板到工作界面的空白处，即可将该面板从面板组中拆分出来。图1-18所示为拆分"渐变"面板的前后效果。拆分面板后，将鼠标指针置于面板上、下、左、右的位置，按住鼠标左键并拖动鼠标可调整面板的长度或宽度。

图1-18

3 当面板太多时，可将面板堆放到面板组中。按住鼠标左键拖动面板到面板或面板组的标题栏上，出现蓝

色边框后释放鼠标左键，可完成堆放操作。图1-19所示为将"外观"面板堆放到面板组中的效果。在面板组中，向上或向下拖动面板的名称，可以调整面板在面板组中的排列顺序。

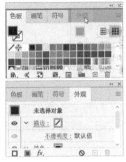

图1-19

4 单击面板或面板组左上角的"展开面板"按钮 »，可将面板展开；单击面板或面板组右上角的"折叠为图标"按钮 «，可将面板折叠成图标显示；单击其中的任意一个图标，可展开隐藏的面板，如图1-20所示。

图1-20

1.1.5 定义Illustrator工作区

Illustrator根据用户的不同设计需求提供了不同的工作区，不同工作区中显示的面板、面板位置和面板大小会有所不同。在菜单栏右侧的下拉列表框中选择对应的工作区选项，或选择【窗口】/【工作区】命令，在弹出的子菜单中选择对应的工作区命令，可将当前工作区切换为预设的工作区。图1-21所示为切换到"上色"工作区的效果，该工作区中显示了"颜色""色板""颜色参考""画笔""描边"等面板。

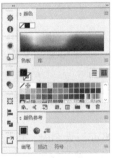

图1-21

实战 新建工作区

知识要点 新建工作区、切换工作区

扫码看视频

操作步骤

1 在实际操作中，有些面板几乎不会用到，此时可关闭这些面板。若需要经常使用某些面板，则可以保留这些面板，通过拆分、堆放、折叠、展开面板等操作对面板进行管理，然后选择【窗口】/【工作区】/【新建工作区】命令，将工作区存储起来，如图1-22所示。

2 打开"新建工作区"对话框，输入工作区名称，此处输入"插画绘图"，如图1-23所示，单击"确定"按钮。

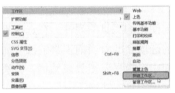

图1-22　　　　　　　　　　图1-23

3 下次打开Illustrator时，选择【窗口】/【工作区】/【插画绘图】命令，可将工作区切换为自定义的"插画绘图"工作区。

技巧

新建工作区后，选择【窗口】/【工作区】中的重置命令可以修改工作区；选择【窗口】/【工作区】/【管理工作区】命令，在打开的"管理工作区"对话框中选择工作区，单击"删除工作区"按钮 ，可以删除自定义的工作区。

1.2 Illustrator文件的基本操作

对Illustrator有了初步的了解后，在实际使用时，还需要掌握illustrator文件的基本操作。例如，在开始设计前，需要新建尺寸合适的文件或打开已有的Illustrator文件；在设计过程中，可置入其他文件；在设计完成后，需要存储并关闭文件。

1.2.1 新建文件

若要新建常见的文件，则在启动Illustrator后，单击"创建新文件"栏中的图标可新建文件；若需要创建其他尺寸的文件，则在左侧单击"新建"按钮，或选择【文件】/【新建】命令，打开图1-24所示的"新建文档"对话框，该对话框的各个选项卡中提供了更多的预设尺寸，包括"移动设备""Web""打印"等，单击相应的选项卡可以在打开的界面中显示对应的尺寸。例如，单击"打印"选项卡会显示常用的打印尺寸，选择一种尺寸，可在右侧的"预设详细信息"栏中查看对应的参数设置，输入文件名称，单击右下角的"创建"按钮，完成新建操作。

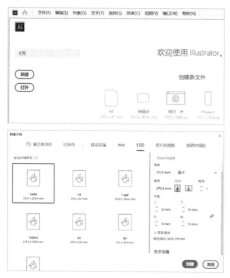

图1-24

若需要创建自定义参数的文件，则可在"新建文档"对话框右侧设置文件名称、高度、宽度、方向、画板数量等基本参数；展开"高级选项"栏，可以设置颜色模式、光栅效果等参数；单击"更多设置"按钮，在打开的"更多设置"对话框中可以设置更多参数，如图1-25所示，设置完成后单击"创建文档"按钮。

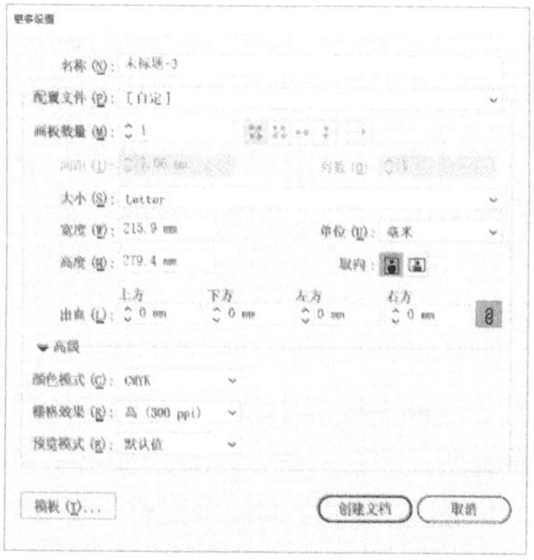

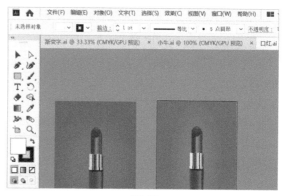

图1-25

技巧

选择【文件】/【从模板新建】命令，打开"从模板新建"对话框，选择需要的模板文件，单击"新建"按钮，可使用该模板新建文件。

1.2.2 打开文件

启动Illustrator后，单击"打开"按钮，或选择【文件】/【打开】命令，或按【Ctrl+O】组合键，将打开图1-26所示的"打开"对话框，选择需要打开的文件，单击"打开"按钮可以打开该文件。

图1-26

技巧

Illustrator文件的扩展名为".ai"，因此也将Illustrator文件的格式称为AI格式。双击AI格式的文件，或直接将AI格式的文件拖动到Illustrator窗口的标题栏上可快速打开该文件。

在打开文件时，按住【Ctrl】键选择多个文件，单击"打开"按钮可同时打开多个文件，此时只显示一个文件窗口，单击其他文件窗口的标题栏，可切换到对应的文件窗口，如图1-27所示。

图1-27

若需要同时查看多个文件窗口，则可选择【窗口】/【排列】命令中的排列命令。图1-28所示为选择"平铺"命令后的效果。

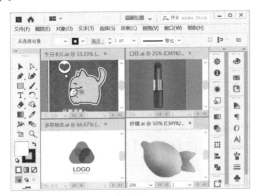

图1-28

1.2.3　置入文件

在Illustrator中设计作品时，往往需要用到很多素材，为了提高工作效率，可以利用置入操作，将多种类型的图像文件（包括位图和用矢量工具绘制的矢量图形）添加到当前文件中。其方法为：在当前文件窗口中选择【文件】/【置入】命令，打开"置入"对话框，选择要置入的文件，单击"置入"按钮，如图1-29所示。然后在画板中单击即可置入文件，置入文件后拖动文件四周的控制点可调整文件的大小。

图1-29

置入文件时，在"置入"对话框中取消选中"链接"复选框会以嵌入的方式置入文件，当重新编辑文件或文件的存储位置发生改变时，置入的文件不会受到影响，但会在一定程度上增大Illustrator文件；选中"链接"复选框即以链接的方式置入文件，Illustrator文件的大小不会因为置入文件而增加，当重新编辑文件或文件的存储位置发生改变时，系统会自动提示，若源文件丢失，则会降低置入文件的质量。选择【窗口】/【链接】命令，打开"链接"面板，可在该面板

中选择置入的文件，单击面板底部的按钮可以管理置入的文件，如重新链接、转至链接、更新链接等，如图1-30所示。

图1-30

1.2.4　存储文件

图像文件编辑完成后，为了方便以后使用和随时调用，可以选择【文件】/【存储】命令或按【Ctrl+S】组合键存储图像文件，在存储过程中还可以选择图像文件的格式。

如果已存储过该文件，则修改后再次执行存储操作时，修改后的文件将覆盖原来的文件，且以原有的格式、名称、路径进行存储；如果是首次执行"存储"命令，则将打开"存储为"对话框，如图1-31所示，在对话框左侧的列表中选择文件的存储位置，在"文件名"和"保存类型"下拉列表框中设置文件的名称和存储类型，单击"保存"按钮。

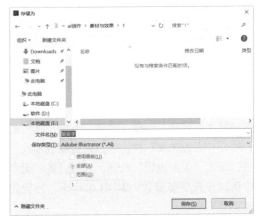

图1-31

为了避免错改文件或丢失文件，可以对重要的文件进行备份，其方法为：选择【文件】/【存储为】命令，在打开的"存储为"对话框中设置新的保存位置或名称。

技巧

选择【文件】/【存储为模板】命令，在打开的"存储为"对话框中进行设置后，单击"确定"按钮即可将当前文件存储为模板文件。以后若想使用该模板文件，则选择【文件】/【从模板新建】命令，在打开的对话框中选择该模板文件。

1.2.5 导出文件

导出文件是指将编辑完成的文件导出为其他格式的文件，如TIFF、JPEG、PDF格式，以方便在其他软件中打开和使用。在Illustrator中，导出文件的方法有以下3种。

● 导出为多种屏幕所用格式：导出为多种屏幕所用格式可以一步生成不同大小和格式的文件，以适应不同尺寸的屏幕。选择【文件】/【导出】/【导出为多种屏幕所用格式】命令，打开"导出为多种屏幕所用格式"对话框，如图1-32所示，设置导出范围、导出路径、导出格式后，单击"导出画板"按钮。

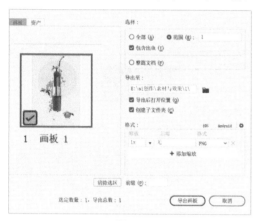

图1-32

> **技巧**
>
> 在"导出为多种屏幕所用格式"对话框中，"资产"选项卡用于导出文件中的元素，"画板"选项卡用于将整个画板导出到一个文件中。

● 导出为：导出为可以将文件导出为PNG、JPG、SWF等常见的格式。选择【文件】/【导出】/【导出为】命令，打开"导出"对话框，如图1-33所示，设置导出文件的名称、格式、路径后，单击"导出"按钮。

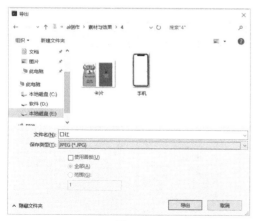

图1-33

● 存储为Web所用格式（旧版）：存储为Web所用格式（旧版）可以将切片后的图像快速存储为单个图像文件。选择切片后的图像文件，选择【文件】/【导出】/【存储为Web所用格式（旧版）】命令，打开"存储为Web所用格式"对话框，如图1-34所示，设置导出图像的格式、图像大小、导出范围等参数后，单击"存储"按钮，打开"将优化结果存储为"对话框，如图1-35所示，设置图像的保存名称和路径后，单击"保存"按钮。

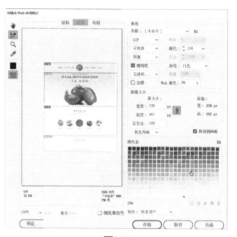

图1-34

图1-35

通过上述方法可以导出整个文件，若只需导出文件中的部分对象，则可以在文件中选择需要导出的对象，再选择【文件】/【导出所选项目】命令，在打开的对话框中选择保存格式、位置，单击"导出资源"按钮，如图1-36所示。

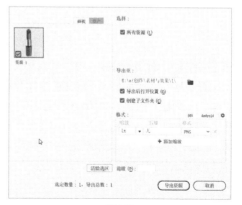

图1-36

1.2.6 关闭文件

完成文件的存储和导出操作后可以将文件关闭，其方法为：选择【文件】/【退出】命令关闭当前文件，或直接单击工作界面中的"关闭"按钮 × 关闭所有文件并退出软件。若文件未保存，则关闭文件时将打开提示对话框，询问用户在关闭文件前是否想保存更改，单击"否"按钮后将关闭文件，对文件做的更改也会丢失。单击"取消"按钮或按【Esc】键将取消关闭文件操作。

范例 创建商品主图

| 知识要点 | 新建文件、置入文件、存储文件、关闭文件 |

| 配套资源 | 素材文件\第1章\主图文案.ai、保温杯.jpg
效果文件\第1章\商品主图.ai |

扫码看视频

范例说明

在购物平台中搜索商品后映入眼帘的图片即主图，通过美化图片、突出卖点等方式，可以设计出点击率高的主图。本例将为一款保温杯制作主图，可以通过新建文件、置入商品素材、复制文字等操作快速完成主图的制作。

操作步骤

1 选择【文件】/【新建】命令，打开"新建文档"对话框，设置名称为"商品主图"，设置宽度和高度都为"800 px"，单击"创建"按钮，如图1-37所示。

2 选择【文件】/【置入】命令，打开"置入"对话框，选择"保温杯"素材文件，取消选中"链接"复选框，单击"置入"按钮，如图1-38所示。

图1-37

图1-38

3 在工作界面中单击，置入保温杯图片，使用"选择工具" ▶ 单击图片，拖动图片的4个角调整图片大小，然后在图片上按住鼠标左键，拖动图片到合适的位置，如图1-39所示。

图1-39

4 选择"矩形工具" ■，拖动鼠标绘制与一个画板大小相等的矩形。选择"吸管工具" ✐，单击图片的黄色背景区域，将黄色填充到矩形上，按【Ctrl+Shift+[】组合键将矩形置于底层作为背景，如图1-40所示。

图1-40

5 选择【文件】/【打开】命令，打开"打开"对话框，选择"主图文案"素材文件，单击"打开"按钮，如图1-41所示。

图1-41

6 打开"主图文案.ai"文件窗口，选择"选择工具" ▶，框选主图文案，按【Ctrl+C】组合键复制主图文案；单击"商品主图.ai"标签切换到"商品主图.ai"文件窗口，按【Ctrl+V】组合键粘贴主图文案，选择主图文案，按住鼠标左键将其拖动到合适的位置，如图1-42所示。

技巧

按【Ctrl+A】组合键同样可以实现对主图文案的全选。

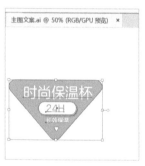 

图1-42

7 选择【文件】/【存储】命令，打开"存储为"对话框，设置保存路径，单击"保存"按钮，如图1-43所示。

图1-43

8 单击文件窗口中的"关闭"按钮 × 关闭所有文件并退出软件，由于执行过粘贴操作，因此会出现提示对话框，提示是否清除剪贴板或保留数据，单击"清除剪贴板"按钮继续进行关闭操作，如图1-44所示。

图1-44

1.3 Illustrator文件的查看

在Illustrator中编辑图像时，经常需要缩小图像以查看图像的整体效果，或放大图像以查看图像的局部细节，使用工具箱中的抓手工具、缩放工具可以快速实现图像的移动与缩放。此外，使用"导航器"面板中的相关工具也可以快速定位到图像的某个区域。

1.3.1 使用抓手工具

当图像的显示比例较大时，会出现图像显示不全的情况，使用"抓手工具" 可以任意移动图像，以查看窗口中未显示的图像。只需打开要查看的图像，在工具箱中选择"抓手工具" 或按【H】键，将鼠标指针移动至图像中，此时，鼠标指针变为 形状，按住鼠标左键并拖动鼠标，可查看未显示的图像区域，如图1-45所示。

图1-45

1.3.2 使用缩放工具

在编辑图像时，除了可在状态栏的"显示比例"数值框中输入文件的显示比例外，还可利用"缩放工具" 调整文件的显示比例。使用"缩放工具" 缩放图像只影响图像在屏幕上的显示比例，并不会影响图像的真实大小。如果需要对图像的细节进行操作，就需要放大图像的细节部分，完成编辑后还可缩小图像，便于查看整体效果。选择"缩放工具" ，并将鼠标指针移动到文件窗口中，此时鼠标指针呈放大镜形状显示，其内部还显示一个"+"号，在图像的任意位置单击，可将当前图像放大，且单击处将显示在文件窗口的中间，如图1-46所示。

图1-46

若需要缩小图像，则可按住【Alt】键再次选择"缩放工具" 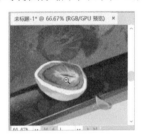，鼠标指针内部显示一个"－"，单击需要缩小的区域即可将图像缩小，如图1-47所示。

图1-47

1.3.3　使用导航器

"导航器"面板提供了图像的缩览图和各种缩放工具，用于缩放图像及查看图像的特定区域。打开一张图像，选择【窗口】/【导航器】命令，打开"导航器"面板，可在其中浏览整张图像，红框内的内容为在文件窗口中显示的内容，在面板下方的"显示比例"数值框中可输入图像的显示比例；将鼠标指针移动到缩览图上，当鼠标指针变成 形状时，按住鼠标左键拖动鼠标可移动图像，如图1-48所示。

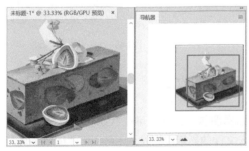

图1-48

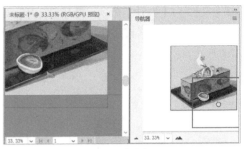

图1-48（续）

技巧

在实际绘图过程中，按住【Ctrl】键滚动鼠标滚轮，可左右平移画面；按住【Shift】键滚动鼠标滚轮，可上下平移画面；按住【Alt】键滚动鼠标滚轮，可以鼠标指针所在的位置为中心放大或缩小画面。

1.4　Illustrator文件的设置

创建Illustrator文件后，若文件的属性不满足设计需要，则可重新对文件进行设置，常见的设置包括创建与编辑画板、设置页面和设置颜色模式等。

1.4.1　创建与编辑画板

新建文件时，在"新建文档"对话框中可以对画板的参数进行设置，若设计的作品具有不确定性，则可不在此时设置画板的参数，在新建文件后，可通过"画板工具" 对原有画板的大小、数量、位置等进行修改。

1. "画板工具"的基本操作

新建文件后，在工具箱中选择"画板工具" ，可以对画板进行以下操作。

● 调整画板大小：单击以选择画板，画板边缘将显示定界框，拖动定界框上的控制点可以自由调整画板的大小，如图1-49所示。若文件中只有一个画板，则选择"画板工具" 后，该画板将直接处于选中状态。

● 删除画板：选择多余的画板，按【Delete】键可以将其删除。

● 移动画板：选择需要移动的画板，将鼠标指针移动到定界框内，按住鼠标左键并拖动鼠标，可将画板移动到目标位置。

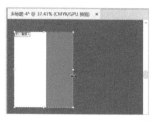 

图1-49

● 新建画板：在工具箱中选择"画板工具" 后，在文件窗口的空白处拖动鼠标可以新建画板，如图1-50所示。

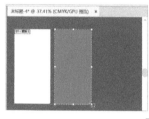 

图1-50

2. "画板工具"的工具属性栏

通过"画板工具" 的工具属性栏可以快速编辑画板，如使用预设的画板尺寸、调整画板方向、新建画板、删除画板、重命名画板、设置画板的高度和宽度等。"画板工具" 的工具属性栏如图1-51所示。

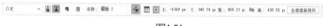

图1-51

● 选择预设：在"选择预设"下拉列表框中可以为画板选择常见的预设尺寸。

● "纵向"按钮 / "横向"按钮 ：单击对应的按钮可以调整画板的方向为纵向或横向。

● "新建画板"按钮 ：单击该按钮可以新建一个与当前所选画板大小相同的画板。

● "删除画板"按钮 ：单击该按钮可以删除当前所选画板。需要注意的是，文件中仅有一个画板时无法删除该画板。

● 名称：用于为选中的画板重命名。

● "移动/复制带画板的图稿"按钮 ：单击该按钮，移动或复制画板时，画板中的内容将同时被移动或复制。

● "画板选项"按钮 ：单击该按钮将打开"画板选项"对话框，在其中可以设置画板的名称、预设尺寸、宽度、高度、显示比例等参数。

● "定位器"图标 ：单击该图标上的控制点，将以此控制点为参考点，可在"X""Y"数值框中设置画板的位置。

● X/Y：用于设置画板在工作区中的位置。

● 宽度/高度：用于设置画板的精确大小。

● "全部重新排列"按钮 ：单击该按钮将打开

"重新排列所有画板"对话框，在其中可设置画板数量、版面内容、列数和间距等，设置完成后单击"确定"按钮，可按照设置重新排列画板。

1.4.2 设置页面

完成文件的新建后，选择【文件】/【文档设置】命令，可打开"文档设置"对话框，通过"常规"选项卡和"文字"选项卡可以对文件的属性进行设置。

1. "常规"选项卡

通过"常规"选项卡可以重新对文件的单位、出血、网格大小等参数进行设置，如图1-52所示。

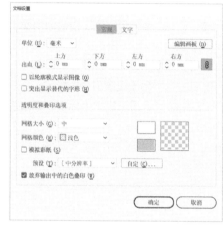

图1-52

● 单位：用于选择调整文件时使用的单位。

● 出血："出血"是一种印刷用语，是指超出打印文件的范围，出血线外的内容将不会被打印出来。调整对应方向的数值可以设置出血线的位置。

● 编辑画板：用于对文件中的画板进行重新调整。

● 以轮廓模式显示图像：选中该复选框，将只显示图像的轮廓线。

● 突出显示替代的字形：选中该复选框，将突出显示文件中被替代的字形。

● 网格大小：用于设置选择的文件的网格大小。

● 网格颜色：用于设置选择的文件的网格颜色。

● 模拟彩纸：选中该复选框，可以在设置的彩色纸上打印文件。

● 预设：用于设置导出文件的分辨率。

● 放弃输出中的白色叠印：选中该复选框，可以在彩色纸上打印白色区域。

2. "文字"选项卡

通过"文字"选项卡可以对文件的引号、语言等参数进行设置，如图1-53所示。

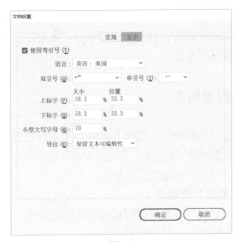

图1-53

● 使用弯引号：选中该复选框，引号为中文引号，取消选中则为英文引号。

● 语言：用于设置检查文字时采用的语种。

● 双引号/单引号：用于设置引号的样式。

● 上标字、下标字：用于定义上标字、下标字的大小和位置。

● 小型大写字母：用于设置小型大写字母尺寸占原始大写字母尺寸的百分比。

● 导出：用于设置文字导出后的状态。

1.4.3 设置颜色模式

颜色模式是一种将某种颜色表现为数字形式的模式，或者说是一种记录图像颜色的方式。在Illustrator中新建文件时，通常都会在"高级选项"栏中进行颜色模式的设置，颜色模式包括RGB颜色模式和CMYK颜色模式等。其中，RGB颜色模式主要用于电子屏幕显示，如网站页面、App界面等；CMYK颜色模式主要用于打印，如海报、宣传单、画册等。新建文件后，也可对颜色模式进行更改，选择【文件】/【文档颜色模式】命令，在子菜单中选择相应的命令即可，如图1-54所示。

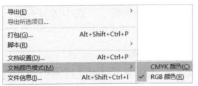

图1-54

1.5 辅助工具的使用

在Illustrator中编辑文件时，利用辅助工具可以使编辑操作更加高效。常用的辅助工具有标尺、网格、参考线和度量工具等。

1.5.1 使用标尺

标尺用于度量和定位文件中的对象，选择【视图】/【标尺】/【显示标尺】命令或按【Ctrl+R】组合键，可以打开和关闭标尺。打开标尺后，文件窗口的顶部和左侧会分别显示水平和垂直标尺，标尺默认出现在文件窗口的左侧和顶部。标尺的默认单位为毫米，标尺的单位并不是固定的。根据不同的设计需要，可以设置不同的标尺单位。其方法为：在标尺上单击鼠标右键，在弹出的快捷菜单中选择需要的单位，如图1-55所示。

图1-55

为了满足使用需要，可以更改标尺原点（水平和垂直零刻度的交点）的位置，其方法为：将鼠标指针移动到标尺的交点，然后按住鼠标左键进行拖动，画面中显示出十字线，释放鼠标左键时，十字线的交点即新标尺的原点，如图1-56所示。

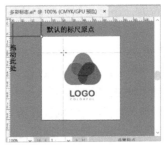

图1-56

1.5.2 使用网格

网格分为平面网格和透视网格两种，平面网格主要用于定位对象或辅助对齐对象，常用在标志、像素化图形等的设计中；透视网格主要用于辅助绘制立体图形或查看图形的透视关系。

1. 平面网格

打开一个图像，按【Ctrl+'】组合键，或选择【视图】/【显示网格】命令，显示出网格，如图1-57所示。再次按【Ctrl+'】组合键或选择【视图】/【隐藏网格】命令可以隐藏网格。

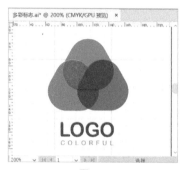

图1-57

网格可以用来辅助对齐对象，选择【视图】/【对齐网格】命令，在移动对象时，对象会自动对齐网格线，如图1-58所示。

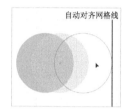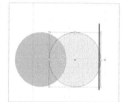

图1-58

2. 透视网格

选择【视图】/【透视网格】命令，可以在弹出的子菜单中选择相应的命令来创建和编辑透视网格，如图1-59所示。按【Shift+Ctrl+I】组合键可快速显示透视网格。

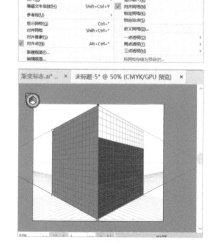

图1-59

1.5.3　使用参考线

参考线基于标尺存在，是浮动在图像上的一些虚线和实线。参考线一般分为水平参考线和垂直参考线两种。参考线常用于分割版面或辅助定位对象。参考线不会被打印出来，但可以与作品一起保存。

创建参考线的方法为：按【Ctrl+R】组合键显示出标尺，将鼠标指针放置到顶部的标尺上，按住鼠标左键并向下拖动鼠标，标尺不会被拖动，而会在释放鼠标左键的位置创建一条水平参考线，如图1-60所示；使用相同的方法，在左侧的标尺上按住鼠标左键并向右拖动，释放鼠标左键即可创建一条垂直参考线。

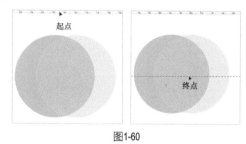

图1-60

> **技巧**
>
> 参考线的颜色、样式，以及网格线的颜色、样式、间隔、次分割线并不是一成不变的，可按【Ctrl+K】组合键打开"首选项"对话框，在左侧的列表中单击"参考线和网格"选项卡，然后在右侧的"参考线"栏和"网格"栏中进行设置。

创建参考线后，参考线默认显示为绿色，按【Ctrl+H】组合键可以在文件窗口中显示或隐藏创建的参考线；使用"选择工具" ▶ 框选参考线后，参考线显示为蓝色，此时按【Delete】键可清除参考线；拖动参考线可调整其位置；确定参考线的位置后，可以选择【视图】/【参考线】/【锁定参考线】命令锁定参考线，避免误操作移动或删除参考线。

> **技巧**
>
> Illustrator中的参考线不仅可以是垂直或水平的，还可以是多角度的。选中参考线后，选择"旋转工具" ↻，按住鼠标左键拖动参考线可自由旋转参考线，或在"变换"面板中设置参考线的角度。也可以在绘制图形后，按【Ctrl+5】组合键将图形转换为参考线。

1.5.4 使用智能参考线

智能参考线是指在绘制、移动、变换等操作下自动出现的参考线，可以帮助设计人员对齐特定对象。使用智能参考线的方法是：按【Ctrl+U】组合键或选择【视图】/【智能参考线】命令，启用智能参考线；使用"选择工具" ▶ 拖动需要对齐或需要调整的对象，在拖动过程中，可快速基于自动显示的智能参考线对齐对象，如图1-61所示。

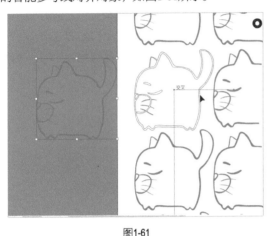

图1-61

1.5.5 使用度量工具

使用"度量工具" ⟋ 可以测量对象之间的距离或对象的大小等，以获得精准的度量结果。使用"度量工具" ⟋ 的方法为：打开需要度量的图像，在工具箱中选择"吸管工具" ⟋ 并按住鼠标左键，在弹出的工具组中选择"度量工具" ⟋ ，将鼠标指针置于测量起点，单击并拖动鼠标至测量终点，此时，自动打开"信息"面板，其中显示了单击处的 x 轴和 y 轴的水平和垂直位置，以及测量出的绝对水平距离、垂直距离、总距离和角度值，如图1-62所示。

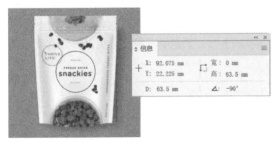

图1-62

学习笔记 ▶

1.6 综合实训：排版音乐海报

证件照、相册、画册、海报等作品都需要排版，在 Illustrator 中进行排版的实质是将多个素材文件拼合到一个图像文件中，同时需要注意调整各个素材文件的大小、位置及对齐方式，将多个素材文件组合成一个协调、美观的画面。

1.6.1 实训要求

本实训为排版音乐海报，要求排版后的海报简洁、美观。本实训中的海报以文字和图像的融合为主，需要将素材文件置入文件并放置到不同的位置，使其成为一张美观且有商用价值的音乐海报。

1.6.2 实训思路

（1）了解一些常见的版式，如中心型、中轴型、分割型、倾斜型、骨骼型、满版型等。了解各个版式的排版效果、适用范围可以提高排版水平。

（2）根据排版作品的类型、图片素材和文本选择合适的版式。在排版本实训的音乐海报时，考虑使用黄色作为背景颜色，与提供的图片的颜色形成鲜明对比。由于提供的文本较少，因此考虑使用中心型版式来突出展示文本。

（3）结合本章介绍的 Illustrator 基础操作，新建文件，并置入需要的素材文件。本实训将置入图片、复制文字。

（4）结合本章介绍的辅助工具，根据中心型版式的要求新建参考线，使用选择工具调整各个素材的位置，使版面效果更美观。

（5）装饰版面。绘制矩形和线条装饰版面。

本实训完成后的参考效果如图1-63所示。

图1-63

1.6.3　制作要点

本实训主要包括新建图像文件、置入图像文件、调整图像文件、添加文字等操作，主要操作步骤如下。

1 选择【文件】/【新建】命令，新建一个大小为55cm×80cm、名称为"音乐海报"的文件。

2 按【Ctrl+R】组合键显示标尺，从左侧的标尺上分别单击并拖动两条参考线到距文件窗口左右两侧7cm处。

3 选择【文件】/【置入】命令，置入素材文件，置入后拖动素材四周的控制点，调整素材的大小。使用"选择工具" ▶移动素材至中间位置，单击空白处完成置入。

4 打开"文字素材.ai"素材文件，选择文字，按【Ctrl+C】组合键复制文字，切换到"音乐海报.ai"文件窗口，按【Ctrl+V】组合键粘贴文字，拖动文字到合适的位置，将主要文字放置到画面中心并放大显示，将次要文字放置到画面正下方和左上角的位置。

5 绘制矩形和线条来装饰左上角的文字，将矩形填充为蓝色；然后选择文字，按【Ctrl+Shift+]】组合键将其置于顶层，并将其移动到蓝色矩形上。

6 按【Ctrl+;】组合键隐藏参考线，然后选择【文件】/【存储为】命令，设置文件的存储位置，存储排版后的音乐海报文件。

> **技巧**
>
> 如果标尺的单位不为厘米（cm），则可以在标尺上单击鼠标右键，在弹出的快捷菜单中选择"厘米"命令，将标尺的单位切换为厘米（cm）。

巩固练习

1. 排版珠宝定制模块

根据提供的图片和文案，新建一个文件来排版珠宝定制模块。移动图片或文案时，可以开启智能参考线或创建参考线来辅助对齐对象，完成后的参考效果如图1-64所示。

配套资源　素材文件\第1章\珠宝\
效果文件\第1章\珠宝定制模块.ai

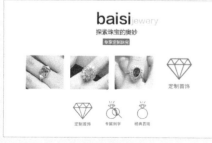
图1-64

2. 排版画册内页

根据提供的图片和文案，新建一个文件来进行画册内页的排版。移动图片或文案时，可以创建参考线来辅助对齐对象，完成后的参考效果如图1-65所示。

配套资源　素材文件\第1章\画册内页\
效果文件\第1章\画册内页.ai

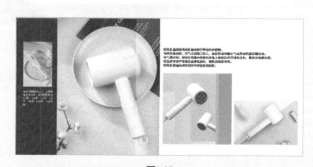
图1-65

　　读者在初步学习Illustrator时，可能会遇到各种各样的问题，此时可以利用Illustrator的帮助功能来解决问题。此外，读者还可以了解一些版式设计知识、工作界面颜色设置技巧等，以更好地利用Illustrator完成作品的设计。

1. 使用Illustrator的帮助功能

　　Illustrator为用户提供了帮助功能，如Illustrator的下载与安装、功能介绍、基础知识、相关教程、用户指南和系统要求等，并提供了疑难解答和帮助信息。选择【帮助】/【Illustrator 帮助】命令，可打开Adobe官网在线浏览和查询Illustrator的相关帮助信息。

2. 如何进行版式设计

　　平面设计常用的版式有中心型、中轴型、分割型、倾斜型、骨骼型、满版型，如图1-66所示。

　　● 中心型：利用视觉中心突出想要表达的事物，背景颜色往往为纯色或渐变色。

　　● 中轴型：利用轴心对称使画面规整稳定、醒目大方，在突出主体的同时给予画面稳定感。

　　● 分割型：利用分割线使画面具有独立性和引导性，适用于多张图片或多段文本的排版。

　　● 倾斜型：对主体或整体画面进行倾斜排版，使画面拥有极强的律动感。

　　● 骨骼型：当制作的作品中文字较多时，通常都会应用骨骼型排版。骨骼型排版是较为常见的排版方式，其条理性和严谨性能够让画面看起来规整、平稳。骨骼型排版常见于网页设计。

　　● 满版型：通过大面积的元素来传达直观和强烈的视觉刺激，使画面丰富且具有极强的带入感。常见的满版型表现为整体满版、细节满版和文字满版。

中心型

中轴型

分割型

倾斜型

骨骼型

满版型

图1-66

3. 如何改变Illustrator工作界面的颜色

　　Illustrator的工作界面默认显示为深色，若读者喜欢浅色的工作界面，则可以选择【编辑】/【首选项】/【常规】命令或按【Ctrl+K】组合键，打开"首选项"对话框，单击"用户界面"选项卡进行设置。

第 2 章 绘制基本图形

本章导读

在平面设计中经常需要根据设计需求绘制一些矢量图形，对于一些相对规范的矢量图形，如线条、螺旋线、网格、矩形、圆角矩形、椭圆、多边形、星形等，可选用线条绘图工具、网格绘图工具和形状绘图工具来快速绘制。

知识目标

- 掌握绘制图形的基础操作
- 熟练掌握绘制线条、螺旋线、网格的方法
- 熟练掌握绘制矩形、圆角矩形、椭圆、多边形、星形、光晕的方法

能力目标

- 绘制玫瑰图形、条纹图案和棒棒糖图标
- 绘制橙子切面、包装盒平面图和像素化Logo
- 绘制纯棉标签和优惠券
- 绘制移动端促销页面和相机图标

情感目标

- 提升对平面设计的审美能力
- 提升矢量图形的绘制能力

2.1 图形绘制基础

矢量图形是平面设计中非常重要的元素，使用Illustrator中的基本绘图工具可以绘制常见的矢量图形。并且在绘图过程中，还可以对图形进行填充、描边、选择、移动、复制等操作，从而有效提高绘图的效率和质量。

2.1.1 认识基本绘图工具

Illustrator为用户提供了3类基本绘图工具，用户使用这些工具可以绘制出丰富的线条、网格图形、形状图形等。

1. 线条绘图工具

使用鼠标右键单击工具箱中的"直线段工具" ⁄，在弹出的工具组中将显示"直线段工具" ⁄、"弧形工具" ⌒、"螺旋线工具" ◎，如图2-1所示。

2. 网格绘图工具

使用鼠标右键单击工具箱中的"直线段工具" ⁄，在弹出的工具组中将显示"矩形网格工具" ▦、"极坐标网格工具" ◉，如图2-1所示。

3. 形状绘图工具

使用鼠标右键单击工具箱中的"矩形工具" ▢，在弹出的工具组中将显示"矩形工具" ▢、"圆角矩形工具" ▢、"椭圆工具" ○、"多边形工具" ⬡、"星形工具" ☆和"光晕工具" ◐，如图2-2所示。

图2-1

图2-2

2.1.2 绘制任意尺寸的图形

利用绘图工具可以绘制出不同形状的图形，且绘图工具的使用方法是相似的。以"圆角矩形工具" 为例，在工具箱中选择"圆角矩形工具" ，在画板中按住鼠标左键以确定起点，拖动鼠标到合适的位置，即可完成圆角矩形的绘制，如图2-3所示。

图形的大小、方向取决于鼠标指针移动轨迹的长短和角度。绘制完成后可看见图形四周有8个空心方块，即控制点，在控制点上按住鼠标左键并进行拖动，可调整图形的大小。部分图形上会出现 图标，用于调整绘制的图形，例如，在圆角矩形的 图标上按住鼠标左键并进行拖动，可调整圆角矩形圆角的大小，如图2-4所示。

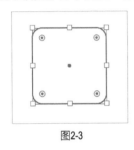 

图2-3　　　　　　　图2-4

2.1.3 绘制尺寸精确的图形

采用上面介绍的方法绘制的图形尺寸比较随意，要得到尺寸精确的图形，可在选择绘图工具后单击画板，在打开的对话框中设置参数，具体参数会因绘图工具而异。例如，选择"直线段工具" 后单击画板，打开"直线段工具选项"对话框，设置长度为"80mm"，角度为"45°"，单击"确定"按钮，即可得到长度和角度精确的线条，如图2-5所示。

图2-5

2.1.4 绘制大量的重复图形

如果需要使用基本绘图工具绘制大量的按一定规律重复的图形，则在绘制图形的过程中按住【~】键，拖动鼠标到合适的位置后释放鼠标左键即可完成绘制。图2-6所示为使用该方法绘制的重复线条。图形的密度与拖动鼠标的速度有关，

拖动速度越快，图形越稀疏；拖动速度越慢，图形越密集。通过该方法可以得到很多复杂且有趣的图形，如图2-7所示。

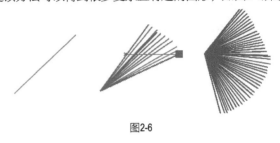

图2-6

图2-7

实战　绘制玫瑰图形

知识要点　多边形工具及【~】键的应用

配套资源　效果文件\第2章\玫瑰图形.ai

扫码看视频

操作步骤

1 使用鼠标右键单击工具箱中的"矩形工具" ，在弹出的工具组中选择"多边形工具" ，在工具属性栏中设置描边颜色为"CMYK 红"，设置描边粗细为"0.25pt"，设置填充为"无"。

2 在画板中按住鼠标左键，拖动鼠标绘制一个多边形，但此时不要释放鼠标左键，如图2-8所示。

3 按住【~】键，向图形左外侧拖动鼠标，拖动长度约为一条边的二分之一，形成玫瑰图形，如图2-9所示。由于拖动的速度和方向可能不同，因此不同人操作得到的图形效果可能有所不同。

图2-8 　　　　　　　　图2-9

2.1.5　选择与移动对象

通常绘制的对象并非在画板中指定的位置，此时需要移动对象来达到预期效果。移动对象前，要先确保该对象处于被选择状态，即对象周围将显示一个表示已被选择的定界框。选择对象后，在对象上按住鼠标左键并将其拖动到合适的位置，完成对象的移动。Illustrator 提供了多种选择工具和选择方法，可以帮助设计人员方便、快捷地选择图形、文本、位图、路径、锚点等对象。

● 选择工具 ：使用"选择工具" 单击对象可选择单个对象，按住鼠标左键并拖出一个矩形选框，可选择矩形选框内的所有对象，如图2-10所示。此外，按住【Shift】键单击各个对象，也可选择多个对象。

图2-10

● 直接选择工具 ：使用"直接选择工具" 单击某个锚点或路径，可选择锚点或路径，被选中的锚点呈实心状；按住鼠标左键并拖出一个矩形选框，可选择矩形选框内的所有路径和锚点，如图2-11所示。

图2-11

● 编组选择工具 ：若需要选择的对象是编组内的对象，则使用"编组选择工具" 单击编组中的任意一个对象，可选择该对象。再次单击则选择对象所在的组。如果编组对象属于多重群组，每多单击一次就可以多选择一组对

象，以此类推。

● 魔棒工具 ：使用"魔棒工具" 在需要选择的对象上单击，画面中与该对象属性相近的对象同时被选中。图2-12所示为使用"魔棒工具" 单击帽子后，与帽子填充颜色相似的衣服和鞋子也被同时选中了。

图2-12

● 套索工具 ：使用"套索工具" 绘制一条闭合曲线，可选择闭合曲线范围内的多个对象，包括图形、文本、位图、路径和锚点等，如图2-13所示。

● 使用命令选择对象：在Illustrator中，使用"选择"菜单中的命令，如图2-14所示，也可实现对多种特定对象的选择，如选择文件中的全部对象、选择具有特定属性的对象、按堆叠顺序选择对象、反向选择等。需要注意的是，使用"选择"菜单中各命令对应的组合键也可以快速实现相同的选择效果，例如，按【Ctrl+A】组合键可以选择文件中的所有对象。

图2-13 　　　　　　　　图2-14

选择对象后，若要取消选择，则可直接单击画板外的区域，或选择【选择】/【取消选择】命令，或按【Shift+Ctrl+A】组合键。

2.1.6　复制与删除对象

若文件中很多对象是相同的，则在得到一个对象后，可考虑利用复制操作来得到其他相同的对象，以提高工作效率；而对于不需要的对象，可将其删除。

1. 复制对象

在拖动对象的过程中按住【Alt】键是采用较多的一种高效复制对象的方式。其方法为：选择"选择工具" ，选择对象，按住【Alt】键并拖动对象到目标位置后释放鼠标左键，在目标位置可以得到复制的对象，如图2-15所示。使用

该方法复制对象后，多次按【Ctrl+D】组合键重复复制操作，可按照相同的间距复制对象，如图2-16所示。

图2-15

图2-16

此外，Illustrator还提供了多种粘贴对象的方式，用于精确复制对象。选择对象，选择【编辑】/【复制】命令或按【Ctrl+C】组合键后，通过以下方式可以粘贴对象。

● 随意粘贴：选择【编辑】/【粘贴】命令，或按【Ctrl+V】组合键粘贴出一个新的对象。

● 贴在上层：选择【编辑】/【粘贴】命令，或按【Ctrl+F】组合键将复制的内容粘贴到原对象的上层。

● 贴在下层：选择【编辑】/【贴在后面】命令，或按【Ctrl+B】组合键将复制的内容粘贴到原对象的下层。

● 就地粘贴：选择【编辑】/【就地粘贴】命令，或按【Ctrl+Shift+V】组合键将复制的内容粘贴到原对象上。

● 在所有画板上粘贴：选择【编辑】/【在所有画板上粘贴】命令，或按【Alt+Ctrl+Shift+V】组合键将复制的内容粘贴到所有画板上。

2. 删除对象

选择【编辑】/【剪切】命令，或按【Ctrl+X】组合键，可将选择的对象从当前位置清除，并移入剪贴板中，通过粘贴操作可使其重新出现在画板中。当文件中的对象多余，且不需要其重新出现在画板中时，可在选择对象后，选择【编辑】/【清除】命令，或按【Delete】键，及时将其删除。

2.1.7 重做与还原对象

在操作错误后，不必删除操作的对象，可选择【编辑】/【重做】命令，或按【Shift+Ctrl+Z】组合键撤销错误的操作。若要恢复撤销的操作，则可选择【编辑】/【还原】命令，或按【Ctrl+Z】组合键。

2.1.8 填充与描边对象

颜色是平面设计作品中非常重要的组成部分，选择合

适的颜色才能更好地展示画面中的主体物，从而得到更加美观的画面。Illustrator默认将绘制的图形填充白色，且图形边框为黑色，如果想得到其他颜色的图形，则需要通过填充与描边操作实现。填充与描边的方法有多种，如使用工具属性栏、"描边"面板、"拾色器"对话框、"色板"面板、"颜色"面板和色板库等。

1. 通过工具属性栏进行填充或描边

通过工具属性栏进行填充或描边是较为常用的填充或描边方式。在Illustrator中选择绘图工具后，工具属性栏中会出现填充和描边色块，填充色块呈实心状，描边色块呈空心状。单击相应的色块，在打开的色板中可设置填充或描边颜色，如图2-17所示，其中▨色块表示不进行填充或描边。

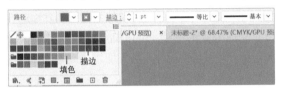

图2-17

按住【Shift】键单击填充或描边色块，可打开替代色彩面板，该面板中的颜色比默认色板中的颜色更加丰富，拖动滑块或输入参数值可设置准确的颜色，直接在面板下方的彩色条上单击可选择单击处的颜色。图2-18所示为在该面板中设置颜色并填充背景的效果。

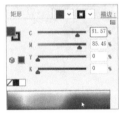

图2-18

绘制图形后，除了可以设置填充和描边颜色，还可以设置描边的粗细、变量宽度配置文件、画笔样式。

● 描边粗细：用于设置描边线条的宽度，该值越大，描边线条越粗，如图2-19所示。

图2-19

● 变量宽度配置文件：选择变量宽度配置文件，可以让描边的宽度发生变化，如图2-20所示。

● 画笔样式：选择一个画笔样式，可使用该画笔样式进行描边，如图2-21所示。

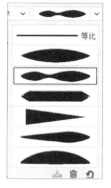

图2-20

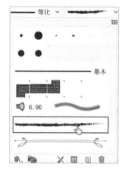

图2-21

范例说明

Illustrator具有强大的矢量绘图功能，使用该功能可以绘制各种需要的图形。本例需要设计颜色鲜明、层次丰富的创意多色表盘，先通过绘制、组合、移动、复制操作来得到多层图形，然后为每层图形设置颜色来完成设计。

操作步骤

1 新建一个18mm×22mm的文件，在工具箱中选择"圆角矩形工具" ▢，在画板中单击，打开"圆角矩形"对话框，设置宽度为"18mm"，高度为"22mm"，圆角半径为"2mm"，单击"确定"按钮，如图2-22所示。

2 此时，画板中出现一个设定尺寸的圆角矩形，如图2-23所示。

图2-22   图2-23

3 按住【Shift】键在工具属性栏中单击填充色块，在打开的面板中设置颜色值为"C:77、M:75、Y:0、K:0"，如图2-24所示。

4 单击描边色块，在打开的色板中单击☑色块取消描边，如图2-25所示，查看填充与描边效果。

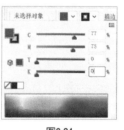

图2-24   图2-25

5 选择"椭圆工具" ⬭，在工具属性栏中单击填充色块，在打开的色板中单击"CMYK黄"色块；单击描边色块，在打开的色板中单击☑色块取消描边，如图2-26所示。

6 在画板中按住【Shift】键拖动鼠标绘制两个大小不同的圆形，将鼠标指针移动到圆形中心，按住鼠标左键拖动圆形到合适的位置，将它们组合成图2-27所示的形状。

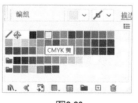

图2-26   图2-27

7 选择"选择工具" ▶，按住【Shift】键选择两个圆形，按【Ctrl+C】组合键复制圆形，按【Ctrl+F】组合键将它们粘贴在原对象的上层。

8 按住【Ctrl+Alt】组合键，拖动角控制点，缩小两个圆形，如图2-28所示。

9 在工具属性栏中单击填充色块，在打开的色板中单击 "CMYK 青" 色块，更改复制的两个圆形的颜色，如图2-29所示。

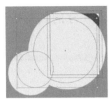 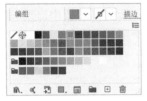

图2-28　　　　　　　　图2-29

10 查看复制的两个圆形更改填充颜色后的效果，如图2-30所示。

11 使用步骤7~步骤9的方法得到图2-31所示的图形，注意在工具属性栏中更改填充颜色。

图2-30　　　　　　　　图2-31

12 在中心位置继续绘制圆形，将其颜色填充为 "CMYK 红"，并取消描边，效果如图2-32所示。

13 选择 "选择工具" ▶，拖动鼠标在所有图形外侧绘制一个矩形框，框选所有图形，如图2-33所示。

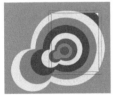 

图2-32　　　　　　　　图2-33

14 为了将圆角矩形中的图形与圆角矩形外的图形分割开，以方便删除圆角矩形外的图形，需要按【Shift+Ctrl+F9】组合键打开 "路径查找器" 面板，单击 "分割" 按钮 ，如图2-34所示。

15 分割后会自动生成一个编组图形，在该图形上单击鼠标右键，在弹出的快捷菜单中选择 "取消编组" 命令，如图2-35所示。

16 选择 "选择工具" ▶，选择圆角矩形外需要删除的对象，按【Delete】键将其删除，效果如图2-36所示。

17 选择 "文字工具" T，在画面右下角单击以定位文本插入点，在工具属性栏中设置颜色为

"白色"；输入文字后单击 "字符" 链接，打开 "字符" 面板，设置字体为 "Bahnschrift"；调整字号；继续在下方输入文字，设置字体为 "方正中等线简体"，调整字号，效果如图2-37所示。

图2-34　　　　　　　　图2-35

图2-36　　　　　　　　图2-37

2. 通过 "描边" 面板设置更多的描边属性

在绘图工具的工具属性栏中往往只能进行简单的描边设置，若要设置更复杂的描边属性，则需要选择【窗口】/【描边】命令或按【Ctrl+F10】组合键，打开 "描边" 面板，如图2-38所示。

图2-38

下面介绍 "描边" 面板中的描边设置。

● 粗细：用于设置描边线条的宽度，该值越大，描边线条越粗。

● 端点：单击对应按钮可为开放路径的两个端点设置相应的形状。单击 "平头端点" 按钮 ，效果如图2-39所示；单击 "圆头端点" 按钮 ，路径末端将具有圆角效果，如图2-40所示，在准确对齐路径端点时，该按钮非常有用；单击 "方头端点" 按钮 ，路径末端将向外延长到描边 "粗细" 值一半的距离，如图2-41所示。

图2-39　　　　　　　图2-40　　　　　　　　图2-41

- 边角：用于设置直线路径中边角处的连接方式。单击"斜接连接"按钮 ，边角将呈直角状，如图2-42所示；单击"圆角连接"按钮，边角将呈圆角状，如图2-43所示；单击"斜角连接"按钮，边角将呈斜角状，如图2-44所示。

图2-42　　　　　　图2-43　　　　　　　图2-44

- 限制：用于设置斜角的大小，范围为1~500。
- 对齐描边：单击相应按钮可设置描边与封闭路径对齐的方式。单击"使描边居中对齐"按钮，描边与封闭路径的中心对齐，如图2-45所示；单击"使描边内侧对齐"按钮，描边与封闭路径的内侧对齐，如图2-46所示；单击"使描边外侧对齐"按钮，描边与封闭路径的外侧对齐，如图2-47所示。

图2-45　　　　　　图2-46　　　　　　　图2-47

- 虚线：选中该复选框后，可在下方的"虚线"数值框中设置虚线的宽度，图2-48所示为设置不同"虚线"值的区别；在"间隙"数值框中可设置虚线的间隔距离，图2-49所示为设置不同"间隙"值的区别。通过"虚线"和"间隙"数值框可设置不同宽度和间距的虚线，如图2-50所示。单击右侧的 按钮，可以保留虚线和间隙的精确值；单击 按钮，可以使虚线与边角和路径终点对齐。

图2-48

图2-49

图2-50

- 箭头：在该下拉列表框中可为路径的起点和终点添加箭头。单击右侧的 按钮，可互换起点和终点。若在"箭头"下拉列表框中选择"无"选项，则可删除设置的箭头。图2-51所示为应用箭头的效果。

图2-51

- 缩放：用于调整箭头的缩放比例，单击 按钮，可同时调整起点和终点箭头的缩放比例。
- 对齐：单击 按钮，箭头会超过路径的终点；单击 按钮，可以将箭头放置在路径的终点处。
- 配置文件：选择一个配置文件，可以让描边的宽度发生变化，如图2-52所示。单击 按钮进行横向翻转，如图2-53所示；单击 按钮进行纵向翻转。

图2-52　　　　　　　　　图2-53

范例 绘制风扇图标

知识要点 填充与描边图形、设置描边样式

配套资源 效果文件\第2章\风扇图标.ai

扫码看视频

范例说明

在网页、海报、插画等作品中经常会使用到图标。本例的风扇图标由3个扇叶形状和一个圆形组成，注意扇叶的形状、大小、距离及角度的规律性，可调整描边粗细，以及调整虚线的"虚线"值、"间隙"值快速得到图标。

操作步骤

1 新建一个210mm×210mm的文件，在工具箱中选择"圆角矩形工具" ▢，在画板中单击，打开"圆角矩形"对话框，设置宽度为"142 mm"，高度为"160 mm"，圆角半径为"8 mm"，单击"确定"按钮，如图2-54所示。

2 查看绘制的圆角矩形，在工具属性栏中单击填充色块，在打开的色板中单击"CMYK 黄"色块进行填充；单击描边色块，在打开的色板中单击☑色块取消描边，效果如图2-55所示。

图2-54

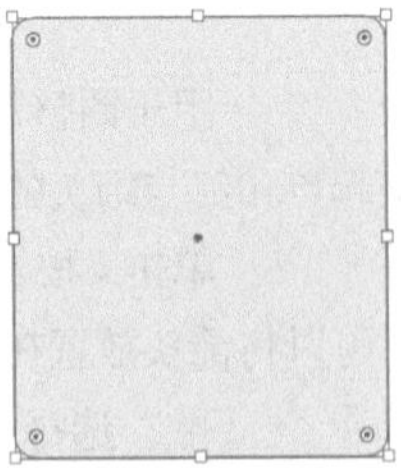

图2-55

3 选择"椭圆工具" ⬭，在工具属性栏中单击填充色块，在打开的色板中单击☑色块取消填充；单击描边色块，在打开的色板中单击"CMYK 青"色块，设置描边粗细为"100pt"，如图2-56所示。

4 按住【Shift】键并拖动鼠标，绘制一个圆形，将其移动到圆角矩形的中间，如图2-57所示。

5 选择【窗口】/【描边】命令，打开"描边"面板，选中"虚线"复选框，在"虚线"和"间隙"数值框中

输入"120pt"，如图2-58所示。

6 得到3个扇叶形状，如图2-59所示。调整"虚线"值和"间隙"值可制作4个或其他数量的扇叶形状。

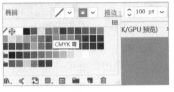

图2-56

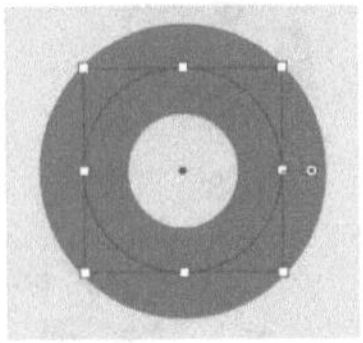

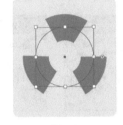

图2-57

图2-58

图2-59

7 在扇叶中心绘制一个小圆形，在工具属性栏中取消描边，设置填充颜色为"CMYK 青"，效果如图2-60所示。

8 在扇叶外侧绘制一个大圆形，在工具属性栏中取消填充，设置描边颜色为"CMYK 青"，描边粗细为"18pt"，效果如图2-61所示。如果描边延续了前面的虚线设置，则需要在"描边"面板中取消选中"虚线"复选框。

图2-60

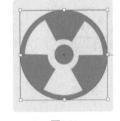

图2-61

3. 通过"拾色器"对话框选择更多颜色

在工具属性栏中设置的颜色主要为色板颜色，由于色板中的颜色较少，因此当需要更多的颜色时，可以在"拾色器"对话框中进行设置。其方法为：选择对象后，在工具箱底部双击"填色"色块（左上角的颜色图标）或"描边"色块（右下角的颜色图标），打开"拾色器"对话框，如图2-62所示，单击需要的颜色，或输入颜色数值，单击"确定"按钮。选中不同的单选项后，"选择颜色"区域中将显示不同的色域。设置颜色后，若出现"超出色域警告"标记▲，则单击该标记可将当前颜色转换为CMYK颜色；若输入了RGB颜色，则在"超出色域警告"标记▲下方显示的颜色为CMYK颜色。选中"仅限Web颜色"复选框，则只显示Web安全颜色。

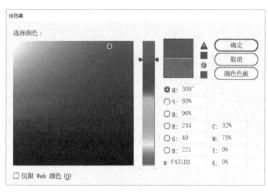

图2-62

修改填充和描边后，在工具箱底部单击"填色""描边"按钮▣或按【D】键，将显示默认的填充与描边颜色（填充颜色为"白色"，描边颜色为"黑色"）；单击"互换填色和描边"按钮↰或按【Shift+X】组合键可互换填充与描边颜色。图2-63所示为互换默认颜色的效果。

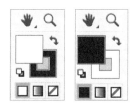

图2-63

4. 常用的颜色选择面板

单色填充是常见的填充方法，Illustrator提供了多种颜色选择面板来帮助设计人员填充和管理单色。

● "色板"面板：选择【窗口】/【色板】命令，打开"色板"面板，如图2-64所示，单击左上角的填充或描边色块，再单击需要选择的色块可以为选择的对象设置填充颜色或描边颜色。对于需要经常使用而色板中没有的颜色，可以将其添加到"色板"面板中，其方法为：单击"色板"面板底部的"新建色板"按钮▣，打开"新建色板"对话框，设置需要的颜色，单击"确定"按钮，如图2-65所示。此外，将不需要的色块直接拖到"删除色板"按钮▣上可将该色块删除。

● 色板库：选择【窗口】/【色板库】命令下的子命令，可打开对应的色板库面板，单击相应的色块可以填充选择的对象。图2-66所示为选择【窗口】/【色板库】/【自然】/【叶子】命令后打开的"叶子"色板库面板。

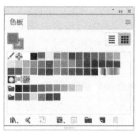

图2-64

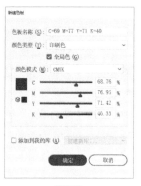

图2-65

图2-66

● "颜色"面板：选择【窗口】/【颜色】命令，打开"颜色"面板，其中默认只显示了颜色光谱条。在面板的右上角单击≡按钮，在弹出的下拉列表中选择"显示选项"选项，将打开"颜色"面板。单击面板左上角的填充或描边色块，拖动"颜色"面板中的各个颜色滑块，或在各个数值框中输入颜色值，或在下方的颜色光谱条上单击即可设置颜色。在面板的右上角单击≡按钮，在弹出的下拉列表中可隐藏选项，可使用不同颜色模式设置颜色，也可设置反相颜色、补色，如图2-67所示。

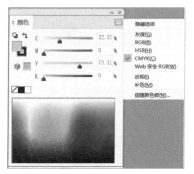

图2-67

●"颜色参考"面板："颜色参考"面板是基于在"拾色器"对话框、"色板"或"颜色"等面板中选择的颜色而存在的。当在"拾色器"对话框、"色板"或"颜色"面板中设置一种颜色后，"颜色参考"面板中会自动生成与之协调的颜色方案，以供用户使用。选择【窗口】/【颜色参考】命令，或按【Shift+F3】组合键，即可打开"颜色参考"面板，单击参考色块可更改选择的颜色。图2-68所示为选择绿色后的参考颜色方案，在颜色右侧的下拉列表框中可选择协调规则，如互补色、近似色、对比色等。

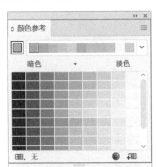

图2-68

5. 编辑颜色

完成作品的设计后，如果需要更改配色，则在面对大量复杂的绘制元素时，逐一更改会比较麻烦，此时可选择【编辑】/【编辑颜色】命令，在弹出的子菜单中选择更改颜色的方式，如重新着色图稿、更改颜色模式、更改饱和度、反相颜色、混合颜色等，如图2-69所示。

图2-69

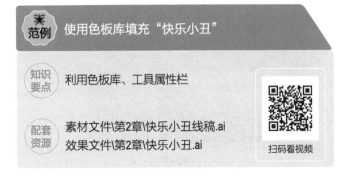

★ 范例 使用色板库填充"快乐小丑"

知识要点 利用色板库、工具属性栏

配套资源 素材文件\第2章\快乐小丑线稿.ai
效果文件\第2章\快乐小丑.ai

扫码看视频

范例说明

插画线稿需要着色才会更美观，优秀的着色方案具有一定的统一性，如统一的颜色，利用不同深浅的颜色可以制作出层次丰富的插画。本例为了得到色彩绚丽、欢快活泼的小丑插画效果，使用相同饱和度的多种颜色进行填充。

操作步骤

1 打开"快乐小丑线稿.ai"文件，如图2-70所示。

2 选择【窗口】/【色板库】/【颜色属性】/【饱和色】命令，如图2-71所示。

图2-70　　　　　　图2-71

3 打开"饱和色"色板库面板，单击背景矩形的边框以选择该矩形，单击第二排的蓝色色块，为矩形填充蓝色，如图2-72所示。

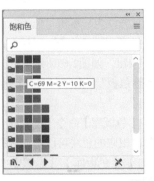

图2-72

4 单击头发图形的边框，选择头发图形，在"饱和色"色板库面板中单击第三排的黄色色块，为头发图形填充黄色，如图2-73所示。

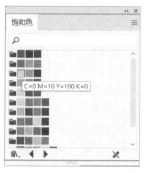 

C=0 M=10 Y=100 K=0

图2-73

5 使用相同的方法填充插画的其他部分，效果如图2-74所示，其中"白色"和"黑色"部分可通过工具属性栏填充。

6 框选所有图形，单击工具属性栏中的描边色块，在打开的色板中单击☑色块取消描边，效果如图2-75所示。

图2-74　　　　　　图2-75

范例　更改插画配色方案

知识要点	重新着色图稿、调整色彩平衡

配套资源	素材文件\第2章\快乐小丑.ai 效果文件\第2章\更改配色方案.ai

扫码看视频

范例说明

不同的色彩搭配会给人不同的视觉感受，完成图稿的绘制后，可以设计多种配色方案，然后从中选择符合要求的配色方案。本例将通过重新着色图稿、调整色彩平衡来得到其他配色方案。

操作步骤

1 打开"快乐小丑.ai"文件，使用"选择工具"▶框选图稿内容，选择【编辑】/【编辑颜色】/【重新着色图稿】命令，打开"重新着色图稿"对话框，单击"编辑"选项卡，拖动颜色盘上的某个小圆可单独调整对应的颜色；若要整体调整配色，则单击"链接协调颜色"按钮▧，使其变为"取消链接协调颜色"按钮🔓，如图2-76所示。

2 拖动颜色盘上的任意一个小圆，其他小圆也将随之改变位置，下方参数栏中的参数将进行对应变化，如图2-77所示。也可选择小圆后，在对话框下方的参数栏中设置参数，从而改变配色方案。

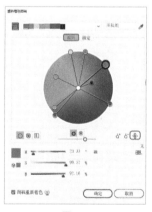 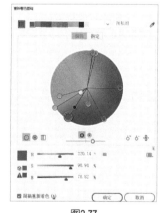

图2-76　　　　　　图2-77

3 调整完成后单击"确定"按钮，查看调整配色方案后的效果，如图2-78所示。

4 使用"选择工具"▶框选图稿内容，选择【编辑】/【编辑颜色】/【调整色彩平衡】命令，打开"调整颜色"对话框，减少洋红色，增加黄色，单击"确定"按钮可得到其他配色方案，如图2-79所示。

图2-78

图2-79

使用"直线段工具" ✏可以绘制不同长度、不同角度的直线段。选择工具箱中的"直线段工具" ✏，在画板中单击以确定路径起点，按住鼠标左键并拖动鼠标到需要结束路径的位置，然后释放鼠标左键即可完成线条的绘制。该方式常用于连接线条。此外，Illustrator还提供了多种绘制直线段的方法。

● 在绘制直线段的过程中不释放鼠标左键，按住【Shift】键，可绘制出水平、垂直、45°、90°和135°的直线段；按住【Alt】键，可以绘制以单击点为中心并向两边延伸的直线段。

● 使用"直线段工具" ✏单击画板，打开"直线段工具选项"对话框，可设置直线段的长度和角度，然后单击"确定"按钮，如图2-81所示。若选中"线段填色"复选框，则会将绘制的直线段改为折线或曲线并以设置的前景色填充。

● 在绘制直线段的过程中不释放鼠标左键，按住【~】键可绘制多条射线。对射线的变量宽度配置文件进行设置，将能得到更多的射线效果，如图2-82所示。

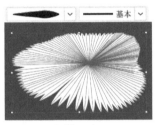

图2-81   图2-82

2.2 线型绘图工具

在平面设计作品中，很多时候都需要用到线条，线条除了能组成复杂的矢量图形之外，还能在设计中起到引导视线、串联整体、突出视觉主体、分割整体、衬托画面、修饰主体等作用。在Illustrator中，线型绘图工具主要包括直线段工具、弧形工具、螺旋线工具，使用它们可完成常规线条的绘制。

2.2.1 直线段工具

直线段可用于制作线条背景、图案，还可作为版面修饰物、图表连接线等。图2-80所示为直线段在设计中的应用。

图2-80

★ 范例   制作条纹图案

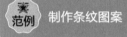

知识要点   使用直线段工具、复制与移动对象、使用【Ctrl+D】组合键

 配套资源   效果文件\第2章\条纹图案.ai

扫码看视频

■ 范例说明

条纹图案可用于海报设计、服装设计、包装设计等多个领域，使用"直线段工具" ✏可以快速创建不同粗细、不同颜色、不同间距的条纹图案。本例将制作一款年轻、时尚的女士衬衫条纹图案，将黄色和青色作为条纹颜色。

1 新建一个180mm×180mm的文件，选择"直线段工具" ，单击画板，打开"直线段工具选项"对话框，设置直线段长度为"100mm"，角度为"90°"，单击"确定"按钮，如图2-83所示。

2 在工具属性栏中设置描边颜色为"C:44.72、M:5.98、Y:19.45、K:0"，设置描边粗细为"18 pt"，如图2-84所示。

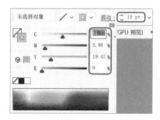

图2-83　　　　　　　　图2-84

3 选择"选择工具" ，单击线条，按【Ctrl+C】组合键复制线条，按【Ctrl+F】组合键粘贴线条；在工具属性栏中更改复制的线条的描边颜色为"C:15.25、M:25.38、Y:39.82、K:0"，描边粗细为"3pt"，按【→】键向右移动线条到合适的位置，如图2-85所示。

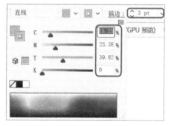

图2-85

4 使用相同的方法制作其他两个线条，分别更改描边粗细为"3pt""14pt"，调整线条之间的距离，此时，一组条纹图案就制作完成了，效果如图2-86所示。

5 框选所有线条，按住【Alt】键将它们水平拖动到目标位置后释放鼠标左键，复制一组条纹图案，如图2-87所示。

6 多次按【Ctrl+D】组合键重复复制操作，可按照相同的间距进行复制，效果如图2-88所示，完成条纹图案的绘制。

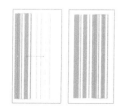

图2-86　　　　图2-87　　　　　　图2-88

制作条纹图案后，可以通过重新着色图稿的方式来获取更多的配色方案，也可以旋转条纹图案来制作斜条纹效果，还可设置变量宽度配置文件来调整条纹图案的效果，如图2-89所示。

图2-89

2.2.2 弧形工具

弧形可用于制作彩虹、雨伞、手提袋、波浪线、抛物线等弧形图案，也可用于装饰与分割版面。图2-90所示为弧形在设计中的应用。

图2-90

"弧形工具" 可用来绘制弧形，选择工具箱中的"弧形工具" ，在工具属性栏中设置描边颜色和描边粗细，在画板中单击以确定路径起点，按住鼠标左键并拖动鼠标到需要结束路径的位置，然后释放鼠标左键即可绘制一条弧形。

在绘制弧形的过程中不释放鼠标左键，按【C】键，可以在开放的弧形与闭合的弧形之间切换；按住【Shift】键，可以绘制圆形的四分之一弧线；按【F】键可以上下翻转弧形；按住【~】键，可绘制出多条具有同一起点的弧形。

如果要绘制精确的弧形，则可以使用"弧形工具" 单击画板，打开"弧线段工具选项"对话框，设置相应的参数后单击"确定"按钮，如图2-91所示。

图2-91

● X轴长度：在该数值框中输入数值，可以定义另一个端点在水平方向的距离。

● Y轴长度：在该数值框中输入数值，可以定义另一个端点在垂直方向的距离。

● 定位器 🔲：单击定位器图标 🔲 中不同的定位点，可以设置弧形端点的位置及弧形弯曲的方向。图2-92所示为其他参数相同，分别单击该图标4个角处的方块后得到的弧形。

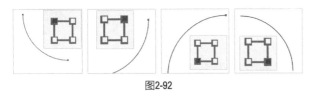

图2-92

● 类型：在该下拉列表框中可选择是绘制开放弧形还是绘制闭合弧形，如图2-93所示，默认类型为"开放"。

● 基线轴：用于指定弧形的方向是水平方向还是垂直方向。

● 斜率：拖动滑块或在右侧的数值框中输入数值，可设置弧形的弧度，正值表示弧形凸出，负值表示弧形凹陷，如图2-94所示。

● 弧线填色：选中该复选框，在绘制开放或闭合的弧形时将用设置的颜色填充，如图2-95所示。

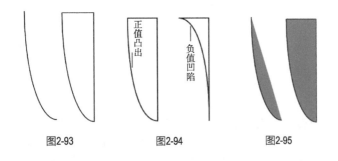

图2-93   图2-94   图2-95

2.2.3 螺旋线工具

螺旋线常见于水波、蚊香、棒棒糖、海浪等螺旋形状的图案中。图2-96所示为螺旋线在设计中的应用。

图2-96

使用"螺旋线工具" ◎ 可以绘制出不同半径、不同段数和不同样式的螺旋线。选择"螺旋线工具" ◎ 工具后，在画板中按住鼠标左键并拖动鼠标到需要的位置后释放鼠标左键，即可绘制螺旋线。

如果要绘制半径和衰减率精确的螺旋线，选择"螺旋线工具" ◎，在画板中单击，打开"螺旋线"对话框，设置相应的参数后，单击"确定"按钮，如图2-97所示，即可绘制精确的螺旋线。

图2-97

● 半径：在该数值框中输入数值，可以设置螺旋线的半径。

● 衰减：在该数值框中输入数值，可以设置每层旋转圈的差值。数值越大，旋转圈的差值越小，旋转圈的层数越多，如图2-98所示。

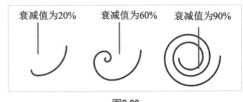

图2-98

● 段数：在该文本框中输入数值，可以设置螺旋线的段数。数值越大，螺旋线越长；数值越小，螺旋线越短。

● 样式：用于设置是按顺时针方向绘制螺旋线还是按逆时针方向绘制螺旋线。

范例 绘制棒棒糖图标

知识要点 使用椭圆工具、使用螺旋线工具、使用直线段工具、使用美工刀工具

配套资源 效果文件\第2章\棒棒糖.ai

扫码看视频

范例说明

棒棒糖在平面设计中经常作为装饰元素，可以用来营造童趣、欢快、活泼、甜蜜等氛围。为了使棒棒糖的纹理舒适、自然，本例使用螺旋线并结合宽度变量文件来制作棒棒糖纹理；在颜色的选择上使用温馨的黄色、绿色、白色，这样的颜色搭配简约、明快。读者在制作时需要结合自身需求考虑作品的配色。

操作步骤

1 新建"棒棒糖.ai"文件，在工具箱中选择"椭圆工具"◯，在画板中单击，打开"椭圆"对话框，设置宽度为"40 mm"，高度为"40 mm"，单击"确定"按钮，如图2-99所示。

2 查看绘制的椭圆，在工具属性栏中单击填充色块，在打开的色板中单击"CMYK黄"色块进行填充；单击描边色块，在打开的色板中单击☑色块取消描边，效果如图2-100所示。

图2-99

图2-100

3 选择"螺旋线工具"◎，在画板中单击，打开"螺旋线"对话框，分别设置半径、衰减和段数为"20mm""80%""12"，单击"确定"按钮，如图2-101所示。

图2-101

4 选择绘制的螺旋线，在工具属性栏中取消填充，设置描边颜色为"白色"，描边粗细为"10pt"，设置宽度变量为5点圆形，设置不透明度为"80%"，如图2-102所示。

图2-102

5 选择底层的圆形，按【Ctrl+C】组合键复制圆形，按【Ctrl+Shift+V】组合键粘贴圆形，选择"美工刀工具"✂，在圆形边缘上按住鼠标左键，拖动鼠标到另一个边缘，绘制分割线，如图2-103所示。注意分割线需要绘制得足够长，其端点不能在圆形内部。

6 选择圆形的下部，按【Delete】键将其删除。选择剩余部分，在工具属性栏中更改填充颜色为"C:0、M:50、Y:100、K:0"，设置不透明度为"15%"，效果如图2-104所示。

图2-103

图2-104

7 选择"直线段工具" ，绘制线条，设置线条的描边粗细为"8pt"，描边颜色为"C:0、M:0、Y:0、K:20"；选择【窗口】/【描边】命令，在打开的"描边"面板中单击"圆头端点"按钮 ，按【Ctrl+[】组合键将线条置于底层，完成棒棒糖的绘制，如图2-105所示。

8 为了使棒棒糖更加美观，本例将其制作为扁平化风格。在底部绘制圆形和投影，按【Ctrl+[】组合键将圆形和投影置于底层，设置圆形的填充颜色为"C:17、M:4、Y:88、K:0"，设置投影的填充颜色为"C:30、M:13、Y:86、K:0"，完成棒棒糖图标的绘制，如图2-106所示。

图2-105

图2-106

2.3 网格绘图工具

在平面设计作品中，网格可以用来制作表格或网格状背景。在Illustrator中，网格绘图工具主要包括矩形网格工具和极坐标网格工具，使用它们可完成矩形网格和极坐标网格的绘制。

2.3.1 矩形网格工具

使用"矩形网格工具" 可轻松绘制矩形网格，从而制作不同间距、不同大小的表格，在表格中还可以放置文本或图形，以完成图形的排版或完整数据表格的制作。图2-107所示为矩形网格在设计中的应用。

选择"矩形网格工具" ，在画板中按住鼠标左键并拖动鼠标到需要的位置后释放鼠标左键，即可绘制出矩形网格。如果要按照指定数目的分隔线来创建矩形网格，则选择"矩形网格工具" ，在画板中单击，打开"矩形网格工具选项"对

话框，设置相应的参数后单击"确定"按钮，如图2-108所示。

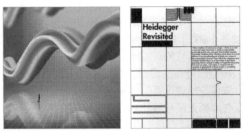

图2-107

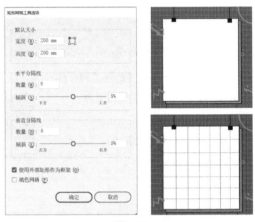

图2-108

● 宽度：用于设置矩形网格的宽度。

● 高度：用于设置矩形网格的高度。

● 定位器 ：单击该图标上的定位点，可以确定网格起始点的位置。

● 水平分隔线：在"数量"数值框中输入数值，可以设置水平方向上网格的行数。在"倾斜"数值框中输入数值，可设置水平方向上网格间距的变化。该值为0%时，网格的间距相同；该值大于0%时，网格的间距由上到下逐渐变窄；该值小于0%时，网格的间距由下到上逐渐变窄。

● 垂直分隔线：在"数量"数值框中输入数值，可以设置垂直方向上网格的列数。其中，设置"倾斜"值可以改变垂直方向上网格的间距。

● 使用外部矩形作为框架：选中该复选框，可使矩形成为网格的框架。

● 填色网格：选中该复选框，表示绘制出的网格将以设置的颜色填充。

技巧

若在绘制矩形网格的过程中不释放鼠标左键，则按【↑】键可以增加水平分隔线，按【↓】键可以减少水平分隔线，按【←】键可以减少垂直分隔线，按【→】键可以增加垂直分隔线。

范例 绘制像素化Logo

知识要点 使用矩形网格工具、使用分割对象、使用取消编组对象、使用填充对象、使用删除对象

配套资源 效果文件\第2章\像素化Logo.ai

扫码看视频

范例说明

像素化图形由一个个小方块组成，常见于刺绣、积木等图案中。使用矩形网格工具可以快速、高效地制作这类风格的图形。本例将制作清新风格的像素化Logo，为了突出像素化Logo的层次，采用不同深浅的绿色来表达。

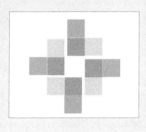

操作步骤

1 新建"像素化Logo.ai"文件，选择"矩形网格工具"，在画板中单击，打开"矩形网格工具选项"对话框，设置宽度和高度均为"160mm"，设置水平分隔线和垂直分隔线的数量均为"10"，选中"使用外部矩形作为框架"复选框和"填色网格"复选框，单击"确定"按钮，如图2-109所示。

2 为了将网格分割成小方块，按【Shift+Ctrl+F9】组合键打开"路径查找器"面板，如图2-110所示，单击"分割"按钮。

3 选择分割后的矩形网格，在其上单击鼠标右键，在弹出的快捷菜单中选择"取消编组"命令，如图2-111所示。

4 根据设计要求单击网格中的某些方块，为它们填充需要的颜色，此处填充不同深浅的绿色，如图2-112所示。

5 单击任意一个白色方块，选择【选择】/【相同】/【外观】命令，选择所有白色方块，按【Delete】键将它们删除，此时只剩下填充了颜色的方块，如图2-113所示。

6 删掉剩余色块的描边，调整方块的位置，使它们看起来更加紧凑，形成图2-114所示的像素化Logo效果。

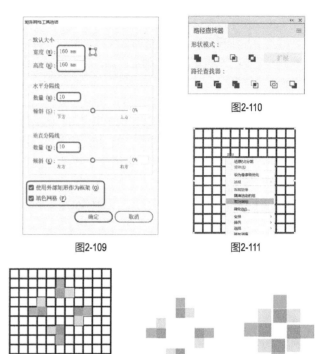

图2-109

图2-110

图2-111

图2-112　　　　图2-113　　　　图2-114

2.3.2　极坐标网格工具

使用"极坐标网格工具"可以轻松绘制由圆形和直线段组成的网格，这种极坐标网格常见于同心圆、箭靶、雷达、蜘蛛网、电扇等形状中。图2-115所示为极坐标网格在设计中的应用。

选择"极坐标网格工具"，在画板中按住鼠标左键并拖动鼠标到需要的位置后释放鼠标左键，即可绘制极坐标网格。如果要创建具有指定大小和数目的分隔线的同心圆网格，则选择使用"极坐标网格工具"，在画板中单击，打开"极坐标网格工具选项"对话框，设置相应的参数后单击"确定"按钮，如图2-116所示。

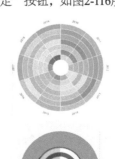

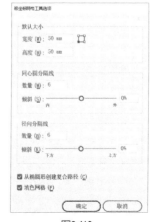

图2-115　　　　图2-116

● 宽度：用于设置极坐标网格的宽度。

● 高度：用于设置极坐标网格的高度。

● 定位器🔲：单击该图标上的定位点，可以确定极坐标网格起始点的位置。

● 同心圆分隔线："数量"数值框用于设置极坐标网格中圆形分隔线的数量。"倾斜"数值框用于设置同心圆是倾向于网格内侧还是外侧。该值为0%时，同心圆的间距相等；该值大于0%时，同心圆向边缘聚拢；该值小于0%时，同心圆向中心聚拢，如图2-117所示。

图2-117

● 径向分隔线："数量"数值框用于设置极坐标网格中径向分隔线的数量，"倾斜"数值框用于设置径向分隔线是倾向于沿顺时针方向还是沿逆时针方向。图2-118所示为不同倾斜值的对比变化效果。

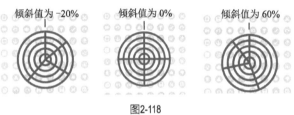

图2-118

● 从椭圆形创建复合路径：选中该复选框，可将同心圆转换为单独复合路径并间隔填色。

● 填色网格：选中该复选框，将使用当前颜色填充绘制的极坐标网格。

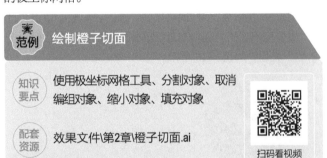

范例　绘制橙子切面

知识要点　使用极坐标网格工具、分割对象、取消编组对象、缩小对象、填充对象

配套资源　效果文件\第2章\橙子切面.ai

📹 范例说明

　　橙子切面由很多个橙瓣组成，绘制橙瓣比较麻烦。为了提高工作效率，本例使用极坐标网格工具完成橙子切面的绘制。为了使橙瓣更加美观，将编辑圆角的外观，使其更圆润。

📋 操作步骤

1 新建一个200mm×200mm的"橙子切面.ai"文件，选择"极坐标网格工具"🔳，在画板中单击，打开"极坐标网格工具选项"对话框，设置宽度和高度均为"80 mm"，设置径向分隔线为"8"，选中"填色网格"复选框，单击"确定"按钮，如图2-119所示。

2 在工具属性栏中设置填充颜色为"C:0、M:35、Y:85、K:0"，设置描边颜色为"白色"，描边粗细为"8 pt"，如图2-120所示。

图2-119

图2-120

3 为了方便将圆形分割成8块，需要单独缩小圆形，否则只能将其分割成4块。选择橙子切面图形，在其上单击鼠标右键，在弹出的快捷菜单中选择"取消编组"命令，如图2-121所示；按住【Ctrl+Alt】组合键并向内拖动控制点，达到向中心缩小圆形的效果。

4 选择"直接选择工具"▷，框选图形，按【Shift+Ctrl+F9】组合键，打开"路径查找器"面板，单击"分割"按钮🔳，如图2-122所示。

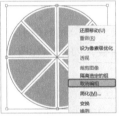

图2-121

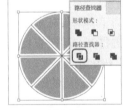

图2-122

5 选择"直接选择工具"▷，框选图形，向内拖动中心处出现的◉图标，调整圆角的弧度，使橙子切面更加美观，如图2-123所示。

6 完成橙子切面的绘制后，可根据需要添加装饰图形或文本。先绘制一个比橙子切面略大的圆形，按【Ctrl+[】组合键将圆形置于底层，设置大圆的填充颜色为"白色"，描边颜色为"C:0、M:50、Y:100、K:0"，描边大小为"12pt"。然后使用"钢笔工具"✒绘制绿叶，设置填

充颜色为"C:50、M:0、Y:100、K:0",描边大小为"12pt"。再选择"文字工具"**T**,输入文字,设置文字颜色分别为"C:0、M:35、Y:85、K:0"和"C:50、M:0、Y:100、K:0",设置字体为"Eras Demi ITC",效果如图2-124所示。

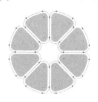
图2-123

图2-124

图2-126

2.4 形状绘图工具

在平面设计作品中,形状图形的应用非常广泛。在Illustrator中可以使用形状绘图工具快速绘制基本的形状图形,如矩形、圆角矩形、星形、多边形和椭圆等,以及各种光线图形,对这些基本的形状图形进行编辑和变形处理,可以得到更复杂的图形。

2.4.1 矩形工具

"矩形工具" □ 可用来绘制矩形和正方形。选择该工具后,在画板中按住鼠标左键并拖动鼠标到需要的位置后释放鼠标左键,即可绘制矩形。绘制矩形时,按住【Shift】键可以绘制正方形;按住【Alt】键,可以以单击点为中心向外绘制矩形;按住【Shift+Alt】组合键,可以以单击点为中心向外绘制正方形。图2-125所示为不同矩形的组合效果。

要绘制尺寸精确的矩形,可先选择"矩形工具" □,然后在画板中单击,打开"矩形"对话框,在"宽度"和"高度"数值框中输入数值,单击"确定"按钮。图2-126所示为绘制的尺寸精确的矩形背景。

图2-125

范例 绘制包装盒平面图

知识要点 使用矩形工具、使用填充对象、使用复制对象

配套资源 素材文件\第2章\包装盒素材.ai
效果文件\第2章\包装盒平面图.ai

扫码看视频

范例说明

很多包装盒的形状都是长方形,因此使用矩形工具可以快速绘制其平面图。为了得到精确的包装盒尺寸,本例通过"矩形"对话框绘制矩形。绘制完成后,根据需要添加文本、图形、花纹等元素,制作米糕的包装盒平面图及其立体展示效果。

操作步骤

1 新建一个200mm×200mm的文件,在工具箱中选择"矩形工具" □,在画板中单击,打开"矩形"对话框;在"宽度"和"高度"数值框中分别输入"75mm""35mm",单击"确定"按钮;在工具属性栏中设置填充颜色为"C:0、M:35、Y:85、K:0",效果如图2-127所示。

图2-127

2 分别绘制尺寸为16mm×35mm、75mm×16mm的矩形，并将它们分别放置在矩形左侧和下方，将它们均填充"黑色"，如图2-128所示。

3 由于包装盒是对称的，因此可通过复制和移动操作得到包装盒的其他面，如图2-129所示。

图2-128

图2-129

4 打开"包装盒素材.ai"素材文件，复制其中的文字和图案并将它们粘贴到包装盒平面图上。为了方便展示，可利用Photoshop制作出包装盒的立体展示效果，如图2-130所示。

图2-130

2.4.2 圆角矩形工具

矩形通常给人锐利、棱角分明的感觉，要绘制圆润、柔和的矩形，可使用"圆角矩形工具" ⬜，圆角矩形的绘制方法与矩形的绘制方法相同。图2-131所示为不同圆角半径的圆角矩形。

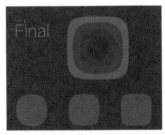

图2-131

要绘制大小和圆角半径精确的圆角矩形，可选择"圆角矩形工具" ⬜，然后在画板中单击，打开"圆角矩形"对话框，设置宽度、高度和圆角半径后，单击"确定"按钮。图2-132所示为绘制的尺寸精确的圆角矩形背景。

图2-132

技巧

绘制圆角矩形时，按【↑】键可增大圆角半径，直到其成为圆形；按【↓】键可减小圆角半径，直到其成为矩形；按【→】键可创建圆形圆角；按【←】键可创建方形圆角。

绘制圆角矩形后，可在其内部看见 ◉ 图标，直接拖动该图标，可调整圆角矩形的整体圆角半径。若先选中该图标，使其变为 ◉ 形状，再拖动该图标，则可单独调整一个角的圆角半径，其他角的圆角半径不受影响，如图2-133所示。

图2-133

小测 制作国潮风吊牌

配套资源\效果文件\第2章\国潮风吊牌.ai

本小测要求制作五折优惠的国潮风吊牌。制作时，为了突出国潮风，可对不同圆角半径的圆角矩形进行组合，合并出国潮风边框效果；为了突出质感，添加光晕图形，效果如图2-134所示。

图2-134

2.4.3 椭圆工具

"椭圆工具" 可用来绘制圆形和椭圆，这些图形广泛用于设计作品的底纹、标签、边框等中。选择该工具后，在画板中按住鼠标左键并拖动鼠标到需要的位置后释放鼠标左键，即可绘制椭圆。绘制椭圆时，按住【Shift】键可以绘制圆形；按住【Alt】键，可以单击点为中心向外绘制椭圆；按住【Shift+Alt】组合键，则以单击点为中心向外绘制圆形。图2-135所示为不同大小的圆形、椭圆在设计中的组合运用效果。

图2-135

要绘制指定大小的椭圆，可先选择该工具，然后在画板中单击，打开"椭圆"对话框，设置宽度、高度后单击"确定"按钮。图2-136所示为绘制的指定大小的椭圆背景。

图2-136

绘制纯棉标签

知识要点	使用椭圆工具、处理联集、减去顶层、填充对象、使用星形工具
配套资源	效果文件\第2章\纯棉标签.ai

扫码看视频

范例说明

纯棉标签是棉类纺织品中重要的展示元素，能够突出产品品质。为了体现纯棉质感，采用椭圆和星形来制作棉花形状；为了体现清新、环保的特点，考虑将绿色和白色作为标签的主色。

操作步骤

1 新建一个200像素×200像素的文件，在工具箱中选择"矩形工具" ，拖动鼠标绘制一个与画板等大的矩形作为背景，并为其填充图2-137所示的"C:14、M:12、Y:20、K:0"颜色。

2 选择"椭圆工具" ，在画板中单击，打开"椭圆"对话框，设置宽度、高度均为"150 px"，如图2-138所示。

图2-137　　　　　　　图2-138

3 单击"确定"按钮，得到固定大小的圆形；在工具属性栏中设置填充颜色为"C:72、M:20、Y:47、K:0"，设置描边颜色为"白色"，设置描边粗细为"4 pt"，效果如图2-139所示。

4 使用相同的方法绘制宽度、高度均为"50 px"的4个圆形，填充颜色为"白色"，描边颜色为"黑色"。也可在绘制一个圆形后，通过复制操作得到其他圆形，将4个圆形叠放成图2-140所示的形状。此处将描边颜色设置为"黑色"是为了方便读者观察4个圆形的组合效果。

图2-139　　　　　　　图2-140

5 选择"直接选择工具" ，按住【Shift】键依次单击4个圆形；按【Shift+Ctrl+F9】组合键，打开"路径查

找器"面板，单击"联集"按钮，将4个圆形组合成棉花形状，如图2-141所示。

图2-141

6 选择"星形工具" ，在画板中单击，打开"星形"对话框，设置半径1、半径2和角点数分别为"6 px""30 px""14"，单击"确定"按钮；在工具属性栏中设置填充颜色为"白色"，并取消描边，如图2-142所示。

图2-142

7 选择"直接选择工具" ，按住【Shift】键依次单击棉花形状和星形，在"路径查找器"面板中单击"减去顶层"按钮 ，如图2-143所示。

8 选择"文字工具" ，输入文字，设置文字颜色为"白色"，字体为"方正准圆简体"，调整字号，完成标签的制作，效果如图2-144所示。

图2-143　　　　　　　　图2-144

2.4.4 多边形工具

"多边形工具" 可用来绘制多边形，且多边形的边数可自定义。图2-145所示为不同边数的多边形效果。选择该工具，在画板中按住鼠标左键并拖动鼠标到需要的位置后释放鼠标左键，即可绘制多边形。按【↑】键可增加多边形的边数，按【↓】键可减少多边形的边数。如果要创建半径和边数精确的多边形，则先选择该工具，然后在画板中单击，打开"多边形"对话框，设置半径和边数后，单击"确定"按钮，如图2-146所示。

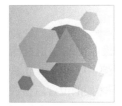 

图2-145　　　　　　　　图2-146

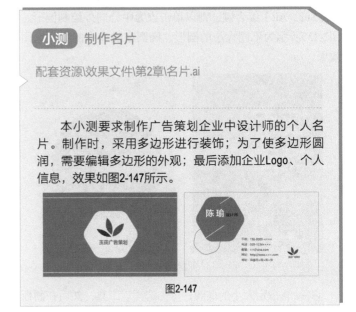

图2-147

2.4.5 星形工具

"星形工具" 可用来绘制各种星形。星形的绘制方法与多边形的绘制方法相同。图2-148所示为设计中的常用星形元素。要创建半径和角点数精确的星形，可先选择该工具，然后在画板中单击，打开"星形"对话框，设置半径和角点数后单击"确定"按钮，如图2-149所示。

图2-148　　　　　　　　图2-149

● 半径1/半径2：用于定义绘制的星形的角点距离。半径1与半径2之间的差值越大，星形角越尖。图2-150所示为不同半径差值的效果。

图2-150

● 角点数：用于定义绘制的星形的角数。图2-151所示为不同角数的星形效果。

图2-151

绘制星形后，选择"直接选择工具" ▷，单击星形，可在其内部看见◎图标，直接拖动该图标，可调整星形角点，使尖锐的棱角变得圆润。图2-152所示为调整五角星形角点后得到的类似花瓣的效果。

图2-152

范例 绘制优惠券

知识要点 使用星形工具、使用圆角矩形工具、复制与缩小对象，输入文本

配套资源 效果文件\第2章\优惠券.ai

扫码看视频

范例说明

优惠券是店铺经常使用的促销工具，是刺激消费者消费的重要手段。本例为店铺制作优惠券，为了营造节日氛围和促销氛围，优惠券以红色为主色，并利用浅黄色进行点缀，利用八角圆角星形作为优惠券的外观。

1 新建一个750像素×300像素的文件，在工具箱中选择"矩形工具" □，拖动鼠标绘制一个与画板等大的矩形作为背景，为其填充图2-153所示的"C:100、M:100、Y:25、K:64"颜色。

2 选择"星形工具" ☆，在画板中单击，打开"星形"对话框，设置半径1、半径2和角点数分别为"120 px""80 px""8"，单击"确定"按钮，如图2-154所示。

图2-153　　　　　　　　图2-154

3 在工具属性栏中设置填充颜色为"C:15、M:100、Y:90、K:10"，并取消描边，如图2-155所示。

4 选择"直接选择工具" ▷，单击星形，向内拖动星形角上的◎图标，得到圆角星形，如图2-156所示。

图2-155　　　　　　　　图2-156

5 按【Ctrl+C】组合键复制星形，按【Ctrl+F】组合键粘贴星形，按住【Ctrl+Alt】组合键并向内拖动控制点，达到向中心缩小星形的效果；为缩小的星形添加描边，设置描边颜色为"C:5、M:0、Y:24、K:0"、描边粗细为"1 pt"，效果如图2-157所示。

6 选择"圆角矩形工具" □，在画板中单击，打开"圆角矩形"对话框，设置宽度、高度和圆角半径分别为"140 px""25 px""8 px"，单击"确定"按钮；设置填充颜色为"C:5、M:0、Y:24、K:0"，取消描边，效果如图2-158所示。

图2-157　　　　　　　　图2-158

7 选择"文字工具" T，输入文本，设置文本颜色为"白色"和"红色"，字体为"方正准圆简体"，调整

字号。由于该字体不能正常显示"¥"符号，因此将"¥"符号的字体更改为"Arial"，完成单张优惠券的制作，如图2-159所示。

8 通过复制和修改文本的操作，得到其他两张优惠券，效果如图2-160所示。

图2-159

图2-160

2.4.6 光晕工具

"光晕工具" 主要用于制作灿烂的日光及镜头光晕等效果。其使用方法为：打开一幅图像，选择"光晕工具" ，在图像上单击并拖动鼠标即可绘制一个光晕，如图2-161所示。

图2-161

> **技巧**
>
> 绘制光晕时，按住【Shift】键可以约束光晕射线的角度，按住【Ctrl】键可保持光晕的中心不变，按【↑】键可增加射线和环形，按【↓】键可减少射线和环形。

要编辑绘制的光晕，可使用"光晕工具" 拖动光晕端点；也可选择要编辑的光晕，双击"光晕工具" ，打开"光晕工具选项"对话框，更改对话框中的参数值进行详细编辑，如图2-162所示。

图2-162

- **居中**：通过"直径"数值框可控制光晕的大小。通过"不透明度"和"亮度"下拉列表框可控制光晕中心的不透明度和亮度。
- **光晕**：用于设置光晕向外淡化的程度和模糊度，低模糊度可得到干净明快的光晕效果。
- **射线**：用于设置射线的数量、最长的射线长度和射线的模糊度。
- **环形**：用于设置光晕的中心和最远环形的中心之间的距离、环形的数量、最大环形及环形的方向。

2.5 综合实训：制作移动端促销页面

每到节日、购物日、开店、上新等时候，各大商场都会开展促销活动，促销活动一般都离不开移动端促销页面。移动端促销页面以简约、现代的风格为主，搭配直观的礼包、优惠券、购物券、礼盒、金币等设计元素，可烘托出促销氛围。

2.5.1 实训要求

某商场近期将开展促销活动，该促销活动的优惠力度较大，且该促销活动将通过移动端App的广告页面推送给家长。现要求制作一份移动端的促销广告，要求整个页面要体现出套餐详情；为突出视觉效果，需要对页面和文本进行美化；页面尺寸可使用新建文件时"移动设备"模板中的相应尺寸。

2.5.2 实训思路

（1）最重要的活动内容应展现在页面最突出的位置，本实训将页面分为上下两个部分，活动内容置在上半部分，下半部分放置分类图表。注重线与面在版面中的巧妙应用，以保证页面整洁而不呆板。

（2）促销页面的作用是快速传达促销信息，若页面中有少量文本，则尽可能选用粗型字体，加大字号，调整文本位置，让文本具有串联视线的作用。

（3）主要文案可以结合活动主题进行提炼，然后排列展示，力求简明易懂，与图形、图表相配合，美观且富有感染力。

（4）结合本章介绍的绘图基础知识，使用形状绘图工具绘制钟表、花朵等图形，提高页面的美观度，烘托出强烈的促销氛围。

（5）色彩在页面设计中具有装饰作用，能使页面更具视觉冲击力，有利于传达信息。本实训的页面属于促销类型，可以采用鲜艳的红色作为主色。

本实训完成后的参考效果如图2-163所示。

图2-163

2.5.3 制作要点

 知识要点　描边与填充对象、使用形状绘图工具

配套资源　效果文件\第2章\移动端促销页面.ai

扫码看视频

本实训主要包括绘制页面、绘制手机模型两个部分，主要操作步骤如下。

1 新建一个600mm×1000mm的文件，将其以"移动端促销页面"为名进行保存。

2 绘制页面，上半部分用色板库中"简单径向"面板中的"橙红渐变"填充，下半部分填充粉色。绘制矩形、星形和圆角星形，将星形和矩形合并得到具有弧线边缘的图形，粉色部分为合并后的效果。

3 绘制圆形和三角形，设置虚线描边，绘制出钟表图形。

4 绘制五边形和极坐标网格，调整五边形的角为圆角，取消编组极坐标网格；删除圆形，保留射线，通过分割射线的操作分割五边形，配合圆形制作出商品分类图表。

5 输入文本，设置文本的字体、字号、颜色，为部分文本添加"风格化"效果中的"投影"效果。

6 绘制圆角矩形来装饰文本，绘制线条来装饰页面，完成页面的制作。

7 绘制圆角矩形和椭圆，将它们组成手机形状，并置于页面背景图层之上，完成本实训的制作。

巩固练习

1. 制作移动端互动页面

本练习将制作移动端互动页面。制作时可使用线型绘图工具和形状绘图工具绘制出直线段、圆角矩形、椭圆、星形、多边形等，并为它们填充合适的颜色，完成后的参考效果如图2-164所示。

 配套资源　效果文件\第2章\移动端互动页面.ai

图2-164

2. 绘制相机图标

本练习将绘制相机图标，要求使用不同的形状来绘制相机的各个部分。可以使用圆角矩形工具、极坐标网格工具、椭圆工具来完成图标各部分的绘制，并为各部分填充对应的颜色，完成后的参考效果如图2-165所示。

 配套资源　效果文件\第2章\相机图标.ai

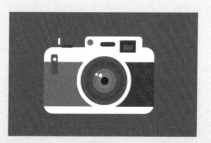

图2-165

技能提升

在绘图过程中会涉及选择对象的操作，掌握以下技巧可以提升绘图效率。

1. 反向选择对象

在Illustrator中，若需要选择所有未选中的对象，则选择【选择】/【反向】命令，当前选中的对象将被取消选中，未被选中的对象则被选中。

2. 存储所选对象

图形构成较为复杂的文件通常包含很多对象，在选择一些被遮挡的对象时非常麻烦。此时可在绘图后选择某个对象，选择【选择】/【存储所选对象】命令，打开"存储所选对象"对话框，输入对象名称，单击"确定"按钮；之后需要选择该对象时，可通过"选择"菜单进行选择。

3. 选择具有相同属性的对象

在Illustrator中，如果需要统一更改属性相同的对象，如更改描边、填充等，则选择【选择】/【相同】命令，在弹出的子菜单中选择相应的命令，可以选择外观、外观属性、混合模式、填色和描边、填充颜色、不透明度、描边颜色、描边粗细、图形样式、形状等相同的对象，如图2-166所示。

图2-166

第 3 章

绘制复杂图形

3.1 复杂图形绘制基础

复杂图形的线条具有变化性，其绘制很难一步完成，为了达到理想的效果，通常需要对线条进行反复修改。在Illustrator中，线条的修改涉及路径、锚点的应用，它们是绘制复杂图形的基础。

3.1.1 路径类型

在Illustrator中，路径是基本的元素之一，绘制图形时出现的线条即路径。它可以是由一系列的点与点之间的直线段、曲线段构成的矢量线条，也可以是一个完整的由多个矢量线条构成的几何图形对象。在Illustrator中，路径可分为3类，即开放路径、闭合路径、复合路径。

● 开放路径：路径的起点与终点并没有重合，如直线段、弧线和螺旋线等，如图3-1所示。设计人员可以设置开放路径的描边粗细、描边颜色和描边样式等。

● 闭合路径：路径的起点与终点重合在一起，如矩形、圆形、多边形或星形等，如图3-2所示。设计人员可以设置闭合路径的描边属性和填充属性。

● 复合路径：两个或多个开放路径和闭合路径组合形成的路径，如图3-3所示。

图3-1   图3-2   图3-3

3.1.2　锚点

为了控制路径的走向，一段路径中包含了若干个控制点，这些控制点被称为锚点，此外，路径的起点和终点也是锚点。两个锚点可以构成一段路径，而3个锚点可以定义一个面，如图3-4所示。

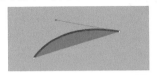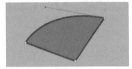

图3-4

在Illustrator中，锚点分为平滑锚点与尖角锚点两种，分别用于定义路径的转角是平滑的还是尖锐的。

● 平滑锚点：选中平滑锚点后，锚点两侧有两个趋于平衡的手柄，拖动任意一侧的手柄的端点，可改变路径的走向和弧度，如图3-5所示。

● 尖角锚点：选中尖角锚点后，锚点两侧没有手柄和方向点。尖角锚点常用于表现线段的直角，如图3-6所示。

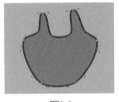

图3-5　　　　　　　　　　图3-6

3.1.3　调整路径形态

拖动锚点可修改与之关联的路径的形态，如图3-7所示。拖动锚点前需要选中锚点，使用"直接选择工具" 单击锚点可以选中锚点，选中的锚点呈实心状，未选中的锚点呈空心状。使用"直接选择工具" 拖动手柄的端点，可以调整路径的形态，改变图形的形状，如图3-8所示。

图3-7

图3-8

3.2　钢笔工具

钢笔工具是Illustrator中重要的绘图工具，运用它可以绘制出各种形态的直线路径和平滑流畅的曲线路径，也可以创建出复杂的形状，还可以在绘制路径的过程中对路径进行简单的编辑处理。

3.2.1　钢笔工具的绘图模式

使用"钢笔工具" 可以自由地绘制直线、曲线，由曲线和直线组成的路径既可以是封闭路径，也可以是开放路径。

● 绘制直线路径：选择工具箱中的"钢笔工具" ，在画板中单击以确定起点，将鼠标指针移动到相应的位置，再次单击以确定直线的终点，在两个锚点之间即可显示一段直线路径。继续以单击的方式绘制，可以得到折线效果，如图3-9所示。

图3-9

● 绘制曲线路径：选择工具箱中的"钢笔工具" ，在画板中单击以确定起点，将鼠标指针移动到线段的终点位置，单击并按住鼠标左键进行拖动可调整绘制的线段的弧度，从而完成各种曲线的绘制，如图3-10所示。

图3-10

● 绘制封闭路径：确定路径起点后进行绘图，结束时将鼠标指针放在起点上，鼠标指针呈 形状，此时单击可完成封闭路径的绘制，如图3-11所示。

图3-11

● 绘制开放路径：在绘制开放路径时，按【Enter】键可结束绘制。

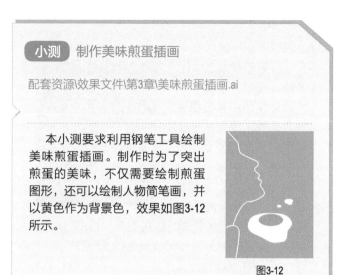

小测 制作美味煎蛋插画

配套资源\效果文件\第3章\美味煎蛋插画.ai

本小测要求利用钢笔工具绘制美味煎蛋插画。制作时为了突出煎蛋的美味，不仅需要绘制煎蛋图形，还可以绘制人物简笔画，并以黄色作为背景色，效果如图3-12所示。

图3-12

技巧

使用"钢笔工具" ✐绘制曲线路径时，新手很难把握曲线的弧度，此时可以先按大致形态绘制曲线路径，后期再通过锚点类型的转换、锚点的添加与删除、锚点的移动等操作精确控制路径的形态。

3.2.2 认识锚点选项

使用"钢笔工具" ✐绘制路径时，工具属性栏中会显示锚点选项，如图3-13所示，通过这些选项可以对路径上的锚点进行转换、删除操作，或对路径进行断开或连接等操作。

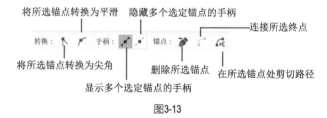

图3-13

● "将所选锚点转换为尖角"按钮 ⌐：选中平滑锚点后，单击该按钮可将其转换为尖角锚点。

● "将所选锚点转换为平滑"按钮 ⌐：选中尖角锚点后，单击该按钮可将其转换为平滑锚点。

● "显示多个选定锚点的手柄"按钮 ⌐：单击该按钮，被选中的多个锚点的手柄将处于显示状态。

● "隐藏多个选定锚点的手柄"按钮 ⌐：单击该按钮，被选中的多个锚点的手柄将处于隐藏状态。

● "删除所选锚点"按钮 ✐：选中锚点后，单击该按钮可删除选中的锚点。

● "连接所选终点"按钮 ⌐：选择"直接选择工具" ▷，按住【Shift】键在开放路径中依次选中不相连的两个端点锚点后，单击该按钮，将在两个端点锚点之间创建路径，如图3-14所示。

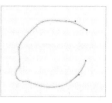 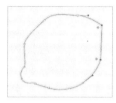

图3-14

● "在所选锚点处剪切路径"按钮 ⌐：选中路径中间的一个锚点，单击该按钮，可将该锚点分割为两个锚点；使用"直接选择工具" ▷选择锚点，然后移动锚点，可发现两个锚点并不相连，同时路径会断开，如图3-15所示。

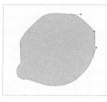 

图3-15

3.2.3 添加锚点

在绘图时，为了精确刻画细节，路径越复杂，路径上的锚点也就越多。完成路径的绘制后，若要对路径进行进一步的编辑处理，则可以通过添加与编辑锚点来丰富路径的形态。

● 选择路径，选择【对象】/【路径】/【添加锚点】命令，此时鼠标指针呈✐形状；将鼠标指针移动到要添加锚点的路径上单击，即可添加一个锚点。

● 在工具箱中的"钢笔工具" ✐上按住鼠标左键，在弹出的工具组中选择"添加锚点工具" ✐，此时鼠标指针呈✐形状；将鼠标指针移动到要添加锚点的路径上单击，即可添加一个锚点，添加的锚点呈实心状显示。

● 在使用"钢笔工具" ✐绘图的过程中，将鼠标指针移动到没有锚点的路径上，当鼠标指针呈✐形状时，单击可在此处添加一个锚点，在路径上添加锚点后，按住【Ctrl】键拖动锚点还可更改路径的形状，如图3-16所示。

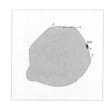 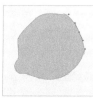 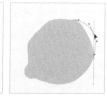

图3-16

3.2.4 删除锚点

锚点较少的路径比较平滑，也易于编辑，因此可以删除不必要的锚点来降低路径的复杂性。

- 在工具箱中的“钢笔工具”上按住鼠标左键，在弹出的工具组中选择“删除锚点工具”，此时鼠标指针呈形状；将鼠标指针移动到需要删除的锚点上单击，即可删除该锚点。
- 在使用“钢笔工具”绘图的过程中，将鼠标指针移动到需要删除的锚点上，当鼠标指针呈形状时，单击即可删除该锚点，如图3-17所示。随着锚点的删除，与锚点相连的路径也会被删除。

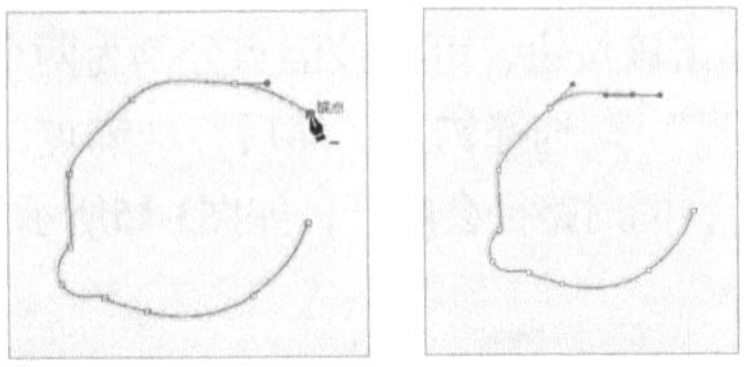

图3-17

3.2.5 转换锚点类型

在Illustrator中，平滑锚点和尖角锚点可以相互转换，转换锚点能让绘制的图形更加精确。

- 在工具箱中的“钢笔工具”上按住鼠标左键，在弹出的工具组中选择“锚点工具”，当鼠标指针呈形状时，将鼠标指针移动到要转换类型的锚点上单击，即可转换其类型。
- 在使用“钢笔工具”绘图的过程中，将鼠标指针移动到需要转换类型的锚点上，按住【Alt】键，当鼠标指针呈形状时，单击即可转换锚点类型，如图3-18所示。

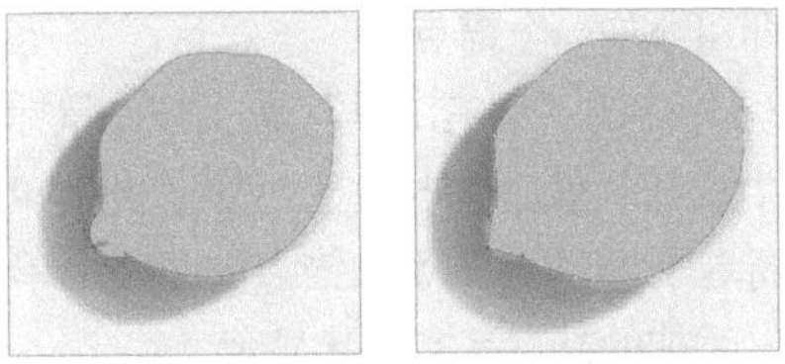

图3-18

范例 绘制小猫

知识要点：绘制直线段、绘制曲线、转换锚点类型、移动锚点、添加锚点、交集

配套资源：效果文件\第3章\小猫.ai

扫码看视频

范例说明

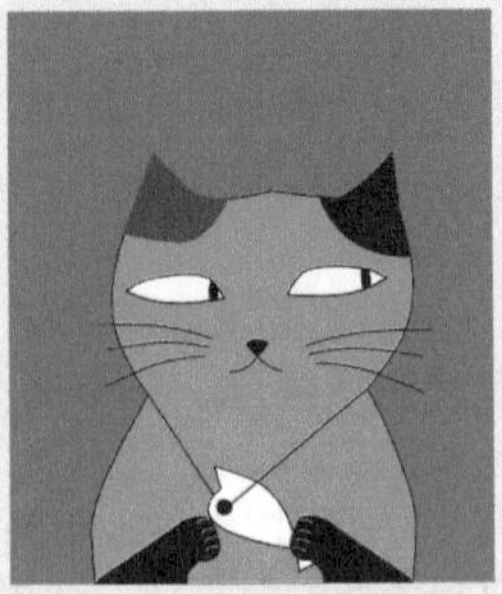

小猫图形在挂画、书籍、海报、包装等多种设计作品中具有很强的装饰性，使用钢笔工具可以自由控制直线段和曲线，以快速绘制小猫图形的细节。本例将制作一款酷酷的小猫形象，使用圆润的轮廓、酷酷的眼神对小猫进行展现，并通过小鱼挂饰和前腿动作进行细节的刻画，使小猫形象更加生动。

技巧

直接使用“钢笔工具”绘制复杂图形比较麻烦，为了提高工作效率，可在纸张上绘制草图，然后将草图导入Illustrator，再使用“钢笔工具”勾勒线条，最后设置填充和描边。

操作步骤

1 新建一个A4文件，选择“矩形工具”，创建一个120mm×160mm的矩形，在工具属性栏中设置填充颜色为“C:75、M:21、Y:28、K:0”，取消描边，如图3-19所示。

2 选择“钢笔工具”，在工具属性栏中设置填充颜色为“CMTK 黄”，描边颜色为“黑色”，描边粗细为“1 pt”，如图3-20所示。

图3-19

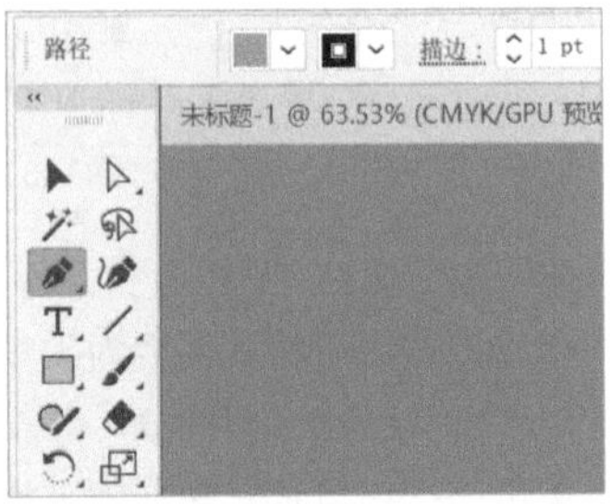

图3-20

3 通过折线可以快速绘制小猫的轮廓。在画板中单击以确定直线段的起点，将鼠标指针移动到相应的位置，再次单击以确定直线段的终点；继续以单击的方式绘制，得到小猫轮廓，如图3-21所示。

图3-21

4 利用折线绘制的小猫轮廓比较尖锐、硬朗，为了得到圆润的小猫轮廓，需要将部分尖角锚点转换为平滑锚点。在选择"钢笔工具" 的状态下按住【Ctrl+Shift】组合键，依次选中需要转换为平滑锚点的锚点，在工具属性栏中单击"将所选锚点转换为平滑"按钮，小猫轮廓将发生变化，如图3-22所示。

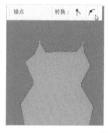

图3-22

5 按住【Ctrl】键单击小猫脸部左侧路径上的锚点，按住鼠标左键向内拖动锚点，更改小猫脸部路径的弧度，如图3-23所示。

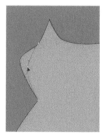

图3-23

6 在小猫头部路径的中间位置单击添加一个锚点，在工具属性栏中单击"将所选锚点转换为尖角"按钮，按住【Ctrl】键向上拖动锚点，更改小猫头部路径的弧度，如图3-24所示。

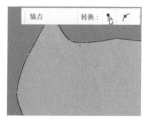

图3-24

7 使用步骤5、步骤6中的方法继续编辑小猫路径，得到图3-25所示的小猫轮廓。按【Ctrl+C】组合键复制小猫轮廓，按【Ctrl+F】组合键原位粘贴小猫轮廓，以便在后续绘制小猫耳朵并进行图形交集运算后保留小猫轮廓。

8 选择"钢笔工具" ，在小猫左耳外侧单击以确定起点，将鼠标指针移动到小猫左耳内侧，单击并按住鼠标左键进行拖动，绘制带有弧度的曲线，如图3-26所示。

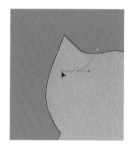

图3-25　　　　　　　　　图3-26

9 绘制与小猫左耳相交的图形，选择"直接选择工具" ，按住【Shift】键依次选择复制的小猫轮廓和刚绘制的图形，得到图3-27所示的小猫轮廓。

10 打开"路径查找器"面板，在其中单击"交集"按钮，得到耳朵图形；在工具属性栏中取消描边，设置填充颜色为"C:44、M:73、Y:84、K:5"，如图3-28所示。

图3-27　　　　　　　　　图3-28

11 通过复制小猫轮廓、绘制耳朵图形、为小猫轮廓和耳朵图形创建交集等操作得到另一只耳朵，取消描边，设置填充颜色为"黑色"，效果如图3-29所示。

12 使用"钢笔工具" 绘制小猫眼睛，设置其填充与描边，效果如图3-30所示。

图3-29　　　　　　　　　图3-30

13 利用前面学习的方法，使用"钢笔工具" ，依次绘制胡须、鼻子、嘴巴、小鱼挂饰、前腿等细节，分别设置它们的填充与描边，相同的细节可通过复制操作来完成；在绘制胡须、嘴巴等开放路径时，按【Enter】键可结束绘制，最终效果如图3-31所示。

图3-31

3.3 曲率工具

曲率工具集路径创建、路径编辑等功能于一体，比钢笔工具更加人性化，其操作也更加方便。曲率工具为设计人员提供了更加快捷和出色的性能，使绘图变得简单、直观。

选择"曲率工具" ，在画板上单击以确定一个平滑锚点，继续单击以确定另一个锚点，此时移动鼠标指针，Illustrator会根据鼠标指针的悬停位置生成路径的预览形状，在合适的位置单击以确定生成路径。继续使用该方法进行绘制，按【Esc】键可以停止绘制，如图3-32所示。要创建尖角锚点，可以按住【Alt】键单击，或直接双击。在绘制过程中，可自由拖动锚点来调整路径形状，也可在现有的路径上单击添加锚点。双击锚点可在平滑锚点和尖角锚点之间切换，选中锚点后按【Delete】键可删除该锚点。

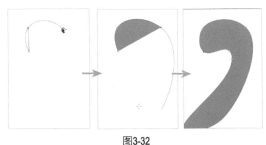

图3-32

学习笔记

 范例 绘制仙人掌

 知识要点 使用曲率工具、使用椭圆工具、使用钢笔工具、使用形状生成器工具

配套资源 素材文件\第3章\仙人掌背景.tif
效果文件\第3章\仙人掌.ai

扫码看视频

范例说明

仙人掌图形多用于清新风格的设计作品中，再搭配可爱的表情可让人心情愉悦。本例将绘制一个具有开心表情的仙人掌卡通图形，通过张开的双臂、帽子、眼睛、嘴巴对其进行展现。

操作步骤

1 新建一个A4文件，选择"曲率工具" ，在工具属性栏中设置描边颜色为"黑色"，描边粗细为"1pt"，填充颜色为"C:47、M:9、Y:62、K:0"；绘制仙人掌主体，若对绘制的形状不满意，则可直接拖动锚点来调整其形状，如图3-33所示。也可根据需要在路径上添加锚点，或选择锚点后按【Delete】键将其删除。

图3-33

2 使用"曲率工具" 绘制两个手臂图形，同时选择3个图形，在"路径查找器"面板中单击"联集"按钮 ，如图3-34所示。

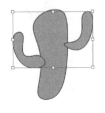

图3-34

3 使用"钢笔工具" ✒ 和"椭圆工具" ⬭ 分别绘制眼睛
图形和腮红图形，设置腮红图形的填充颜色为"C:0、
M:50、Y:25、K:0"，设置眼睛图形的描边颜色为"黑色"，描
边粗细为"3 pt"，效果如图3-35所示。

4 使用"曲率工具" ✒ 绘制嘴巴图形，为其填充"黑
色"，分别双击上端的两个锚点，将其转换为尖角锚
点，嘴巴形状将发生改变，如图3-36所示。

图3-35   图3-36

5 使用"曲率工具" ✒ 绘制与嘴巴图形相交的图形，设
置其填充颜色为"C:90、M:30、Y:95、K:0"；选中嘴
巴图形和绘制的图形，选择"形状生成器工具" ⬠，单击
相交区域，此时生成3个形状，单击最下面的图形，然后直
接按【Delete】键将其删除，得到舌头图形，如图3-37所示。

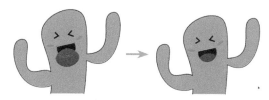

图3-37

6 使用"曲率工具" ✒ 绘制帽子图形，设置填充颜色分
别为"C:14、M:30、Y:51、K:0"和"C:14、M:36、
Y:51、K:0"；使用"椭圆工具" ⬭ 绘制帽子上的装饰圆形，
设置填充颜色为"C:10、M:100、Y:50、K:0"，设置描边颜
色为"黑色"，描边粗为"1pt"，效果如图3-38所示。

7 使用曲率工具 ✒ 在手臂上绘制装饰线条，设置描边
颜色为"白色"，描边粗细为"1pt"，不透明度为
"50%"，将画笔定义为"炭笔-羽毛"，如图3-39所示。

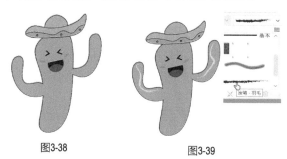

图3-38   图3-39

8 取消描边效果，添加背景并进行装饰，效果如图3-40
所示，完成本例的操作。

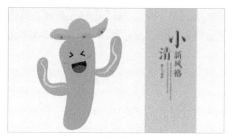

图3-40

3.4 画笔工具

利用Illustrator中的画笔工具可以创造出具有不同艺术效
果的图形，并可以充分展示设计人员的艺术构思，体
现设计人员的艺术水平。同时，利用画笔工具可以给
路径或图形添加更多内容，以达到丰富路径和图形的
目的。

3.4.1 使用画笔工具

选择"画笔工具" ✒，在工具属性栏中设置描边粗细和
颜色，定义一个合适的画笔样式，然后拖动鼠标进行绘制。
图3-41所示为使用"画笔工具" ✒ 绘制的字母。

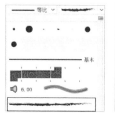

图3-41

也可先使用路径绘图工具绘制出路径，再在工具属性栏
的"画笔定义"下拉列表框中为路径定义一个合适的画笔样
式，如图3-42所示。

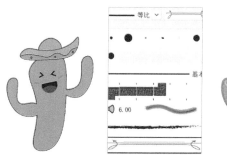

图3-42

51

双击"画笔工具" ，在打开的"画笔工具选项"对话框中可设置绘图时的保真度、范围等，如图3-43所示。

图3-43

● 保真度：用于设置精确与平滑的程度，路径越平滑，其复杂程度越低。

● 平滑度：用于控制使用"画笔工具" 绘制的路径的平滑程度。数值越小，路径越粗糙；数值越大，路径越平滑。

● 填充新画笔描边：选中该复选框，可将填充颜色应用于路径，即使是开放路径形成的区域也会自动填充颜色；若取消选中该复选框，则路径内部无填充颜色。

● 保持选定：选中该复选框，路径绘制完成后仍处于选中状态。

● 编辑所选路径：选中该复选框，可使用"画笔工具" 对绘制的路径进行编辑。

● 范围：用于控制鼠标指针与现有路径在多大的范围内才能使用"画笔工具" 编辑路径。该选项只有在选中"编辑所选路径"复选框后才可启用。

3.4.2 使用"画笔"面板

使用"画笔工具" 前，需要先设置画笔属性，除了可以在工具属性栏中设置外，还可以在"画笔"面板中设置。选择【窗口】/【画笔】命令，或按【F5】键，打开"画笔"面板，如图3-44所示，其中提供了不同类型的画笔样式，设计人员可以选择画笔笔尖的形状、存放最近使用的笔尖，以及打开画笔库菜单、移去画笔描边、删除画笔、新建画笔等。

● 画笔库菜单：单击"画笔库菜单"按钮，可在弹出的下拉列表中选择预设的画笔库。

● 移去画笔描边：选择已应用画笔描边的对象，再单击该按钮，可删除应用于对象的画笔描边。

● 所选对象的选项：单击该按钮，可打开"描边选项"对话框，用于设置选择的画笔样式。

● 新建画笔：若系统预设的画笔样式不能满足设计需要，则设计人员可以创建画笔样式，然后将其拖入"画笔"面板；或直接单击"新建画笔"按钮 ，打开"新建画笔"对话框创建画笔样式。

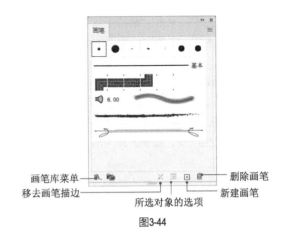

画笔库菜单 —— 删除画笔
移去画笔描边 —— 新建画笔
所选对象的选项

图3-44

● 删除画笔：对于不使用的画笔样式可以将其删除。选择"画笔"面板中的画笔样式，单击"删除画笔"按钮 ，在打开的对话框中单击"删除描边"按钮 可将其删除，如图3-45所示。

图3-45

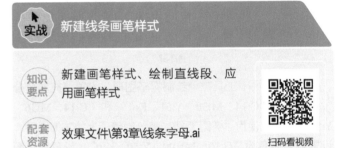

实战 新建线条画笔样式

知识要点 新建画笔样式、绘制直线段、应用画笔样式

配套资源 效果文件\第3章\线条字母.ai

扫码看视频

操作步骤

1 新建一个A4文件，选择"直线段工具" ，绘制直线段，设置描边颜色为"黑色"；按住【Alt】键向下拖动以复制直线段，按3次【Ctrl+D】组合键继续进行复制操作，得到多个直线段；调整直线段的位置，形成图3-46所示的画笔样式；选择所有直线段，按【Ctrl+G】组合键将它们编组。

图3-46

2 选择【窗口】/【画笔】命令，或按【F5】键打开"画笔"面板，将创建的画笔样式拖动到"画笔"面板中，打开"新建画笔"对话框；选中"艺术画笔"单选项，单击

"确定"按钮，如图3-47所示。

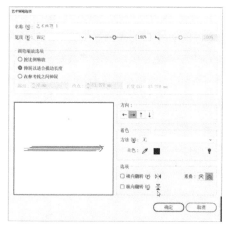

图3-47

3 打开"艺术画笔选项"对话框，在"名称"文本框中可为新建的画笔样式命名，根据需要设置画笔样式的参数。此处直接单击"确定"按钮，如图3-48所示，将选择的直线段组创建为新画笔样式。

图3-48

4 新建的艺术画笔样式将出现在"画笔"面板中，如图3-49所示。使用该画笔样式可为路径添加艺术效果。

5 选择"钢笔工具" ✒.，在画板中绘制字母路径，如图3-50所示。

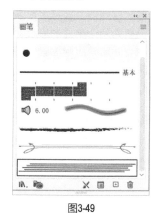

图3-49　　　　　图3-50

6 选择字母路径，在"画笔"面板中选择新建的画笔样式，为字母路径应用画笔样式，如图3-51所示。

图3-51

3.4.3　使用画笔库

除了"画笔"面板中默认提供的有限画笔样式外，Illustrator 还提供了丰富的画笔库供用户加载。加载的方法是：单击"画笔"面板中的"画笔库菜单"按钮，或选择【窗口】/【画笔库】命令，在弹出的子菜单中选择需要的画笔库，可打开相应的画笔库面板。选择其中的一个画笔样式后，其会自动出现在"画笔"面板中。

实战　使用边框画笔

| 知识要点 | 使用画笔库 |
| 配套资源 | 素材文件\第3章\边框.ai
效果文件\第3章\边框.ai |

扫码看视频

操作步骤

1 打开"边框.ai"素材文件，选择圆形边框路径，如图3-52所示；单击"画笔"面板中的"画笔库菜单"按钮，在弹出的下拉列表中选择【边框】/【边框_新奇】选项，如图3-53所示。

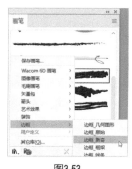

图3-52　　　　　图3-53

2 打开"边框_新奇"画笔库面板，选择图3-54所示的边框画笔样式，为路径应用边框画笔效果。

图3-54

3.4.4　将画笔描边转换为轮廓

在Illustrator中应用画笔样式后，若要更改局部的画笔效果，则可以将画笔描边转换为轮廓，再进行编辑。其方法为：选择使用"画笔工具" 绘制的线条或添加了画笔描边的路径，再选择【对象】/【扩展外观】命令，可将画笔描边转换为轮廓，Illustrator会自动扩展路径中的组件并将其编入一个组中；此时，可以使用"编组选择工具" 选择其中的组件并进行单独编辑，如图3-55所示。

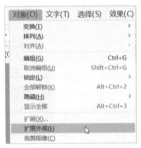

图3-55

 范例　制作数字海报

知识要点　使用画笔工具、使用褶皱工具、使用文字工具、使用渐变工具

配套资源　效果文件\第3章\数字海报.ai

扫码看视频

范例说明

海报设计作品中的数字多用于强调时间、数量等信息，通常需要搭配场景进行展示。本例以数字"6"为主题进行海报设计，使用画笔工具进行绘制，使原本单调的数字更具艺术气息，提高海报的可观赏性；同时添加同色系的浅色背景，使海报更加柔和自然。

操作步骤

1　新建一个A4文件，选择"矩形工具" ▢，创建一个矩形作为背景，在工具属性栏中设置填充颜色为"C:20、M:0、Y:5、K:0"，取消描边。选择"文字工具" T，输入文本，设置字体为"Century Gothic"，文字颜色为"C:70、M:10、Y:9、K:0"，调整字号，效果如图3-56所示。

2　选择【对象】/【扩展】命令，打开"扩展"对话框，选中"对象"复选框，单击"确定"按钮，如图3-57所示。扩展对象后可方便创建渐变填充。

图3-56　　　　　　　图3-57

技巧

"扩展"是指将复杂的对象打散成基本的路径。当需要修改对象的部分属性时，就需要扩展对象。通过扩展对象操作可以把描边和填充分别分离为两个单独的形状，也可以将文字转换为基本的路径。为对象应用笔触、图形样式、投影、发光等外观效果后，执行"扩展外观"命令可以将外观效果与对象本身分离。

3　选择"渐变工具" ▢，再选择【窗口】/【渐变】命令，打开"渐变"面板，设置渐变角度为"60°"，在渐变条上单击颜色控制点，设置渐变颜色为不同深浅的蓝色，如图3-58所示。

4　选择"褶皱工具" ▨，在路径边缘处拖动鼠标进行涂抹，制作粗糙的边缘效果，如图3-59所示。

5　选择"直线段工具" ▨，绘制直线段，在工具属性栏中设置描边颜色为"C:60、M:0、Y:13、K:0"、描边粗细为"8 pt"，宽度配置文件如图3-60所示。

图3-58

图3-59

图3-60

6 将绘制的直线段拖动到"画笔"面板中，打开"新建画笔"对话框，选中"艺术画笔"单选项，单击"确定"按钮，如图3-61所示。

7 在打开的对话框中继续单击"确定"按钮。在"画笔"面板中可查看新建的画笔样式，如图3-62所示。

图3-61

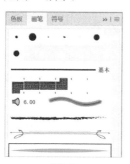

图3-62

8 选择"画笔工具" ，在"画笔"面板中选择新建的画笔样式，然后拖动鼠标绘制装饰图形。注意控制笔触的长短和角度，绘制出方向大致相同、长短不一的多个图形，如图3-63所示。

9 选择"钢笔工具" ，在画板中绘制需要隐藏的文本部分，为其设置与背景一样的颜色以达到隐藏文本的目的，如图3-64所示。

图3-63

图3-64

3.5 斑点画笔工具

使用画笔工具绘制的是只有描边效果，没有填充效果的形状；而使用斑点画笔工具绘制的形状具有填充效果，并且还能与具有相同颜色的其他形状进行交叉和合并。

选择"斑点画笔工具" ，在画面中单击并拖动鼠标，可以绘制出由指定颜色或图案填充的形状。图3-65所示为使用"斑点画笔工具" 在图形中间绘制的一个心形边框，心形边框是具有填充效果的形状。在心形内部继续涂抹，可发现心形边框边缘处的笔触与心形边框自动合并，如图3-65所示。

图3-65

双击"斑点画笔工具" ，还可打开"斑点画笔工具选项"对话框，在其中可设置画笔的相应属性，部分属性与"画笔工具选项"对话框中的属性相似，如图3-66所示。

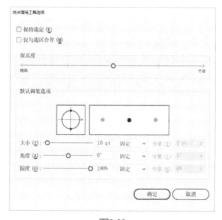

图3-66

● 保持选定：选中"保持选定"复选框，在绘制过程中所有路径都会处于选中状态。选中该复选框后，能方便地查看包含合并路径的全部路径。

● 仅与选区合并：用于指定仅将新笔触与目前已选中的交叉路径合并。如果选中该复选框，则新笔触不会与其他未选中的交叉路径合并。

● 大小：用于设置画笔的大小。

● 角度：用于设置画笔的旋转角度。拖移预览区中的箭头，或在"角度"数值框中输入数值都可进行设置。

● 圆度：用于设置画笔的圆度。将预览区中的黑点朝着或背着中心方向拖动，或在"圆度"数值框中输入数值均可设置圆度。该值越大，画笔的圆度就越大。

3.6 铅笔工具组

使用铅笔工具组中的铅笔工具可以模拟手绘效果，绘制出随意的线条，使用该工具组中的其他工具可以修改路径，如连接路径、平滑路径、擦除路径。使用铅笔工具组中的Shaper工具可以自动将随意绘制的几何图形转换为标准的几何图形。

3.6.1 使用铅笔工具

使用"铅笔工具" 可以绘制比较随意的线条，该工具的使用方法与真实铅笔的使用方法大致相同，它是用来模拟手绘效果的常用工具。此外，使用"铅笔工具" 绘图后还可以配合平滑工具对线条的平滑度进行调整。

1.使用铅笔工具绘图

选择工具箱中的"铅笔工具" ，在画板中单击并拖动鼠标可绘制线条，如图3-67所示。

此外，双击"铅笔工具" 将打开"铅笔工具选项"对话框，如图3-68所示。在该对话框中可设置"铅笔工具" 的属性。

图3-67

图3-68

● 保真度：可设置将鼠标指针移动多大距离后才会向路径添加新锚点。该值越大，路径越平滑，锚点的复杂度越低；反之，该值越小，路径越接近鼠标指针的运行轨迹，但会生成更多的锚点，以及更尖锐的角。

● 填充新铅笔描边：为新绘制的路径填充描边颜色。

● 保持选定：选中该复选框，绘制完路径后，路径会自动处于选中状态。

● 编辑所选路径：选中该复选框，可使用"铅笔工具" 编辑所选路径；取消选中时，不能编辑。

● 范围：用于设置鼠标指针与当前路径在多大的范围内时，才能使用"铅笔工具" 编辑路径。注意，该选项仅在选中了"编辑所选路径"复选框后才启用。

● 重置：单击该按钮，可将当前的所有设置清除，返回默认状态。

2. 使用铅笔工具改变路径形状

选择路径后，选择工具箱中的"铅笔工具" ，将鼠标指针放在路径的锚点上，当鼠标指针由 形状变为 形状时，以该锚点为起点重新绘制线条，此时路径的形状发生改变，如图3-69所示。

图3-69

3. 使用铅笔工具连接路径

使用"铅笔工具" 可以快速连接两条不相连的路径。先选择两条路径，再选择工具箱中的"铅笔工具" ，将鼠标指针移到其中一条路径的端点上，按住鼠标左键将其拖动到另一条路径的端点上，释放鼠标左键即可将两条路径连接为一条路径，如图3-70所示。

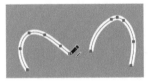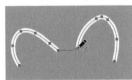
图3-70

3.6.2 使用连接工具

使用"连接工具" 不仅可以连接不相连的路径，还能将多余的路径删除，并保留路径原有的形状。该工具适合在使用铅笔或画笔工具绘图后，对开放路径需要连接的部分进行调整。选择工具箱中的"连接工具" ，将鼠标指针移到一条路径的端点上，按住鼠标左键将其拖动到另一条路径的端点上，释放鼠标左键即可将两条路径连接为一条路径，如图3-71所示。此外，在多余路径的与另一条路径的相交处涂抹可将多余路径删除，如图3-72所示。

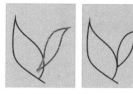

图3-71　　　　　　　图3-72

3.6.3　使用平滑工具

在使用"铅笔工具" 绘图后，可发现绘制的路径不流畅，此时可选择路径，然后选择"平滑工具" ，按住鼠标左键拖动鼠标反复涂抹路径。通常平滑度越高，产生的锚点越少。图3-73所示为平滑路径前后的对比效果。

图3-73

3.6.4　使用路径橡皮擦工具

绘制路径后，可使用"路径橡皮擦工具" 擦除路径上的部分区域，使路径断开，以便制作断开的图形边框。选择需要擦除的路径后，选择"路径橡皮擦工具" ，在路径上涂抹即可擦除部分路径。图3-74所示为使用"路径橡皮擦工具" 擦除路径前后的对比效果。

图3-74

3.6.5　使用Shaper工具

选择铅笔工具组中的"Shaper工具" ，按住鼠标左

键并拖动鼠标，绘制一个几何图形，释放鼠标左键后，系统将根据轮廓的大致形状生成一个标准的几何图形。图3-75所示为绘制圆形并生成标准圆形的效果。

图3-75

此外，使用"Shaper工具" 在两个图形的重叠区域涂抹，重叠区域将被删除，从而得到一个复合图形，如图3-76所示。

图3-76

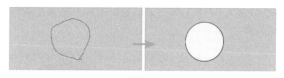
范例　绘制剪纸风海报

知识要点　使用铅笔工具、使用平滑工具、使用"颜色参考"面板、使用内发光效果

配套资源　素材文件\第3章\化妆品海报.ai
效果文件\第3章\剪纸风海报.ai

扫码看视频

范例说明

剪纸风是一种非常流行的海报风格，它具有层次分明、空间深度大的特点。本例使用铅笔工具绘制剪纸图形，进行剪纸风化妆品海报的制作，使其更具艺术气息，提高其可观赏性。

操作步骤

1 新建一个A4文件，选择"矩形工具" ，创建一个矩形作为背景；在工具属性栏中设置填充颜色为"C:23、M:9、Y:39、K:0"，取消描边，如图3-77所示。

2 选择"铅笔工具" ，在画板中单击并拖动鼠标，绘制封闭的剪纸图形，设置填充颜色为"C:44、M:21、Y:60、K:0"，取消描边，如图3-78所示。若绘制的路径不平滑，则可选择"平滑工具" ，按住鼠标左键并拖动鼠标反复涂抹路径。

图3-77　　　　　　　　　　图3-78

3 复制3次并缩小绘制的剪纸图形，选择【窗口】/【颜色参考】命令，打开"颜色参考"面板，选择面板中的颜色，需要注意颜色要由浅入深，以突出空间层次，效果如图3-79所示。

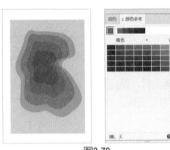

图3-79

4 选择绘制的剪纸图形，选择【效果】/【风格化】/【内发光】命令，打开"内发光"对话框，设置模式为"正片叠底"，不透明为"50%"，模糊为"8 mm"，单击"确定"按钮，如图3-80所示。

5 添加内发光效果后，图形会更加立体，如图3-81所示。

 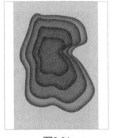

图3-80　　　　　　　　图3-81

6 按【Ctrl+A】组合键选择所有图形，按【Ctrl+G】组合键将它们编组，然后将编组后的图形拖动到"化妆品海报.ai"素材文件中，按【Ctrl+Shift+[】组合键将其置于底层；选择背景，再次按【Ctrl+Shift+[】组合键将其置于底层，效果如图3-82所示。完成本例的制作。

图3-82

技巧

使用"形状生成器工具" 合并多个图形为一个图形时，合并后的图形将应用底层图形的属性，如描边、颜色、效果等。

3.7 图形的生成、擦除、剪切与分割

在绘制图形后，可以利用形状生成器工具、橡皮擦工具、剪刀工具、美工刀工具进行图形的生成、擦除、剪切与分割等操作，制作出更复杂的图形。

3.7.1 使用形状生成器工具

使用"形状生成器"工具 可以分离重叠的图形，快速生成新的图形；还可以将绘制的多个简单图形合并为一个复杂的图形，使复杂图形的制作更加灵活、快捷。选择多个图形后，在工具箱中选择"形状生成器"工具 ，在需要分离成独立图形的区域单击，此时该区域生成新的图形。图3-83所示为单击耳朵图形得到的图形。选择"形状生成器"工具 ，在相交的两个图形之间拖动，可将这两个图形合并为一个图形，如图3-84所示。

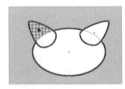 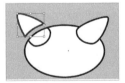

图3-83

 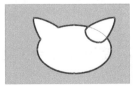

图3-84

范例 生成立体数字

知识要点　使用形状生成器工具、使用“颜色参考”面板，使用镜像对象

配套资源　效果文件\第3章\立体数字.ai

扫码看视频

范例说明

立体字具有很强的视觉冲击力，常用于日历、促销海报中。制作立体字有很多种方式，如添加3D效果、添加投影、添加渐变等。为满足扁平化风格的设计要求，本例考虑制作扁平化立体数字，利用圆形和形状生成器工具来创建数字轮廓，利用颜色的深浅效果来打造数字的立体效果。

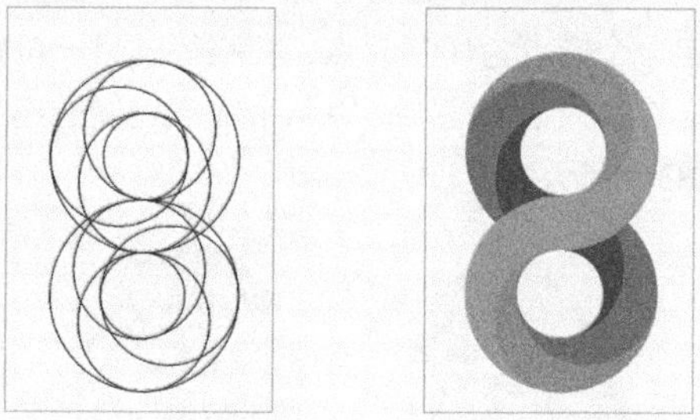

操作步骤

1 新建一个A4文件，选择“矩形工具” ，创建一个矩形作为背景；在工具属性栏中设置填充颜色为“C:12、M:0、Y:20、K:0”，取消描边。

2 选择“椭圆工具” ，在画板中单击，按住【Shift】键并拖动鼠标绘制多个相交的圆形，如图3-85所示，取消圆形的填充效果，以便观察轮廓的相交效果。

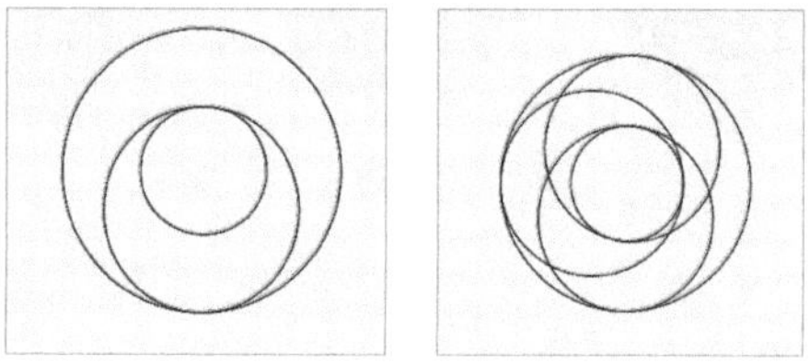

图3-85

3 选择绘制的所有圆形，按住【Alt】键垂直向下拖动，复制多个圆形，效果如图3-86所示，得到数字“8”的初始效果。

4 选择【对象】/【变换】/【镜像】命令，打开“镜像”对话框，选中“垂直”单选项，单击“确定”按钮，如图3-87所示。

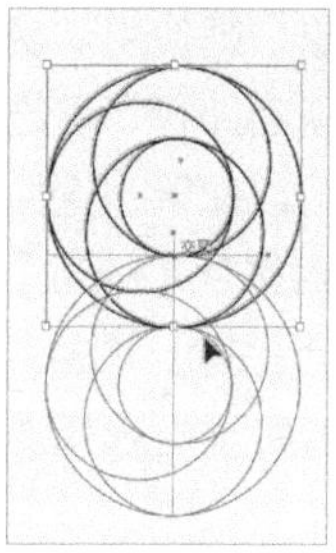

3-86

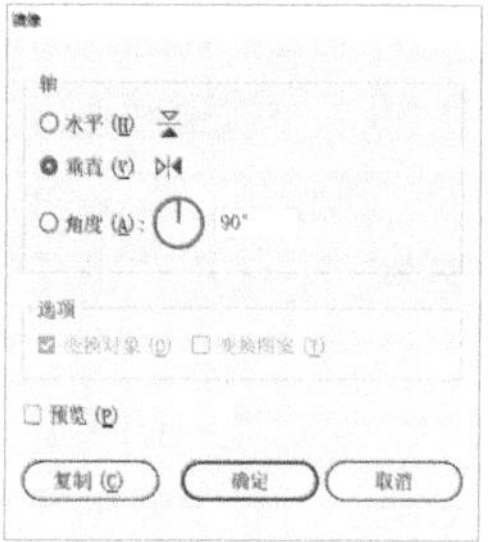

图3-87

5 按【Ctrl+A】组合键全选图形，然后选择“形状生成器工具” ，按住鼠标左键并拖动鼠标在需要合并的图形区域中涂抹，得到合并后的图形。继续使用该方法得到图3-88所示的数字“8”效果。

6 选择中间的图形，设置填充颜色为“C:61、M:0、Y:100、K:0”，效果如图3-89所示。

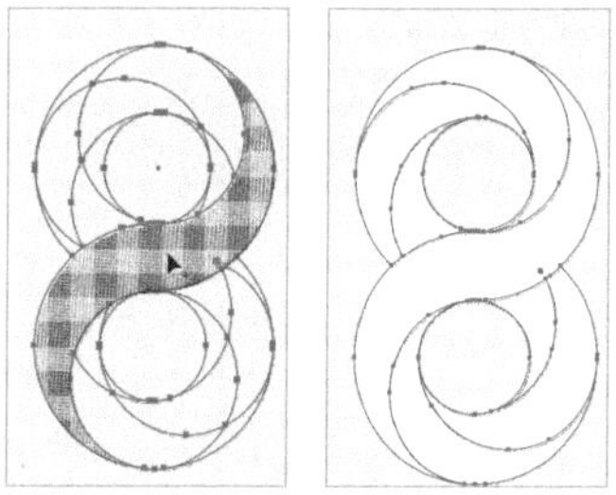

图3-88

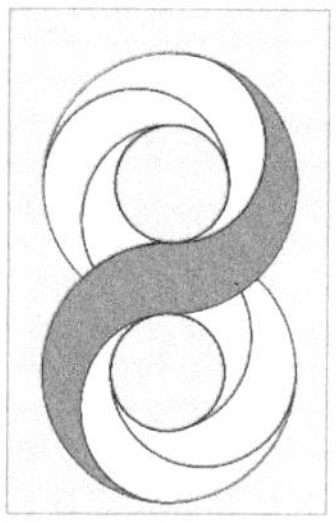

图3-89

> **技巧**
>
> 在使用“形状生成器工具” 合并图形时，一些细节部分需要再次涂抹。

7 选择【窗口】/【颜色参考】命令，打开“颜色参考”面板，选择图形的其他部分，选择面板中的颜色。需要注意选择的颜色要由浅入深，以突出图形的立体感。最后取消显示数字轮廓，如图3-90所示，完成本例的制作。

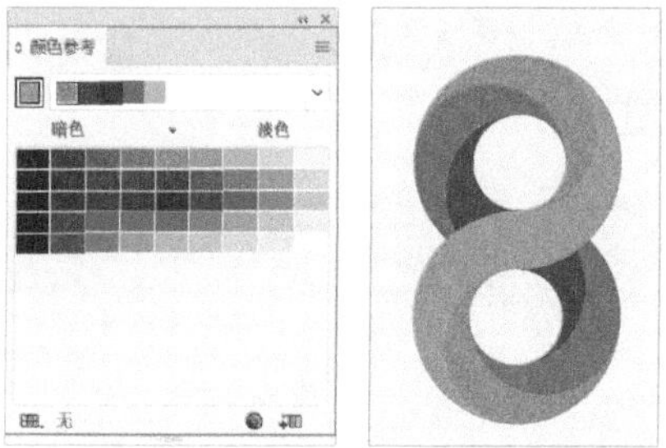

图3-90

3.7.2 使用橡皮擦工具

使用“橡皮擦工具” 可以根据需要擦除对象的部分

路径、填充内容等。若未选中任何对象，则使用"橡皮擦工具" 可以擦除鼠标指针所到之处的所有路径；若选择了擦除对象，则使用"橡皮擦工具" 只可以擦除被选中对象的部分区域；若使用"橡皮擦工具" 时按住【Shift】键，则可以沿水平、垂直或45°角的方向进行擦除。图3-91所示为未选中任何对象时的擦除效果；图3-92所示为选择对象后的擦除效果，背景未被擦除。

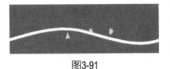

图3-91　　　　　　　　　图3-92

为了更好地擦除不需要的部分，在使用"橡皮擦工具" 擦除图形前，可以双击"橡皮擦工具" ，打开"橡皮擦工具选项"对话框，设置"橡皮擦工具" 擦除时的角度、圆度、大小等属性，如图3-93所示。

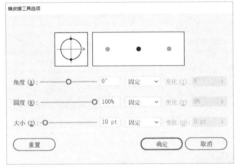

图3-93

● 角度：用于设置"橡皮擦工具" 旋转的角度，拖动"角度"右侧的滑块，或在数值框中输入数值可确定角度值。

● 圆度：用于设置"橡皮擦工具" 的圆度，拖动"圆度"右侧的滑块，或在数值框中输入数值可确定圆度值。

● 大小：用于设置"橡皮擦工具" 的大小，拖动"大小"右侧的滑块，或在数值框中输入数值可确定橡皮擦的大小。

● 固定：在该下拉列表框中可设置角度、圆度或大小的变化方式。在"变化"数值框中输入一个值来指定橡皮擦特征的变化范围。

小测 制作西瓜图标

配套资源\效果文件\第3章\西瓜图标.ai

本小测要求制作西瓜图标，由于制作的西瓜图标为半圆形，因此绘制西瓜内部时可以先绘制圆形，然后使用"橡皮擦工具" 擦除上半部分。由于西瓜皮的路径为

开放路径，因此可使用"橡皮擦工具" 擦除上半部分。为了使其效果更加美观，以黄色为背景色，并添加西瓜籽、文字进行装饰，效果如图3-94所示。

图3-94

3.7.3　剪刀工具

"剪刀工具" 主要用于切断路径或将图形切割成多个部分，并且每个部分都可以有独立的填充和描边效果。选择要裁剪的路径，在"橡皮擦工具" 上按住鼠标左键，在弹出的工具组中选择"剪刀工具" ，在路径上单击即可切断路径，如图3-95所示。若要切割图形，则需要在图形的路径上单击确定一个锚点为切割起点，在路径的另一位置单击确定另一个锚点作为切割终点，以两个锚点之间的连线来切割图形，如图3-96所示。

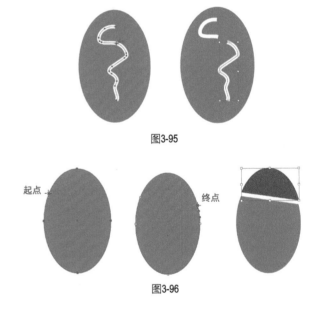

图3-95

起点　　　　　　　　　　　　终点

图3-96

3.7.4　美工刀工具

使用"美工刀工具" 可以将一个对象以任意的分割线为依据划分为多个部分。其使用方法为：选择对象后，在"橡皮擦工具" 上按住鼠标左键，在弹出的工具组中选择"美工刀工具" ，在对象上绘制分割线。图3-97所示为随意分割图形并单独填充各个部分的效果。若未选中分割对象，则可对鼠标指针所在范围内的所有对象进行分割；若需要进

行直线分割，则可在分割时按住【Alt】键；按住【Shift+Alt】组合键可以以水平直线、垂直直线或45°角的直线分割对象。图3-98所示为用直线分割图形并单独填充各个部分的效果。

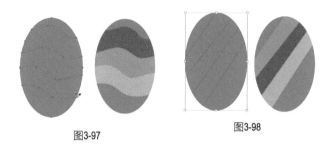

图3-97　　　　　　　　　　图3-98

范例　制作具有切分感的飞鸟标志

知识要点	使用矩形网格工具、分割对象、使用美工刀工具、填色
配套资源	效果文件\第3章\飞鸟标志.ai

扫码看视频

范例说明

切分感风格在名片、海报背景、标志中应用广泛，这种风格的图形具有很强的层次感和设计感。本例将制作一个具有切分感的飞鸟标志，为了提高工作效率，使用矩形网格工具和美工刀工具来绘制并分割图形；为了突出时尚感，采用绚丽的颜色对图形进行填充。

1 新建一个A4文件，选择"矩形网格工具" ▦，在画板中单击，打开"矩形网格工具选项"对话框，设置水平分隔线和垂直分隔线的数量为"4"，单击"确定"按钮，效果如图3-99所示。

2 为了将网格分割成小矩形，可按【Shift+Ctrl+F9】组合键打开"路径查找器"面板，单击"分割"按钮 🔲，如图3-100所示。

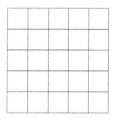 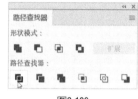

图3-99　　　　　　　　　　图3-100

3 选择"美工刀工具" 🔪，按住【Shift+Alt】组合键，在第一格拖动鼠标以绘制45°的分割线。为了达到理想的分割效果，绘制的分割线尽量超过边框。使用相同的方法继续绘制分割线，如图3-101所示。

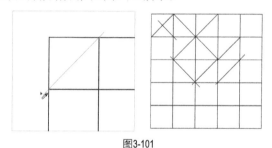

图3-101

4 选择分割后的矩形网格，在其上单击鼠标右键，在弹出的快捷菜单中选择"取消编组"命令；选择不需要的部分，按【Delete】键将其删除，得到飞鸟图形，效果如图3-102所示。

5 为图形的各个区域填充不同的颜色，并适当调整图形间距，取消描边；绘制一个圆形作为背景，设置填充颜色为"C:0、M:0、Y:0、K:10"；选择圆形，按【Ctrl+Shift+[】组合键将其置于底层，效果如图3-103所示，完成本例的制作。

图3-102

图3-103

图3-104

3.8 综合实训：绘制T恤图案

插画是一种艺术表现形式。插画的应用范围很广，如服装设计、产品包装设计、书籍封面设计、海报设计、电商视觉设计、品牌设计、UI设计等。商业插画具有浓厚的艺术和商业气息，符合现在部分年轻人追求个性化的设计需求。本例绘制的T恤图案就属于商业插画。

3.8.1 实训要求

某服装生产公司需要为一款女童T恤设计插画图案，要求线条流畅。本实训为女童T恤绘制卡通小女孩形象，要求小女孩形象生动、可爱。为了搭配粉色T恤，插画以粉色为主色，并添加一些小元素，如小兔子、心形、文本等，以丰富插画内容。

3.8.2 实训思路

（1）学习插画。优秀的插画师具有扎实的美术基础，能熟练应用配色技巧、手绘技法，并能通过观察生活中物件，以手绘的方式来表现光影、底纹等。

（2）构思插画。通过多做、多想，利用手绘的方式绘制出多种风格的插画，并挑选合适的草图在Illustrator中进行绘制。

（3）设计表情。在配合插画人物姿势的基础上，为插画人物设计一套表情包，可以丰富插画的视觉效果。

（4）添加场景元素。通过添加背景、小元素将插画人物置于一个场景中。

（5）搭配色彩。色彩在图案设计中具有装饰性，为了适应不同的物件和背景颜色，可以多准备几套配色方案。

本实训完成后的参考效果如图3-104所示。

3.8.3 制作要点

知识要点	描边与填充对象、使用钢笔工具、使用铅笔工具
配套资源	素材文件\第3章\女童T恤.tif 效果文件\第3章\人物插画.ai

扫码看视频

本实训主要包括绘制人物、绘制小兔子和绘制其他元素3个部分，主要操作步骤如下。

1 新建一个800 pt×800 pt的文件，然后绘制一个浅绿色的背景矩形。

2 使用"钢笔工具" 绘制头发路径，绘制完成后，如果发现头发路径过于生硬，则可使用"锚点工具" 对锚点进行编辑。

3 在头发路径内侧绘制人脸部分，在人脸部分的下方绘制衣服部分。使用相同的方法继续对人物的其他部分进行绘制。

4 在帽子上绘制眼睛，在眼睛的中间绘制鼻子和嘴巴。

5 选择"铅笔工具" ，沿着帽子上的耳朵向内侧拖动鼠标，绘制耳朵形状的路径，在头发部分绘制头发丝的轮廓。

6 选择"钢笔工具" ，绘制人物的眼睛和嘴巴，在人物的上方绘制小兔子形状。

7 选择"铅笔工具" ，为小兔子绘制牙齿和舌头。

8 绘制直线段、爱心图形并添加文本，全选并组合元素，复制元素。打开T恤素材，将其粘贴到T恤上，调整其大小与位置，完成本例的制作。

1. 绘制可爱的卡通插画

本练习将绘制一幅常用于聊天的可爱插画。绘制时，读者可根据绘图习惯选择钢笔工具、铅笔工具、曲率工具中的一种工具，对填充和描边效果进行设置，完成后的参考效果如图3-105所示。

配套资源　效果文件\第3章\小可爱.ai

图3-105

2. 绘制客厅挂画

本练习将绘制客厅挂画，要求线条流畅，图案时尚、美观。在绘制时，读者可根据需求综合运用钢笔工具、铅笔工具、曲率工具等，对填充和描边效果进行设置，并添加挂画背景，完成后的参考效果如图3-106所示。

配套资源　素材文件\第3章\挂画.tif
效果文件\第3章\卡通人物.ai

图3-106

3. 绘制小鸟

本练习可以使用钢笔工具绘制小鸟的大致轮廓，然后使用锚点工具对轮廓进行调整，再使用铅笔工具对小绒毛进行绘制，最后对细节部分进行调整，完成后的参考效果如图3-107所示。

配套资源　效果文件\第3章\小鸟.ai

图3-107

 技能提升

在使用"钢笔工具" 绘图的过程中经常涉及以下绘图技巧，掌握这些技巧可以提升绘图效率。

1. 如何控制手柄线

使用"钢笔工具" 绘图时，必须先确定下一个锚点的位置，再确定正在拖动的手柄线的长度。同时需记住，不要将手柄线拖动到下一个锚点的位置，只需要将其拖动到当前锚点与下一个锚点的距离的1/3处即可，这样能获得满意的路径效果。另外，手柄线不能长于当前锚点与下一个锚点的距离的1/2或小于当前锚点与下一个锚点的距离的1/4，因为手柄线太长或太短都会使路径发生不规则的弯曲。

2. 如何精确绘制路径

使用"钢笔工具" 绘图时，不要使曲线的外侧与正在绘制的图形的外侧混合在一起，需注意手柄线应始终正切于它们的引导曲线段。且在绘制路径时，如果当前绘制的锚点有误，则尽量不在错误的曲线路径上拖动或将手柄线拖动到某个荒谬的长度来过度修正画错的曲线路径。因为临时修改前面的曲线路径后，会破坏绘制的下一条曲线路径，导致重复出现错误。此时，可按【Ctrl+Z】组合键还原，或待路径绘制完成后统一修改。

3. 如何使用锚点

使用"钢笔工具" 绘图时，如果要求绘制的图形线条平滑、流畅，就尽量用非常少的锚点绘制路径；如果要求绘制的图形线条粗糙、不规则，就尽量使用较多的锚点。如果在绘图时不能确定需要多少个锚点，则建议不要添加太多的锚点。因为在后期调整时，还可以使用"添加锚点工具" 在路径上添加锚点；且当路径上只有少量的锚点时，更改图形的形状比较容易。

第 4 章

图形高级上色

本章导读

色彩是设计中最重要的元素之一，不同色彩可以营造不同的视觉效果。除了前面介绍的基础的单色填充方法外，Illustrator还提供了多种高级上色方法，包括渐变上色、图案上色、网格上色、吸管上色、实时上色等。掌握这些高级的上色方法不仅可以满足设计作品中不同的上色需求，还可以大大提高工作效率。

知识目标

< 掌握渐变上色的方法
< 掌握图案上色的方法
< 掌握网格工具和吸管工具的使用方法
< 掌握实时上色的方法

能力目标

< 使用线性渐变绘制化妆品
< 使用任意形状渐变绘制逼真的柠檬
< 使用渐变工具制作渐变标志
< 使用网格工具绘制酒瓶
< 使用实时上色工具制作多彩标志

情感目标

< 培养搭配作品色彩的能力
< 掌握高级上色方法

4.1 渐变上色

渐变上色是指为图形添加从明到暗，或由深转浅，或从一个色彩过渡到另一个色彩的颜色。渐变上色是平面设计中常见的上色方式，可以让图形产生变化无穷、绚丽多姿的效果。

4.1.1 使用"渐变"面板

有些设计作品采用了渐变上色的方式，具有较强的层次感和立体感，如图4-1所示。

图4-1

在Illustrator中，通过"渐变"面板可以应用、创建和修改渐变。在工具箱底部单击"渐变"按钮▢，或选择【窗口】/【渐变】命令，或按【Ctrl+F9】组合键，都可以打开"渐变"面板，如图4-2所示。

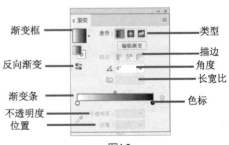

图4-2

● 渐变框：显示了当前的渐变颜色，单击它可用渐变颜色填充当前选择的对象。单击右侧的下拉按钮，可在弹出的下拉列表中选择一种预设的渐变样式，如图4-3所示。

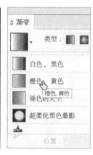

图4-3

● 类型：用于设置渐变的类型，其中包括线性渐变、径向渐变、任意形状渐变3种类型。单击不同的按钮会得到不同类型的渐变效果，如图4-4~图4-6所示。任意形状渐变需要先绘制点或线，再分别填充点或线的颜色来实现渐变填充。

图4-4　　　　　　　　　图4-5

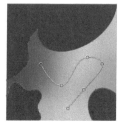

图4-6

● 反向渐变：单击"反向渐变"按钮，可以反转渐变颜色的填充顺序。图4-7所示为反转渐变颜色前后的对比效果。

图4-7

● 描边：单击按钮切换到描边模式，将激活"在描边中应用渐变"按钮、"沿描边应用渐变"按钮、"跨描边应用渐变"按钮，单击对应的按钮可以实现不同的渐变描边效果，如图4-8所示。

图4-8

● 角度：决定线性渐变和径向渐变的角度。不同角度的渐变对应的效果也不同，如图4-9所示。

图4-9

● 长宽比：当填充径向渐变时，在该数值框中输入数值，或单击其右侧的下拉按钮，在弹出的下拉列表中选择相应的数值，可创建椭圆径向渐变。图4-10所示为不同宽度的椭圆径向渐变效果。

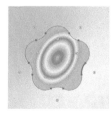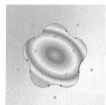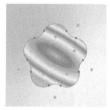

图4-10

● 渐变条：渐变条用于设置渐变颜色。选择下方的色标后，可通过"颜色"面板设置它的颜色；也可直接双击色标，在打开的面板中设置需要的颜色，如图4-11所示；还可单击

"拾色器"按钮 ✐，在界面中单击以吸取颜色。渐变条上方的"渐变滑块"图标 ◇ 用来定义两个颜色的混合位置。将鼠标指针移动到渐变条下方，当鼠标指针变为 ▷₊ 形状时单击可添加色标，选择色标，拖动色标可调整颜色的位置。单击右侧的"删除色标"按钮 🗑，或直接将色标拖动到面板外，可将其删除。

 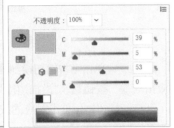

图4-11

● **不透明度**：选择一个色标后，在该数值框中设置颜色的不透明度，可以使颜色呈现透明效果，如图4-12所示。

图4-12

● **位置**：只有在"渐变"面板中选择了色标之后，该选项才可用，其右侧显示了当前所选色标的位置。

4.1.2 认识渐变类型

Illustrator提供了线性渐变、径向渐变、任意形状渐变3种渐变类型，使用不同的渐变类型可以得到不同的渐变效果。

1. 线性渐变

线性渐变从起点到终点沿着一根轴线（水平或垂直）改变颜色，如图4-13所示。线性渐变广泛应用于Logo、背景、产品、插画等设计中。

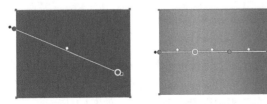

图4-13

   范例 使用线性渐变绘制化妆品

知识要点 使用线性渐变、使用内发光效果、使用钢笔工具

配套资源 效果文件\第4章\化妆品.ai

 扫码看视频

范例说明

在化妆品的绘制中经常会遇到金属、玻璃等具有高反光材质的瓶子，在绘制这些瓶子时，需要观察光线明与暗、强与弱的对比关系，了解不同位置的光线效果，利用线性渐变能很好地表现这些效果。本例绘制一款乳液的瓶子外观，利用黑白渐变表现瓶盖的不锈钢质感，利用不同深浅的红色渐变表现瓶身的明暗对比效果，并添加内发光效果，使化妆品更加立体。

操作步骤

1 新建一个A4文件，选择"钢笔工具" ✐，在工具属性栏中设置填充颜色为"白色"，描边颜色为"黑色"，绘制瓶子的各个部分，然后组合成图4-14所示的形状。

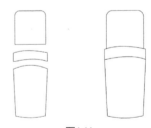

图4-14

2 选择【窗口】/【渐变】命令，打开"渐变"面板，单击"线性渐变"按钮 ■，将鼠标指针移动到渐变条下方，当鼠标指针变为 ▷₊ 形状时单击可添加色标；单击以选择色标，拖动色标可调整颜色的位置，再通过"颜色"面板设置色标的颜色，为瓶盖的上部制作图4-15所示的不同灰度的线性渐变效果，取消图形的描边。

3 选择瓶盖的下部，在"渐变"面板中单击"线性渐变"按钮 ■，将沿用上一步的方法，为瓶盖的下部制作线性渐变效果，在工具属性栏中取消其描边效果，如图4-16所示。

4 使用步骤2中的方法继续为瓶身添加不同深浅的红色线性渐变，如图4-17所示。

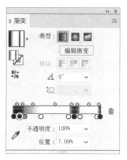

图4-15

图4-16

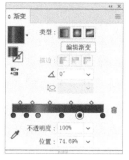

图4-17

5 选择瓶盖的上、下两部分，选择【效果】/【风格化】/【内发光】命令，打开"内发光"对话框，设置模式为"正片叠底"，颜色为"黑色"，不透明度为"75%"，模糊值为"1px"，单击"确定"按钮，为瓶盖添加内发光效果，使其边缘更加立体，如图4-18所示。

图4-18

6 选择瓶身，为其添加颜色为"C:50、M:98、Y:90、K:28"，模糊为"8 mm"的内发光效果，使瓶身更加立体，如图4-19所示。

图4-19

7 选择"文字工具"T.，输入文本，设置文本颜色为"白色"，字体为"Adobe 宋体 Std L"，并调整字号。然后使用"钢笔工具" ✍.绘制白色、无描边的标志图形，将文本和标志图形的不透明度更改为"73%"，使其融入瓶身，如图4-20所示，完成本例的制作。

图4-20

技巧

选择图形后，选择"吸管工具" ✐.，单击之前制作的渐变图形，可将渐变效果复制到选择的图形中。

2. 径向渐变

径向渐变是指颜色从起点到终点进行从内到外的圆形渐变。 使用径向渐变可以实现一些漂亮的界面特效， 如图4-21所示。 径向渐变常用于制作背景。

图4-21

实战 创建径向渐变背景

知识要点　使用径向渐变

配套资源　素材文件\第4章\化妆品.ai
效果文件\第4章\化妆品海报.ai

扫码看视频

1 打开前面制作的"化妆品.ai"文件，选择"矩形工具" ，创建一个矩形，取消描边，设置填充颜色为"黑色"，按【Ctrl+Shift+[】组合键将其置于底层作为背景，如图4-22所示。

图4-22

2 选择背景矩形，选择【窗口】/【渐变】命令，打开"渐变"面板，单击"径向渐变"按钮 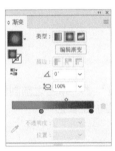，选择左侧的色标，将其向右拖动；然后通过"颜色"面板设置左侧色标的颜色为较浅的"C:12、M:50、Y:26、K:0"颜色，右侧色标的颜色为较深的"C:56、M:100、Y:100、K:50"颜色，如图4-23所示。

图4-23

3 选择背景矩形，按【Ctrl+C】组合键复制矩形，按【Ctrl+V】组合键粘贴矩形；调整复制的背景矩形的高度，使其位于瓶底处，如图4-24所示。

图4-24

4 在"渐变"面板中将两个色标的颜色均设置为"C:12、M:54、Y:26、K:0"颜色，选择右侧的色标，在下方设置不透明度为"0%"，效果如图4-25所示。

5 选择两个背景矩形，按【Ctrl+Shift+[】组合键将它们置于底层，复制文本和标志图形到左上角，效果如图

4-26所示，完成本例的制作。

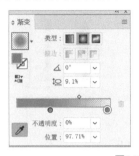

图4-25

图4-26

3. 任意形状渐变

任意形状渐变是指在形状的不同位置添加不同颜色，颜色之间可以实现渐变效果。在"渐变"面板中单击"任意形状渐变"按钮 后，会出现"点"和"线"单选项，且形状中会出现色标，如图4-27所示。

点形式的色标　　　线形式的色标

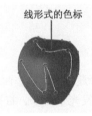

图4-27

选中"点"单选项可以在对象中创建单独的点形式的色标；选中"线"单选项，可以在对象中创建线形式的色标。

● 创建色标：在"点"模式下，在对象中的任意位置单击可添加色标；在"线"模式下，在对象中的任意位置单击可以创建第一个色标，即直线段的起点，继续单击可创建下一个色标，两个色标将用直线连接；此时继续创建色标，直线段会变为曲线段，按【Esc】键可以结束创建，如图4-28所示。

图4-28

● 拖动色标：在对象中单击以选择色标，拖动色标并将其放到需要的位置可更改色标的位置。

● 删除色标：在对象中单击以选择色标，拖动色标到对象区域外，或单击"渐变"面板中的"删除色标"按钮🗑，或按【Delete】键可删除色标。

● 扩展：在"点"模式下，可在"渐变"面板中设置色标的"扩展"值来定义颜色的范围。值越大，该颜色在对象中的范围越大。图4-29所示为扩展值为"0%"和"80%"的对比效果。

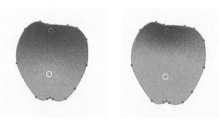

图4-29

范例 使用任意形状渐变绘制逼真的柠檬

知识要点	使用任意形状渐变、使用钢笔工具
配套资源	效果文件\第4章\柠檬.ai

扫码看视频

📷 范例说明

水果写真是设计师经常接触到的作品。水果具有鲜艳的色泽效果，受光线和自身成熟度等因素的影响，水果表面的色泽效果并不均匀。要想绘制好这类作品，最好找一些实物图作为参考，找准高光区域及暗部，再慢慢塑造出质感。本例将绘制柠檬，为表现真实的效果，通过任意形状渐变来表现柠檬表面不均匀的色泽效果，以及亮暗部之间的关系。

操作步骤

1. 新建一个A4文件，选择"矩形工具"🔲，绘制一个浅灰色的矩形作为背景；选择"钢笔工具"✒️，绘制柠檬轮廓，设置填充颜色为"C:37、M:31、Y:95、K:0"，取消描边，如图4-30所示。

2. 选择【窗口】/【渐变】命令，打开"渐变"面板，单击"任意形状渐变"按钮🔳，选中"点"单选项，如图4-31所示。

图4-30 　　　　　　　　　　图4-31

3. 在柠檬左上角单击以添加第1个色标，颜色为之前设置的填充颜色；继续单击以添加第2个色标，双击该色标，在打开的面板中更改色标的颜色为"C:18.5、M:19.8、Y:83.83、K:0"，如图4-32所示。

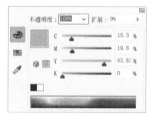 

图4-32

4. 单击以添加第3个色标并更改其颜色，单击以添加第4个色标并更改其颜色，如图4-33所示。

5. 选择第4个色标，在"渐变"面板中将扩展值设置为"80%"，颜色效果将发生变化，如图4-34所示。

图4-33

图4-34

6 在"渐变"面板中选中"线"单选项，在柠檬底部添加4个色标，如图4-35所示。

图4-35

7 依次更改线条上色标的颜色，效果如图4-36所示。为了得到逼真的效果，可观察柠檬颜色，并结合光影效果来设置色标的颜色。

8 选择"钢笔工具" ，绘制绿叶，并取消描边。然后创建两个色标，色标之间会产生一条直线段，设置色标的颜色，效果如图4-37所示。

图4-36　　　　　　　　　图4-37

9 复制绿叶并调整其角度，选择绿叶和灰色背景，按【Ctrl+Shift+[】组合键将它们置于底层，用于装饰柠檬，使画面更加丰富，如图4-38所示。至此，完成柠檬的绘制。

图4-38

4.1.3　使用渐变工具

"渐变工具" 的功能与"渐变"面板的大部分功能相同，利用"渐变工具" 可以快速创建渐变效果或编辑已有的渐变效果。

● 创建渐变：选择图形，在工具箱中选择"渐变工具" ，或按【G】键选择"渐变工具" ；在工具属性栏中单击"线性渐变"按钮 、"径向渐变"按钮 、"任意形状渐变"按钮 中的一个按钮，设置渐变类型。此处以单击"线性渐变"按钮 为例，在要应用渐变的开始位置单击，拖动鼠标到渐变的结束位置后释放鼠标左键。设置不同的

起点、方向、半径，得到的渐变效果也不相同，如图4-39所示。若创建的渐变的角度、半径、位置不合适，则可以重新创建，新创建的渐变将替换原来的渐变。

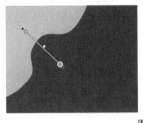
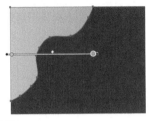

图4-39

● 编辑色标：选择色标后，拖动色标可调整颜色渐变的位置。双击色标，可在打开的面板中更改色标的颜色。按【Delete】键，或将色标拖动到图形外，可将色标删除。

● 更改渐变角度：将鼠标指针移动到渐变条的一侧，当其变为 形状时，可以拖动鼠标来改变渐变的角度，如图4-40所示。

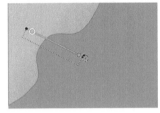
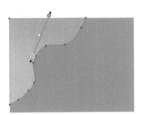

图4-40

● 重新定位渐变的起点：拖动渐变条末端的黑色圆点图标 （渐变原点）可重新定位渐变的起点，如图4-41所示。

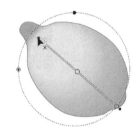

图4-41

● 更改渐变半径：拖动渐变条末端的黑色矩形图标 ，可增大或减小渐变的半径，如图4-42所示。

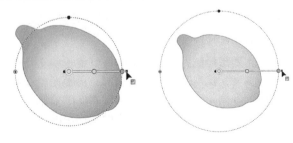

图4-42

范例 制作渐变标志

知识要点	使用渐变工具、使用径向渐变、使用线性渐变
配套资源	效果文件\第4章\渐变标志.ai

扫码看视频

范例说明

在标志设计中应用渐变效果是一种独特的表现形式，这样的标志富有韵律感和节奏感，能给人流畅、新颖的视觉感受。渐变标志在视觉上有一种导向性，可以体现出由近到远、由大到小、由浓到淡、由强到弱等有规律的变化。本例将制作一款圆形的渐变标志，用极坐标网格来规范标志的形状，再采用线性渐变来体现标志的立体感，并通过径向渐变来添加投影。

操作步骤

1 新建一个A4文件，选择"极坐标网格工具" ▦，在画板中单击，打开"极坐标网格工具选项"对话框，设置宽度和高度为"80 mm"，设置同心圆分隔线的数量为"1"，设置径向分隔线的数量为"3"，单击"确定"按钮，如图4-43所示。得到极坐标网格，效果如图4-44所示。

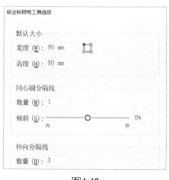

图4-43　　　　　　图4-44

2 选择极坐标网格，在其上单击鼠标右键，在弹出的快捷菜单中选择"取消编组"命令；选择圆形和线条，继续执行"取消编组"命令，如图4-45所示。

3 选择"钢笔工具" ✐，绘制3个造型线条，如图4-46所示。

 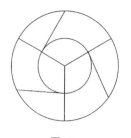

图4-45　　　　　　图4-46

4 选择多余的线条，按【Delete】键将其删除，得到标志效果，如图4-47所示。

5 按【Ctrl+A】组合键全选图形，然后选择"形状生成器工具" ◔，按住鼠标左键在需要合并的图形区域中拖动鼠标，得到合并后的图形，如图4-48所示。继续使用该方法得到其他两个相同的图形。

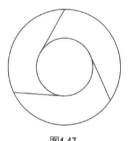 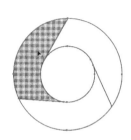

图4-47　　　　　　图4-48

6 选择一个图形，选择"渐变工具" ▧，在工具属性栏中单击"线性渐变"按钮▧，在要应用渐变的开始位置单击，拖动鼠标到渐变的结束位置后释放鼠标左键即可创建线性渐变。拖动色标后，双击色标，可在打开的面板中设置色标的颜色。使用相同的方法继续为其他两个图形创建线性渐变，如图4-49所示。

 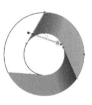 

图4-49

7 选择"椭圆工具" ◯，拖动鼠标绘制椭圆，并取消描边；选择"渐变工具" ▧，在工具属性栏中单击"径向渐变"按钮▧，创建默认的径向渐变；设置起点和终点色标的颜色分别为"C:0、M:0、Y:0、K:80"和"白色"，选择白色的终点色标，在工具属性栏中将其不透明度设置为"0%"，制作出投影效果，如图4-50所示。

8 将鼠标指针移动到渐变圈的黑色圆点图标↖上，按住鼠标左键向内拖动鼠标，调整渐变圈的形状和大小，形成投影效果，如图4-51所示，完成本例的制作。

图4-50

图4-51

4.2 图案上色

在Illustrator中，不仅可以使用单色、渐变颜色填充图形，还可以使用图案填充图形，从而使绘制的图形更加生动、形象。

4.2.1 填充预设图案

Illustrator的色板库提供了多种预设图案。填充预设图案的方法为：选择需要填充预设图案的图形，在工具箱底部单击"填色"色块，使其置于顶层；单击"色板"面板中的"'色板库'菜单"按钮，在弹出的下拉列表中选择系统预设的图案库；此时，打开相应的面板，选择面板中的任意一个图案，即可将其应用到所选图形上。图4-52所示为用"野花"图案填充包装袋的效果。

图4-52

★范例 为"小可爱"添加圆点图案

知识要点：应用色板库、设置透明度

配套资源：
素材文件\第4章\小可爱.ai
效果文件\第4章\小可爱.ai

扫码看视频

范例说明

在绘制卡通人物时，经常需要绘制衣服，用单色填充的衣服往往比较单调，此时可使用丰富的预设图案来快速填充衣服。本例将为"小可爱"卡通人物绘制衣服，并为衣服添加圆点图案；为了将圆点图案和衣服融合，可设置其混合方式为"柔光"。

操作步骤

1 打开"小可爱.ai"文件，使用"钢笔工具" 绘制衣服轮廓，设置填充颜色为"C:12、M:78、Y:63、K:0"，描边颜色为"黑色"，描边粗细为"2 pt"，效果如图4-53所示。

图4-53

2 选择衣服，按【Ctrl+C】组合键复制衣服，按【Ctrl+F】组合键粘贴衣服，保留衣服的底色。选择复制的衣服图形，选择【窗口】/【色板】命令，打开"色板"面板；单击"色板"面板中的"'色板库'菜单"按钮，在弹出的下拉列表中选择【图案】/【基本图形】/【基本图形_点】选项，如图4-54所示。

图4-54

3 打开"基本图形_点"面板，单击第3种圆点图案，为衣服填充圆点图案，如图4-55所示。

4 选择【窗口】/【透明度】命令，打开"透明度"面板，将混合模式设置为"柔光"，此时圆点图案的颜色变为浅红色，如图4-56所示。可以使用相同的方法为衣服填充其他图案，若图案大小不合适，则可在缩放图形后再进行图案填充；调整图形大小，图案会跟随图形一起缩放。

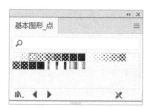

图4-55

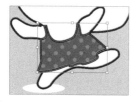

图4-56

4.2.2　创建自定义图案

Illustrator提供的预设图案不一定能够满足用户的填充需求，此时用户可将需要的图形创建为图案，以便后续使用。其方法为：选择需要自定义的图案，打开"色板"面板，将选择的图案拖动到"色板"面板中；或选择【对象】/【图案】/【建立】命令，打开"图案选项"面板，设置图案大小、位置、拼贴类型、重叠等参数，单击"完成"按钮，即可在"色板"面板中查看创建的图案，如图4-57所示。

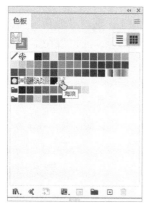

图4-57

范例　创建海浪图案

知识要点	使用椭圆工具、使用剪刀工具、创建自定义图案
配套资源	效果文件\第4章\海浪图案.ai

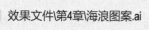

扫码看视频

海浪图案广泛用于海报、包装、服装、食品等设计作品中，是非常经典的传统花纹。本例将创建海浪图案，将其拼贴类型设置为"砖形（按行）"，并将其保存到"色板"面板中，以便日后使用。

操作步骤

1　新建一个A4文件，选择"椭圆工具"，在画板中单击，打开"椭圆"对话框，设置宽度为"50 mm"，高度为"60 mm"，单击"确定"按钮，得到椭圆，如图4-58所示。然后在工具属性栏中设置描边颜色为"C:70、M:15、Y:0、K:0"，描边粗细为"4pt"，取消填充。

2　选择椭圆，按【Ctrl+C】组合键复制椭圆，按【Ctrl+F】组合键粘贴椭圆，按住【Alt+Shift】组合键并向内拖动鼠标以缩小椭圆。继续使用该方法得到另外两个椭圆，形成图4-59所示的同心椭圆效果。

图4-58　　　　　　　　图4-59

3　复制两个外侧的椭圆，组合成图4-60所示的图形。

4　选择所有椭圆，选择"剪刀工具"，在交叉的路径上单击以剪断路径，删除多余的部分，得到图4-61所示的图形。

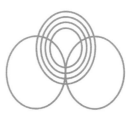

图4-60　　　　　　　　图4-61

5 选择裁剪后的图形，选择【对象】/【图案】/【建立】命令，打开"图案选项"面板，设置图案名称为"海浪"，拼贴类型为"砖形（按行）"，砖形位移为"1/2"，选中"将拼贴与图稿一起移动"复选框，设置宽度和高度分别为"48mm"和"21mm"，按【Enter】键预览图案效果，如图4-62所示。

图4-62

6 在"色板"面板中查看创建的"海浪"图案，绘制并选择矩形，然后单击该图案，为矩形填充"海浪"图案，如图4-63所示。

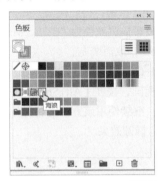

图4-63

4.3 网格上色

网格上色的效果与渐变中的任意形状渐变的效果较为类似，不同的是，网格上色能够通过网格点将颜色设置得更加精准，随着网格线和网格点的移动，图形上的颜色也会发生移动。因此，网格上色非常适合表现物体表面的复杂颜色，使物体更加逼真。

4.3.1 使用网格工具上色

选择矢量对象后，选择"网格工具" 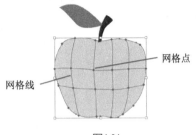，该矢量对象即可变为网格对象。在网格对象中单击添加网格点后，可发现对象由网格点和网格线组成，如图4-64所示。网格点具有与锚点相同的属性，利用"直接选择工具" 和"锚点工具"

都可以对网格点和网格线进行编辑，其方法与编辑路径的方法相似，只是增加了颜色填充功能。

图4-64

● 添加网格点：选择"网格工具" ，在网格对象的空白处单击，可添加网格点，并形成两条交叉的网格线，网格线将延伸至网格对象的边缘，如图4-65所示。在网格线上单击添加网格点，可生成一条与此网格线相交的网格线，如图4-66所示。在添加网格点时，按住【Shift】键单击，可以创建一个无颜色属性的网格点。

图4-65　　　　　　图4-66

● 设置网格点颜色和不透明度：新添加的网格点处于选中状态，通过"颜色"面板、"色板"面板等可以为网格点设置颜色，还可以在工具属性栏中设置网格点颜色的不透明度，如图4-67所示。

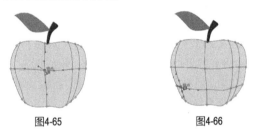

图4-67

● 删除网格点：按住【Alt】键，再将鼠标指针移动到网格点上，鼠标指针将显示为 形状，此时单击可将此网格点及相应的网格线删除，如图4-68所示。若按住【Alt】键在网格线上单击，则可删除网格线。

● 移动网格点：将鼠标指针移动到创建的网格点上，当鼠标指针显示为 形状时，按住鼠标左键并拖动鼠标，可改变网格点的位置，如图4-69所示。

● 编辑网格线：选择网格点后，该网格点将如路径上的锚点一样在两侧显示手柄，单击并拖动手柄，可以编辑此网格点对应的网格线，从而改变网格线的形状，并调整颜色的混合范围，如图4-70所示。

图4-68

图4-69　　　　图4-70

4.3.2　创建固定行数和列数的网格

使用"网格工具" 创建的网格比较随机，若想创建固定行数和列数的网格，则在选择图形后选择【对象】/【创建渐变网格】命令，打开"创建渐变网格"对话框，设置合适的行数、列数，单击"确定"按钮，即可在图形内生成固定行数和列数的网格，如图4-71所示。

图4-71

技巧

选择一个具有渐变填充效果的对象，选择【对象】/【扩展】命令，打开"扩展"对话框，选中"渐变网格"单选项，单击"确定"按钮，可将渐变填充对象转换为具有渐变外观的网格对象。

范例　绘制玻璃瓶

知识要点

使用钢笔工具、使用渐变工具、使用文字工具、使用网格工具

配套资源

素材文件\第4章\桂花背景.png
效果文件\第4章\玻璃瓶.ai

扫码看视频

范例说明

很多玻璃瓶的材质为具有固有色的玻璃，该材质容易受到环境和光线的影响，使其本来单一的色彩变得复杂多样。本例绘制一个黄色的玻璃瓶，使用网格工具来填充瓶身的色彩，使用金属渐变填充来表现瓶盖的色彩。

操作步骤

1　新建一个A4文件，选择"钢笔工具" ，在工具属性栏中取消填充，设置描边颜色为"黑色"，绘制玻璃瓶的各个部分，然后将各个部分组合成一个玻璃瓶形状，如图4-72所示。

图4-72

2　选择瓶盖部分的3个形状，选择【窗口】/【色板库】/【渐变】/【金属】命令，打开"金属"面板，单击第4个色块，如图4-73所示。

3　选择中间的形状，选择"渐变工具" ，将鼠标指针移动到渐变条的一侧，当其变为 形状时，通过拖动鼠标来改变渐变的角度，此处调整为垂直方向；拖动渐变条末端的黑色圆点图标●来重新定位渐变的起点，效果如图4-74所示。

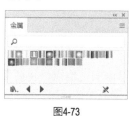

图4-73　　　　　　图4-74

75

4 在工具属性栏中取消瓶盖部分3个形状的描边，选择【编辑】/【编辑颜色】/【调整色彩平衡】命令，打开"调整颜色"对话框；增加黄色值，此处设置为"10%"，单击"确定"按钮得到浅黄色的金属渐变效果，如图4-75所示。

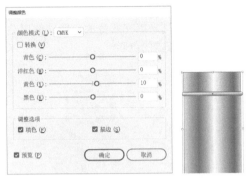

图4-75

5 为瓶身形状填充较深的黄色，作为玻璃瓶形状的主色。选择"网格工具" ，在网格对象的空白处单击，添加网格点，生成两条交叉的网格线。然后依次在中间横向的网格线上单击，添加与该网格线交叉的纵向网格线；在纵向网格线的上部和底部单击，添加与其交叉的横向网格线，如图4-76所示。

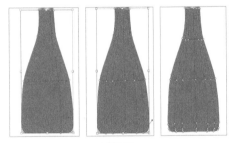

图4-76

6 选择"直接选择工具" ，按住【Shift】键单击高光部分的多个网格点，并将其填充为较浅的黄色。此处将瓶颈左侧、右侧和瓶底部分的网格点填充为较浅的黄色，如图4-77所示。

图4-77

7 在横向网格线的两侧单击，添加网格点，将两侧的网格点设置为较深的黄色，形成轮廓效果，如图4-78所示。

8 选择玻璃瓶的所有形状，选择【效果】/【风格化】/【投影】命令，打开"投影"对话框，设置模式为"正片叠底"，设置不透明度为"50%"，设置X、Y位移均为"2.47 mm"，设置模糊为"1.76 mm"，设置颜色为"黑色"，单击"确定"按钮，如图4-79所示，为玻璃瓶添加投影效果。

图4-78　　　　　　　　　　图4-79

9 查看玻璃瓶的投影效果，选择"直排文字工具" ，输入文字，设置文字颜色为"白色"，字体为"方正平和简体"，调整字号，将不透明度更改为"50%"，使文字融入瓶身；添加"桂花背景.png"素材文件，按【Ctrl+Shift+[】组合键将其置于底层，调整素材的大小，将其作为玻璃瓶的背景，效果如图4-80所示。

图4-80

4.4 吸管上色

在Illustrator中，使用吸管工具可以快速吸取矢量对象的属性，并将其赋予其他矢量对象，这些属性包括描边样式、填充颜色、字符属性、段落属性、不透明度等。此外，利用吸管工具可以快速吸取位图中的颜色，并将其填充到矢量图形中。

4.4.1 使用吸管工具复制属性

选择矢量对象，在工具箱中选择"吸管工具" ，单击有目标属性的矢量对象，将目标属性应用到选择的矢量对象上。图4-81所示为使用"吸管工具" 复制渐变填充属性和描边属性到矢量对象上。

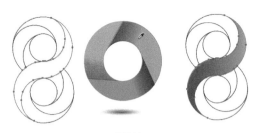

图4-81

若要对复制的属性进行设置，则需要双击"吸管工具" ✐，打开"吸管选项"对话框，选中或取消选中对应属性的复选框，单击"确定"按钮，如图4-82所示。

图4-82

4.4.2 使用吸管工具吸取颜色

在为作品配色时，通过"吸管工具" ✐可以吸取优秀作品中的颜色，让配色变得事半功倍。选择需要填充颜色的对象，选择"吸管工具" ✐，按住【Shift】键在目标图形上单击，可拾取单击点处的颜色，其他属性则不会被吸取。

 技巧

同时选择多个矢量对象，再使用"吸管工具" ✐，可以同时为多个矢量对象应用相同属性。

 实战　吸取优秀作品中的颜色到色板

 知识要点　使用椭圆工具、使用吸管工具、新建颜色组

配套资源　素材文件\第4章\卡片.jpg
效果文件\第4章\卡片.ai

扫码看视频

1 新建一个A4文件，将"卡片.jpg"图片拖动到画板中，选择"椭圆工具" ◯，在画板中按住【Shift】键拖动鼠标，绘制一个圆形。选择"选择工具" ▶，再选择对象，按住【Alt】键水平向右拖动一定距离后释放鼠标左键，复制圆形；按8次【Ctrl+D】组合键，得到8个圆形，一共10个圆形，如图4-83所示。

图4-83

2 选择第1个圆形，选择"吸管工具" ✐，按住【Shift】键在卡片的蓝色上单击，拾取单击点处的蓝色，并将其填充到圆形中，如图4-84所示。

图4-84

3 使用相同的方法为其他圆形填充从卡片中拾取的颜色，如图4-85所示。

图4-85

4 选择所有圆形，选择【窗口】/【色板】命令，打开"色板"面板，单击"色板"面板底部的"新建颜色组"按钮 ▤，打开"新建颜色组"对话框，设置颜色组的名称，此处设置为"卡片颜色"，单击"确定"按钮，如图4-86所示。

5 在"色板"面板中即可查看新建的颜色组，如图4-87所示。

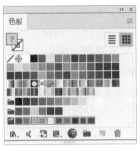

图4-86　　　　　　　　　　图4-87

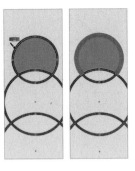

图4-89

4.5　实时上色

实时上色是一种智能填充方式，传统填充针对选择的路径，而实时上色针对由多个路径形成的封闭区域。实时上色工具具有形状生成器工具的生成图形功能，使用实时上色工具不仅能为封闭区域填充颜色，还能使用不同颜色、不同粗细值为路径描边。

4.5.1　使用实时上色工具

绘制多个交叉的图形并将所有图形选中，选择"实时上色工具" ，设置填充颜色，在路径形成的封闭区域中单击，该区域会填充设置的颜色，如图4-88所示。此时会形成一个实时上色组，选择该组，其周围会出现 图标。当为多个封闭区域设置不同颜色后，若要修改某一种颜色，则可再次选择"实时上色工具" ，将填充颜色设置成需要更改的颜色，然后单击需要更改颜色的封闭区域。

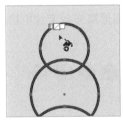
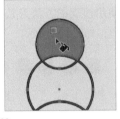

图4-88

使用"实时上色工具" 除了可以填充封闭区域外，还可以对对象的描边进行调整。双击"实时上色工具" ，打开"实时上色工具选项"对话框，选中"描边上色"复选框，单击"确定"按钮；在工具属性栏中定义描边的颜色和宽度，在选中"实时上色工具" 的状态下，将鼠标指针移动到路径上方，当其变为 形状后单击，即可完成对描边的调整，如图4-89所示。

4.5.2　使用实时上色选择工具

进行实时上色后，各个上色区域会生成单独的对象，利用一般的选择方法只能选择整个实时上色组，并不能单独选择实时上色组中的对象，此时需要使用"实时上色选择工具" 来选择。选择"实时上色选择工具" ，单击实时上色组中的对象，被选中的对象的表面将出现半透明的斑点图案，此时可重新设置该对象的颜色和描边等属性，如图4-90所示。若要选择实时上色组中的多个对象，则可在选择"实时上色选择工具" 后框选或按住【Shift】键进行选择。

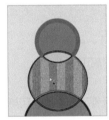
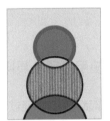

图4-90

4.5.3　扩展实时上色组

进行实时上色后，若想将各个上色区域分离成单独的对象并进行编辑，则可选择【对象】/【实时上色】/【扩展】命令，然后在选择的图形上单击鼠标右键，在弹出的快捷菜单中选择"取消编组"命令，此时每个实时上色区域成为一个单独的可编辑的对象，如图4-91所示。

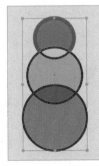
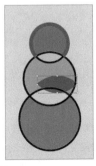

图4-91

4.5.4 释放实时上色组

当不需要进行实时上色时，可以将实时上色组释放。释放后的图形将还原为0.5pt宽的黑色描边路径。选择实时上色组，选择【对象】/【实时上色】/【释放】命令，即可释放实时上色组。

★
范例 制作多彩标志

知识要点 使用多边形工具、复制对象、使用实时上色工具、使用文字工具

配套资源 效果文件\第4章\多彩标志.ai

扫码看视频

范例说明

标志具有识别和推广公司的作用，形象的标志可以让消费者记住公司的主要产品和品牌文化。在日常生活中，随处可见赏心悦目的多彩标志，它们往往由多种图形和色彩巧妙组合而成。本例通过多边形的组合制作基础图形，再利用实时上色工具为不同封闭区域填充不同颜色，快速制作一个绚丽的多彩标志。

操作步骤

1 新建一个A4文件，选择"多边形工具" ，在画板中单击，打开"多边形"对话框，设置半径为"20 mm"，边数为"3"，单击"确定"按钮，如图4-92所示。

图4-92

2 拖动三角形内部的◎图标，调整三角形的外观，使其尖锐的直角变得圆润，如图4-93所示。

3 按住【Alt】键向右下方拖动一定距离后释放鼠标左键，复制三角形，继续在左边复制一个三角形，在工具属性栏中取消三角形的填充，观察三角形的组合效果，如图4-94所示。

图4-93

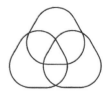
图4-94

4 使用"选择工具" ▶ 框选所有三角形。选择"实时上色工具" ，设置填充颜色为"C:72、M:9、Y:31、K:0"，在图形上部的封闭区域中单击以填充该区域。继续使用相同的方法填充其他封闭区域，如图4-95所示。

 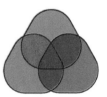

图4-95

5 在工具属性栏中取消三角形的描边。选择"文字工具" T，输入文字，设置字体为"Arial Rounded MT Bold"；设置第1排文字的颜色为"C:0、M:0、Y:0、K:80"，字号为"24 pt"；设置第2排文字的颜色为"C:0、M:0、Y:0、K:40"，字号为"8 pt"；在"字符"面板中将字距设置为"400"，如图4-96所示。

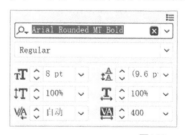

图4-96

4.6 综合实训：绘制具有立体感的奶牛

立体插画深受大众喜爱，常出现于商场海报、App开屏广告、网站Banner、专题页等设计作品中。相较于普通的二维插画，立体插画添加了光影细节和投影效果。在Illustrator中，设计人员通过网格填充、渐变填充等方式就可以快速实现这种立体效果。

4.6.1 实训要求

某牛奶公司需要为儿童奶粉设计一款卡通奶牛形象，要求奶牛形象生动、可爱，能受到小朋友的喜欢。本实训以奶牛为原型，并加入人性化的动作，以橘黄色作为主色，搭配可爱的背带裤，塑造开心活泼、生动可爱的奶牛形象。

4.6.2 实训思路

（1）绘制草稿。参考大量图稿，发挥想象，勾勒出奶牛的轮廓；初步绘制出多张线稿，注意各个部分的前后层次关系，保留喜欢的线稿。

（2）确定基础色调。为奶牛的各个部分填充颜色，查看基础色调的效果。填充颜色后方便观察各个部分的层次。

（3）塑造立体感。使用网格工具对各个部分的颜色深浅进行调整，塑造立体感。

（4）添加元素。为背带裤添加图案进行装饰，添加渐变背景、文本，将它们与奶牛置于一个场景中，使画面更加美观。

本实训完成后的参考效果如图4-97所示。

图4-97

4.6.3 制作要点

<table>
<tr><td>知识
要点</td><td>使用钢笔工具、使用纯色填充、使用网格填充、使用渐变填充</td><td rowspan="2">
扫码看视频</td></tr>
<tr><td>配套
资源</td><td>效果文件\第4章奶牛.ai</td></tr>
</table>

本实训主要包括绘制线稿、填充颜色和添加背景3个部分，主要操作步骤如下。

1 新建一个宽度和高度分别为"180 mm""140 mm"的文件。

2 选择"钢笔工具" ，绘制奶牛的各个部分。绘制完成后，如果发现路径过于生硬，则可使用"锚点工具" 对锚点进行编辑。注意将眼睛和嘴巴处的线条设置为圆头形状，并调整线条粗细。

3 选择奶牛的各个部分，填充基础颜色，并调整各个部分的前后层次。

4 选择"网格工具" ，将各个部分创建为网格对象；添加网格点，并调整颜色的深浅，根据光影关系塑造立体效果。填充腮红颜色时，可将边缘处的网格点设置为透明状态。

5 绘制背带裤，使用"自然_叶子"面板中的"三花瓣颜色"图案填充背带裤，设置混合模式为"滤色"。

6 全选奶牛，按【Ctrl+G】组合键编组，添加"投影"效果；在底部绘制径向渐变的圆形，将其起点颜色设置为深灰色，终点颜色设置为透明效果，使其更具立体感。

7 绘制矩形背景，选择"渐变工具" ，在工具属性栏中单击"线性渐变"按钮 ，拖动鼠标以创建渐变背景，并调整渐变颜色。

8 添加文字，设置文字字体为"Haettenschweiler"，颜色为"白色"，调整字号和不透明度，完成本实训的制作。

巩固练习

1. 绘制口红产品

本练习将绘制一款口红产品。绘制时，可先使用钢笔工具绘制各个部分的轮廓，然后通过线性渐变、径向渐变塑造口红膏体与外壳的质感，再添加投影效果，并绘制径向渐变背景，以增强其立体感。制作完成后，可通过重新着色图稿的方式更改配色方案。完成后的参考效果如图4-98所示。

配套资源 效果文件\第4章\口红.ai

图4-98

2. 为手机锁屏界面上色

本练习将为手机锁屏界面上色。为了得到复杂多彩的锁屏界面，此处使用网格工具进行填充，编辑网格点和网格线，以控制颜色的范围，完成后的参考效果如图4-99所示。

配套资源　素材文件\第4章\手机.jpg
　　　　　效果文件\第4章\手机锁屏界面.ai

图4-99

3. 为购物袋填充图案

本练习将利用提供的素材，在Illustrator中创建拼贴图案，并将其应用于购物袋，注意设置拼贴类型为"砖形（按行）"，完成后的参考效果如图4-100所示。

配套资源　素材文件\第4章\购物袋\
　　　　　效果文件\第4章\购物袋.ai

图4-100

 技能提升

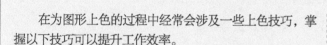

在为图形上色的过程中经常会涉及一些上色技巧，掌握以下技巧可以提升工作效率。

1. 编辑网格填充

在按住【Shift】键的同时拖动手柄，可一次性移动该网格点周围的所有网格线。另外，使用"直接选择工具" 在网格区域中单击，可以选择网格区域；单击并拖动鼠标，可以移动网格区域。利用"直接选择工具" 和"锚点工具" 都可以对网格点和网格线进行编辑，其方法与编辑路径的方法相同。

2. 将渐变填充后的对象扩展为图形

选择渐变填充后的对象，选择【对象】/【扩展】命令，打开"扩展"对话框，选中"填充"复选框，在"指定"数值框中输入数值，单击"确定"按钮，可将渐变填充后的对象扩展为相应数量的图形。

3. 将特殊对象转换为实时上色组

在Illustrator中，对于不能直接转换为实时上色组的对象，可以执行以下操作。

● 对于文字对象，可选择【文字】/【创建轮廓】命令。
● 对于位图对象，可选择位图，在工具属性栏中单击"图像描摹"按钮 图像描摹 右侧的下拉按钮 ，在弹出的下拉列表中选择"低保真度"选项，然后单击"图像描摹"按钮 图像描摹 ，将位图转换为矢量图。
● 对于其他对象，可选择【对象】/【扩展】命令。

4. 为文本添加渐变颜色

在Illustrator中，文本一般填充纯色，不能直接为其创建渐变填充。此时可选择【窗口】/【外观】命令，打开"外观"面板，在"外观"面板下方单击"添加新填色"按钮 ；选择"渐变工具" ，在工具属性栏中单击渐变类型对应的按钮，在文本上拖动鼠标可创建渐变填充。

第 **5** 章

添加与处理文字

本章导读

文字是平面设计作品的重要设计元素之一。Illustrator提供了强大的文字处理和图文混排功能，利用这些功能不仅可以像其他文字处理软件一样排版大量的文字，还可以将文字作为对象进行单独处理。

知识目标

- 掌握创建文字的方法
- 掌握编辑文字的方法
- 掌握设置与编辑段落文字的方法
- 掌握应用字符和段落样式的方法

能力目标

- 制作啤酒瓶盖上的文字
- 制作新品上市广告
- 制作咖啡店的店外海报

情感目标

- 提升编辑与设计文字的能力
- 提升对文字效果的创新设计能力

5.1 创建文字

文字工具是Illustrator中的常用工具之一，Illustrator的工具箱提供了7种类型的文字工具，分别是文字工具、区域文字工具、路径文字工具、直排文字工具、直排区域文字工具、直排路径文字工具和修饰文字工具，设计人员利用这些工具可以创建各种类型的文字。

5.1.1 创建点文字

使用"文字工具" T 和"直排文字工具" IT 在需要输入文字的位置单击，当出现文本插入点时，输入一行横排或一列直排的文字，便可完文字的输入。这样输入的文字称为点文字，它们都独立成行，不会自动换行。当需要换行时，可按【Enter】键。图5-1所示为使用"文字工具" T 输入文字的效果，图5-2所示为使用"直排文字工具" IT 输入文字的效果。

图5-1   图5-2

实战 制作水果店店招

知识
要点 创建点文本

配套
资源 素材文件\第5章\橙子.png、水果.png
效果文件\第5章\店招.ai

扫码看视频

📋 操作步骤

1 新建一个3402像素×1134像素的文件，使用"矩形工具" □ 绘制一个与画板大小相同的矩形，并设置其填充颜色为"C:6、M:51、Y:94、K:0"，效果如图5-3所示。选择"钢笔工具" ✐，在矩形左侧绘制一个不规则的形状，如图5-4所示，并设置其填充颜色为"白色"。

图5-3 　　　　　　　　　　图5-4

2 选择【文件】/【置入】命令，分别置入"橙子.png"和"水果.png"图像，调整图像的大小后，将它们分别放置于矩形的左侧和右上角，效果如图5-5所示。

图5-5

3 选择"直排文字工具" ⅠT，将鼠标指针放在橙子图像的左侧，待鼠标指针变为 形状时单击，定位文本插入点，输入"水果乐园"文字，如图5-6所示，输入完成后，按【Esc】键结束文字的输入。

图5-6

4 在工具属性栏中设置文字字体为"方正粗圆简体"，字号为"100pt"，颜色为"C:6、M:51、Y:94、K:0"，如图5-7所示。

图5-7

5 选择"文字工具" T，将鼠标指针放在橙子图像右侧的空白区域，待鼠标指针变为 形状时单击，定位文本插入点，输入"水果连锁超市"文字；然后在工具属性栏中设置文字字体为"方正劲黑简体"，字号为"280pt""180pt"，颜色为"白色"，如图5-8所示。

图5-8

6 使用相同的方法，输入"给您最低价格""水果的新鲜时刻"文字，然后在工具属性栏中设置文字字体为"方正准圆简体"，字号为"65pt"，颜色为"C:66、M:82、Y:98、K:57"，完成后按【Ctrl+S】组合键保存文件，如图5-9所示。

图5-9

5.1.2 创建段落文字

如果需要输入大段文字，则可使用"文字工具" T 和"直排文字工具" ⅠT：先绘制文本框，然后在文本框中输入段落文字。这种方法常用于设计文字较多的海报、网页、图书封面等。图5-10所示为图书封面中的段落文字。

图5-10

创建段落文字的具体方法为：选择"文字工具" T 或"直排文字工具" ⅠT，在需输入文字的位置按住鼠标左键并拖动鼠标，此时出现一个文本框，拖动文本框到适当的大小后释放鼠标左键；此时，该文本框中出现文本插入点（即闪烁的光标），在文本框中输入文字即可，如图5-11所示。

图5-11

技巧

在输入文字的过程中，输入的文字到达文本框边界时会自动换行，且文本框内的文字会根据文本框的大小自动调整。如果文本框上显示了 ⊞ 图标，则表示该文本框无法容纳所有的文字，此时，可将鼠标指针置于文本框四周的角点上，当鼠标指针变为 ↕ 形状时，拖动鼠标以调整文本框的大小，并显示隐藏的文字。

5.1.3 创建区域文字

使用"区域文字工具" ⊤ 或"直排区域文字工具" ⊤ 可以在开放或闭合的路径内创建横排或竖排的区域文字，从而实现需要的文字排列形式。这种方法常用于设计画册、版式等。图5-12所示为海报中的区域文字。

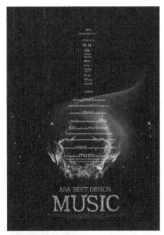

图5-12

创建区域文字的具体方法为：选择"区域文字工具" ⊤ 或"直排区域文字工具" ⊤ ，此时鼠标指针变为 ⌷ 形状，单击路径或形状，如图5-13所示；Illustrator会自动删除路径或形状的填充和描边属性，并且路径或形状内部会出现文本插

入点，设计人员只需删除自动填充的文字，并输入需要的文字，即可得到区域文字，如图5-14所示。

图5-13　　　　　　图5-14

5.1.4 创建路径文字

使用"路径文字工具" ✎ 或"直排路径文字工具" ✎ 可沿着开放或封闭的路径创建文字。图5-15所示为标志中的路径文字。

图5-15

创建路径文字的具体方法为：选择"路径文字工具" ✎ 或"直排路径文字工具" ✎ ，将鼠标指针放在选择的路径上，此时，鼠标指针变为 ⌶ 形状，如图5-16所示。单击以定位文本插入点，然后输入文字，可发现文字沿着路径排列，如图5-17所示。

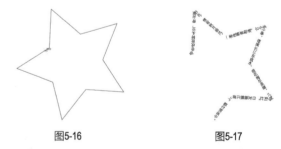

图5-16　　　　　　图5-17

实战　制作瓶盖上的文字

知识要点　创建路径文字

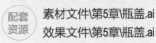

配套资源　素材文件\第5章\瓶盖.ai
效果文件\第5章\瓶盖.ai

扫码看视频

1 打开"瓶盖.ai"素材文件，如图5-18所示。

2 选择"椭圆工具" ⚪，在瓶盖的中间绘制一个圆形，取消填充，设置描边颜色为"黑色"，描边粗细为"1pt"，效果如图5-19所示。

3 使用"选择工具" ▶ 在圆形路径上单击，选择该路径，选择"路径文字工具" ✏，将鼠标指针放在选择的路径上，此时，鼠标指针变为 ↓ 形状，如图5-20所示。

图5-18　　　　　图5-19　　　　　图5-20

4 单击以定位文本插入点，此时，Illustrator将自动填充文字，如图5-21所示。

5 删除自动填充的文字，输入大写字母，字母将沿路径排列；在输入完第一组单词后，按多次空格键，再输入下一组单词，如图5-22所示。

6 输入完成后，按【Esc】键即可创建路径文字；再单击文字并拖动鼠标以全选文字，在工具属性栏中设置字体为"方正大标宋简体"，字号为"14pt"，颜色为"白色"，再次调整文字的位置，如图5-23所示。

图5-21　　　　　图5-22　　　　　图5-23

7 双击"路径文字工具" ✏，打开"路径文字选项"对话框，在"效果"下拉列表框中选择"重力效果"选项，在"对齐路径"下拉列表框中选择"字母下缘"选项，单击"确定"按钮，如图5-24所示。

8 返回画板，可看到设置后的效果。再选择"星形工具" ⭐，在文字中间的空白区域绘制两个星形，并设置填充颜色为"白色"，最终效果如图5-25所示。

图5-24

图5-25

选择路径文字后，选择【文字】/【路径文字】/【路径文字选项】命令，也可打开"路径文字选项"对话框对路径文字进行设置。同时，需注意，使用"文字工具" T 和"直排文字工具" ⬝T 都可在开放的路径上创建路径文字。但如果路径处于封闭状态，则需使用"路径文字工具" ✏。

5.1.5　创建修饰文字

使用"修饰文字工具" ⬝ 可以为文本创建美观而突出的效果。使用"修饰文字工具" ⬝ 输入文字，每个文字都是一个独立的对象，可单独进行编辑，便于设计人员对文字进行移动、缩放或旋转操作。图5-26所示为对单个文字进行调整后的Banner，其文字更具美观性。

图5-26

创建修饰文字的具体方法为：使用其他文字工具输入文字后，选择"修饰文字工具" ⬝，在需要修饰的文字上单击，此时文字的四周显示定界框，拖动定界框可对其进行移动、缩放、旋转操作。

● 移动：选择"修饰文字工具" ⬝，在需要修饰的文字上单击，此时文字的四周显示定界框，如图5-27所示。将鼠标指针置于定界框中的任何位置，当鼠标指针变为 ▶ 形状时，按住鼠标左键并拖动鼠标，可移动文字，如图5-28所示。

图5-27　　　　　图5-28

● 缩放：选择"修饰文字工具" ⬝，在需要修饰的文字上单击，此时文字的四周显示定界框，如图5-29所示。将鼠标指针置于定界框四周的 ⚬ 控制点上，当鼠标指针变为 ↗、↕或↔形状时，按住鼠标左键并拖动鼠标，可对文字的宽度和高度进行缩放，如图5-30所示。

图5-29　　　　　　　　图5-30

● 旋转：选择"修饰文字工具" ，在需要修饰的文字上单击，此时文字的四周显示定界框，如图5-31所示。将鼠标指针置于定界框顶部的 控制点上，当鼠标指针变为 形状时，按住鼠标左键并拖动鼠标，可旋转文字，如图5-32所示。

图5-31　　　　　　　　图5-32

5.1.6　创建变形文字

创建变形文字主要在"字形"面板中完成。使用"字形"面板可以查看字体的字形，并在画板中插入特定的字形。图5-33所示为在标志中添加五角星字形的效果。

图5-33

创建变形文字的具体方法为：选择一种文字工具，在文本中单击，定位文本插入点；选择【窗口】/【文字】/【字形】命令，打开"字形"面板，在该面板中双击某个字形，即可将其插入文本中，如图5-34所示。

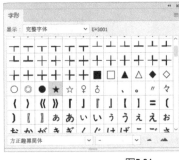

图5-34

默认情况下，"字形"面板中显示了当前所选字体的所有字形。如果设计人员想插入其他类型的字形，则可在"字形"面板左下角的下拉列表框中选择一个字体系列和样式来更改字体，如图5-35所示。在"字形"面板的"显示"下拉列表框中选择相应的选项，可只在面板中显示特定类型的字形，如图5-36所示。

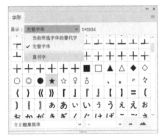

图5-35　　　　　　　　　　图5-36

5.2　编辑文字

在输入完点文字后，若字体效果不能满足展示需求，则可对文字进行编辑，如设置字符格式，包括设置字体、字号、字距、行距等；除此之外，还可更改文字方向、创建文字轮廓等。

5.2.1　设置字符格式

字符格式是指文字的字体、字号、颜色、行距、间距等属性，在"字符"面板中可以对这些属性进行精确的设置，如设置基线偏移、水平和垂直比例等。其方法为：选择需要设置字符格式的文字，选择【窗口】/【文字】/【字符】命令，或按【Ctrl+T】组合键，打开"字符"面板，单击面板右上角的 按钮，在弹出的下拉列表中选择"显示选项"选项，可完整显示面板，并在其中进行设置，如图5-37所示。

● 设置字体系列和字体样式：选择要更改的字符或文字对象，单击"字符"面板中"设置字体系列"右侧的下拉按钮 ，可在弹出的下拉列表中选择一种字体（部分英文字体包含变体），如图5-38所示。单击"设置字体样式"右侧的下拉按钮 ，可在弹出的下拉列表中选择一种变体样式，包括ExtraLight（极细体）、Light（细体）、Regular（规则体）、Bold（粗体）等样式，如图5-39所示。

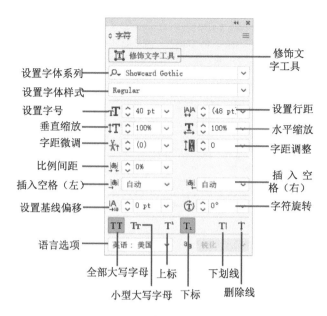

图5-37

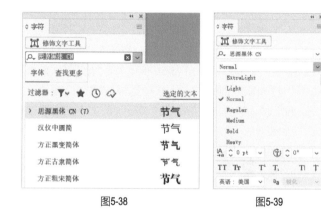

图5-38　　　　　　　图5-39

● 设置字号：通过"字符"面板中的"设置字号"数值框可以更改字体的大小，即字号。图5-40所示的文字的字体大小为"200pt"，图5-41所示的文字的字体大小为"100pt"。

图5-40

图5-41

● 设置行距：文字行之间的垂直间距被称为行距。Illustrator中默认的行距为字号的120%，例如，10pt的文字默认使用12pt的行距。可在"字符"面板的"设置行距"数值框中输入0.1pt~1296pt的行距值；或者单击其右侧的下拉按钮，在打开的下拉列表中选择一种常见的行距值。图5-42所示的文字的行距为"20pt"，图5-43所示的文字的行距为"35pt"。

图5-42

图5-43

● 垂直缩放和水平缩放：在"字符"面板的"垂直缩放"和"水平缩放"数值框中可以设置文字的垂直缩放比例和水平缩放比例。其中"垂直缩放"控制文字的高度，"水平缩放"控制文字的宽度，参数范围都为1%~10000%。当这两个参数值相同时，可对文字进行等比例缩放。图5-44所示的文字的垂直缩放比例为"150%"，图5-45所示的文字的水平缩放比例为"50%"。

图5-44

图5-45

● 字距微调：字距微调是指增大或减小特定文字之间的距离，只有当两个文字之间有一个闪烁的文本插入点时，才能更改字距微调值。图5-46所示为字距微调值为"0"的效果，图5-47所示为字距微调值为"300"的效果。

图5-46

图5-47

● 字距调整：字距调整是指放大或缩小当前选择的所有文字之间的距离。如果要调整部分文字的字距，则先选择文字，再调整该参数；如果选择的是所有文字，则调整所有文字的字距。图5-48所示为字距调整值为"-50"的效果，图5-49所示为字距调整值为"100"的效果。

图5-48　　　　　　　　图5-49

● 比例间距：如果要压缩文字间的空白距离，则可先选择要设置的文字，再在"字符"面板的"比例间距"数值框中设置百分比值，百分比值越大，文字间的空白距离越小。图5-50所示为比例间距值为"10%"的效果，图5-51所示为比例间距值为"100%"的效果。

● 插入空格（左）、插入空格（右）：空格是文字前后的空白间隔，正常情况下，文字间应采用固定的空白间隔。如果要在文字之间添加空格，则可先选择要调整的文字，然后在"字符"面板的"插入空格（左）"或"插入空格（右）"下拉列表框中选择需插入的空格值。调整空格时，若将"插入空格（左）"或"插入空格（右）"设置为"1/2全角空格"，则将添加全角空格的一半间距；若设置为"1/4全角空格"，则会添加全角空格的四分之一间距，以此类推。图5-52所示

的文字的插入空格（左）为"无"，图5-53所示的文字的插入空格（左）为"1/8全角空格"，图5-54所示的文字的插入空格（左）为"1/4全角空格"，图5-55所示的文字的插入空格（左）为"1/2全角空格"。

图5-50　　　　　图5-51　　　　　图5-52

图5-53　　　　　图5-54　　　　　图5-55

● 设置基线偏移：基线是排列文字时一条不可见的直线。通过"字符"面板中的"设置基线偏移"数值框可调整基线的位置。选择文字，如图5-56所示，在"设置基线偏移"数值框中输入正数时，可向上移动选择的文字；输入负数时，可向下移动选择的文字。图5-57所示的文字的基线偏移值为"-30pt"。

图5-56　　　　　　　　图5-57

● 字符旋转：选择文字后，可在"字符"面板的"字符旋转"数值框中设置文字的旋转角度。可在该数值框中输入需要的参数值或单击其右侧的下拉按钮 ，在打开的下拉列表中选择可用的选项。需要注意的是，使用此方法旋转文字是相对于基线旋转的，不会更改基线的方向。图5-58所示为原图，图5-59所示为设置字符旋转为"60°"后的效果。

图5-58　　　　　　　　图5-59

● 设置特殊格式："字符"面板下方列出了一排按钮，单击这些按钮可以为文字添加特殊的格式。例如，单击"全部大写字母"按钮和"小型大写字母"按钮，可以为文字应用常规大写字母和小型大写字母的效果，图5-60所示为单击"全部大写字母"按钮后的效果，图5-61所示为单击"小型大写字母"按钮后的效果。单击"上标"按钮或"下标"按钮可相对于文字基线升高或降低文字并将其缩小，如图5-62和图5-63所示。单击"下划线"按钮可为文字添加下划线，如图5-64所示。单击"删除线"按钮可在文字的中间添加删除线，如图5-65所示。

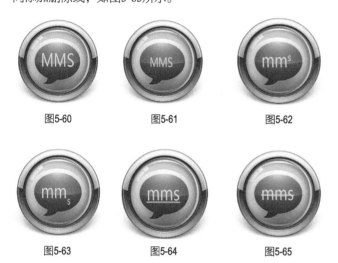

图5-60 　　　　图5-61 　　　　图5-62

图5-63 　　　　图5-64 　　　　图5-65

● 语言选项：如果当前选择的语言为英文，则可以通过"字符"面板中的"语言"下拉列表框为文字指定语言。先选择文字，然后在"语言"下拉列表框中选择适当的选项，可以为文字指定一种语言，以便检查拼写错误和生成连字符。Illustrator使用Proimity语言进行拼写检查和生成连字符。每种语言都包含了数十万个具有标准音节间隔的单词。

5.2.2　更改文字方向

使用"文字"菜单中的"文字方向"命令，可轻松更改文字的方向。其方法为：选择需要改变方向的文字，如图5-66所示，选择【文字】/【文字方向】命令，在弹出的子菜单中选择水平或垂直命令，效果如图5-67所示。

图5-66 　　　　　　　图5-67

5.2.3　创建文字轮廓

创建文字后，可将文字创建为轮廓，使其可像图形一样应用渐变、滤镜等效果，以及对每条路径进行独立编辑。但需注意的是，将文字创建为轮廓后，不能再将轮廓转换回文字，因此，无法更改其字体或其他的字符属性。

创建文字轮廓的具体方法为：选择文字，再选择【文字】/【创建轮廓】命令，将文字转换为轮廓；或在文字上单击鼠标右键，在弹出的快捷菜单中选择"创建轮廓"命令，即可将文字创建为轮廓。

范例　制作新品上市广告

知识要点　设置字符基本格式、将文字创建为轮廓

配套资源　素材文件\第5章\新品图片.png
效果文件\第5章\新品上市广告.ai

扫码看视频

范例说明

在实体店铺中，若需要对新品进行上市宣传，则往往需要先制作新品上市广告，并将其放于店铺广告位中进行宣传。本例将为一种新饮品制作上市广告，希望通过该广告使更多顾客了解新饮品。在制作时可先添加新饮品的图片，然后输入"新品上市"文字；为了提高其美观度，可对文字进行变形，使文字更具识别性。

操作步骤

1 新建一个940像素×620像素的文件，置入"新品图片.png"素材，调整其大小和位置，按【Ctrl+2】组合键锁定图片，如图5-68所示。

2 选择"文字工具"，在图片右侧输入文字"新品上市"；打开"字符"面板，设置文字字体为"思源黑体 CN"，字号为"83pt"，颜色为"白色"，效果如图5-69所示。

图5-68

图5-69

3 选择文字，在其上单击鼠标右键，在弹出的快捷菜单中选择"创建轮廓"命令，将文字创建为轮廓，如图5-70所示。

4 使用"直接选择工具" ▷ 在"新"字左侧拖动鼠标，框选图5-71所示的两个锚点。

图5-70

图5-71

5 将鼠标指针放在选择的任意一个锚点上，在按住【Shift】键的同时，按住鼠标左键并向左侧拖动鼠标，发现选择的锚点已经延长。在画板的空白区域单击，取消选择锚点，效果如图5-72所示。

6 使用相同的方法分别对其他文字的锚点进行编辑，使文字更具设计感，效果如图5-73所示。

图5-72

图5-73

7 使用"矩形工具" □ 在文字下方绘制两个46像素×15像素的矩形，并设置填充颜色为"CMYK 绿"，效果如图5-74所示。然后使用"文字工具" T 在矩形上分别输入"cold"和"drink"文字；打开"字符"面板，设置文字字体为"方正大标宋简体"，字号为"13 pt"，颜色为"白色"，单击"全部大写字母"按钮 TT，将字母转换为大写形式，效果如图5-75所示。

图5-74

图5-75

8 使用"椭圆工具" ○ 在文字中间的空白区域绘制两个圆形，并设置填充颜色为"C:20、M:61、Y:83、K:0"，效果如图5-76所示。然后使用"文字工具" T 在圆形上分别输入"春""夏"文字，并设置文字字体为"方正大标宋简体"，字号为"29 pt"，颜色为"白色"，完成后的效果如图5-77所示。

图5-76

图5-77

技巧

在对已创建为轮廓的文字进行编辑时，设计人员可根据实际情况对锚点进行删除、添加或移动处理，从而设计出更漂亮的字形。

5.3 设置与编辑段落文字

段落格式是指段落文字在图稿中的外观样式，包括对齐方式、段落缩进、段落间距和悬挂标点等。在创建文字前或创建文字后，设计人员都可以通过"段落"面板或工具属性栏来设置段落格式。

5.3.1 设置段落格式

段落格式是指段落的对齐方式、缩进、间距和悬挂标点等属性，对段落使用段落格式可增强文字的可读性。图5-78所示为添加段落格式前后的对比效果。

图5-78

其方法为：选择需要设置段落格式的文字，选择【窗口】/【文字】/【段落】命令，或按【Alt+Ctrl+T】组合键，打开"段落"面板，在"段落"面板中可以设置段落格式，如图5-79所示。

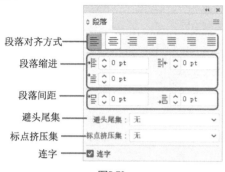

图5-79

1. 段落对齐方式

"段落"面板中各对齐按钮的含义如下。

● 左对齐：单击"左对齐"按钮▤可使选择的段落中的各行文字以左边缘对齐，如图5-80所示。

● 居中对齐：单击"居中对齐"按钮▤可使选择的段落中的各行文字以居中方式对齐，如图5-81所示。

图5-80　　　　　　　　图5-81

● 右对齐：单击"右对齐"按钮▤可使选择的段落中的各行文字以右边缘对齐，如图5-82所示。

● 两端对齐，末行左对齐：单击"两端对齐，末行左对齐"按钮▤可使段落文字两端对齐，末行文字左对齐，如图5-83所示。

图5-82　　　　　　　　图5-83

● 两端对齐，末行居中对齐：单击"两端对齐，末行居中对齐"按钮▤可使段落文字两端对齐，末行文字居中对齐，如图5-84所示。

● 两端对齐，末行右对齐：单击"两端对齐，末行右对齐"按钮▤可使段落文字两端对齐，末行文字右对齐。

● 全部两端对齐：单击"全部两端对齐"按钮▤可强制使选择的段落中的各行文字两端对齐，如图5-85所示。

图5-84　　　　　　　　图5-85

2. 段落缩进

在"段落缩进"栏中可以设置整个段落的缩进量，其中各个选项的含义如下。

● 左缩进：在该选项右侧的数值框中输入正值，表示增大文字的左边界与文本框间的距离；输入负值表示缩小文字的左边界与文本框间的距离。如果负值很小，则文字可能溢出文本框。图5-86所示为原图，图5-87所示为设置左缩进为"50pt"后的效果。

图5-86　　　　　　　　图5-87

● 右缩进：在该选项右侧的数值框中输入正值，表示增大文字的右边界与文本框间的距离；输入负值表示缩小文字的右边界与文本框间的距离。如果负值很小，则文字可能溢出文本框。图5-88所示为设置右缩进为"50pt"后的效果。

● 首行左缩进：在该选项右侧的数值框中输入数值，可控制段落中首行文字的向左缩进量，其数值一般设置为正值。图5-89所示为设置首行左缩进为"50pt"后的效果。

图5-88　　　　　　　　图5-89

3. 段落间距

在"段落间距"栏中可以设置整个段落的间距，其中各个选项的含义如下。

● 段前间距：在该选项右侧的数值框中输入数值，可增大当前选择的段落与上一个段落的间距。

● 段后间距：在该选项右侧的数值框中输入数值，可增大当前选择的段落与下一个段落的间距。

4．其他选项

在"段落"面板中还可以进行一些特殊的段落格式设置，各选项的含义如下。

● 避头尾集：单击该下拉列表框右侧的下拉按钮∨，在弹出的下拉列表中选择合适的选项，可避免某个符号出现在行首或行末。

● 标点挤压集：单击该下拉列表框右侧的按钮∨，在弹出的下拉列表中选择合适的选项，可避免标点出现在行首或行末。

● 连字：该复选框只对英文起作用。选中该复选框，可在断开的英文字母间显示连字标记。单击"段落"面板右上角的≡按钮，在弹出的下拉列表中选择"连字"选项，打开"连字"对话框，在其中可进行连字设置。

5.3.2　串接文字

创建段落文字或路径文字时，如果当前输入的文字超出了文本框或路径边缘，那么，多余的文字将被隐藏。文本框或路径边缘底部将会出现红色的⊞图标，表示有隐藏的文字。此时，设计人员可以将文字从当前区域串接到另一个区域，或调整区域的大小将隐藏文字显示出来。

串接文字的具体方法为：使用"选择工具"▶选择有隐藏文字的区域，单击红色的⊞图标，此时，鼠标指针变为形状，如图5-90所示。在左侧的空白区域中单击，可将隐藏的文字串接到与原始文本框大小相同的文本框中，如图5-91所示；或单击某个对象，将隐藏的文字串接到该对象中，如图5-92所示。此外，拖动鼠标绘制一个文本框，可将隐藏的文字导出并串接到绘制的文本框中，如图5-93所示。

图5-90

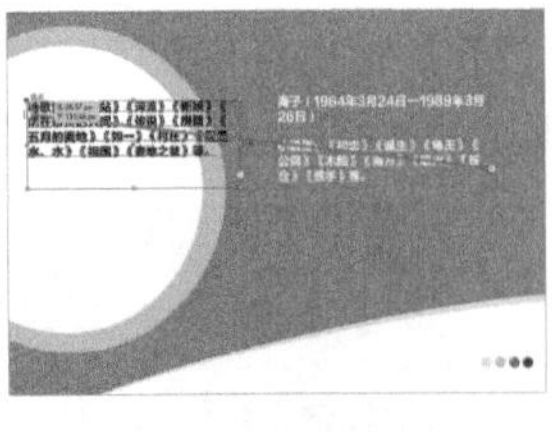

图5-91

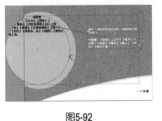

图5-92

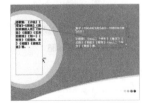

图5-93

技巧

选择两个独立的段落文字或路径文字，再选择【文字】/【串接文本】/【创建】命令，也可串接文字。需注意的是，Illustrator中只有段落文字和路径文字才能被串接，点文字不能被串接。

5.3.3　文字绕排

文字绕排是指将区域文字绕排在文字对象、导入的图像或绘制的图形周围。如果当前绕排的对象是嵌入的位图，则Illustrator会在不透明和半透明的像素周围绕排文字，而忽略完全透明的像素。图5-94所示为将段落文字绕排在文字对象周围的效果。

图5-94

文字绕排的具体方法为：使用"选择工具"▶选择文字和目标对象，如图5-95所示；选择【对象】/【文本绕排】/【建立】命令，将文字绕排在目标对象周围，如图5-96所示。

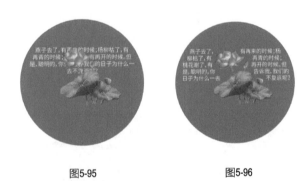

图5-95　　　　　　　图5-96

5.3.4　查找字体

可以使用"查找字体"命令在段落中查找某些字体，并用指定的字体对其进行替换。

其方法为：将文本插入点定位在段落中，选择【文字】/【查找字体】命令，打开"查找字体"对话框，如图5-97所示；"文档中的字体"列表框中显示了当前文件中使用的所有字体，选择需要替换的字体，单击"查找"按钮，然后在"替换字体来自"下拉列表框中选择文件或系统选项；此时，下方的列表框中列出文件或系统中的所有字体，在其中选择用于替换的字体，单击"全部更改"按钮，即可使用所选字体替换查找到的字体，如图5-98所示。

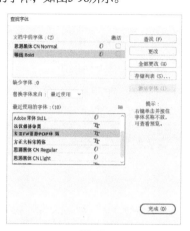

图5-97

图5-98

"查找字体"对话框中各选项的作用如下。

● 文档中的字体：该列表框中列出了当前文件中的所有字体。

● 替换字体来自：该下拉列表框中包括"文件""最近使用""系统"3个选项。选择"文件"选项时，下方的列表框中只列出当前文件中的字体。选择"最近使用"选项时，下方的列表框中只列出最近使用的字体。选择"系统"选项时，下方的列表框中列出当前操作系统中的所有可用字体。

● 查找：单击"查找"按钮，系统将查找设置的字体。

● 更改：单击"更改"按钮，系统会将查找到的字体更改为新设置的字体。

● 全部更改：单击"全部更改"按钮，系统将把所有符合条件的字体更改为新设置的字体。

● 存储列表：单击"存储列表"按钮，将打开"另存字体列表为"对话框，在该对话框中可以将"文档中的字体"列表框中的字体以文件的形式保存。

 范例　制作咖啡店的店外海报

知识要点	修饰文字、设置段落样式、设置文本绕排

配套资源	素材文件\第5章\咖啡机.png、咖啡杯.png 效果文件\第5章\咖啡店海报.ai

扫码看视频

 范例说明

　　店外海报是指在店铺外张贴的海报，主要用于宣传店铺活动和促销信息。本例将为一家咖啡店制作用于展示活动信息的店外海报，在制作时，海报右侧为咖啡机的素描图片，左侧为店铺信息和活动信息、电话号码、地址等，方便顾客快速了解店内活动。

操作步骤

1 新建一个500mm×700mm的文件，选择"矩形工具"▢，沿着画板边缘绘制一个白色矩形。

2 选择"钢笔工具"✎，在海报顶部绘制图5-99所示的形状，并设置填充颜色为"C:64、M:18、Y:27、K:0"。

3 选择【文件】/【置入】命令，在打开的对话框中选择"咖啡机.png"素材文件，单击"置入"按钮将其置入面板中；单击工具属性栏中的"嵌入"按钮，然后调整图片的位置和大小，效果如图5-100所示。

4 选择"钢笔工具"✎，在海报顶部绘制图5-101所示的形状，并设置填充颜色为"白色"。

图5-99　　　　图5-100　　　　图5-101

5 选择"文字工具" T ，在画板左侧输入"coffee"文字，然后按【Ctrl+T】组合键打开"字符"面板，在其中设置文字字体为"方正粗谭黑简体"，字号为"200pt"，颜色为"白色"，效果如图5-102所示。

6 选择"修饰文字工具" T ，选择字母"c"，适当放大该字母，效果如图5-103所示。

7 选择"钢笔工具" ✎ ，在文字的下方绘制形状，并设置填充颜色为"C:21、M:12、Y:10、K:0"。

8 使用"文字工具" T 在左侧输入图5-104所示的文字，在"字符"面板中设置文字字体为"方正兰亭准黑简体"，颜色为"黑色""C:51、M:76、Y:100、K:19"，调整文字的大小和位置。

图5-102　　　　　图5-103　　　　　图5-104

9 选择"直线段工具" ╱ ，在"第二杯半价 限时特惠"文字下方绘制一条直线段，在工具属性栏中设置描边颜色为"C:40、M:72、Y:92、K:3"，描边粗细为"2pt"，效果如图5-105所示。

10 选择"矩形工具" ▢ ，在文字下方绘制一个180mm×160mm的矩形，并设置矩形的填充颜色为"黑色"，效果如图5-106所示。

图5-105　　　　　图5-106

11 选择"文字工具" T ，在矩形的边框处单击，然后输入图5-107所示的文字，打开"字符"面板，设置字体为"方正兰亭准黑简体"，字号为"22 pt"。

12 选择段落文字，选择【窗口】/【文字】/【段落】命令，打开"段落"面板，单击"两端对齐，末行左对齐"按钮▤，设置左缩进为"2pt"，右缩进为"2pt"，首行左缩进为"40pt"，段前间距为"5pt"，效果如图5-108所示。

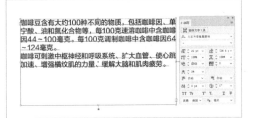

图5-107

图5-108

13 打开"咖啡杯.png"素材文件，将其拖动到文字中，调整其大小和位置，效果如图5-109所示。

14 选择文字和咖啡杯图片，选择【对象】/【文本绕排】/【建立】命令，将文字绕排在咖啡杯图片的周围，可适当调整咖啡杯图片的位置，效果如图5-110所示。

图5-109　　　　　图5-110

15 选择"文字工具" T ，在海报左下方输入电话号码和地址等信息，设置字体为"方正兰亭准黑简体"，字号为"37 Pt"。

16 选择"矩形工具" ▢ ，沿着画板的边缘绘制一个矩形，然后选择所有图片，单击鼠标右键，在弹出的快捷菜单中选择"建立剪切蒙版"命令，隐藏图片边缘，完成后按【Ctrl+S】组合键保存文件，并以"咖啡店海报"命名文件。完成后的效果如图5-111所示。

图5-111

本小测将在"场景.jpg"素材中输入说明性文字，并对文字的字符格式和段落格式进行调整，以提升海报的美观度，完成后的效果如图5-112所示。

图5-112

5.4　应用字符和段落样式

字符样式是许多字符格式属性的集合，可应用于所选文字。段落样式包含字符格式和段落格式的属性，并可应用于所选段落。设置字符和段落样式可统一文字格式和提高工作效率。

5.4.1　创建字符和段落样式

在Illustrator中，设计人员可在现有文字的基础上创建字符或段落样式，也可直接创建字符和段落样式。

● 在现有文字的基础上创建新样式：选择文字，选择【创建】/【文字】/【段落样式】或【字符样式】命令，打开"字符样式"面板或"段落样式"面板，单击"创建新样式"按钮，将该文本或段落的样式保存到对应的面板中，如图5-113所示。

图5-113

● 直接创建新样式：单击"字符样式"面板或"段落样式"面板右上角的≡按钮，在弹出的下拉列表中选择"新建字符样式"或"新建段落样式"选项，打开"新建字符样式"或"新建段落样式"对话框，如图5-114所示。在其中可设置新样式的字符格式、缩进和间距、制表符、排版、连字符等。输入样式名称后，单击"确定"按钮即可创建新样式。

图5-114

5.4.2　应用字符和段落样式

在创建字符和段落样式后，可将创建的样式应用到文字中。其方法为：先选择需要处理的文字，再单击"字符样式"面板或"段落样式"面板中保存的字符样式或段落样式，如图5-115所示。

图5-115

5.4.3　编辑字符和段落样式

　　创建字符样式和段落样式后，可以根据需要对其进行编辑。其方法为：双击需要修改的样式，打开"字符样式选项"或"段落样式选项"对话框，在对话框左侧选择格式类别并在右侧设置相应的选项，完成后单击"确定"按钮，如图5-116所示，即可编辑字符样式或段落样式。编辑样式后，使用该样式的所有文字的外观都会发生变化。

图5-116

技巧

单击"字符样式"面板或"段落样式"面板右上角的 按钮，在弹出的下拉列表中选择"字符样式选项"或"段落样式选项"选项，也可打开相应的对话框。

5.4.4　载入字符和段落样式

　　单击"字符样式"面板或"段落样式"面板右上角的 按钮，在弹出的下拉列表中选择"载入字符样式"或"载入段落样式"选项，或者选择"载入所有样式"选项，打开"选择要导入的文件"对话框；在其中选择要导入的样式的AI文件，再单击"打开"按钮，如图5-117所示，便可以从其他AI文件中载入字符和段落样式。

图5-117

5.4.5　删除覆盖样式

　　在使用字符样式或段落样式时，经常会发现"字符样式"面板或"段落样式"面板中样式名称右侧有"＋"图标，这表示对应文字的外观与样式定义的外观不匹配，文字具有覆盖样式。

　　如果用户想删除覆盖样式并将文字恢复为样式定义的外观，则可为文字重新应用相同的样式，或单击"字符样式"面板或"段落样式"面板右上角的 按钮，在弹出的下拉列表中选择"清除优先选项"选项，如图5-118所示。

图5-118

技巧

设计人员可在应用不同样式时清除覆盖样式，其方法为：按住【Alt】键并单击样式。此外，如果设计人员需要重新定义字符样式并保持文字的当前外观，则应至少选择文字中的一个字符，然后在面板的下拉列表中选择"重新定义样式"选项。此时，如果文件中的其他文字也使用了该字符样式，则自动将其更新为新的字符样式。

实战　载入并应用样式

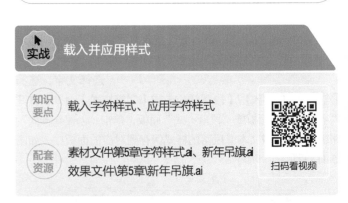

知识要点	载入字符样式、应用字符样式
配套资源	素材文件\第5章\字符样式.ai、新年吊旗.ai 效果文件\第5章\新年吊旗.ai

扫码看视频

操作步骤

1　打开"新年吊旗.ai"素材文件，如图5-119所示。选择【窗口】/【文字】/【字符样式】命令，打开"字符样式"面板。

2 单击"字符样式"面板右上角的≡按钮，在弹出的下拉列表中选择"载入字符样式"选项，如图5-120所示。

图5-119　　　　　　　　图5-120

3 打开"选择要导入的文件"对话框，选择"字符样式.ai"素材文件，单击"打开"按钮，如图5-121所示。

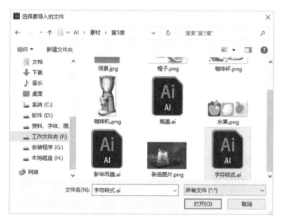

图5-121

4 此时该文件中的所有样式将显示在"字符样式"面板中。选择"福虎迎春"文字，在"字符样式"面板中选择"二级标题"样式，可发现选择的文字已经应用了所选样式，如图5-122所示。

5 选择"迎"文字，在"字符样式"面板中选择"1级标题"样式，可发现选择的文字已经应用了所选样式，如图5-123所示。

图5-122　　　　　　　　图5-123

6 使用相同的方法对其他文字应用"三级标题"样式，效果如图5-124所示。

7 选择"HAPPY　NEW YEAR"文字，修改字号为"18 pt"；选择"万事如意　吉星高照"文字，修改字号为"20 pt"，效果如图5-125所示。

8 选择"二零二二　壬寅虎午""万事如意　吉星高照"文字，修改文字颜色为"RGB 红"，效果如图5-126所示，然后按【Ctrl+S】组合键保存文件。

图5-124　　　　　图5-125　　　　　图5-126

本小测将继续应用"字符样式.ai"文件中的样式制作开学标旗，在制作时将使用添加的样式，为了提升其美观度，还需对添加样式后的文字进行调整，完成前后的对比效果如图5-127所示。

图5-127

5.5 综合实训：制作"垃圾分类"公众号的文章封面

为了推动全国公共机构做好生活垃圾分类工作，发挥率先示范作用，国务院机关事务管理局印发了《关于进一步推动公关机构生活垃圾分类工作的通知》，公布了《公共机构生活垃圾分类工作评价参考标准》，并就进一步推动相关工作提出了要求。某公众号为了贯彻该标准，将制作有关垃圾分类的公众号文章，现需要制作"垃圾分类"公众号的文章封面来吸引更多读者点击文章并了解垃圾分类知识。

设计素养

垃圾分类通常是指按一定规定或标准将垃圾分类存储、投放和搬运，从而转变成公共资源的一系列活动。垃圾分类的目的是提高垃圾的资源价值和经济价值，减少垃圾处理量和处理设备的使用，降低处理成本，"减少"对土地资源的消耗，垃圾分类具有社会、经济、生态等多方面效益。在设计该类广告、封面或海报时需要体现分类主题，并以图例、分类标志、矢量图等方式体现垃圾分类的内容，再配上说明性文字，点明垃圾分类的内容。

5.5.1 实训要求

本实训将根据提供的公众号背景素材制作"垃圾分类"公众号的文章封面，在文字的展现上要有设计感，并绘制"了解更多详情"按钮，以引导读者点击并查看文章。

5.5.2 实训思路

文案分为"时尚环保新概念""垃圾分类""了解更多详情＞＞"3个部分。"垃圾分类"为主标题，用于点明封面主题。"时尚环保新概念"属于副标题，通常放于主标题的上方或下方，用于补充说明主标题；为了使其有设计感，可采用弧形对其进行展现。"了解更多详情＞＞"主要用于吸引读者点击并查看文章，这里采用按钮的形式对其进行展现。

本实训完成后的参考效果如图5-128所示。

图5-128

5.5.3 制作要点

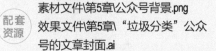

知识要点	创建路径文字、创建点文字、设置字符样式
配套资源	素材文件第5章\公众号背景.png 效果文件第5章\"垃圾分类"公众号的文章封面.ai

扫码看视频

本实训主要包括输入路径文字、调整文字、创建字符样式3个部分，主要操作步骤如下。

1 打开"公众号背景.png"素材文件，调整画板的大小至与素材的大小相同。选择"钢笔工具" ，在右上方绘制弧形路径；使用"选择工具" 选择路径，然后选择"路径文字工具" ，在路径上输入"时尚环保新概念"文字，设置文字的字体、字号，并调整其位置。

2 选择"文字工具" ，在弧形下方输入"垃圾分类"文字，设置字体、字号、行距、字距、文字颜色。

3 选择"圆角矩形工具" ，在文字的下方绘制一个730像素×125像素的圆角矩形，并调整其半径和颜色。

4 选择"文字工具" ，在圆角矩形上输入"了解更多详情＞＞"文字，调整其位置和大小。

5 打开"字符样式"面板，选择"时尚环保新概念"文字，单击"创建新样式"按钮 ，将该文本的字符样式保存到面板中。

6 使用相同的方法保存其他文字的字符样式，完成后以"'垃圾分类'公众号的文章封面"为名保存文件。

1. 制作"未来印象"店招

本练习将制作"未来印象"店招，在制作时，先绘制标志，然后输入店招名称，完成后的参考效果如图5-129所示。

配套资源　效果文件\第5章\"未来印象"店招.ai

图5-129

2. 制作花艺店名片

本练习将制作花艺店名片，在制作时，先打开"粉色背景.jpg"素材文件，然后绘制白色矩形并调整其不透明度，再使用文字工具输入文字，并在工具属性栏中设置文字字休、字号和颜色等，完成后的参考效果如图5-130所示。

配套资源　素材文件\第5章\粉色背景.jpg
效果文件\第5章\花艺店名片.ai

图5-130

在处理文字的过程中，可使用"字距调整"对话框控制文字间距、使用"OpenType"面板替换文字、使用"制表符"面板调整缩进，以及通过拼写检查功能来提高处理文字的效率。

1. 使用"字距调整"对话框控制文字间距

更改"字距调整"对话框中的参数值，能够控制文本中的字母间距、单词间距、字形缩放值等。其方法为：单击"段落"面板右上角的≡按钮，在弹出的下拉列表中选择"字距调整"选项，打开"字距调整"对话框，如图5-131所示，可在其中对字距进行设置，然后单击"确定"按钮。

图5-131

2. 使用"OpenType"面板替换文字

OpenType是适用于Windows和Mac计算机的字体。使用"OpenType"面板可以将字体文件从一个平台移到另一个平台，而不用担心替换字体或其他操作导致文字重新排列。

使用OpenType字体时，可以自动替换文字中的替代字形，如连字符、小型大写字母、分数字及旧式的等比数字。如果要使用"OpenType"面板替换文字，则可选择【窗口】/【文字】/【OpenType】命令，或按【Alt+Shift+Ctrl+T】组合键，打开"OpenType"面板，如图5-132所示，在其中设置标准连字、自由连字、上下文替代字、花饰字、文体替代字、标题替代字、分数字等内容。

图5-132

3. 使用"制表符"面板调整缩进

制表符用于在文字中的特定位置定位文字。选择【窗口】/【文字】/【制表符】命令，或按【Ctrl+Shift+T】组合键，打开"制表符"面板，可在其中拖动制表符标尺来设置文字的缩进和对齐方式，如图5-133所示。

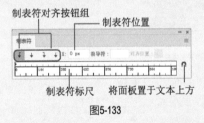

图5-133

4. 拼写检查功能

拼写检查功能可检查文件中的所有文字，以查看它们的拼写和大小写是否正确。其方法为：选择包含英文的文字，如图5-134所示，选择【编辑】/【拼写检查】/【拼写检查】命令，或按【Ctrl+I】组合键，打开"拼写检查"对话框，单击"开始"按钮，即可进行拼写检查，如图5-135所示。

图5-134　　　　　　图5-135

查找到错误时，对话框顶部的列表框中会自动显示错误。在"建议单词"列表框中选择正确的单词，如图5-136所示，单击"更改"按钮即可更改查找到的错误单词。依次更改后，单击"完成"按钮完成更改，如图5-137所示。

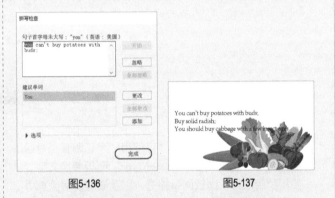

图5-136　　　　　　图5-137

在进行拼写检查时，如果Illustrator的词典中没有某个单词的某种拼写形式，则Illustrator会将该单词视为错误单词。选择【编辑】/【编辑自定词典】命令，可将单词添加到Illustrator的词典中。

第 **6** 章

编辑路径

本章导读

在Illustrator中制作复杂图形时，使用矩形工具、椭圆工具等常用的绘图工具可能很难完成，此时可通过编辑路径来改变图形的形状，从而制作出更加丰富的效果。

知识目标

- 熟练掌握路径的基本编辑方法
- 掌握应用路径查找器的方法
- 掌握路径的高级处理方法

能力目标

- 绘制多重描边字
- 绘制卡通绵羊、轮胎图形、海上日出插画
- 制作新年窗花
- 制作玩具店标志

情感目标

- 提高设计创意图形的能力
- 培养组合与修剪图形的联想能力

6.1 路径的基本编辑

路径是图形的重要组成部分，在绘制图形后，如果需要改变路径使图形符合设计需求，则需要对路径进行各种编辑操作。在绘制复杂图形前，读者需要先掌握选择和移动路径、平滑路径等基本编辑方法。

6.1.1 选择和移动路径

在绘制图形后，如果需要对路径进行修改和调整，就要先掌握选择和移动路径的方法，这样才能有针对性地调整与编辑路径。

1. 选择路径

Illustrator提供了"选择工具" ▶、"直接选择工具" ▷和"套索工具" 3种路径选择工具。

- "选择工具" ▶：使用"选择工具" ▶单击路径，可选择整个路径及其上的所有锚点。
- "直接选择工具" ▷：当图形未被选择时，使用"直接选择工具" ▷单击图形中的路径，可直接选择该路径；当图形被选择时，可使用"直接选择工具" ▷选择图形中的路径。若单击并拖出一个矩形选框，则可选择矩形选框内的所有路径，如图6-1所示。此外按住【Shift】键单击各个路径，也可选择多个路径。

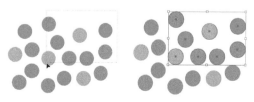

图6-1

● "套索工具" 🔖：使用"套索工具" 🔖在需要选择的区域内拖动鼠标，绘制闭合曲线，可选择闭合曲线内的多个路径，如图6-2所示。

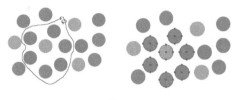

图6-2

2. 移动路径

选择路径后，将鼠标指针移至路径上，当选择的路径为曲线时，鼠标指针将变为▶.形状，按住鼠标左键并将其拖动到合适的位置，即可移动路径，如图6-3所示。当选择的路径为直线段时，鼠标指针将在移动路径时由▷形状变为▶.形状。需要注意的是，使用"套索工具" 🔖选择路径后，需要切换到"直接选择工具" ▷才能移动路径。

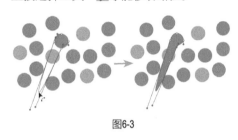

图6-3

6.1.2 平滑路径

在Illustrator中，使用"平滑工具" ✐可以对路径进行平滑处理，通过增加锚点的方式将生硬的线条变得平滑，从而让画面整体变得更加柔和。其方法为：选择路径，再选择"平滑工具" ✐，在路径上单击并拖动鼠标。图6-4所示为平滑路径前后的对比效果。

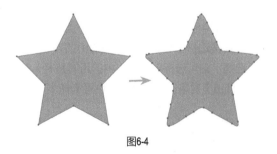

图6-4

双击"平滑工具" ✐，或在选择"平滑工具" ✐后按【Enter】键，可打开"平滑工具选项"对话框，在其中可设置保真度，如图6-5所示。保真度可以改变添加的锚点数，用于控制路径的平滑效果是精确的还是平滑的。

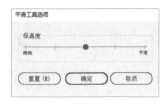

图6-5

6.1.3 简化路径

使用"简化"命令可以删除路径上多余的锚点，也可以为复杂的图形生成简化的最佳路径，而不会对原始路径的形状进行明显的更改，还可以减小文件。选择路径，再选择【对象】/【路径】/【简化】命令，将自动简化路径，并打开图6-6所示的"简化"工具条。

图6-6

● 简化曲线滑块：拖动滑块可手动设置锚点数量。单击✐按钮可设置最少锚点数，单击✐按钮可设置最多锚点数。

● "自动简化"按钮 ☆：单击该按钮可自动删除多余的锚点，并计算出一条简化的路径。

● "更多选项"按钮 ⋯：单击该按钮可打开"简化"对话框，在其中可以设置更多的内容，如图6-7所示。

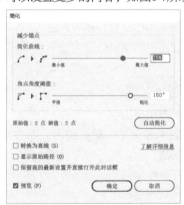

图6-7

"简化"对话框中主要选项的作用如下。

● 角点角度阈值：拖动该滑块可以控制锚点的平滑度。如果角点角度小于角点角度阈值，则角点不会被改变；如果角点角度大于角点角度阈值，则角点会被简化。

● 转换为直线：选中该复选框，可在路径的原始锚点之间创建直线段。如果角点角度大于角点角度阈值，那么将删除角点，如图6-8所示。

● 显示原始路径：选中该复选框，可在简化路径下方显示原始路径，以便进行对比，如图6-9所示，蓝色线条为原始路径。

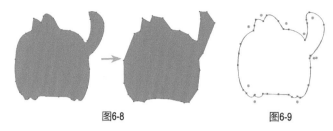

图6-8　　　　　　　　　　图6-9

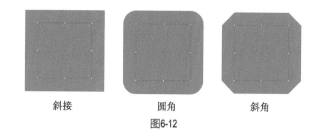

斜接　　　　　　　圆角　　　　　　　斜角

图6-12

● 保留我的最新设置并直接打开此对话框：选中该复选框，下次选择【对象】/【路径】/【简化】命令时，将直接打开"简化"对话框，并保留最新的设置。

● 预览：选中该复选框，可在画板中预览简化路径后的效果。

6.1.4　清理游离点

游离点是指没有与其他锚点连接的锚点，即与图形无关的单独锚点。画板中存在的游离点会妨碍绘制和编辑图形，因此需要对其进行清理。选择【选择】/【对象】/【游离点】命令，可选择画板中的所有游离点，然后按【Delete】键将其删除。

6.1.5　偏移路径

使用"偏移路径"命令相当于对选择的路径进行扩展或收缩，从而形成新的路径，这样可以在绘制复杂图形时提高效率。图6-10所示为偏移路径前后的对比效果，并对偏移后的路径单独进行了编辑。

选择路径，再选择【对象】/【路径】/【偏移路径】命令，将打开"偏移路径"对话框，如图6-11所示。

图6-10　　　　　　　　图6-11

● 位移：用于设置新路径的偏移距离。该值为正数时，新生成的路径会向外扩展；该值为负数时，新生成的路径会向内收缩。

● 连接：用于设置路径拐角处的连接方式，该下拉列表框中有3个选项，分别为"斜接""圆角""斜角"，对应效果如图6-12所示。

● 斜接限制：用于控制角度的变化范围，该值越大，角度的变化范围越大。

6.1.6　对齐和平均分布锚点

在绘制一些复杂图形时，有些效果需要让路径上的多个锚点对齐或均匀分布才能实现，而手动拖动锚点会耗费大量时间，此时就需要使用"对齐"面板和"平均"命令。

1."对齐"面板

选择单个或两个以上的锚点后，选择【窗口】/【对齐】命令，或按【Shift+F7】组合键，可以打开"对齐"面板，如图6-13所示。在其中单击对应的按钮可设置锚点的对齐与分布方式。需要注意的是，选择单个锚点时，单击相应按钮后锚点将与画板对齐。

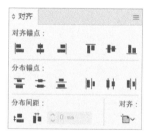

图6-13

● 对齐锚点：用于对齐锚点。从左至右分别为"水平左对齐"按钮 、"水平居中对齐"按钮 、"水平右对齐"按钮 、"垂直顶对齐"按钮 、"垂直居中对齐"按钮 、"垂直底对齐"按钮 。图6-14所示为垂直顶对齐部分锚点前后的对比效果。

图6-14

● 分布锚点：用于按一定的规律均匀分布锚点。从左至右分别为"垂直顶分布"按钮 、"垂直居中分布"按钮 、"垂直底分布"按钮 、"水平左分布"按钮 、"水平居中分布"按钮 、"水平右分布"按钮 。

● 分布间距：用于设置锚点的分布距离。在下方的数值框中输入数值后，单击"垂直分布间距"按钮▦或"水平分布间距"按钮▥，可使选择的锚点按照设置的数值均匀分布。图6-15所示为垂直均匀分布所有矩形上方锚点前后的对比效果。

● 对齐：在下方的下拉列表中有"对齐所选对象""对齐关键锚点""对齐画板"3种对齐方式，选择"对齐关键锚点"方式，可选择某个锚点作为关键锚点，然后改变其他锚点的位置。

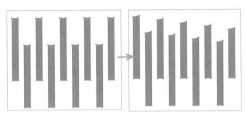

图6-15

2."平均"命令

要均匀分布锚点还可以使用"平均"命令。选择锚点（可属于不同的路径），再选择【对象】/【路径】/【平均】命令，打开"平均"对话框，可在其中进行相应设置，如图6-16所示。

图6-16

● 水平：将选择的锚点沿同一水平轴均匀分布。
● 垂直：将选择的锚点沿同一垂直轴均匀分布。
● 两者兼有：将选择的锚点沿水平轴和垂直轴均匀分布，即将锚点集中于一点（重叠），如图6-17所示。

图6-17

6.1.7 连接路径

使用"连接"命令可以将同一路径或不同路径的两个端点连接起来。选择两个端点，再选择【对象】/【路径】/【连接】命令，或者按【Ctrl+J】组合键。图6-18所示为连接路径前后的对比效果。

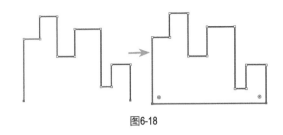

图6-18

6.1.8 路径橡皮擦工具

使用"路径橡皮擦工具"▨能够擦除图形中不需要的路径，其使用方法已在第3章中详细介绍过了。需要注意的是，使用"路径橡皮擦工具"▨擦除一个闭合的路径后，该路径将成为开放路径，且图形中的各部分将成为多个独立的路径。如果只需要擦除单个路径，则可以先选择该路径，再进行擦除。

范例 制作多重描边字

| 知识要点 | 选择和编辑路径、偏移路径 |

| 配套资源 | 效果文件\第6章\多重描边字.ai |

扫码看视频

 范例说明

多重描边字在平面设计中的应用十分广泛，能够起到突出主题的作用。本例将制作"蓄势待发 亮剑高考"多重描边字，使用"偏移路径"命令为文字添加描边效果，并对原路径和偏移后的路径进行编辑，使整体效果更具设计感。

操作步骤

1 新建一个150mm×80mm的文件，设置文件名称为"多重描边字"。

2 选择"文字工具"T，设置文字字体为"方正剪纸简体"，字号为"50pt"，颜色为"C:0、M:50、Y:100、K:0"，输入"蓄势待发 亮剑高考"文字，调整其位置；然后选择【文字】/【创建轮廓】命令，将文字转换为形状，便于之后进行编辑。

3 选择所有形状，选择【对象】/【路径】/【偏移路径】命令，打开"偏移路径"对话框，设置位移为"2mm"，连接为"斜接"，斜接限制为"4"，如图6-19所示，然后单击"确定"按钮。此时，文字边缘出现2mm的斜接描边。

图6-19

4 在工具属性栏中将偏移后的路径的填充颜色设置为"黑色"，然后将其置于底层，效果如图6-20所示。

5 选择"直接选择工具"▷，对偏移后的路径进行编辑，制作出锐利的边缘效果，如图6-21所示。

图6-20   图6-21

6 选择"直接选择工具"▷，按住【Shift】键选择所有黑色路径，选择【对象】/【路径】/【偏移路径】命令，打开"偏移路径"对话框，设置位移为"4mm"，连接为"圆角"，单击"确定"按钮，黑色路径的边缘将出现4mm的圆角描边。

7 在工具属性栏中将偏移后的路径的填充颜色设置为"C:5、M:0、Y:90、K:0"，然后将其置于底层，效果如图6-22所示，完成本例的制作。

图6-22

6.2 应用路径查找器

在平面作品中，大多数看似复杂的图形往往由多个简单的图形组合或修剪而成。在Illustrator中，应用"路径查找器"面板中的功能可实现图形之间的计算，能够快速组合或修剪图形，从而有效提高绘图的效率。

6.2.1 联集

选择【窗口】/【路径查找器】命令，或按【Shift+Ctrl+F9】组合键，打开"路径查找器"面板，如图6-23所示，可以看到该面板中有10种计算方式。

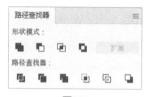

图6-23

选择需要合并的图形，单击"路径查找器"面板中的"联集"按钮▣，可以将选择的多个图形合并为一个图形，如图6-24所示。且在合并后，图形的轮廓线及重叠的部分将融合在一起，最顶层图形的颜色决定合并后的图形的颜色。应用联集的作品如图6-25所示，该作品将多个不同形状的图形联集在一起后，再统一修改颜色。

图6-24

图6-25

第6章

编辑路径

Illustrator CC 平面设计核心技能 | 本通（移动学习版）

范例　绘制卡通绵羊

| 知识要点 | 应用联集、使用钢笔工具、使用镜像对象 |

| 配套资源 | 效果文件\第6章\卡通绵羊.ai |

扫码看视频

 范例说明

本例将绘制两只可爱的卡通绵羊，使用"路径查找器"面板中的联集功能将多个图形合并在一起，形成绵羊的身体部分；使用钢笔工具绘制绵羊的其他部位，再利用"镜像"对话框复制出另一只绵羊，使画面更加完整。

操作步骤

1 新建一个120mm×80mm的文件，设置文件名称为"卡通绵羊"。选择"椭圆工具" ，设置填充颜色为"白色"，描边颜色为"黑色"，在画板中绘制多个椭圆和圆形，如图6-26所示。

2 选择【窗口】/【路径查找器】命令，打开"路径查找器"面板，选择所有图形，单击面板中的"联集"按钮 ，效果如图6-27所示。

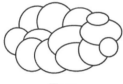

图6-26　　　　　　　图6-27

3 使用"椭圆工具" 绘制绵羊的头部和眼睛，使用"钢笔工具" 绘制绵羊的羊角、羊腿和嘴巴等部分，并分别填充相应的颜色，效果如图6-28所示。在绘制羊角时可使用"直接选择工具" 对路径进行修改。

图6-28

4 绘制完成后，选择除羊角外的其他所有图形，按【Shift+Ctrl+[】组合键将它们置于底层。

5 选择所有图形，按住【Alt】键并拖动，以复制图形，并将复制的绵羊图形缩小。然后在复制的绵羊图形上单击鼠标右键，在弹出的快捷菜单中选择【对象】/【变换】/【镜像】命令，打开"镜像"对话框，选中"垂直"单选项，单击"确定"按钮。

6 使用"矩形工具" 绘制两个矩形，分别设置填充颜色为"C:64、M:0、Y:7、K:0"和"C:47、M:0、Y:65、K:0"，并将它们置于底层作为背景，效果如图6-29所示，完成本例的制作。

图6-29

6.2.2　减去顶层

单击"路径查找器"面板中的"减去顶层"按钮 ，可以从底层图形中减去顶层的所有图形，其作用与"联集"的作用相反。减去顶层后的图形将保留底层图形的样式（填充和描边属性），如图6-30所示。

图6-30

范例　制作游戏App图标

| 知识要点 | 应用联集、减去顶层 |

| 配套资源 | 效果文件\第6章\游戏App图标.ai |

扫码看视频

范例说明

使用"路径查找器"面板中的减去顶层功能可以快速对图形进行修剪，在制作图标时能够达到不错的效果。本例将制作一个游戏App图标，通过联集和减去顶层功能绘制一个游戏手柄，再将其放置在渐变背景上，组合成具有设计感的图标。

操作步骤

1 新建一个120mm×120mm的文件，设置文件名称为"游戏App图标"。使用"矩形工具"▢和"椭圆工具"◯绘制一个矩形和两个椭圆，如图6-31所示。

2 选择【窗口】/【路径查找器】命令，打开"路径查找器"面板，选择所有图形，单击面板中的"联集"按钮▣，效果如图6-32所示。

图6-31　　　　　　　图6-32

3 使用"矩形工具"▢绘制两个矩形，并拖动锚点将其角调整为圆角；使用"椭圆工具"◯绘制4个相同大小的圆形，如图6-33所示。

4 选择步骤3中绘制的矩形和圆形，单击"路径查找器"面板中的"减去顶层"按钮▣，效果如图6-34所示。

图6-33　　　　　　　图6-34

5 选择"矩形工具"▢，绘制一个矩形，并拖动锚点将其4个角调整为圆角，设置填充颜色为"颜色组合"色板库面板中的"橙色，黄色"渐变颜色，并使用"渐变工具"▣设置渐变方向为从上至下。将绘制好的游戏手柄放置在矩形上层，如图6-35所示。

6 设置游戏手柄的填充颜色为"白色"，并取消描边，效果如图6-36所示，完成本例的制作。

图6-35　　　　　　　图6-36

6.2.3　交集

单击"路径查找器"面板中的"交集"按钮▣，将只保留选择图形中的重叠部分，没有重叠的其他部分会被删除，得到的图形效果与减去顶层后的图形效果相反，重叠部分使用顶层图形的填充和描边属性。图6-37所示为单击"交集"按钮前后的对比效果。

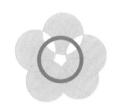

图6-37

范例　制作环保Logo

知识要点　应用交集、减去顶层、居中对齐对象、使用镜像对象

配套资源　效果文件\第6章\环保Logo.ai

扫码看视频

范例说明

在平面设计中，利用交集功能可以创造出各种各样的形状。本例将制作一个环保Logo，使用交集功能制作出叶片的形状，再适当进行修饰。

操作步骤

1 新建一个120mm×120mm的文件，设置文件名称为"环保Logo"。使用"椭圆工具" 绘制两个椭圆，并使它们的相交部分形成叶片形状，如图6-38所示。

2 选择两个椭圆，单击"路径查找器"面板中的"交集"按钮 ，效果如图6-39所示。

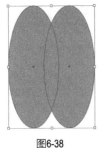 

图6-38　　　　　　图6-39

3 使用"椭圆工具" 绘制两个大小不一的圆形，单击"路径查找器"面板中的"减去顶层"按钮 ，制作出圆环；再使用相同的方法制作一个更大的圆环，然后将它们与叶片居中对齐，如图6-40所示。

图6-40

4 选择叶片，按【Ctrl+C】组合键复制叶片，按【Ctrl+V】组合键粘贴叶片，并将复制的叶片旋转到适当的角度，再将两个叶片下方的锚点对齐，如图6-41所示。

5 选择"直接选择工具" ，选择复制的叶片上方的锚点，将其移动至内圆环的边缘；再选择并移动中间的锚点，从而调整路径，使叶片的线条更加自然。使用同样的方法复制并调整第3个叶片，效果如图6-42所示。

图6-41　　　　　　图6-42

6 选择左边的两个叶片，单击鼠标右键，在弹出的快捷菜单中选择【对象】/【变换】/【镜像】命令，打开"镜像"对话框，选中"垂直"单选项，然后单击"复制"按钮，再将它们下方的锚点与其他叶片下方的锚点对齐，效果如图6-43所示。

7 为5个叶片分别填充深浅不一的绿色，从左至右对应的CMYK值分别为"C:85、M:39、Y:97、K:1""C:81、M:25、Y:100、K:0""C:75、M:0、Y:100、K:0""C:60、M:0、Y:86、K:0""C:55、M:0、Y:65、K:0"。

8 选择最中间的叶片，按【Ctrl+Shift+】】组合键将其置于顶层；选择最左边和最右边的叶片，按【Ctrl+Shift+[】组合键将其置于底层，效果如图6-44所示，完成本例的制作。

图6-43　　　　　　图6-44

小测 绘制花朵

配套资源\效果文件\第6章\花朵.ai

本小测要求绘制花朵。制作时使用"路径查找器"面板中的交集功能制作出花瓣形状，复制并旋转花瓣制作出花朵，然后复制并缩放多个花朵，将它们叠加在一起，再为它们填充不同深浅的颜色，效果如图6-45所示。

图6-45

6.2.4 差集

单击"路径查找器"面板中的"差集"按钮 ，选择的图形的重叠部分被减去，没有重叠的其他部分保留，生成的新图形使用顶层图形的填充和描边属性，如图6-46所示。

图6-46

知识要点	应用差集、应用交集
配套资源	效果文件\第6章\轮胎.ai

扫码看视频

📷 **范例说明**

　　汽车轮胎的构造通常较为复杂，在绘制汽车轮胎时，可结合"路径查找器"面板中的差集和交集功能进行绘制。本例将绘制一个轮胎图形，先使用交集功能绘制轮胎的外轮廓，再使用差集功能对其内部进行修剪。

📋 **操作步骤**

1 新建一个120mm×120mm的文件，设置文件名称为"轮胎"。选择"星形工具"☆，设置填充颜色为"黑色"，在画板中单击，打开"星形"对话框，设置角点数为"24"，单击"确定"按钮，如图6-47所示。

2 选择"椭圆工具"◯，设置填充颜色为"CMYK青"，按住【Shift】键，拖动鼠标绘制一个圆形，并与星形居中对齐。

3 选择星形和圆形，单击"路径查找器"面板中的"交集"按钮◻，效果如图6-48所示。

图6-47

图6-48

4 选择"椭圆工具"◯，设置填充颜色为"CMYK青"，按住【Shift】键，拖动鼠标绘制一个圆形，并与刚刚制作的图形居中对齐，如图6-49所示。

5 选择所有图形，单击"路径查找器"面板中的"差集"按钮◻，效果如图6-50所示。

图6-49　　　　　　图6-50

6 选择"椭圆工具"◯，按住【Shift】键，拖动鼠标绘制一个圆形，在工具属性栏中取消填充，设置描边颜色为"黑色"，描边粗细为"4pt"，并与刚刚绘制的图形居中对齐；使用"矩形工具"◻绘制一个矩形，将其复制4个并依次旋转72°，效果如图6-51所示。

7 选择"椭圆工具"◯，按住【Shift】键，拖动鼠标绘制3个圆形，分别设置填充颜色为"黑色""白色""黑色"，效果如图6-52所示，完成本例的制作。

图6-51　　　　　　图6-52

6.2.5　分割

　　单击"路径查找器"面板中的"分割"按钮◻，可对所选图形的重叠区域进行分割，使之成为单独的图形；分割后的图形可保留原图形的填充和描边属性，并自动编组，如图6-53所示。

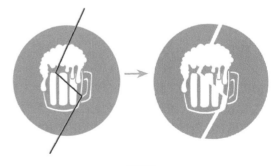

图6-53

6.2.6　修边

　　单击"路径查找器"面板中的"修边"按钮◻，可利用上层图形减掉下层图形的重叠部分，得到的图形将去除描边并自动编组，取消编组后可以移动单个图形，如图6-54所示。

109

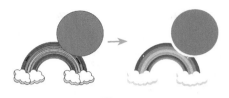

图6-54

6.2.7 合并

单击"路径查找器"面板中的"合并"按钮 ▣，可去除图形描边并合并图形，相同颜色的图形会直接合并，不同颜色的图形会删除下层图形的重叠部分，如图6-55所示。

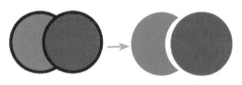

图6-55

6.2.8 裁剪

单击"路径查找器"面板中的"裁剪"按钮 ▣，将只保留所选图形的重叠区域。利用裁剪功能产生的图形效果与建立蒙版后产生的图形效果类似，顶层图形可作为底层图形的蒙版；同时，顶层图形中还会显示出底层图形，如图6-56所示。

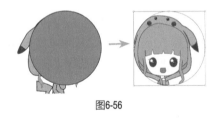

图6-56

6.2.9 轮廓

单击"路径查找器"面板中的"轮廓"按钮 ▣，当选择的多个图形不重叠时，图形将全部转换为轮廓，轮廓的颜色与原图形的填充颜色相同；当选择的多个图形重叠时，图形会被分割，并且图形转换为轮廓，如图6-57所示。

图6-57

6.2.10 减去后方对象

单击"路径查找器"面板中的"减去后方对象"按钮 ▣，可用顶层的图形减去下层的所有图形，并保留顶层图形的非重叠部分及描边和填充属性，如图6-58所示。

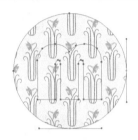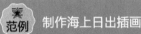

图6-58

★范例 制作海上日出插画

| 知识要点 | 减去顶层、应用联集、合并、裁剪 |
| 配套资源 | 效果文件\第6章\海上日出插画.ai |

扫码看视频

范例说明

综合使用"路径查找器"面板中的多个功能，能够绘制出各种各样的图形。本例将制作海上日出插画，使用减去顶层功能绘制海鸥和小船，使用联集功能绘制海面，使用合并功能将所有图形合并，最后使用裁剪功能让插画只显示在圆形中。

操作步骤

1 新建一个120mm×120mm的文件，设置文件名称为"海上日出插画"。

2 选择"椭圆工具" ▣，按住【Shift】键绘制一个圆形。按【Ctrl+C】组合键复制圆形，按【Ctrl+F】组合键在原位置粘贴圆形；选择复制的圆形，按住【Ctrl+Alt】组合键向内拖动控制点，向中心缩小圆形。

3 重复两次复制与缩放操作，然后为4个圆形填充不同的黄色，使它们形成有渐变效果的太阳，如图6-59所示。

4 选择所有圆形，单击"路径查找器"面板中的"合并"按钮■，便于后期移动合并后的形状。

5 选择"矩形工具"■，绘制两个矩形作为天空和海洋，分别设置填充颜色为"C:1、M:50、Y:58、K:0"和"C:55、M:0、Y:17、K:0"，并将天空置于底层，如图6-60所示。

图6-59

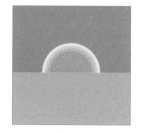
图6-60

6 使用"椭圆工具"■绘制4个椭圆，并将它们两两合并，效果如图6-61所示。

7 选择4个椭圆，单击"路径查找器"面板中的"减去顶层"按钮■，制作出海鸥形状，并设置填充颜色为"白色"，然后复制3个海鸥形状，将它们放置于天空中，如图6-62所示。

图6-61

图6-62

8 使用"椭圆工具"■和"矩形工具"■绘制一个椭圆和一个矩形，如图6-63所示。单击"路径查找器"面板中的"减去顶层"按钮■，制作小船的底部。

9 使用"多边形工具"■和"矩形工具"■绘制一个三角形和一个矩形作为船帆，将小船底部和船帆形状合并，并设置填充颜色为"C:55、M:60、Y:65、K:40"；再复制两个同样的形状，并调整它们的大小和位置，效果如图6-64所示。

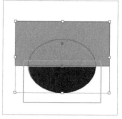

图6-63

图6-64

10 使用"矩形工具"■绘制矩形，设置填充颜色为"C:75、M:15、Y:0、K:0"，并拖动锚点将矩形的4个角调整为圆角；复制多个矩形后，使用联集功能将复制的矩形合并，制作出水面波光粼粼的效果。使用同样的方法制作多个黄色的矩形并组合，将其作为太阳的投影，如图6-65所示。

11 选择所有图形，单击"路径查找器"面板中的"合并"按钮■。

12 选择"椭圆工具"■，在画板中单击，打开"椭圆"对话框，设置宽度为"120 mm"，高度为"120 mm"，单击"确定"按钮，然后将圆形放置于画面中心。选择所有图形，单击"路径查找器"面板中的"裁剪"按钮■，效果如图6-66所示，完成本例的制作。

图6-65

图6-66

小测 制作小鸟书签

配套资源\效果文件\第6章\小鸟书签.ai

本小测要求制作小鸟书签，制作时使用"路径查找器"面板中的相关功能对基础图形进行修剪和拼接，绘制出书签和小鸟的形状，并给书签形状填充图案，再使用钢笔工具绘制绳圈，效果如图6-67所示。

图6-67

6.3 路径的高级处理

掌握了路径的基本编辑方法和"路径查找器"面板的使用方法之后，读者可以进一步学习路径的高级处理方法，如轮廓化对象、轮廓化描边等方法，正确运用这些方法能够更好地提高设计效率。

6.3.1 轮廓化对象

使用"轮廓化对象"命令可以将对象创建为轮廓，该命令常用于进行文字变形处理。选择需要处理的文字，选择【效果】/【路径】/【轮廓化对象】命令。将文字创建为轮廓后，可对其进行编辑或渐变填充，但文字内容不能再更改。

6.3.2 轮廓化描边

在Illustrator中，如果需要给描边填充渐变颜色，则可先进行轮廓化描边操作。选择描边路径，再选择【效果】/【路径】/【轮廓化描边】命令，然后可为描边填充渐变颜色，如图6-68所示。

图6-68

6.3.3 复合路径

复合路径是指两条及两条以上的路径的组合，根据对应的镂空规则，重叠的部分将被填充或者镂空，设计人员可以根据需要创建或释放复合路径。

1. 创建复合路径

创建复合路径时，所有对象都使用底层对象的填充内容和样式，不能更改某个对象的外观属性和效果等，也无法在"图层"面板中单独编辑对象。选择需要建立复合路径的两个或两个以上的图形，选择【对象】/【复合路径】/【建立】命令，或按【Ctrl+8】组合键，效果如图6-69所示。

图6-69

2. 释放复合路径

在创建复合路径之后，可以随时释放复合路径，但不会还原各个路径对象的属性。选择需要释放的复合路径，再选择【对象】/【复合路径】/【释放】命令，或按【Shift+Ctrl+Alt+8】组合键，效果如图6-70所示。

图6-70

3. 镂空规则

复合路径中多条路径重合时会根据镂空规则来镂空重叠部分，其规则主要有"奇偶填充"和"非零缠绕填充"两种。

● 奇偶填充：所有重叠区域最外面的部分为1（奇数），与1相交的部分为2（偶数），与2相交的部分为3（奇数），以此类推，所有的奇数部分都会被填充颜色，而偶数部分会被镂空，如图6-71所示。

● 非零缠绕填充：选择多条路径并建立复合路径后，最下方的路径将保持顺时针方向，其他路径将全部重置成逆时针方向。将顺时针方向的路径设置为1，将逆时针方向的路径设置为-1。当路径有重叠时，如果这两个路径相加后的值为0，则重叠部分被镂空，否则被填充颜色，如图6-72所示。

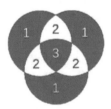

图6-71   图6-72

范例 制作新年窗花

知识要点 使用复合路径、使用旋转对象、应用联集、减去顶层

配套资源 效果文件\第6章\窗花.ai

扫码看视频

范例说明

根据复合路径的不同镂空规则，设计人员可以制作出不同的裁剪效果。本例将制作新年窗花，通过多次创建复合路径镂空对象，得到美观的窗花形状，从而营造新年氛围。

图6-79

图6-80

操作步骤

1 新建一个120mm×120mm的文件，设置文件名称为"窗花"。选择"椭圆工具" ⬭ ，按住【Shift】键，拖动鼠标绘制一个圆形，设置填充颜色为"CMYK 红"。再在圆形上方绘制一个填充颜色为"CMYK 青"的椭圆，如图6-73所示。

2 选择椭圆，选择"旋转工具" ↻ ，按住【Alt】键，将椭圆的中心点拖动至圆形的中心点，释放鼠标左键，打开"旋转"对话框，设置角度为"20°"，单击"复制"按钮，然后按【Ctrl+D】组合键重复操作，直至椭圆围满圆形的边缘，效果如图6-74所示。

图6-73

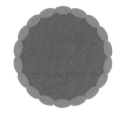

图6-74

3 选择"文字工具" T ，设置字体为"方正剪纸简体"，输入"福"文字，将其调整到合适的大小和位置，如图6-75所示。选择文字，再选择【文字】/【创建轮廓】命令，为其创建轮廓，以便后续进行编辑。

4 选择所有图形，再选择【对象】/【复合路径】/【建立】命令，效果如图6-76所示。

5 使用相同的方法旋转并复制多个圆形，制作出图6-77所示的图形，然后单击"路径查找器"面板中的"联集"按钮 ⬛ 将它们合并。

6 选择合并后的图形，按【Ctrl+C】组合键复制图形，按【Ctrl+F】组合键在原位置粘贴图形，按住【Ctrl+Alt】组合键向内拖动控制点，向中心缩小图形，然后单击"路径查找器"面板中的"减去顶层"按钮 ⬛ ，效果如图6-78所示。

图6-75

图6-76

图6-77

图6-78

7 将绘制好的图形拖动到图6-76中的窗花上层，然后选择所有图形，再选择【对象】/【复合路径】/【建立】命令，效果如图6-79所示。

8 使用"星形工具" ☆ 绘制多个大小不一的星形，以提升窗花的美观度。最后选择【对象】/【复合路径】/【建立】命令，效果如图6-80所示，完成本例的制作。

6.4 综合实训：制作玩具店标志

对店铺而言，标志有着相当重要的地位，好的标志设计能够给消费者留下深刻的印象。店铺标志不仅代表了店铺的整体风格，还能达到宣传的效果。因此，标志要容易识别且具有一定意义，其色彩搭配也要符合店铺的定位。

6.4.1 实训要求

某企业近期筹划开设一家玩具店，主要售卖各类玩具，主要目标用户为12岁以下的儿童。现需要制作一个效果美观、辨识度高的店铺标志；要求该标志要符合玩具店的风格，并具有一定的识别性，能够吸引目标用户（儿童）的视线并给他们留下深刻的印象，要求尺寸为120mm×120mm。

6.4.2 实训思路

（1）该店铺的主要商品为玩具，目标用户为儿童，因此标志可以以卡通形象为主体，搭配可爱的动作来吸引儿童的视线，同时也能够体现出店铺的整体风格。

（2）为了体现店铺的主题，可以在标志主体下方添加玩具的英文"TOY"，再适当增加一些充满童趣的元素。可利用复合路径将文字下方的背景镂空出特殊的样式，使其具有别样的设计感。

（3）结合本章介绍的知识，先绘制出小熊、星形、椭圆等形状，绘制时可以通过简化路径操作改变过于规整的图形。

（4）一般来说，太浅的颜色往往很难引起消费者的注意，或给他们留下深刻的印象。因此，在设计玩具店的标志时，可以将卡通形象的描边颜色设置为渐变颜色，在突出主体的同时提升画面的美观度。

本实训完成后的参考效果如图6-81所示。

图6-81

本实训主要包括绘制小熊、绘制文字背景两个部分，主要操作步骤如下。

1 新建一个120mm×120mm的文件，将其以"玩具店标志"为名保存。

2 绘制小熊的头部和耳朵，使用联集功能将它们合并，为描边填充"橙，黄"渐变颜色，通过简化路径操作将路径整体调整得更加自然。

3 绘制小熊的眼睛、鼻子、嘴巴和手部，使用减去顶层功能调整耳朵和嘴巴部分。

4 制作小熊下方的图形，绘制熊掌及其他元素，再输入文本，通过创建复合路径制作有镂空效果的背景。

6.4.3 制作要点

 知识要点　路径的基本编辑方法、使用"路径查找器"面板

 配套资源　效果文件\第6章\玩具店标志.ai

 扫码看视频

🔹 **巩固练习**

1. 制作运动图标

本练习将制作运动图标。制作时可通过"路径查找器"面板和钢笔工具绘制出人物及其他元素，然后单独选择路径并进行移动，使其边缘效果更加自然，完成后的参考效果如图6-82所示。

 配套资源　效果文件\第6章\运动图标.ai

图6-82

2. 制作小狗贴纸

本练习将制作小狗贴纸。制作时可通过钢笔工具和"路径查找器"面板绘制小狗，再通过创建复合路径制作有镂空效果的背景，完成后的参考效果如图6-83所示。

 配套资源　效果文件\第6章\小狗贴纸.ai

图6-83

⊕ **技能提升**

Illustrator中有多组相似的功能，设计人员需要了解它们的特点及区别，才能掌握更多的绘图技巧。

1. 复合形状与复合路径的区别

Illustrator中有复合形状和复合路径两种复合对象。复合形状是通过"路径查找器"面板得到的图形，按住【Alt】键单击"路径查找器"面板中相应的按钮可创建复合形状。而复合路径是选择【对象】/【复合路径】/【建立】命令建立的图形，根据对应的镂空规则，其重叠的部分将被填充或者镂空。

复合形状可以产生镂空效果，且镂空后的图形是独立存在的，使用"直接选择工具" ▷ 选择其中的一个或多个图形，可以移动、修改、删除选择的图形，如图6-84所示。编辑复合形状后，为了减小文件，单击"路径查找器"面板中的"扩展"按钮可使复合形状变为普通图形。而复合路径可以产生镂空效果，且镂空后的图形是一个整体，使用"选择工具" ▶ 和"直接选择工具" ▷ 都只能移动整个图形。

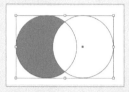

图6-84

复合形状与复合路径最大的区别如下。复合形状包含的对象的种类可以不同，如可以包含路径、复合路径、其他复合形状、混合形状、文字、封套和变形文字。复合路径只能够包含路径或者复合路径。

另外，释放复合形状后，各个对象可恢复到创建为复合形状前的效果，包括填充内容和样式等；而释放复合路径后，虽然所有对象可恢复为原来的各自独立的状态，但不能恢复到创建为复合路径前的效果，如填充内容和样式。图6-85所示为释放复合路径和释放复合形状的区别。

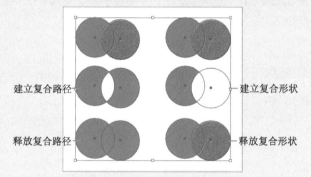

建立复合路径　建立复合形状

释放复合路径　释放复合形状

图6-85

总之，两者在使用时的区别主要是：复合形状可作为单独的个体，而复合路径只能作为一个整体，复合形状更加灵活。

2. 偏移路径效果与偏移路径对象的区别

偏移路径效果通过【效果】/【路径】/【偏移路径】命令实现，其作用是让路径往外扩展或者往内收缩，最后只会得到一个路径，且路径只是外观发生了变化，如图6-86所示。

偏移路径对象通过【对象】/【路径】/【偏移路径】命令实现，其作用也是让路径往外扩展或者往内收缩，但最后会生成一个新的路径，新的路径可以单独编辑，如图6-87所示。

两者之间的区别在于：偏移路径对象可直接被选择，以便进行编辑或者删除操作；而偏移路径效果需选择【窗口】/【外观】命令，打开"外观"面板，再进行编辑或者删除操作，如图6-88所示。

图6-86　　　　图6-87

图6-88

3. "路径查找器"菜单与"路径查找器"面板的区别

"路径查找器"菜单是"效果"菜单下的一个子菜单，其中大多数命令的作用与"路径查找器"面板中的功能的作用相似。但是，"路径查找器"面板中的功能可应用于任何对象、组和图层，而"路径查找器"菜单中的命令只能应用于组、图层或文字对象。

需要注意的是，在使用"路径查找器"菜单中的命令时，需要先将对象编组，才能对对象进行编辑，否则这些命令不会产生任何作用。使用"路径查找器"菜单中的命令生成的图形与复合形状类似，双击编组对象后可对其中的单个对象进行编辑，且计算结果也会实时更新，如图6-89所示。在取消编组后，各个对象可恢复为编组前的效果，包括填充内容和样式等。

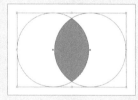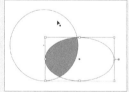

图6-89

另外，"路径查找器"菜单比"路径查找器"面板多以下3个功能。

● 实色混合：通过选择每个颜色组件的最高值来混合颜色。

● 透明混合：使底层颜色透过重叠的对象，然后将图像划分为其构成部分的表面，可在打开的"路径查找器选项"对话框中设置混合比例。

● 陷印：通过在两个相邻颜色之间创建一个较小的重叠区域（称为陷印）来填补图稿中各颜色之间的潜在间隙。

<table>
<tr><td>

第 **7** 章

</td><td>

管理对象

</td></tr>
</table>

📖 本章导读

在绘制复杂图形的过程中，如果画面中存在的图形较多，就可以使用"图层"面板来管理图形。除此之外，还可以对图形进行整体的编辑操作，如排列、分布与对齐、变换等，以提高绘图效率。

🔖 知识目标

‹ 熟练掌握应用图层的方法
‹ 熟练掌握编辑对象的方法
‹ 掌握变换对象的方法

🏆 能力目标

‹ 制作同心圆Logo
‹ 制作轻食宣传海报、旅行画册的封面
‹ 制作矢量人物海报、月饼包装盒、立体图标
‹ 制作登录界面、卡片底纹

💗 情感目标

‹ 提高管理图形的能力
‹ 提升在设计中正确运用透视原理的能力

7.1 应用图层

图层可以看作许多张叠放在一起的大小相同的透明画纸，所有画纸中的图形都将叠加显示出来，然后形成一个完整的图形。"图层"面板用图层对不同的图形进行管理，方便编辑图形，也便于丰富图形的效果。

7.1.1 认识"图层"面板

在Illustrator中，选择【窗口】/【图层】命令或按【F7】键，可以打开"图层"面板，如图7-1所示。

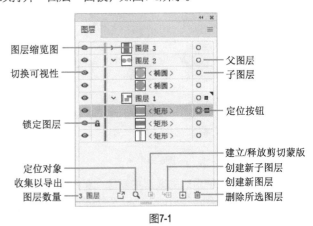

图7-1

● **图层缩览图**：显示图层内容的缩览图，在编辑对象时缩览图会自动更新。

● **切换可视性**：单击 ● 图标可隐藏图层，再次单击该处可显示图层。该图标显示时，图层也会显示；该图标不显示时，图层被隐藏。被隐藏的图层不能编辑，也不能打印。

● **锁定图层**：单击"切换可视性"图标右侧的空白部分，将显示 🔒 图标，并锁定当前图层。被锁定的图层不能编辑。要解除锁定，可再次单击 🔒 图标。

● **定位对象**：在画板中选择一个对象后，单击 🔍 按钮，即可

在"图层"面板中选择该对象所在的图层或子图层,如图7-2所示。当文件中的图层、子图层或组较多时,通过该方法可以快速找到并选择对象。

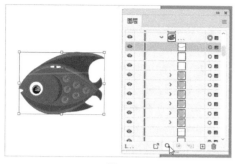

图7-2

● 收集以导出:选择需要导出的图层或子图层后,单击"收集以导出"按钮□可打开"资源导出"面板,如图7-3所示;选择相应的对象后,单击"导出"按钮,可快速将其以PNG、JPG等格式导出。

图7-3

● 图层数量:显示当前文件中图层的个数。
● 父图层、子图层:新建的文件中默认只有一个图层,绘制图形时会在当前选择的图层中添加子图层,当前选择的图层会变为父图层。单击父图层左侧的 ❯ 图标可展开其包含的所有子图层,单击 ❤ 图标可收起子图层。
● 定位按钮:单击图层名称右侧的 ○ 按钮,该按钮将变成 ◎ 形状且其右侧会出现色块,可在画板中快速定位并选择图层中的所有图形。
● 建立/释放剪切蒙版:单击"建立/释放剪切蒙版"按钮□可建立或释放剪切蒙版。
● 创建新子图层:单击"创建新子图层"按钮□,可在当前选择的图层内创建一个子图层。
● 创建新图层:单击"创建新图层"按钮□,可创建一

个新图层,且新建的图层总是位于当前选择的图层的上方。如果需要在所有图层的最上方创建一个新图层,则可按住【Ctrl】键单击该按钮。
● 删除所选图层:单击"删除所选图层"按钮□可删除当前选择的图层。

7.1.2 图层的基本操作

在使用"图层"面板时,需要先掌握图层的基本操作,如创建图层和选择图层等。

1. 创建图层

在Illustrator中,创建图层的方法有以下两种。
● 按钮:在"图层"面板中单击"创建新图层"按钮□,可创建一个新图层;单击"创建新子图层"按钮□,可在当前选择的图层内创建一个子图层。
● 列表选项:单击"图层"面板右上角的 ≡ 按钮,在弹出的下拉列表中选择"新建图层"选项,将打开"图层选项"对话框,如图7-4所示,进行相应的设置后,单击"确定"按钮,可创建具有指定名称和颜色等属性的图层。

图7-4

下面对"图层选项"对话框中的选项进行介绍。
● 名称:用于设置图层的名称。
● 颜色:用于设置图层的颜色及图层中被选中的图形的边框颜色。单击右侧的色块,在打开的"颜色"对话框中可改变颜色。
● 模板:选中该复选框,可以将图层转换为模板,同时锁定当前图层。
● 显示:选中该复选框,图层中的对象可以在画板中显示。
● 预览:选中该复选框,图层中的对象将以预览的形式显示。若取消选中该复选框,则图层中的对象将以线条的形式显示。
● 锁定:选中该复选框,可以锁定图层中的对象。
● 打印:选中该复选框,图层中的对象可被打印,且图层名称将以斜体的形式显示。否则,该图层中的对象将无法被打印。

● 变暗图像至：选中该复选框，可以使图层中的图形变暗显示，右侧的数值框可用于设置图形变暗的程度。需要注意的是，该功能只能使图层中的图形变暗显示，在打印和输出时，图形的效果不会改变。

技巧

若要修改某个图层的"图层选项"参数，则可直接双击图层，打开"图层选项"对话框进行修改。

2. 选择图层

在绘制过程中，如果需要对图层进行操作，则需要先选择图层，选择一个或多个图层的方法有所不同。

● 选择一个图层：在图层名称上单击，该图层将被选中，被选中的图层在"图层"面板中的背景颜色将变为蓝色，如图7-5所示。

● 选择多个图层：若要选择多个连续的图层，则可先选择第一个图层，然后按住【Shift】键选择最后一个图层。若要选择多个不连续的图层，则可按住【Ctrl】键依次选择图层，如图7-6所示。

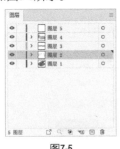
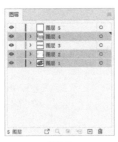

图7-5　　　　　　　图7-6

3. 移动图层

"图层"面板中的图层按照一定的顺序叠放在一起，如果图层的叠放顺序不同，则它们在画板中产生的效果也不同。因此，在绘制过程中，可通过移动图层来达到需要的效果。其方法为：在"图层"面板中选择要移动的图层，按住鼠标左键并向上或向下拖动，此时"图层"面板中出现一根深蓝色的线条跟随鼠标指针移动，如图7-7所示；将该线条移至需要的位置后，释放鼠标左键，即可将所选图层移动到相应的位置，如图7-8所示。

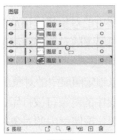

图7-7　　　　　　　图7-8

技巧

不同父图层中的子图层也可通过直接拖动的方式移动至其他父图层中。

4. 复制图层

在绘制过程中，如果需要多个相同的图形，则可直接复制图层，以提高绘图效率。复制图层的方法有以下3种。

● 按钮：在"图层"面板中，将需要复制的图层拖动到"创建新图层"按钮⊞上，即可复制该图层，复制得到的图层将位于原图层上方，复制得到的图层的名称将在原图层的名称后面加上"_复制"文字，如图7-9所示。

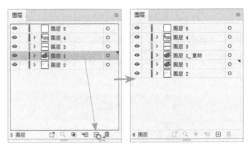

图7-9

● 快捷键：按住【Alt】键并将图层拖动到其他图层的上方或下方，此时鼠标指针变为形状，然后释放鼠标左键，即可将该图层复制到指定的位置，如图7-10所示。将图层拖动至其他图层上，且其他图层的背景颜色变为深蓝色时，可将拖动的图层中的内容复制到其他图层中，如图7-11所示。

图7-10　　　　　　　图7-11

● 列表选项：选择需要复制的图层，单击"图层"面板右上角的≡按钮，在弹出的下拉列表中选择"复制图层"选项，即可复制图层，如图7-12所示。

图7-12

5. 显示和隐藏图层

在默认情况下图层处于显示状态，为了更好地查看绘制的图形的效果，有时需要将一些不需要的图层隐藏。其方法为：在"图层"面板中，单击某个子图层左侧的 ⊙ 图标，该图标不显示时即表示该子图层被隐藏；而单击父图层左侧的 ⊙ 图标，可隐藏该父图层下的所有子图层。如果要重新显示图层或图层中的对象，则再次单击同一个位置。

7.1.3 合并图层

在绘制复杂图形时，可以将相同层级的图层和子图层合并，以节省内存资源。其方法为：按住【Ctrl】键单击以选择需要合并的图层，然后单击"图层"面板右上角的 ☰ 按钮，在弹出的下拉列表中选择"合并所选图层"选项，即可将所选图层合并到最后选择的图层中，如图7-13所示。

图7-13

如果需要将"图层"面板中的所有图层合并到一个图层中，则可单击"图层"面板右上角的 ☰ 按钮，在弹出的下拉列表中选择"拼合图稿"选项，如图7-14所示。

图7-14

7.1.4 锁定与解锁图层

在对图形进行编辑时，为了不影响或不破坏其他图层中的对象，可以对图层进行锁定。其方法为：在"图层"面板中单击需锁定图层的 ⊙ 图标右侧的空白区域，出现 🔒 图标时表示该图层被锁定，如图7-15所示。要解除锁定，可直接单击 🔒 图标。

当需要锁定的图层较多时，为了提高效率，可选择不需要锁定的图层，然后单击"图层"面板右上角的 ☰ 按钮，在弹出的下拉列表中选择"锁定其他图层"选项，以锁定其他

所有图层。另外，可通过该下拉列表中的"解锁所有图层"选项解锁所有锁定的图层。

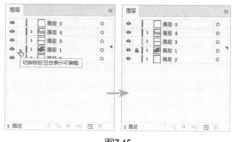

图7-15

技巧

选择对象后，选择【对象】/【锁定】/【其他图层】命令，可锁定除所选对象所在图层外的其他所有图层。

7.1.5 删除图层

对于一些不需要的图层，可以将其删除。其方法为：在"图层"面板中选择需要删除的图层，单击该面板中的"删除所选图层"按钮 🗑，将选择的图层删除；按住鼠标左键并将所选图层拖动至"删除所选图层"按钮 🗑 上，也可将其删除，如图7-16所示。需要注意的是，删除图层的同时也会删除图层中的所有对象。

图7-16

　范例　合成夏季上新海报

 知识
要点　锁定图层、合并图层、移动图层

 配套
资源　素材文件\第7章\夏季上新海报素材.ai
效果文件\第7章\夏季上新海报.ai

扫码看视频

范例说明

　　用户通过"图层"面板可以对图层进行基本操作，使画板中的效果发生改变。本例将合成夏季上新海报，制作时先显示出所有图层，改变图层的堆叠顺序，并锁定背景图层，便于移动其他图层中的对象到合适的位置；然后将所有图层合并，以减小文件。

操作步骤

1 打开"夏季上新海报素材.ai"素材文件，按【F7】键打开"图层"面板。在"图层"面板中单击"文字"和"花朵"图层最左侧的空白区域，显示这两个图层，如图7-17所示。

2 "背景"图层位于"图层"面板的最上方，覆盖了其下方的所有图层，所以其他图层中的对象被遮住了。因此，需要改变图层的堆叠顺序。将鼠标指针移至"背景"图层上，按住鼠标左键并拖动该图层至"花朵"图层的下方，效果如图7-18所示。

图7-17　　　　　　　　图7-18

3 为了便于移动其他图层中的对象，单击"背景"图层 👁 图标右侧的空白区域，出现 🔒 图标，将"背景"图层锁定使其不能被编辑。

4 将"文字"和"花朵"图层中的对象移动到适当的位置，效果如图7-19所示。

5 单击"图层"面板右上角的 ☰ 按钮，在弹出的下拉列表中选择"拼合图稿"选项，将所有图层合并为一个图层，以减小文件，然后将文件重命名为"夏季上新海报"，如图7-20所示。

图7-19　　　　　　　　图7-20

7.2 对象的排列

　　复杂的图形通常由一系列的对象排列组合而成，对象的排列顺序不同，得到的最终效果也会不同。因此，使用不同的排列对象的方法能够创造出更多的可能性，制作出更具创意性的平面设计作品。

　　在绘制图形时，尝试改变对象的排列顺序，可能会得到不同的视觉效果。图7-21所示为不同排列顺序的视觉效果。

图7-21

　　对象的排列顺序除了可以通过"图层"面板进行调整外，还可以在选择对象之后，选择【对象】/【排列】命令，弹出的子菜单中包含5个命令，如图7-22所示，选择相应的命令来改变对象的排列顺序。

置于顶层(F)	Shift+Ctrl+]
前移一层(O)	Ctrl+]
后移一层(B)	Ctrl+[
置于底层(A)	Shift+Ctrl+[
发送至当前图层(L)	

图7-22

　　● **置于顶层**：选择该命令或按【Shift+Ctrl+]】组合键，可将选择的对象移到所有对象的前面。

　　● **前移一层**：选择该命令或按【Ctrl+]】组合键，可将选择的对象向前移动一个位置。

● 后移一层：选择该命令或按【Ctrl+[】组合键，可将选择的对象向后移动一个位置。

● 置于底层：选择该命令或按【Shift+Ctrl+[】组合键，可将选择的对象移到所有对象的后面。

● 发送至当前图层：选择该命令可将选择的对象移到指定的（当前）图层中。先选择"图层 2"中的绿色矩形，然后选择"图层 3"，再选择该命令，即可移动成功，如图7-23所示。

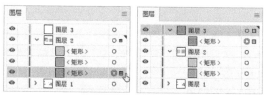

图7-23

技巧

选中需要调整排列顺序的对象，在其上单击鼠标右键，在弹出的快捷菜单中选择"排列"子菜单中的命令也可以进行调整。

7.3 对象的分布与对齐

有些效果需要精确对齐或分布对象，使对象之间互相对齐或距离相等。在Illustrator中，通过"对齐"面板可以进行对象的分布与对齐操作。

7.3.1 对齐对象

对齐是平面设计的四大原则之一，对齐方式往往会影响画面整体的构图方式。因此，在绘制图形时，对齐对象并选择合适的对齐方式尤为重要。对齐对象的方法和对齐锚点的方法相同，选择对象后，选择【窗口】/【对齐】命令或按【Shift+F7】组合键，打开"对齐"面板，该面板中显示了"对齐对象"栏、"分布对象"栏和"分布间距"栏等，如图7-24所示；在"对齐对象"栏中单击对应的按钮，可以沿指定的轴对齐所选对象。

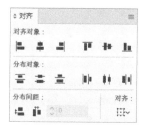

图7-24

● "水平左对齐"按钮：单击该按钮，可使对象水平左对齐。图7-25所示为原图，图7-26所示为对象水平左对齐的效果。

图7-25　　　　　　　　　　图7-26

● "水平居中对齐"按钮：单击该按钮，可使对象水平居中对齐，如图7-27所示。

● "水平右对齐"按钮：单击该按钮，可使对象水平右对齐，如图7-28所示。

图7-27　　　　　　　　　　图7-28

● "垂直顶对齐"按钮：单击该按钮，可使对象垂直顶对齐，如图7-29所示。

● "垂直居中对齐"按钮：单击该按钮，可使对象垂直居中对齐，如图7-30所示。

● "垂直底对齐"按钮：单击该按钮，可使对象垂直底对齐，如图7-31所示。

图7-29　　　　　图7-30　　　　　图7-31

在向左、右、顶部或底部对齐对象时，会默认以选择所有对象时的边框的边界进行对齐，然后改变其他对象的位置；而在居中对齐对象时，会默认以选择所有对象时的边框的中心进行对齐。如果需要以指定对象为基准进行对齐，则需在"对齐"面板右下角的"对齐"下拉列表中选择"对齐关键对象"选项，如图7-32所示；然后单击任意一个对象，将其设置为关键对象，其周围的线条将变粗显示，如图7-33所示。

另外，如果只选择了一个对象，则单击对应的对齐按钮，对象将以画板为基准进行对齐。

121

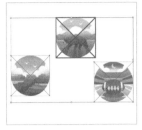

图7-32　　　　　　　　　图7-33

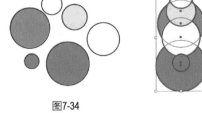

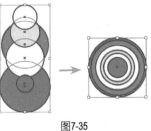

图7-34　　　　　　　　图7-35

范例　制作同心圆Logo

 知识要点　水平居中对齐对象、垂直居中对齐对象、修边对象、旋转对象

 配套资源　效果文件\第7章\同心圆Logo.ai

 扫码看视频

 范例说明

在制作一些较为规整的海报或者Logo时，经常需要对齐对象。本例将制作同心圆Logo，主体对象为同心圆。制作时，可先绘制多个尺寸不一的圆形，然后将它们沿水平或垂直方向居中对齐，形成同心圆的效果，再使用"路径查找器"面板裁剪出特殊的形状。

 操作步骤

1 新建一个120mm×120mm的文件，设置文件名称为"同心圆Logo"。选择"椭圆工具" ，按住【Shift】键拖动鼠标，绘制6个圆形，并分别设置填充颜色为"CMYK 青""C:0、M:50、Y:100、K:0""CMYK 黄""白色"，效果如图7-34所示。

2 选择所有图形，选择【窗口】/【对齐】命令，打开"对齐"面板，依次单击"水平居中对齐"按钮 和"垂直居中对齐"按钮 ，效果如图7-35所示。

3 选择所有圆形，在工具属性栏中取消描边。

4 选择"椭圆工具" ，绘制一个椭圆，按【Ctrl+C】组合键复制椭圆，按【Ctrl+V】组合键粘贴椭圆，效果如图7-36所示。

5 选择所有图形，然后单击"对齐"面板中的"水平居中对齐"按钮 ，效果如图7-37所示。

6 选择所有图形，选择【窗口】/【路径查找器】命令，打开"路径查找器"面板，单击其中的"修边"按钮 ，修边后所有图形将自动编组。在图形组上单击鼠标右键，在弹出的快捷菜单中选择"取消编组"命令，选择椭圆，然后按【Delete】键删除椭圆。

7 选择所有图形，在其上单击鼠标右键，在弹出的快捷菜单中选择【变换】/【旋转】命令，打开"旋转"对话框，设置角度为"30°"，然后单击"确定"按钮，效果如图7-38所示。

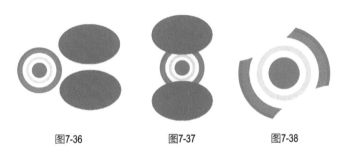

图7-36　　　　　　图7-37　　　　　　图7-38

7.3.2　分布对象

如果需要将多个对象均匀分布，则可通过"对齐"面板中的"分布对象"栏和"分布间距"栏实现。图7-39所示为分布对象在背景中的应用。

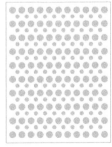

图7-39

"分布对象"栏中包含了6个按钮,如图7-40所示,单击对应的按钮,可以使所选对象按相等间距分布;可在"分布间距"栏中设置分布间距,以均匀分布对象。

图7-40

●"垂直顶分布"按钮：单击该按钮,可使对象垂直顶分布,多个对象顶部的间距相等。图7-41所示为垂直顶分布前后的对比效果。

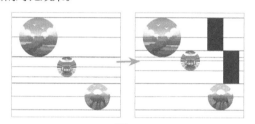

图7-41

●"垂直居中分布"按钮：单击该按钮,可使对象垂直居中分布,多个对象中心的间距相等,如图7-42所示。

●"垂直底分布"按钮：单击该按钮,可使对象垂直底分布,多个对象底部的间距相等,如图7-43所示。

图7-42   图7-43

●"水平左分布"按钮：单击该按钮,可使对象水平左分布,多个对象左边缘的间距相等,如图7-44所示。

●"水平居中分布"按钮：单击该按钮,可使对象水平居中分布,多个对象中心的间距相等,如图7-45所示。

●"水平右分布"按钮：单击该按钮,可使对象水平右分布,多个对象右边缘的间距相等,如图7-46所示。

图7-44   图7-45   图7-46

如果需要自定义间距来分布对象,则先选择需要均匀分布的所有对象,并在"对齐"面板右下角的"对齐"下拉列

表中选择"对齐关键对象"选项,激活"分布间距"栏中的数值框;然后单击以选择任意一个对象作为关键对象,将以该对象为基准改变其他对象的位置;再单击"垂直分布间距"按钮或"水平分布间距"按钮进行分布。

●"垂直分布间距"按钮：单击该按钮,所有被选择的对象将以关键对象为参照,按设置的数值等距垂直分布。图7-47所示为以5mm的间距垂直分布对象的效果。

●"水平分布间距"按钮：单击该按钮,所有被选择的对象将以关键对象为参照,按设置的数值等距水平分布。图7-48所示为以5mm的间距水平分布对象的效果。

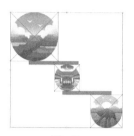 

图7-47   图7-48

7.4 对象的编组、隐藏与锁定

当画板中的对象较多,而需要同时选中多个对象时,可能会出现多选或漏选的情况。为了避免这些情况发生,设计人员通常会对一些对象进行编组、锁定与隐藏等操作,从而更好地管理对象。

7.4.1 对象的编组与解编

编组对象是指将彼此之间相对位置不变的一系列对象组合在一起。如果需要同时移动多个对象或在这些对象上执行同一种操作,则可以将它们编组。之后若需要单独编辑其中的某个对象,则可解编对象。

1. 编组对象

为了更好地管理对象,编组对象是最常见的方式之一。其方法为：选择需要编组的对象,再选择【对象】/【编组】命令,或按【Ctrl+G】组合键,或单击鼠标右键,在弹出的快捷菜单中选择"编组"命令,即可编组选择的对象。编组后,单击该组中的任何一个对象,都将选择该组中的所有对象,如图7-49所示。

图7-49

另外，不仅可以将多个对象编组在一起，还可以将已编组的对象与其他对象编组，形成一个嵌套的组。

2. 解编对象

选择需要解编的对象，再选择【对象】/【取消编组】命令，或按【Shift+Ctrl+G】组合键，或单击鼠标右键并在弹出的快捷菜单中选择"取消编组"命令，即可解编选择的编组对象。解编后，可单独选择任意一个对象进行编辑，如图7-50所示。针对嵌套的组，可以重复执行取消编组操作，直到全部解编为止。

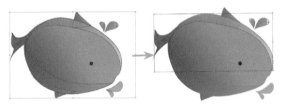

图7-50

技巧

将对象编组后，若需要单独选中某个对象，则可在按住【Ctrl】键同时单击组中的对象，或直接使用"编组选择工具" 进行选择。

7.4.2　对象的显示与隐藏

默认情况下画板中的对象处于显示状态，若某些对象遮挡了其他对象的显示效果，则可以根据需要将对象隐藏起来。其方法为：选择要隐藏的对象，再选择【对象】/【隐藏】/【所选对象】命令或按【Ctrl+3】组合键。图7-51所示为隐藏对象前后的对比效果。若要显示所有隐藏的对象，则选择【对象】/【显示全部】命令或按【Alt+Ctrl+3】组合键。

图7-51

技巧

选择【对象】/【隐藏】/【上方所有图稿】命令，可隐藏所选对象上方的所有对象。

7.4.3　对象的锁定与解锁

当画板中有多个对象重叠时，为防止选择一个对象会同时选择到其他对象的情况出现，可以锁定部分对象。其方法为：选择要锁定的对象，再选择【对象】/【锁定】命令，在弹出的子菜单中选择对应的命令。

● 锁定所选对象：选择该命令，可锁定选择的对象。锁定后的对象将不能被选择或编辑，例如，图7-52所示的动物形象被锁定后在画板中将不能被选中。

图7-52

● 锁定上方所有图稿：选择该命令，可锁定选择对象所在图层上方的所有图层中的对象。

若需要编辑被锁定的对象，则选择【对象】/【全部解锁】命令或按【Alt+Ctrl+2】组合键解锁对象；还可以直接在锁定的对象上单击鼠标右键，在弹出的快捷菜单中选择"解锁"命令，再在弹出的子菜单中选择相应的命令。

7.5　对象的变换操作

根据设计要求，通常需要对对象进行变换操作，主要包括旋转、镜像和缩放等。对对象进行各种不同的变换处理，可以组合出各种各样的效果。

7.5.1　旋转对象

旋转和复制简单的图形可以得到一些复杂的图形样式，而且以不同的点为旋转中心旋转对象还能得到不同的效果，从而为设计作品增添更多的创意。图7-53所示为旋转对象在作品中的应用。

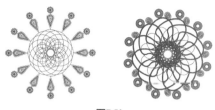

图7-53

Illustrator中主要有3种旋转对象的方法，设计人员可以根据绘制需要进行选择。

● 定界框：选择要旋转的对象，将鼠标指针移动到定界框的控制点上，当鼠标指针变为↻形状时，按住鼠标左键并拖动鼠标，鼠标指针右侧会显示旋转角度，拖动到合适的角度后释放鼠标左键即可旋转该对象，如图7-54所示。

图7-54

技巧

使用定界框旋转对象时，按住【Shift】键拖动鼠标可直接以45°的倍数旋转对象。

● 旋转工具：选择要旋转的对象，选择"旋转工具"↻或按【R】键，然后按住鼠标左键并拖动鼠标，可使对象围绕其中心点↻旋转；鼠标指针右侧会显示旋转角度，拖动到合适的角度后释放鼠标左键即可旋转对象，如图7-55所示。将鼠标指针移动到对象的中心点上，按住鼠标左键并拖动中心点，可改变旋转中心，以其他角度旋转对象，如图7-56所示。

图7-55　　　　　　　　图7-56

● 菜单命令：选择要旋转的对象，选择【对象】/【变换】/【旋转】命令，或双击"旋转工具"↻，打开"旋转"对话框，如图7-57所示；进行相应的设置后，单击"确定"按钮即可旋转对象，如图7-58所示。

图7-57　　　　　　　　图7-58

下面对"旋转"对话框中的选项进行介绍。

● 角度：在右侧的数值框中输入旋转角度，参数范围为−360°~360°。另外，直接在↻图标中单击也能改变旋转角度。

● 变换对象：选中该复选框，在旋转有填充图案的对象时，将只旋转对象，而不旋转图案。

● 变换图案：选中该复选框，在旋转有填充图案的对象时，将只旋转图案，而不旋转对象。

● "复制"按钮：单击该按钮可旋转并复制对象，保持原对象不变，此时多次按【Ctrl+D】组合键重复操作可绘制出图7-59所示的效果。

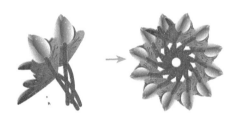

图7-59

技巧

通过菜单命令旋转对象时也可改变对象的旋转中心。其方法为：选择要旋转的对象，选择"旋转工具"↻，按住【Alt】键，鼠标指针变为↻形状时，单击或按住鼠标左键并拖动鼠标到合适的位置后释放鼠标左键，将以释放鼠标左键鼠标指针所在的位置为旋转中心，并在释放鼠标左键的同时打开"旋转"对话框。

 范例　制作轻食宣传海报

 知识要点　使用旋转对象、使用剪切蒙版

 配套资源　素材文件\第7章\轻食宣传海报素材\
效果文件\第7章\轻食宣传海报.ai

扫码看视频

第7章

管理对象

125

范例说明

　　在平面设计中，灵活运用旋转或复制对象功能能够快速制作出美观的图形。本例将制作轻食宣传海报，制作时，可利用旋转和减去顶层功能制作出均匀分布的图形，并与图片建立剪切蒙版，将图片裁剪成特殊的形状；再添加并旋转文字，使其与海报更加融合；最后可为部分元素填充绿色，以符合"轻食"的主题。

操作步骤

1 新建一个210mm×297mm的文件，设置文件名称为"轻食宣传海报"。选择【文件】/【置入】命令，打开"置入"对话框，选择"轻食宣传海报素材"文件夹中的所有素材文件，单击"置入"按钮。

2 使用"椭圆工具" ◯ 和"矩形工具" ▢ 绘制图7-60所示的图形，选择这两个图形，然后选择【窗口】/【对齐】命令，打开"对齐"面板，单击"水平居中对齐"按钮 ▥ 。

3 选择矩形，然后选择"旋转工具" ◯ ，按住【Alt】键，鼠标指针将变为 ⊹ 形状，在圆形的中心单击，可将该中心点作为矩形的旋转中心；打开"旋转"对话框，设置角度为"72°"，单击"复制"按钮；按3次【Ctrl+D】组合键，效果如图7-61所示。

图7-60　　　　　　　　图7-61

4 使用"椭圆工具" ◯ 绘制一个较小的圆形，将其放在最上层并与大圆对齐；按【Shift+Ctrl+F9】组合键打开"路径查找器"面板，选择所有图形，单击"减去顶层"按钮 ▣ ，效果如图7-62所示；在其上单击鼠标右键，在弹出的快捷菜单中选择"取消编组"命令。

5 选择一张之前置入的素材图片，并将其放置于任何一个形状下方，使形状盖住原图，如图7-63所示。

图7-62　　　　　　　　图7-63

6 单独选择素材图片和对应的形状，选择【对象】/【剪切蒙版】/【建立】命令，图片将以该形状显示，如图7-64所示。

7 使用相同的方法为其他素材图片和形状建立剪切蒙版，效果如图7-65所示。

 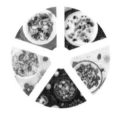

图7-64　　　　　　　　图7-65

8 选择所有剪切蒙版，按【Ctrl+G】组合键编组，再将编组后的剪切蒙版与画板居中对齐。

9 选择"矩形工具" ▢ ，绘制一个210mm×297mm的矩形，设置填充颜色为"C:2、M:10、Y:25、K:0"，并将其置于底层。再绘制一个200mm×287mm的矩形，取消填充，设置描边颜色为"CMYK 绿"、描边粗细为"1pt"，效果如图7-66所示。

10 在矩形中输入图7-67所示的文字，设置字体为"方正大雅宋_GBK"，文字颜色分别为"黑色"和"CMYK 绿"，并调整文字的大小。先将标题文字左对齐，然后按【Ctrl+G】组合键将文字编组，再将编组后的文字与画板居中对齐。

图7-66　　　　　　　　图7-67

11 将"健康有机""减脂营养"文字分别拖动到图形中间的左、右空白处，然后将鼠标指针移动到文本定界框的控制点上，按住鼠标左键并拖动鼠标，将文字定界框拖动至与周围线条平行时释放鼠标左键，效果如图7-68所示。

图7-68

本小测要求制作网页图标，制作时应对已有的对象进行旋转与复制操作，制作出一个全新的网页图标，效果如图7-69所示。

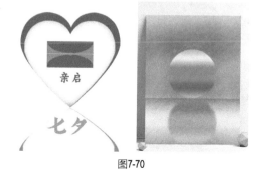

图7-69

7.5.2 镜像对象

镜像对象是指将所选对象按水平、垂直方向或以一点为中心的任意角度进行镜像。图7-70所示为镜像对象在作品中的应用。

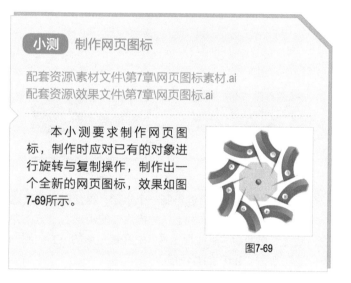

图7-70

在Illustrator中，设计人员可通过"镜像工具"和菜单命令镜像对象。

● 镜像工具：选择要镜像的对象，选择"镜像工具"或按【O】键，按住鼠标左键并拖动鼠标，可使对象围绕其中心点旋转，鼠标指针右侧会显示镜像角度，拖动到合适的角度后释放鼠标左键，如图7-71所示。

图7-71

● 菜单命令：选择要镜像的对象，选择【对象】/【变换】/【镜像】命令，或双击"镜像工具"，打开"镜像"对话框，如图7-72所示，进行相应的设置后，单击"确定"按钮。

图7-72

下面对"镜像"对话框中的选项进行介绍。其中"变换对象"复选框、"变换图案"复选框和"复制"按钮的功能与"旋转"对话框中的功能一致。

● 水平：选中该单选项，可在水平方向上对对象进行镜像操作。

● 垂直：选中该单选项，可在垂直方向上对对象进行镜像操作。

● 角度：选中该单选项，可在右侧的数值框中输入镜像角度，参数范围为−360°~360°。

技巧

使用"选择工具"选择对象，单击并拖动左侧或右侧的控制点到另一侧，可水平镜像对象；单击并拖动上方或下方的控制点到另一方，可垂直镜像对象。另外，按住【Alt】键拖动鼠标，可复制镜像对象。

范例 制作旅行画册的封面

 知识要点　使用镜像对象、使用剪切蒙版

 配套资源　素材文件\第7章\画册封面\
效果文件\第7章\旅行画册封面.ai

 扫码看视频

范例说明

　　画册封面是一本画册的重要组成部分，封面设计的效果直接影响整个画册的效果。因此，封面设计需要具有一定的创意性。本例将为旅行社制作旅行画册的封面，制作时，通过镜像对象操作制作对称图形；然后结合风景图片建立剪切蒙版，使整体版式更加规整；最后添加画册信息和旅行社名称等，完善画面内容。

操作步骤

1　新建一个210mm×297mm的文件，设置文件名称为"旅行画册封面"。选择"矩形工具" □，绘制4个矩形，使用"直接选择工具" ▷将其中一个矩形调整为梯形，将其余3个矩形分别放置于画板的上方、左侧和下方，效果如图7-73所示。

2　选择梯形，双击"镜像工具" ▷◁，打开"镜像"对话框，选中"垂直"单选项，然后单击"复制"按钮，将复制的对象移至画板的右侧；再次打开"镜像"对话框，选中"水平"单选项，单击"确定"按钮。

3　选择"矩形工具" □，绘制1个矩形，使用"直接选择工具" ▷将其调整为平行四边形，使其与两个梯形的斜边平行，效果如图7-74所示。

4　选择【文件】/【置入】命令，打开"置入"对话框，选择"画册封面"文件夹中的所有素材文件，单击"置入"按钮。将其中一张素材图片拖至左侧梯形处，并将其置于底层，效果如图7-75所示。

图7-73　　　　　　　　图7-74

5　选择素材图片和左侧的梯形，选择【对象】/【剪切蒙版】/【建立】命令，素材图片将以梯形显示。使用相同的方法为其他素材图片和形状建立剪切蒙版，效果如图7-76所示。

图7-75　　　　　　　　图7-76

6　使用"矩形工具" □绘制一个矩形，再使用"直接选择工具" ▷调整其右上角的锚点，使矩形右上方的角变为圆角。再使用"直线段工具" ╱在该矩形的下方绘制一条描边粗细为"3pt"的直线段。

7　使用相同的方法绘制一个矩形，并将其左上方的角调整为圆角，然后将其置于画板的右下角，如图7-77所示。

8　使用"文字工具" T在画册中输入画册信息和旅行社名称等文字，将文字调整到适当的大小和位置，效果如图7-78所示。

图7-77　　　　　　　　图7-78

7.5.3 缩放对象

缩放对象是指将选择的对象按一定的比例缩放。图7-79所示为缩放对象在作品中的应用。

图7-79

缩放对象可通过定界框、"比例缩放工具" 和菜单命令来实现。

● 定界框：选择要缩放的对象，将鼠标指针移动到定界框的控制点上，当鼠标指针变为 ↙ 形状时，按住鼠标左键并拖动鼠标，鼠标指针右侧会显示当前对象的宽度和高度，拖动到合适的位置后释放鼠标左键，如图7-80所示。选择对象左右两侧的控制点将只能缩放对象的宽度；选择对象上方或下方的控制点将只能缩放对象的高度；选择对象4个角处的控制点则可以任意缩放对象。

图7-80

技巧

拖动鼠标时按住【Shift】键，可以固定的宽度和高度比例缩放对象，防止对象变形；拖动鼠标时按住【Alt】键，可以对象的中心点为固定点进行缩放。

● "比例缩放工具" ：选择要缩放的对象，选择"比例缩放工具" 或按【S】键，将鼠标指针移至对象中，按住鼠标左键并拖动鼠标，将以对象的中心点为固定点进行缩放，鼠标指针右侧会显示对象宽度和高度的缩放比例，拖动到合适的位置后释放鼠标左键，如图7-81所示。将鼠标指针移动到对象的中心点上，按住鼠标左键并拖动鼠标，可改变中心点的位置。

图7-81

● 菜单命令：选择要缩放的对象，选择【对象】/【变换】/【缩放】命令，或双击"比例缩放工具" ，打开"比例缩放"对话框，如图7-82所示。

图7-82

下面对"比例缩放"对话框中的选项进行介绍。

● 等比：选中该单选项，将保持宽度和高度的比例不变并缩放对象。在右侧数值框中输入数值，将按此值进行缩放，数值小于100%时对象将缩小，数值大于100%时对象将放大。

● 不等比：选中该单选项，将在不保持宽度和高度的比例下缩放对象。在右侧数值框中输入的数值为水平方向和垂直方向上的缩放比例，将按此值缩放对象。

● 缩放圆角：选中该复选框，缩放对象时其圆角将以相同的比例缩放。

● 比例缩放描边和效果：选中该复选框，缩放对象时其描边和效果将以相同的比例缩放。

范例 制作矢量人物海报

知识要点 旋转对象、缩放对象、应用交集、应用联集、减去顶层

配套资源 效果文件\第7章\矢量人物海报.ai

扫码看视频

范例说明

本例将制作矢量人物海报，制作时利用旋转和缩放操作绘制向日葵的花瓣及叶片；然后复制多个向日葵，并适当调整它们的大小和位置，使它们形成一片花海；再通过"路径查找器"面板和钢笔工具绘制出背景及人物，使整个画面更加美观。

操作步骤

1 新建一个210mm×297mm的文件，设置文件名称为"矢量人物海报"。使用"椭圆工具" ⬭ 绘制两个圆形，设置填充颜色为"C:0、M:35、Y:85、K:0"，使用"路径查找器"面板中的交集功能裁剪出单个花瓣的形状。

2 选择"旋转工具" ↻，按住【Alt】键，在花瓣下方的锚点处单击，可以该点为旋转中心，打开"旋转"对话框，设置角度为"15°"，单击"复制"按钮，然后按多次【Ctrl+D】组合键，制作出所有花瓣，效果如图7-83所示。

3 选择所有花瓣，使用联集功能将它们合并，方便进行统一编辑。按【Ctrl+C】组合键复制图形，按【Ctrl+F】组合键粘贴图形，按住【Shift+Ctrl】组合键拖动控制点，将复制的图形以中心点为固定点进行等比例缩小，并设置填充颜色为"CMYK 黄"，效果如图7-84所示。

图7-83　　　　　　　　图7-84

4 使用"椭圆工具" ⬭ 绘制两个圆形，分别设置填充颜色为"C:35、M:60、Y:80、K:25"和"C:40、M:65、Y:90、K:35"，将圆形与花瓣中心对齐，效果如图7-85所示。

5 使用"钢笔工具" ✎ 绘制向日葵的茎，使用制作单个花瓣的方法制作叶片，制作完成后将叶片复制多个并置于茎上，完成向日葵的制作，效果如图7-86所示。

图7-85　　　　　　　　图7-86

6 选择向日葵，按【Ctrl+G】组合键将其编组，方便进行统一编辑。复制多个向日葵，并适当调整它们的大小和位置，使它们形成一片花海，如图7-87所示。

7 选择"矩形工具" ▢，绘制一个210mm×297mm的矩形，使用"渐变工具" ▰ 为该矩形填充从"C:66、M:8、Y:10、K:0""C:50、M:0、Y:17、K:0"到"C:46、M:0、Y:61、K:0""C:69、M:0、Y:70、K:0"的渐变颜色，并将其置于底层，效果如图7-88所示。

8 使用"椭圆工具" ⬭ 绘制6个圆形，如图7-89所示，然后使用"路径查找器"面板中的联集功能合并这6

个圆形，并设置合并后的图形的填充颜色为"白色"，制作出云朵。

9 复制多个云朵形状，并适当调整它们的大小和位置，将它们放置于背景上，效果如图7-90所示。

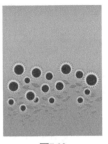

图7-87　　　　　　　　图7-88

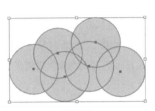
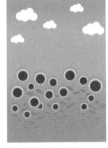

图7-89　　　　　　　　图7-90

10 背景绘制完毕，开始绘制人物。使用"椭圆工具" ⬭ 绘制3个圆形，制作出头部轮廓，设置填充颜色分别为"C:1、M:16、Y:25、K:0""C:1、M:22、Y:25、K:0"；使用"钢笔工具" ✎ 绘制头顶处的头发和刘海部分，设置填充颜色为"C:40、M:70、Y:100、K:50"，绘制时注意转换锚点类型，效果如图7-91所示。

11 使用"椭圆工具" ⬭ 绘制眼睛和腮红部分，分别设置填充颜色为"黑色"和"C:0、M:40、Y:27、K:0"；使用"钢笔工具" ✎ 绘制出鼻子和嘴巴部分，分别设置填充颜色为"C:0、M:40、Y:27、K:0"和"C:0、M:75、Y:53、K:0"，效果如图7-92所示。

图7-91　　　　　　　　图7-92

12 使用"椭圆工具" ⬭ 和"矩形工具" ▢ 绘制一个椭圆和3个矩形，使用减去顶层功能裁剪出头部后面头发的形状；使用"多边形工具" ⬡ 绘制多个三角形，再使用减去顶层功能将头发的下部裁剪出碎发的效果，如图7-93所示。

图7-93

13 使用"钢笔工具" 绘制人物的身体部分、衣服和裙子；使用"矩形工具" 绘制人物的脖子和双腿部分，效果如图7-94所示。

14 按【Ctrl+G】组合键组合人物，将其放置于背景中。选择"文字工具" **T**，输入"七月你好"文字，效果如图7-95所示。

图7-94　　　　　　　　图7-95

7.5.4　倾斜对象

倾斜对象操作可以将选择的对象向各个方向倾斜。图7-96所示为倾斜对象在作品中的应用。

图7-96

倾斜对象可通过"倾斜工具" 和菜单命令来实现。

● 倾斜工具：选择要倾斜的对象，选择"倾斜工具" ，按住鼠标左键并拖动鼠标，将以对象的中心点为固定点倾斜对象，鼠标指针右侧会显示倾斜角度，拖动到合适的角度后释放鼠标左键，如图7-97所示。将鼠标指针移动到对象的中心点上，按住鼠标左键并拖动鼠标，可改变中心点的位置。

图7-97

● 菜单命令：选择要倾斜的对象，选择【对象】/【变换】/【倾斜】命令，或双击"倾斜工具" ，打开"倾斜"对话框，如图7-98所示，进行相应的设置后，单击"确定"按钮。

图7-98

下面对"倾斜"对话框中的选项进行介绍。

● 倾斜角度：在右侧的数值框中输入对象的倾斜角度，参数范围为−360°~360°。

● 轴：用于控制轴的方向。选中"水平"单选项表示对象沿水平轴方向倾斜，即轴的角度为0°；选中"垂直"单选项表示对象沿垂直轴方向倾斜，即轴的角度为90°；选中"角度"单选项，可在右侧的数值框中输入轴的角度，参数范围为−360°~360°。图7-99所示为沿水平轴方向倾斜30°的效果，图7-100所示为沿垂直轴方向倾斜30°的效果。

图7-99　　　　　　　　图7-100

★范例　**制作不倒翁广告**

知识要点　倾斜对象、镜像对象、旋转对象、应用联集、减去顶层

配套资源　效果文件\第7章\不倒翁广告.ai

扫码看视频

■ 范例说明

不倒翁是一种儿童玩具，它在受到外力的作用时会失去平衡，向受力方向倾斜；在外力消失后，能自行恢复到平衡状态。本例将制作不倒翁广告，

131

制作时先绘制出不倒翁对象，然后倾斜并复制出多个不倒翁，改变它们的不透明度，制作出不倒翁左右摇晃的效果，最后添加文字信息。

操作步骤

1 新建一个120mm×160mm的文件，设置文件名称为"不倒翁广告"。选择"椭圆工具" ，绘制出图7-101所示的4个圆形，分别设置填充颜色为"黑色"和"白色"，设置描边颜色为"黑色"。

2 选择上方的3个圆形，使用"路径查找器"面板中的联集功能将它们合并，效果如图7-102所示，制作出不倒翁的轮廓。

3 选择"椭圆工具" ，设置填充颜色为"黑色"，绘制一个椭圆，并将其旋转一定的角度。再使用"椭圆工具" 绘制大小不一的3个圆形，分别设置填充颜色为"白色""黑色""白色"，将它们放置于椭圆中，制作出眼睛部分，效果如图7-103所示。

4 选择制作好的眼睛部分，双击"镜像工具" ，打开"镜像"对话框，选中"垂直"单选项，然后单击"复制"按钮，复制出另一个眼睛。将两个眼睛分别放置于对应的位置，效果如图7-104所示。

图7-101　　　　图7-102　　　　图7-103　　　　图7-104

5 选择"椭圆工具" ，设置填充颜色为"黑色"，绘制一个椭圆作为鼻子，使用"直接选择工具" 对其路径进行调整，使其更加自然。

6 使用"椭圆工具" 绘制两个圆形，使用"路径查找器"面板中的减去顶层功能修剪出嘴巴的形状。使用"直线段工具" 将鼻子和嘴巴连接起来，效果如图7-105所示。

7 使用"椭圆工具" 绘制两个圆形，使用"路径查找器"面板中的减去顶层功能修剪出耳朵的形状；再镜

像耳朵部分，将两只耳朵分别放置于对应的位置，效果如图7-106所示。

8 选择所有图形，按【Ctrl+G】组合键将它们编组，便于进行统一操作。选择"倾斜工具" ，按住【Alt】键，将鼠标指针移动到组合对象的中心点上，按住鼠标左键并拖动中心点至对象下方的锚点处，如图7-107所示。

图7-105　　　　图7-106　　　　图7-107

9 释放鼠标左键将自动打开"倾斜"对话框，设置倾斜角度为"10°"，单击"复制"按钮。按两次【Ctrl+D】组合键，效果如图10-108所示。

10 将3个倾斜对象从左至右依次置于底层，适当调整它们的大小，并分别设置它们的不透明度为"60%""40%""20%"，效果如图7-109所示。

11 选择3个倾斜对象，双击"镜像工具" ，打开"镜像"对话框，选中"垂直"单选项，然后单击"复制"按钮，将复制得到的对象移动到画面左侧，效果如图7-110所示。

图7-108　　　　图7-109　　　　图7-110

12 选择"矩形工具" ，绘制一个120mm×150mm的矩形，设置填充颜色为"C:67、M:18、Y:0、K:0"并将其置于底层。在矩形中输入广告信息、日期及店铺信息，设置文字颜色为"白色"，并在文本下方绘制白色线条，效果如图7-111所示。

图7-111

7.5.5　使用"变换"面板

通过"变换"面板可以改变所选对象的位置、大小、旋

转角度及倾斜角度等。选择【窗口】/【变换】命令，或按【Shift+F8】组合键，打开"变换"面板，单击"变换"面板右上角的≡按钮，将弹出下拉列表，在其中选择相应的选项可设置更多参数，如图7-112所示。进行相应的设置后，按【Enter】键即可变换对象。

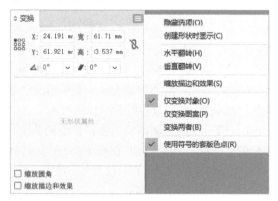

图7-112

● 参考点：在变换对象时，将默认以对象的中心点为参考点。在"变换"面板左侧的▦图标中，单击9个方块中的任意一个，可改变对象的参考点，被选中的方块将变为实心状。

● X/Y：以画板的左上角为原点，X/Y数值分别代表所选对象的参考点在x轴和y轴上的坐标。在右侧数值框中输入相应的数值可改变对象的位置。

● 宽/高：宽/高数值分别代表所选对象的宽度和高度。在右侧数值框中输入相应的数值可改变对象的宽度和高度。

● 约束宽度和高度比例：默认情况下图标显示为▨，表示宽度和高度不受约束，可以任意改变；单击该图标后，表示所选对象将等比例缩放，即改变任意一个数值，另一个数值将自动变化。

● 旋转角度：在右侧数值框中输入相应的数值可设置旋转角度；也可以直接单击其右侧的▾按钮，在弹出的下拉列表中选择旋转角度。

● 倾斜角度：在右侧数值框中输入相应的数值可设置倾斜角度；也可以直接单击其右侧的▾按钮，在弹出的下拉列表中选择倾斜角度。

● 缩放圆角：选中该复选框，缩放对象时其圆角将以相同的比例缩放。

● 缩放描边和效果：选中该复选框，缩放对象时其描边和效果将以相同的比例进行缩放。

下面对"变换"面板的下拉列表中的选项进行介绍。

● 隐藏选项：选择该选项，"变换"面板中的"缩放圆角"复选框和"缩放描边和效果"复选框将隐藏。再次单击≡按钮，在弹出的下拉列表中选择"显示选项"选项，可重新显示复选框。

● 创建形状时显示：选择该选项，在创建新形状时，将自动打开"变换"面板。

● 水平翻转：选择该选项，可将所选对象沿水平方向翻转。

● 垂直翻转：选择该选项，可将所选对象沿垂直方向翻转。

● 仅变换对象：选择该选项，在对有填充图案的对象进行变换时，只有所选对象发生变换。

● 仅变换图案：选择该选项，在对有填充图案的对象进行变换时，只有填充的图案发生变换。

● 变换两者：选择该选项，在对有填充图案的对象进行变换时，所选对象与填充的图案将同时发生变换。

● 使用符号的套版色点：选择该选项，选择符号实例时，套版色点的坐标将在"变换"面板中可见。

在选择矩形或多边形时，"变换"面板中将显示与其相关的参数，如图7-113所示。

图7-113

选择矩形时，可通过"变换"面板调整矩形的宽度、高度、角度、边角类型和圆角半径等。选择多边形时，可通过"变换"面板调整多边形的边数、角度、边角类型、圆角半径和边长等。

 范例　制作月饼包装盒

 知识要点　使用"变换"面板、使用"路径查找器"面板

配套资源　效果文件\第7章\月饼包装盒.ai

扫码看视频

▤ 范例说明

中秋节是我国的传统节日，发展至今，吃月饼已经是各地过中秋节的必备习俗，有着家人团圆的

美好象征意义。本例将制作月饼包装盒，制作时，结合"变换"面板和"路径查找器"面板绘制月亮、玉兔、灯笼等元素，然后为包装盒添加相应的文字。包装盒可采用喜庆的红色为主色。

操作步骤

1 新建一个200mm×200mm的文件，设置文件名称为"月饼包装盒"。选择"矩形工具" ▭，在画板中单击，打开"矩形"对话框，设置宽度和高度为"60mm""60mm"，单击"确定"按钮，绘制矩形。选择该矩形，按【Ctrl+C】组合键复制矩形，按【Ctrl+V】组合键粘贴矩形。

2 使用相同的方法绘制一个60mm×30mm的矩形，然后再复制3个。将6个矩形填充为3组不同的颜色，并拼接在一起，作为包装盒的6个面，效果如图7-114所示。

3 绘制包装盒正面的图案。选择"椭圆工具" ⬭，设置填充颜色为"C:7、M:27、Y:86、K:0"，在红色面的上方绘制一个圆形。然后选择【效果】/【风格化】/【外发光】命令，打开"外发光"对话框，设置模式、颜色、不透明度、模糊分别为"滤色""白色""75%""2mm"，单击"确定"按钮，绘制出月亮，如图7-115所示。

图7-114　　　　　　　图7-115

4 绘制包装盒上的玉兔图形。使用"钢笔工具" ✒ 绘制玉兔的轮廓，绘制时可尽量多添加一些锚点，如图7-116所示，便于之后使用"直接选择工具" ▷ 对路径进行调整，使其更加自然。

5 使用"钢笔工具" ✒ 绘制玉兔的耳朵部分，设置填充颜色为"C:0、M:73、Y:47、K:0"，描边颜色为"C:0、M:83、Y:62、K:0"；使用"椭圆工具" ⬭ 绘制玉兔的眼睛和鼻子部分，设置填充颜色为"黑色"；使用"直接选择工具" ▷ 对路径进行调整，效果如图7-117所示。

图7-116　　　　　　　图7-117

6 选择玉兔的所有部分，按【Ctrl+G】组合键将它们编组，便于进行统一操作。双击"镜像工具" ◁ ，打开"镜像"对话框，选中"垂直"单选项，单击"复制"按钮，将其移动到画面的左侧，效果如图7-118所示。

7 使用"钢笔工具" ✒ 绘制出波浪，设置填充颜色为"C:93、M:88、Y:89、K:0"；按【Ctrl+C】组合键复制波浪，按【Ctrl+F】组合键在原位置粘贴波浪，设置填充颜色为"C:63、M:15、Y:0、K:0"，向上拖动复制的波浪，并将其置于原波浪的下一层，效果如图7-119所示。

图7-118　　　　　　　图7-119

8 选择"椭圆工具" ⬭ ，绘制两个圆形，设置填充颜色为"C:0、M:64、Y:39、K:0"，设置描边颜色为"白色"。选中两个圆形，单击"路径查找器"面板中的"交集"按钮 ⬚ ，制作出花瓣。

9 选择花瓣，按【Ctrl+C】组合键复制花瓣，按【Ctrl+V】组合键粘贴花瓣。按【Shift+F8】组合键打开"变换"面板，在旋转角度右侧的数值框中输入"20°"，按【Enter】键，再将其与原花瓣的下端对齐，如图7-120所示。

10 使用相同的方法旋转并复制多个花瓣，然后将它们拼接在一起，组合成花朵，效果如图7-121所示。

图7-120　　　　　　　图7-121

11 选择花朵的所有部分，按【Ctrl+G】组合键将它们编组，复制4个花朵并通过"变换"面板旋转花朵，改变它们的宽度和高度，然后将它们放置于波浪上，如图7-122所示。

12 选择"椭圆工具" ，设置填充颜色为"红色"，描边颜色为"白色"，绘制一个椭圆。按【Ctrl+C】组合键复制该椭圆，按【Ctrl+F】组合键在原位置粘贴椭圆，在"变换"面板中将复制的椭圆的宽度调小，再与原椭圆的中心对齐。使用相同的方法再复制并变换两个椭圆，制作出灯笼主体，如图7-123所示。

图7-122   图7-123

13 使用"椭圆工具" 和"矩形工具" 绘制一个椭圆和4个矩形，制作出灯笼的其他部分，效果如图7-124所示。

14 选择灯笼的所有部分，按【Ctrl+G】组合键将它们编组，复制一个灯笼并通过"变换"面板调整灯笼主体及最上方矩形的大小，效果如图7-125所示。

图7-124   图7-125

15 选择"矩形工具" ，设置填充颜色为"白色"，绘制3个矩形；使用"直接选择工具" 调整矩形四周的锚点，使其直角变为圆角。使用"路径查找器"面板中的联集功能将3个矩形合并，制作出云朵，然后再复制3个合并后的形状，调整形状的大小，放置于月亮周围，效果如图7-126所示。

16 在月亮中输入"花好月圆"文字，设置字体为"方正姚体简体"，文字颜色为"黑色"，效果如图7-127所示。

图7-126   图7-127

17 在包装盒的其他面添加与月饼相关的信息，并将信息旋转。为了方便展示，可利用Photoshop将其制作成立体包装盒，如图7-128所示。

图7-128

─────────────────────────

小测 制作奶茶店会员卡

配套资源\效果文件\第7章\奶茶店会员卡.ai

本小测要求制作奶茶店会员卡，制作时可先使用钢笔工具绘制出会员卡的整体形状，然后使用"变换"面板制作出奶茶中大小不一的珍珠，以及多个不同大小、角度倾斜的奶茶杯子图形，最后添加文字内容，效果如图7-129所示。

图7-129

7.5.6 自由变换

在Illustrator中，可以用来自由变换对象的工具还有"自由变换工具" ，使用它可以完成移动、旋转、缩放等一系列操作，同时还能对对象进行透视操作。选择对象后，选择"自由变换工具" ，或按【E】键，将显示4个按钮，如图7-130所示，下面分别进行介绍。

图7-130

● "限制"按钮 ：默认情况下该按钮处于 状态，表示变换对象未被限制；单击该按钮后，按钮处于 状态，表示变换对象被限制。需要注意的是，在透视扭曲对象时不能限制对象。

● "自由变换"按钮 ：单击该按钮，可以对对象进行多种操作，如移动、旋转、缩放、倾斜等，而不需要单独切换相应的工具。将鼠标指针移至对象中，当鼠标指针变为 形状时可移动对象；将鼠标指针移至定界框的4个角上，当鼠

标指针变为 形状时可旋转和缩放对象；将鼠标指针移至定界框的4条边的中点上，当鼠标指针变为 形状时可倾斜对象，如图7-131所示。当限制了对象时，通过定界框的4个角可以等比例缩放对象。

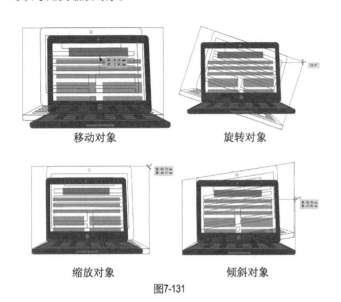

移动对象　　　　　　　　旋转对象

缩放对象　　　　　　　　倾斜对象

图7-131

● "透视扭曲"按钮 ：单击该按钮，将鼠标指针移至定界框的4个角上，当鼠标指针变为 形状时，按住鼠标左键并拖动鼠标可以透视扭曲对象，如图7-132所示。

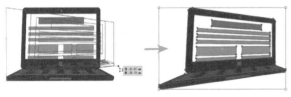

图7-132

● "自由扭曲"按钮 ：单击该按钮，将鼠标指针移至定界框的4个角上，当鼠标指针变为 形状时，按住鼠标左键并拖动鼠标可以自由扭曲对象，如图7-133所示。当限制了对象时，将只能朝一个方向拖动对象。

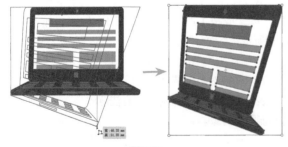

图7-133

 范例　制作书籍封面

 知识要点　使用自由变换工具、使用直接选择工具

 配套资源　素材文件\第7章\二维码.png
效果文件\第7章\书籍封面.ai

扫码看视频

范例说明

　　使用自由变换工具能快速完成变换对象的操作，从而提高绘图的效率。本例将制作书籍封面，制作时使用自由变换工具对绘制的图形进行旋转、缩放等操作，然后将图形组合成封面背景，再将文字调整为倾斜状态，使其与背景更加协调。

操作步骤

1 新建一个210mm×297mm的文件，设置文件名称为"书籍封面"。选择"矩形工具" ，按住【Shift】键，单击并拖动鼠标；绘制一个正方形。选择"直接选择工具" ，单击并拖动右上角的锚点至正方形左上角的锚点处，制作出直角三角形，如图7-134所示。

2 复制多个直角三角形，使用"自由变换工具" 将它们旋转到不同角度，方便后续进行拼接，如图7-135所示。

图7-134

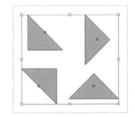
图7-135

3 将制作好的多个直角三角形拼接在一起，制作出背景图案，如图7-136所示。

4 设置部分直角三角形的填充颜色为"C:0、M:83、Y:62、K:0"和"C:4、M:21、Y:81、K:0"，效果如图7-137所示。

图7-136 图7-137

5 输入"新手快速进阶实例教程"文字，选择文字，然后选择"自由变换工具" ，将鼠标指针移至文字上方中间的控制点上，单击并向右拖动鼠标，文字将向右倾斜，如图7-138所示。

6 选择【文件】/【置入】命令，打开"置入"对话框，选择"二维码.png"素材文件，单击"确定"按钮；使用"自由变换工具"适当调整素材的大小和位置，最后输入其他文字信息，效果如图7-139所示。

图7-138 图7-139

7.6 对象的透视操作

在设计平面作品时，有时需要在平面中表现出真实世界中的空间感和立体感，将远处的物体绘制得更小，这种方法叫作透视。在Illustrator中，设计人员可以使用透视网格工具绘制出具有透视效果的对象，再使用透视选区工具对该对象进行调整。

7.6.1 透视网格工具

当需要表现出空间透视感时，可以启用透视网格，以便快速、准确地绘制出相应的效果。图7-140所示为透视原理在平面作品中的应用。

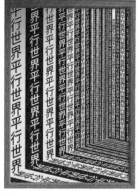

图7-140

选择"透视网格工具" 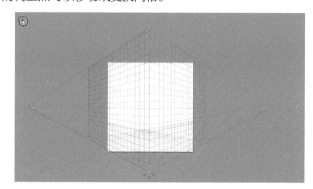，将出现图7-141所示的两点透视网格，左右两点即两点透视中的消失点，拖动网格四周的调整点可以移动或变换网格。

图7-141

左上角的图标中包含左侧网格（快捷键为【1】）、水平网格（快捷键为【2】）、右侧网格（快捷键为【3】）、无现用网格（快捷键为【4】）4个平面。默认情况下在左侧网格的平面上进行绘制，单击某个平面即可在此平面上绘制透视图。图7-142所示为在各个平面中绘制图形的效果。单击该图标左上角的图标可隐藏网格。

选择【视图】/【透视网格】命令，在弹出的子菜单中还可设置网格的参数，如图7-143所示。

图7-142 图7-143

● 隐藏网格：选择该命令会将显示的网格隐藏。

● 显示标尺：选择该命令，网格中将显示标尺，方便测量及调整对象。

● 对齐网格：该命令默认处于选中状态，在绘制图形时可与网格中的线条对齐，并可获取网格中的交点，便于绘制规整的图形。

● 锁定网格：选择该命令可锁定网格，调整点会消失，无法再调整网格。需要调整网格时解除锁定即可。

● 锁定站点：选择该命令将固定下方的站点，只能调整左右两侧的消失点，而不能调整中间的中垂线。

● 定义网格：选择该命令，可设置新的网格样式或调用预设的网格样式，包括类型、单位、缩放、网格线间隔、视角、视距、水平高度和网格颜色等。

● 一点/两点/三点透视：选择相应的命令，可切换不同的透视方法。图7-144所示为3种透视方法的应用。

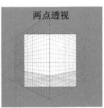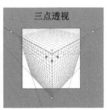

图7-144

● 将网格存储为预设：选择该命令后，可将当前网格的参数设置存储起来，方便以后调用。

7.6.2 透视选区工具

在透视网格中，直接编辑对象会让对象发生变形，透视效果也将变得不准确。此时，可以使用"透视选区工具" 编辑对象。

选择需要编辑的对象，选择"透视选区工具" ，将鼠标指针移至对象的锚点上，当鼠标指针变为 形状时，按住鼠标左键并拖动鼠标即可缩放对象，如图7-145所示。

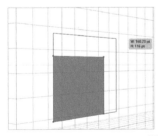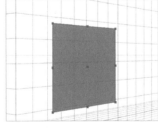

图7-145

另外，在左上角的 图标中选择网格平面后，使用"透视选区工具" 拖动绘制好的对象到透视平面中，可以直接将其转换为透视对象，如图7-146所示。

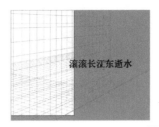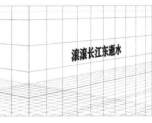

图7-146

★范例 绘制立体图标

知识要点 使用透视网格工具、使用透视选区工具

配套资源 效果文件\第7章\立体图标.ai

扫码看视频

范例说明

使用透视网格工具和透视选区工具可以绘制出具有立体效果的图形，再搭配合适的颜色能够增强图形的质感。本例将绘制立体图标，绘制时在透视网格的3个平面中绘制矩形，组合出具有立体感的方块；并为中间的对象添加发光效果，使其更具有吸引力。

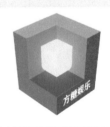

操作步骤

1 新建一个 200mm×200mm 的文件，设置文件名称为"立体图标"。选择【视图】/【透视网格】/【显示网格】命令，画板中将出现两点透视网格。再选择【视图】/【透视网格】/【三点网格】/【三点-正常】视图命令，将两点透视网格切换为三点透视网格，然后使用"透视网格工具" 将网格移至画板中间。

2 在左上角的 图标中选择水平网格平面，然后选择"矩形工具" ，绘制图7-147所示的两个矩形，在绘制时注意矩形要与网格中的交点对齐。

3 使用相同的方法在左上角的◎图标中选择左侧和右侧网格平面，然后使用"矩形工具"▭在另外两个平面上分别绘制两个矩形。

4 为水平、左侧和右侧3个网格平面中的矩形设置填充颜色，颜色分别为"C:0、M:0、Y:0、K:36""C:0、M:0、Y:0、K:56""C:0、M:0、Y:0、K:74"，效果如图7-148所示。

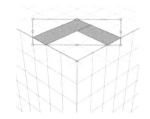

图7-147　　　　　　图7-148

5 在左上角的◎图标中选择左侧网格平面，然后选择"矩形工具"▭，分别对齐上方矩形和右侧矩形的交点，绘制图7-149所示的矩形。

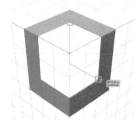
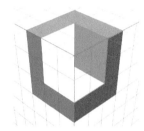

图7-149

6 在左上角的◎图标中选择右侧和水平网格平面，使用"矩形工具"▭在另外两个平面上绘制矩形。然后分别设置水平、左侧和右侧3个网格平面中的矩形的填充颜色为"C:71、M:51、Y:0、K:0""C:61、M:26、Y:0、K:0""C:52、M:21、Y:0、K:0"，效果如图7-150所示。

7 使用相同的方法绘制图7-151所示的内部方块，并设置填充颜色为"C:0、M:0、Y:63、K:0"。

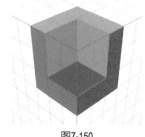
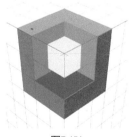

图7-150　　　　　　图7-151

8 选择"直接选择工具"▷，然后选择内部方块左侧的矩形，单击并拖动其左下角的锚点，使左下方的直角变为圆角。使用相同的方法调整另外两个矩形的锚点，效果如图7-152所示。

9 选择内部方块上的3个矩形，选择【效果】/【风格化】/【外发光】命令，打开"外发光"对话框，设置模式、颜色、不透明度、模糊分别为"颜色减淡""白色""75°""4mm"，单击"确定"按钮，效果如图7-153所示。

图7-152　　　　　　图7-153

10 在右侧的灰色矩形中输入"方糖娱乐"文字，设置文字颜色为"白色"。选择"透视选区工具"▶，在左上角的◎图标中选择右侧网格平面，然后将文字拖动到灰色矩形上，按住【Shift】键适当调整文字的大小，效果如图7-154所示。

图7-154

7.7 综合实训：制作登录界面

登录界面通常为用户打开App后看到的第一个界面，是用于传递信息的重要界面。登录界面中通常有App图标、App名称、用户名输入框、手机号码输入框、密码输入框、新用户注册按钮、第三方登录按钮等元素。

7.7.1 实训要求

随着时代的进步与发展，App界面设计也在不断地更新换代。某公司近期将更新其App界面，以获得更多用户的青睐，现需要重新设计登录界面。要求该界面中的相关信息和元素完整，具有一定的逻辑性，且符合现代化的设计需求，以及当下年轻人的审美。界面整体效果要简洁大方，界面尺寸可根据Illustrator中"移动设备"模板中的手机模板来设置。

7.7.2　实训思路

（1）登录界面中通常包含多个跳转按钮，如登录、忘记密码、注册等按钮，因此，各个跳转按钮必须一目了然，且跳转按钮的布局需要符合用户的操作逻辑。

（2）在设计背景时，可添加图片，然后对图片进行适当的模糊处理，以增强界面的层次感，这样既能够突出界面中的主要信息，又能够让界面更具吸引力。

（3）结合本章介绍的知识，通过缩放和镜像操作制作背景，使用"对齐"面板对编组对象进行对齐与分布操作，让界面整齐、美观。

（4）在界面设计中通常会使用与品牌相关的颜色，本例采用红色系的颜色，让界面与企业标志更加搭配，界面整体效果更加统一。

本实训完成后的参考效果如图7-155所示。

图7-155

7.7.3　制作要点

知识要点	锁定图层、新建图层、居中对齐对象、编组对象、缩放对象、镜像对象、减去顶层、均匀分布对象、应用联集

配套资源	素材文件\第7章\登录界面\\ 效果文件\第7章\登录界面.ai

扫码看视频

本实训主要包括制作背景、绘制界面、对齐与分布对象3个部分，主要操作步骤如下。

1 选择"移动设备"模板中尺寸为1125mm×2436mm的模板，设置文件名称为"登录界面"。

2 置入背景图片，并调整背景图片至适当的大小，然后为其添加"高斯模糊"效果。

3 绘制一个圆角矩形，复制多个圆角矩形，将它们水平排列，使用联集功能将所有圆角矩形合并。在"变换"面板中选中"缩放圆角"复选框，将合并的圆角矩形调整为与画板等宽。

4 绘制一个与画板等宽的矩形，选择矩形和合并后的圆角矩形，然后使用减去顶层功能裁剪矩形。

5 复制并水平镜像裁剪后的图形，将两个图形分别拖动到画板的上方和下方，完成背景的制作。

6 将"图层1"重命名为"背景"，并锁定该图层，以便后续操作其他图层。

7 新建一个图层并重命名为"信息"，然后在该图层中添加企业标志，并将企业标志与画板居中对齐。

8 绘制线条作为输入框，绘制矩形作为按钮。输入文字，并设置字体、字号和文字颜色。置入相关图标，适当调整图标的大小和位置。先分别将图标及其下方的线条编组，再与画板居中对齐。

9 新建一个图层并重命名为"其他账号登录"，输入文字，在文字两侧绘制线条作为装饰，然后置入相关图标，调整图标的大小并将图标垂直居中对齐，然后均匀分布对象，接着对3个图标进行编组，完成本实训的制作。

学习笔记

1. 制作卡片底纹

本练习将制作卡片底纹，在制作时可先绘制圆形，然后复制并缩放圆形，将每组圆形编组，再进行多次复制与移动操作，制作出背景的底纹效果，完成后的参考效果如图7-156所示。

 配套资源　效果文件\第7章\卡片底纹.ai

图7-156

2. 制作杂志版面

木练习将制作杂志版面，在制作时可通过"变换"面板调整图像的大小，便于进行排版设计，然后使用"对齐"面板将文字和图像对齐，完成后的参考效果如图7-157所示。

 配套资源　素材文件\第7章\杂志版面\
效果文件\第7章\杂志版面.ai

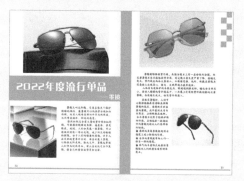

图7-157

在变换对象时，掌握一些快捷键的使用方法，可以有效提高绘图效率。

1. 通过快捷键快速进入变换状态

在绘制过程中需要变换对象时，设计人员可通过快捷键快速选择变换工具，进入相应的变换状态。例如，选择对象后，按【R】键可切换为"旋转工具"↻，按【S】键可切换为"比例缩放工具"⬚，按【O】键可切换为"镜像工具"⋈，按【E】键可切换为"自由变换工具"⬚，设计人员熟练使用这些快捷键可以达到事半功倍的效果。

2. 在变换过程中快速创建副本

在变换对象的过程中，设计人员可以直接通过快捷键复制变换对象。除"自由变换工具"⬚外，在使用其他变换工具时，按住【Alt】键单击并拖动鼠标，然后释放鼠标左键，就能在变换对象的同时快速创建副本。

第7章　管理对象

141

第 8 章

对象的高级操作

本章导读

使用Illustrator进行平面设计时，除了可以通过旋转、缩放等方式变换对象外，也可以通过特殊的工具和命令编辑对象，还可以通过变形对象的常用工具及封套扭曲、混合对象和描摹对象等来更好地编辑对象。

知识目标

‹ 熟练掌握变形工具的使用方法
‹ 熟练掌握建立封套扭曲的方法
‹ 熟练掌握混合工具的使用方法
‹ 掌握描摹对象的方法

能力目标

‹ 制作化妆品瓶子、艺术标签和光感花纹效果
‹ 制作放大镜效果、漫画男孩的爆炸发型、电影院宣传海报
‹ 制作音箱广告、玻璃瓶包装和手机壳图案

情感目标

‹ 提升图形的创意设计能力
‹ 提高绘制复杂图形的能力

8.1 变形对象

在Illustrator中，变形对象可以通过变形工具组中的各种工具来实现。变形工具组包含宽度工具、变形工具、缩拢工具等工具，设计人员使用相应的工具可以改变对象的形状，并灵活对对象进行变形操作，从而得到具有创意性的设计作品。

8.1.1 宽度工具

"宽度工具" 可用于创建不同宽度的描边，绘制出明确的轮廓线条。图8-1所示为"宽度工具" 在作品中的应用。

图8-1

选择对象后选择"宽度工具" 或按【Shift+E】组合键，然后将鼠标指针移至对象的描边路径上，鼠标指针将变为 ▶+ 形状；此时按住鼠标左键并拖动鼠标，鼠标指针右侧将显示边线距离及宽度。释放鼠标左键后可创建节点，并改变描边宽度，如图8-2所示。选择节点，按住鼠标左键并拖动鼠标，可直接改变节点的位置，从而调整描边形状。

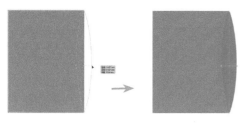

图0-2

使用"宽度工具" 双击路径可打开"宽度点数编辑"对话框,在该对话框中可直接设置边线、总宽度等参数,如图8-3所示。

图8-3

在使用"宽度工具" 拖动边线上的节点时,按住【Alt】键可不对称地修改描边,即只扩展或收缩描边的一侧,而不是同时扩展或收缩描边的两侧,如图8-4所示。

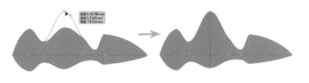

图8-4

 技巧

使用"宽度工具" 在路径中创建的节点默认为连续点,修改描边后的边缘线为曲线。如果将一个节点拖动到另一个节点上,则可为该路径创建一个非连续节点,以制作出平直的边缘效果。

范例 制作化妆品瓶子

 知识要点 使用宽度工具、使用"拱形"效果、使用"投影"效果

 配套资源 素材文件\第8章\化妆品背景.png
效果文件\第8章\化妆品瓶子.ai

扫码看视频

范例说明

在制作化妆品广告时,通常需要先将产品绘制出来,再添加背景和文字等其他元素,以达到更好的展示效果。本例将使用宽度工具制作化妆品瓶子,然后使用渐变工具制作高光效果,使化妆品瓶子更具真实感。

操作步骤

1 新建一个200mm×200mm的文件,设置文件名称为"化妆品瓶子"。选择"直线段工具" ,设置描边颜色为"CMYK青",绘制一条笔直的线条。

2 选择"宽度工具" ,将鼠标指针移至线条最上方的控制点上,当鼠标指针变为 形状时,按住鼠标左键并向右拖动鼠标,调整线条的宽度,如图8-5所示。

3 在线条下方分别添加两个节点,使用相同的方法调整线条的宽度,效果如图8-6所示。

4 选择线条,然后选择【窗口】/【渐变】命令,打开"渐变"面板,在渐变条下方单击以添加色标,设置图8-7所示的渐变颜色。

图8-5　　　　图8-6　　　　图8-7

5 按【Shift+X】组合键互换填充颜色和描边颜色,制作出高光效果,如图8-8所示。

6 使用"直线段工具" 在瓶身上方绘制一条短线条,使用相同的方法调整线条的宽度,然后为线条应用图8-9所示的渐变颜色,效果如图8-10所示。

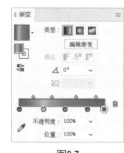

图8-8

图8-9

图8-10

7 使用"椭圆工具" ◯ 在最上方绘制一个椭圆，将其填充颜色设置为与短线条描边颜色相同的渐变颜色，然后将椭圆和短线条组合成瓶盖的形状，如图8-11所示。

8 使用"矩形工具" ▢ 在瓶盖与瓶身之间绘制一个矩形作为瓶颈，为其填充与瓶盖颜色相同的渐变颜色。选择【效果】/【变形】/【拱形】命令，打开"变形选项"对话框，设置弯曲为"10°"，效果如图8-12所示。

图8-11

图8-12

9 选择矩形，再选择【效果】/【风格化】/【投影】命令，打开"投影"对话框，设置图8-13所示的参数，单击"确定"按钮，效果如图8-14所示。

图8-13

图8-14

10 选择"钢笔工具" ✎，取消填充，设置描边颜色为"C:36、M:29、Y:27、K:0"，在瓶颈上方绘制一条曲线，将其与瓶颈对齐，如图8-15所示，使瓶子看起来更加真实。

11 选择瓶身和瓶盖的线条部分，选择【效果】/【风格化】/【投影】命令，打开"投影"对话框，设置图8-16所示的参数，单击"确定"按钮，效果如图8-17所示。

图8-15

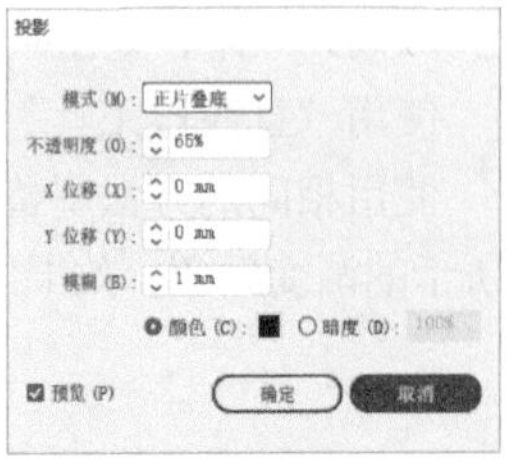

图8-16

12 使用"文字工具" T 在瓶身上输入文字，适当调整文字的大小和位置，效果如图8-18所示。选择所有对象，按【Ctrl+G】组合键将它们编组，便于进行统一操作。

图8-17

图8-18

13 选择【文件】/【置入】命令，打开"置入"对话框，选择"化妆品背景.png"素材文件，单击"置入"按钮。适当调整背景和化妆品瓶子的相对位置，效果如图8-19所示，完成本例的制作。

图8-19

8.1.2 变形工具

"变形工具" ◼ 可用于随意变形对象。图8-20所示为"变形工具" ◼ 在作品中的应用（能够快速绘制出不同形状的荷叶）。

选择对象后选择"变形工具" ◼ 或按【Shift+R】组合键，画板中将显示画笔形状，在对象上需要变形的区域按住鼠标左键并拖动鼠标，即可变形对象，如图8-21所示。

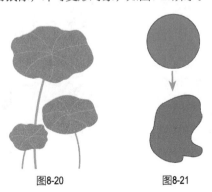
图8-20

图8-21

在使用变形工具变形对象时，通过快捷键可以快速改变画笔的大小。选择相应的工具，按住【Alt】键，鼠标指针将变为⊹形状，此时按住鼠标左键向上、下、左、右拖动鼠标可改变画笔的大小；在按住【Alt+Shift】组合键的同时拖动鼠标则可等比例改变画笔的大小。

双击"变形工具"█可打开"变形工具选项"对话框，在其中可设置全局画笔尺寸、变形选项等具体参数，如图8-22所示。

● 宽度和高度：在右侧数值框中输入数值，可设置使用"变形工具"█时画笔的宽度和高度。

● 角度：在右侧数值框中输入数值，可设置使用"变形工具"█时画笔的角度。

图8-22

● 强度：在右侧数值框中输入数值，可设置对象扭曲的程度。

● 使用压感笔：当使用压感笔绘图时，选中该复选框，可通过压感笔的压力大小控制对象扭曲的程度。

● 细节：选中该复选框，可设置在变形对象时添加的锚点之间的距离，参数范围为0~10。数值越大间距越小，可使变形效果更加准确。

● 简化：选中该复选框，可设置减少多余锚点的数量，但不会影响对象的整体效果，参数范围为0.2~100。

● 显示画笔大小：选中该复选框，在使用"变形工具"█时可显示画笔的形状和大小。

● 重置：单击该按钮，可将该对话框中的所有参数恢复至默认设置。

 范例 制作艺术标签

 知识要点 使用变形工具、使用对齐对象

 配套资源 效果文件\第8章\艺术标签.ai

扫码看视频

本例将使用变形工具绘制形状不规则的图形，然后改变这些图形的不透明度，并叠加图形以形成艺术标签的背景；再使用变形工具将文字也变形成不规则的样式，使整体效果更具艺术性。

操作步骤

1 新建一个200mm×200mm的文件，设置文件名称为"艺术标签"。选择"椭圆工具"◯，绘制一个椭圆，取消描边，设置填充颜色为"C:0、M:80、Y:95、K:0"。

2 选择椭圆，选择"变形工具"█，按住【Alt】键使鼠标指针变为⊹形状，按住鼠标左键并向下和向左拖动鼠标，缩小画笔。然后在椭圆上按住鼠标左键并拖动鼠标，改变椭圆的形状，最后释放鼠标左键，效果如图8-23所示。

3 选择变形后的对象，设置其不透明度为"50%"，然后按【Ctrl+C】组合键复制对象，按【Ctrl+F】组合键在原位置粘贴对象，设置填充颜色为"C:1、M:10、Y:25、K:0"。选择"变形工具"█，在复制的对象上按住鼠标左键并拖动鼠标，改变复制的对象的形状，最后释放鼠标左键，效果如图8-24所示。

图8-23

图8-24

4 使用相同的方法再次复制并粘贴对象，然后再次变形对象，设置填充颜色为"C:5、M:0、Y:90、K:0"，效果如图8-25所示。选择制作出的3个对象，按【Ctrl+G】组合键将它们编组，设置编组后的对象的不透明度为"90%"。

5 选择编组后的对象，按【Ctrl+C】组合键复制对象，按【Ctrl+F】组合键在原位置粘贴对象。设置复制后的对象的不透明度为"60%"，适当调整复制后的对象的大小并将其置于底层，效果如图8-26所示。选择所有图形，按【Ctrl+G】组合键将它们编组。

图8-25　　　　　　　图8-26

6 选择"文字工具" **T**，在椭圆中输入"Artistry"文字，设置字体为"方正粗倩简体"，并适当调整文字的大小，将其与编组对象居中对齐。

7 选择文字，再选择【文字】/【创建轮廓】命令，使用"变形工具" ■ 在文字上按住鼠标左键并拖动鼠标，改变文字的形状，使其变得不规则，效果如图8-27所示。选择编组对象及文字，按【Ctrl+G】组合键将它们编组。

8 选择"圆角矩形工具" □，绘制一个圆角矩形，取消描边，设置填充颜色为"C:15、M:45、Y:50、K:5"，将其与编组对象居中对齐，效果如图8-28所示，完成本例的制作。

图8-27　　　　　　　图8-28

8.1.3　缩拢工具

使用"缩拢工具" ❀ 可以使对象沿十字线方向产生向内收缩的变形效果，如图8-29所示。

图8-29

选择对象后选择"缩拢工具" ❀，画板中将显示画笔形状，在对象上单击，按住鼠标左键并拖动鼠标可缩拢对象，如图8-30所示。

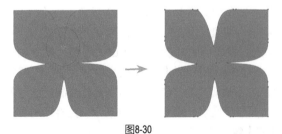

图8-30

技巧

使用"缩拢工具" ❀、"膨胀工具" ✦ 等工具在对象上单击时，按住鼠标左键的时间越长，对象变形的强度越大。

双击"缩拢工具" ❀，将打开"收缩工具选项"对话框，在其中可设置相关参数，其中各选项的含义与"变形工具选项"对话框中对应选项的含义相似。

8.1.4　膨胀工具

使用"膨胀工具" ✦ 可以使对象沿十字线方向产生向外扩展的变形效果，与使用"缩拢工具" ❀ 的效果相反，如图8-31所示。

图8-31

选择对象后选择"膨胀工具" ✦，画板中将显示画笔形状，在对象上单击，按住鼠标左键并拖动鼠标即可膨胀对象，如图8-32所示。

图8-32

双击"膨胀工具" ✦，将打开"膨胀工具选项"对话框，在其中可设置画笔及膨胀的具体参数，其中各选项的含义与"变形工具选项"对话框中对应选项的含义相似。

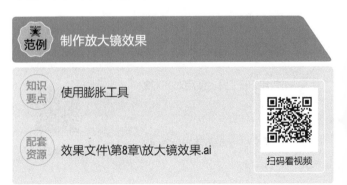

范例	制作放大镜效果
知识要点	使用膨胀工具
配套资源	效果文件\第8章\放大镜效果.ai

扫码看视频

本例将使用膨胀工具制作放大镜效果，先绘制景区指示牌，然后绘制放大镜形状；再使用膨胀工具将放大镜区域变形，制作出放大对象的效果；最后为放大镜制作投影，使其更加逼真。

操作步骤

1 新建一个200mm×200mm的文件，设置文件名称为"放大镜效果"。

2 使用"钢笔工具" ✍ 和"矩形工具" ▢ 绘制单个指示牌和指示牌的柱子，设置填充颜色为"C:30、M:50、Y:75、K:10"，描边颜色为"黑色"，描边粗细为"1pt"。选择"文字工具" T，在单个指示牌中输入"售票处"文字，如图8-33所示。

3 选择单个指示牌和文字，按【Ctrl+G】组合键将它们编组，然后复制并变换多个编组对象；移动多个编组对象至柱子两侧，再分别将指示牌中的文字修改为图8-34所示的文字。

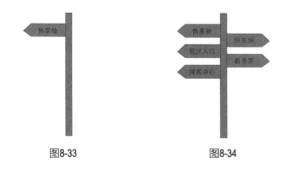

图8-33   图8-34

4 选择所有图形，按【Ctrl+G】组合键将它们编组，便于后续使用"膨胀工具" ◆ 变形整体对象。

5 选择"椭圆工具" ◯，取消填充，设置描边颜色为"黑色"，描边粗细为"4pt"；在画板中单击，打开"椭圆"对话框，设置宽度和高度均为"50mm"，单击"确定"按钮，绘制出放大镜镜框的形状，然后将其移动至"游客中心"文字上方。

6 选择"直线段工具" ╱，设置描边颜色为"黑色"，描边粗细为"4pt"，绘制出放大镜镜柄的形状，效果如图8-35所示。选择放大镜的镜框和镜柄形状，按【Ctrl+G】组合键将它们编组。

7 选择整个指示牌对象，双击"膨胀工具" ◆，打开"膨胀工具选项"对话框，设置宽度和高度均为"50mm"，使其与绘制的放大镜镜框的大小相同，设置强度为"10%"，单击"确定"按钮。然后单击放大镜镜框形状的中心点，制作出放大对象的效果，如图8-36所示。

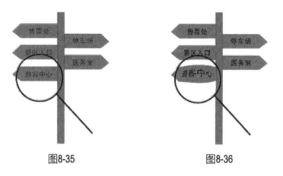

图8-35   图8-36

8 选择放大镜对象，选择【效果】/【风格化】/【投影】命令，设置图8-37所示的参数，单击"确定"按钮，增强放大镜对象的立体感，效果如图8-38所示。

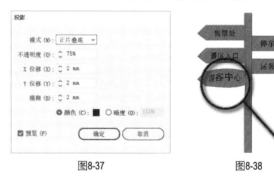

图8-37   图8-38

9 选择"椭圆工具" ◯，取消描边，设置填充颜色为"白色"，不透明度为"70%"；在画板中单击，打开"椭圆"对话框，设置宽度和高度均为"50mm"，单击"确定"按钮，绘制出放大镜镜片的形状，将其移动至放大镜镜框形状中。

10 选择放大镜镜片形状，再选择【窗口】/【渐变】命令，打开"渐变"面板，单击"线性渐变"按钮▮，然后设置下方右侧色标的颜色为"白色"，不透明度为"20%"，将中间的渐变滑块拖动至70%的位置，如图8-39所示。

11 选择"渐变工具" ▮，设置渐变方向为从左上至右下。

12 选择"钢笔工具" ，在工具属性栏中取消填充，并设置描边颜色为"白色"，描边粗细为"5pt"，描边端点为"圆头端点"，不透明度为"50%"，在放大镜镜片形状的右上角绘制一段弧线。

13 选择"椭圆工具" ，取消描边，设置填充颜色为"白色"，不透明度为"50%"，在弧线的下方绘制一个圆形，制作出镜片的高光效果，效果如图8-40所示，完成本例的制作。

图8-39

图8-40

8.1.5 扇贝工具

使用"扇贝工具" 可以使对象的轮廓产生随机弯曲的效果。选择对象后选择"扇贝工具" ，画板中将显示画笔形状，在对象上单击，按住鼠标左键并拖动鼠标可变形对象，如图8-41所示。

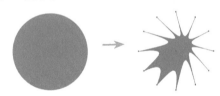
图8-41

双击"扇贝工具" ，将打开"扇贝工具选项"对话框，在其中可设置相关参数，如图8-42所示，其中部分选项的含义与"变形工具选项"对话框中对应选项的含义相似。

图8-42

● 复杂性：用于设置变形的复杂程度。

● 画笔影响锚点/画笔影响内切线手柄/画笔影响外切线手柄：选中相应的复选框，变形对象时将影响对象的锚点、内切线或外切线，3种影响效果如图8-43所示。

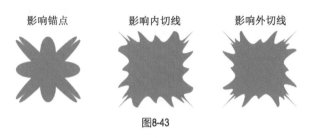

影响锚点　　　　影响内切线　　　　影响外切线

图8-43

范例　制作光感花纹效果

知识要点　使用扇贝工具

配套资源　效果文件\第8章\光感花纹效果.ai

扫码看视频

范例说明

使用扇贝工具可以制作出不同样式的花纹。本例将制作光感花纹效果，先使用扇贝工具对图形进行变形处理，将透明度的混合模式设置为"滤色"，然后复制并变形图形，多次叠加图形后将形成渐变光感效果。

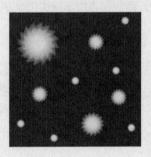

操作步骤

1 新建一个200mm×200mm的文件，设置文件名称为"光感花纹效果"。

2 双击"扇贝工具" ，打开"扇贝工具选项"对话框，选中"画笔影响锚点"复选框，使变形后的图形边缘变得平滑，从而制作出花朵。然后取消选中"画笔影响内切线手柄"复选框和"画笔影响外切线手柄"复选框，单击"确定"按钮。

3 使用"椭圆工具" ◯ 绘制一个圆形。选择"扇贝工具" ◢，将鼠标指针移至圆形中心，按住鼠标左键，此时，圆形向内收缩，效果如图8-44所示。

4 选择图形，在工具属性栏中取消描边，设置填充颜色为"C:33、M:50、Y:100、K:93"。注意此处填充的颜色应尽量偏黑，在之后叠加图形时才能显示出渐变效果。选择【窗口】/【透明度】命令，打开"透明度"面板，设置混合模式为"滤色"，使叠加的图形中的所有明亮细节可见，并隐藏所有黑色细节，如图8-45所示。

图8-44   图8-45

5 选择图形，选择【对象】/【变换】/【分别变换】命令，打开"分别变换"对话框，在"缩放"栏中设置水平和垂直均为"99%"，在"旋转"栏中设置角度为"1°"，然后单击"复制"按钮。按5次【Ctrl+D】组合键，效果如图8-46所示，可发现重叠区域变亮了。

6 按【Ctrl+D】组合键重复操作，直至效果如图8-47所示。选择所有图形，按【Ctrl+G】组合键将它们编组，便于进行统一操作。

图8-46   图8-47

7 使用"矩形工具" ▢ 绘制一个200mm×200mm的矩形，设置填充颜色为"C:33、M:50、Y:100、K:93"，并将其置于底层，效果如图8-48所示，可发现花纹周围形成了朦胧的效果。

8 复制并缩放多个花纹，效果如图8-49所示，完成本例的制作。

图8-48   图8-49

8.1.6 晶格化工具

使用"晶格化工具" ◢ 可以使对象轮廓产生随机的弓形和锥化细节，与使用"扇贝工具" ◢ 产生的效果相反。选择对象后选择"晶格化工具" ◢，画板中将显示画笔形状，在对象上单击，按住鼠标左键并拖动鼠标即可晶格化对象，如图8-50所示。

图8-50

双击"晶格化工具" ◢，将打开"晶格化工具选项"对话框，在其中可设置相关参数，其中各选项的含义与"扇贝工具选项"对话框中对应选项的含义相似。

★范例 制作漫画男孩的爆炸发型

知识要点	使用晶格化工具、使用钢笔工具
配套资源	效果文件\第8章\漫画男孩.ai

扫码看视频

范例说明

本例将使用晶格化工具制作漫画男孩的爆炸发型，然后使用钢笔工具绘制男孩的身体，最后加上适当的文字。

操作步骤

1 新建一个200mm×200mm的文件，设置文件名称为"漫画男孩"。使用"椭圆工具" ◯ 绘制一个椭圆，设置填充颜色为"C:60、M:75、Y:100、K:49"。

2 双击"晶格化工具" ◢，打开"晶格化工具选项"对话框，设置强度为"10%"，单击"确定"按钮。将画笔移至椭圆的边缘，按住鼠标左键并向外拖动鼠标，制作出爆炸头的效果，如图8-51所示。

3 选择"椭圆工具" ⬭，绘制3个椭圆作为人物的脸部和耳朵部分，设置填充颜色为"C:1、M:10、Y:25、K:0"。使用"直接选择工具" ▷调整人物的脸部，使其更加自然。

4 使用"椭圆工具" ⬭绘制一个椭圆，使用相同的方法晶格化对象，制作出人物的刘海部分，效果如图8-52所示。

图8-51　　　　　　　　图8-52

5 使用"椭圆工具" ⬭绘制人物的眼睛部分；使用"钢笔工具" ✎绘制人物的眉毛、嘴巴和鼻子部分，取消鼻子部分的描边，并为它们填充比人物脸部和耳朵部分的颜色更深的颜色，效果如图8-53所示。

6 使用"钢笔工具" ✎绘制人物的身体部分和衣服，设置衣服的填充颜色为"C:100、M:100、Y:25、K:25"，效果如图8-54所示。

图8-53　　　　　　　　图8-54

7 使用"椭圆工具" ⬭绘制一个椭圆，并设置填充颜色为"C:0、M:50、Y:100、K:0"；使用"晶格化工具" ✲对其进行变形处理，制作出爆炸效果，作为文字的背景。然后使用"文字工具" T在其上输入"BOOM"文字，效果如图8-55所示。

8 选择文字的背景图形图形，按【Ctrl+C】组合键复制图形，按【Ctrl+F】组合键在原位置粘贴图形，将复制的背景图形置于底层并适当移动，设置其填充颜色为"白色"。

9 选择文字背景图形和文字，按【Ctrl+G】组合键将它们编组，便于进行统一操作，然后将其旋转至适当的角度，放置在人物后方。最后使用"矩形工具" ▢绘制一个200mm×200mm的矩形，设置填充颜色为"C:49、M:0、Y:2、K:0"，并将其置于将其底层，效果如图8-56所示，完成本例的制作。

图8-55　　　　　　　　图8-56

8.1.7　皱褶工具

使用"皱褶工具" ᗰ可以使对象轮廓产生不规则的起伏，以制作出类似皱褶的纹理效果。选择对象后选择"皱褶工具" ᗰ，画板中将显示画笔形状，在对象上单击，按住鼠标左键并拖动鼠标可使对象产生褶皱效果，如图8-57所示。

双击"皱褶工具" ᗰ，可打开"皱褶工具选项"对话框，在其中可设置相关参数，其中各选项的含义与"扇贝工具选项"对话框中对应选项的含义相似。

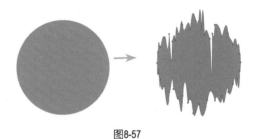

图8-57

🏵 **范例** 制作电影院宣传海报

知识要点	使用皱褶工具、建立剪切蒙版	
配套资源	素材文件\第8章\宣传海报素材\ 效果文件\第8章\电影院宣传海报.ai	 扫码看视频

🖼 **范例说明**

本例将制作怀旧风格的电影院宣传海报，可先使用皱褶工具变形矩形，制作出不规则的形状；然后将其与图像建立剪切蒙版，制作出复古和怀旧的效果；再添加与电影相关的胶片元素及文字信息，使海报更加完整。

1 新建一个210mm×297mm的文件，设置文件名称为"电影院宣传海报"。选择【文件】/【置入】命令，打开"置入"对话框，选择"宣传海报素材"文件夹中的所有素材文件，单击"置入"按钮。

2 选择"矩形工具"▢，绘制一个210mm×297mm的矩形。选择【窗口】/【渐变】命令，打开"渐变"面板，单击"径向渐变"按钮▣，设置图8-58所示的渐变颜色，然后为矩形填充该渐变颜色，制作出怀旧的效果。

3 调整"花纹.jpeg"图像至与矩形等大，设置两个对象的不透明度均为"50%"，并叠加这两个对象，效果如图8-59所示。

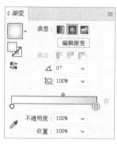

图8-58　　　　　　　　　图8-59

4 使用"矩形工具"▢绘制一个矩形，选择"皱褶工具"▴，在矩形边缘处按住鼠标左键并拖动鼠标，处理前后的对比效果如图8-60所示。

5 将"放映机.jpg"图像拖动至矩形下方，选择该图像和矩形，再选择【对象】/【剪切蒙版】/【建立】命令，然后将剪切蒙版拖动到背景中间，如图8-61所示。

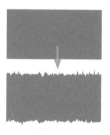

图8-60　　　　　　　　　图8-61

6 使用"矩形工具"▢绘制多个矩形，设置填充颜色分别为"黑色"和"白色"，将它们组合成图8-62所示的胶片样式。

7 将其余图像分别拖动至单个胶片形状中，并分别建立剪切蒙版，效果如图8-63所示。选择所有胶片形状和图像，按【Ctrl+G】组合键将它们编组。

8 选择"文字工具"T，在海报中输入文字信息，设置文字颜色分别为"C:35、M:96、Y:95、K:0"和"黑色"，效果如图8-64所示。

图8-62　　　　　　　　　图8-63

图8-64

8.2 扭曲对象

在Illustrator中，可以通过建立封套扭曲的方式来改变对象的形状。按照封套的样式对对象进行相应的扭曲变形处理，从而快速得到需要的扭曲效果。

8.2.1 建立封套扭曲

Illustrator提供了用变形样式、网格和顶层对象3种方式来建立封套扭曲，设计人员可根据设计需要选择合适的方式。图8-65所示为封套扭曲在作品中的应用。

图8-65

1. 用变形样式建立封套扭曲

用变形样式建立封套扭曲是扭曲对象的常用方式之一，设计人员可以直接使用Illustrator中预设的变形样式来建立多种扭曲形状。选择对象后选择【对象】/【封套扭曲】/【用变形建立】命令，或按【Alt+Shift+Ctrl+W】组合键，打开图8-66所示的"变形选项"对话框，在该对话框中可设置相关参数，"样式"下拉列表框中提供了弧形、下弧形、上弧形等15种变形样式，如图8-67所示。

图8-66

图8-67

● 样式：在"样式"下拉列表框中选择封套扭曲的样式。
● 水平/垂直：选中相应的单选项，可设置变形的方向。
● 弯曲：用于设置对象变形的程度。
● 扭曲：用于设置变形时对象在水平或垂直方向上扭曲的程度。

2. 用网格建立封套扭曲

用网格建立封套扭曲也是扭曲对象的常用方式之一，设计人员可以直接在对象上生成自定义网格，然后调整网格点来扭曲对象，这样能够更加灵活地改变对象的形状。选择对象后选择【对象】/【封套扭曲】/【用网格建立】命令，或按【Alt+Ctrl+M】组合键，打开"封套网格"对话框，可设置网格的行数和列数，然后单击"确定"按钮生成网格，最后使用"直接选择工具" ▷改变网格点的位置，从而扭曲对象，如图8-68所示。

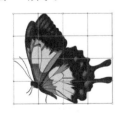
图8-68

3. 用顶层对象建立封套扭曲

用顶层对象建立封套扭曲是指在需要扭曲的对象上放置另一个对象，然后用顶层的对象扭曲下层的对象。选择两个对象后选择【对象】/【封套扭曲】/【用顶层对象建立】命令，或按【Alt+Ctrl+C】组合键，即可用顶层对象建立封套扭曲，如图8-69所示。

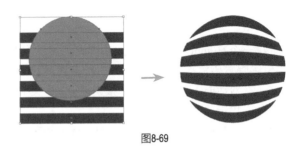
图8-69

★ 范例 制作音箱广告

知识要点	用变形样式建立封套扭曲、使用旋转工具、编组对象
配套资源	素材文件\第8章\音箱.png 效果文件\第8章\音箱广告.ai

扫码看视频

范例说明

在平面设计中，大多数的设计素材都来源于生活。例如，本例制作的音箱广告就将传统折扇作为装饰元素，在宣传科技产品的同时加入传统文化元素，这样更能引起大众的共鸣。

操作步骤

1 新建一个1920像素×900像素的文件，设置文件名称为"音箱广告"。使用"矩形工具" ▫绘制3个矩形，使用"直接选择工具" ▷调整锚点的位置，得到图8-70所示的图形。

2 为上方的两个矩形填充从蓝色到浅蓝色的渐变颜色，为下方的矩形填充蓝色，制作出立体效果，如图8-71所示。将3个矩形编组并锁定，防止它们影响后续操作。

图8-70

图8-71

3 使用"矩形工具" ▢ 绘制一个矩形，为其填充从深蓝色到浅蓝色再到深蓝色的渐变颜色，如图8-72所示。

4 使用"椭圆工具" ▢ 绘制两个椭圆，并为它们填充与矩形相同的渐变颜色；将两个椭圆分别放置于矩形的上方和下方，适当调整它们的大小，组合成圆柱体。再使用"钢笔工具" ✎ 在上方的椭圆和矩形之间绘制线条，设置描边颜色为"白色"，设置不透明度为"50%"，使其更具立体感，如图8-73所示。

图8-72   图8-73

5 将圆柱体编组，然后复制3个编组后的圆柱体，并适当调整所有圆柱体的大小和位置，将它们放置于背景中，效果如图8-74所示。

6 选择【文件】/【置入】命令，打开"置入"对话框，选择"音箱.png"素材文件，单击"置入"按钮。复制两次音箱，并适当调整所有音箱的大小和位置，将它们放置于圆柱体上方，效果如图8-75所示。

图8-74   图8-75

7 使用"矩形工具" ▢ 绘制一个矩形，取消填充，设置描边颜色为从深蓝色到浅蓝色的渐变颜色，设置描边粗细为"4pt"。选择【效果】/【风格化】/【投影】命令，打开"投影"对话框，设置X位移、Y位移、模糊分别为"4px""4px""8px"，单击"确定"按钮，效果如图8-76所示。

图8-76

8 选择"矩形工具" ▢，绘制一个矩形，使用"直接选择工具" ▷ 调整其锚点的位置，形成一个三角形，然后沿水平方向复制并镜像对象，再分别为对象填充图8-77所示的渐变颜色。

9 将两个三角形编组，选择"旋转工具" ↻，将编组对象的中心点移至右边的锚点处，然后按住【Alt】键与鼠标左键并拖动鼠标到图8-78所示的位置，将其与上方的三角形对齐，然后释放鼠标左键。

图8-77   图8-78

10 按多次【Ctrl+D】组合键，制作出不同样式的扇子形状，如图8-79所示。将制作的扇子形状编组，便于进行统一操作。

图8-79

11 选择"文字工具" T，输入"新品上市""限时八折"文字，选择【文字】/【创建轮廓】命令，使其能够自由变形。选择【对象】/【封套扭曲】/【用变形建立】命令，打开"变形选项"对话框，选中"预览"复选框，拖动"弯曲"选项右侧的滑块，查看文字的变形效果，调整到适当的位置后单击"确定"按钮，效果如图8-80所示。

技巧

用变形样式建立封套扭曲后，若需要改变对象的扭曲效果，则可再次选择该对象，选择【对象】/【封套扭曲】/【用变形重置】命令，打开"变形选项"对话框，修改相应的参数。

图8-80

12 将制作的扇子形状添加到广告画面中，然后适当调整图层的顺序。最后使用"文字工具" T 输入"小智音箱""智能家居 让生活随心所欲"文字，适当调整文字的大小和位置，效果如图8-81所示，完成本例的制作。

图8-81

第8章 对象的高级操作

153

范例 制作玻璃瓶包装

知识要点 用网格建立封套扭曲、使用钢笔工具、编组对象

配套资源 素材文件\第8章\玻璃瓶\
效果文件\第8章\玻璃瓶包装.ai

扫码看视频

范例说明

　　用网格建立封套扭曲可以根据需要的形状随意扭曲对象，这在制作商品包装时可以起到很大的作用。例如，本例中的玻璃瓶包装，制作时可先绘制出玻璃瓶，然后使用网格建立封套扭曲，将瓶贴扭曲为能匹配玻璃瓶的形状，使玻璃瓶的包装效果更加逼真。

操作步骤

1 新建一个200mm×200mm的文件，设置文件名称为"玻璃瓶包装"。使用"矩形工具" ▢、"圆角矩形工具" ▢ 和"椭圆工具" ⬭ 绘制出玻璃瓶的形状，设置填充颜色为"黑色"，如图8-82所示，并使用联集功能将它们合并。

2 使用相同的方法绘制出瓶盖的形状，并设置填充颜色为"C:30、M:100、Y:97、K:0"，效果如图8-83所示。

图8-82

图8-83

3 打开"瓶贴.ai"素材文件，在其中选择瓶贴，按【Ctrl+C】组合键复制瓶贴，返回"玻璃瓶包装.ai"文件，按【Ctrl+V】组合键粘贴瓶贴，将瓶贴放置于玻璃瓶上。

4 选择瓶贴，再选择【对象】/【封套扭曲】/【用网格建立】命令，打开"封套网格"对话框，设置行数和列数均为"4"，单击"确定"按钮。

5 使用"直接选择工具" ▷ 单独调整网格点，使瓶贴与玻璃瓶更加贴合，如图8-84所示。

图8-84

6 选择玻璃瓶的上半部分，然后选择"吸管工具" ✐ ，将鼠标指针移至瓶贴的背景处，单击以吸取瓶贴的背景颜色。

7 根据瓶贴上的高光位置，使用"钢笔工具" ✐ 在玻璃瓶上制作出高光效果，如图8-85所示。将玻璃瓶整体编组，便于进行统一操作。

8 选择玻璃瓶，按【Ctrl+C】组合键复制玻璃瓶，按【Ctrl+V】组合键粘贴玻璃瓶，修改瓶身的填充颜色为"C:60、M:100、Y:96、K:57"。

9 使用"矩形工具" ▢ 绘制一个200mm×200mm的矩形，设置径向渐变颜色为"C:0、M:42、Y:32、K:0"至"C:50、M:100、Y:100、K:28"。

10 使用"文字工具" T 在画面上方输入"典藏经典 雅致生活"文字，使用"矩形工具" ▢ 在文字两侧绘制两个矩形，效果如图8-86所示，完成本例的制作。

图8-85

图8-86

8.2.2 编辑封套内容

　　对象被建立封套扭曲后，会与封套形状合并到一个图层中，且该图层的名称为"封套"。在默认情况下，可以使用"选择工具" ▶、"直接选择工具" ▷ 等工具编辑封套形状。

若需要对封套内容进行编辑，则可先选择被建立封套扭曲的对象，然后单击工具属性栏中的"编辑内容"按钮 ⊞ ，或选择【对象】/【封套扭曲】/【编辑内容】命令，对封套内容进行编辑，如图8-87所示。

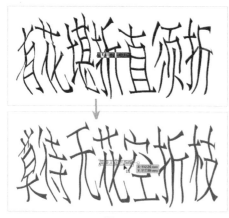

图8-87

技巧

直接双击封套对象，或在其上单击鼠标右键，在弹出的快捷菜单中选择"隔离选定的组"命令，进入隔离模式后，也可对封套内容进行编辑。编辑完成后双击画板中的其他位置，或单击鼠标右键，在弹出的快捷菜单中选择"退出隔离模式"命令，即可退出隔离模式。

8.2.3 设置封套选项

使用封套扭曲对象时，可以通过封套选项决定以何种形式扭曲对象。选择【对象】/【封套扭曲】/【封套选项】命令，打开"封套选项"对话框，可在其中设置相应的参数，如图8-88所示。

图8-88

- 消除锯齿：选中该复选框，可以平滑对象的边缘，但会增加处理时间。
- 保留形状，使用：用于设置当使用非矩形的形状封套扭曲对象时，以何种形式保留其形状。选中"剪切蒙版"单选项，可在栅格上使用剪切蒙版；选中"透明度"单选项，可对栅格应用 Alpha 通道。
- 保真度：用于设置对象适应封套形状的精确程度。增大该数值会在扭曲的路径中添加更多的锚点，处理时间也会随之增加。
- 扭曲外观：选中该复选框，可将对象的形状与外观属性一起扭曲。
- 扭曲线性渐变填充：选中该复选框，可将对象的形状与线性渐变填充一起扭曲，如图8-89所示。

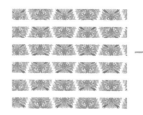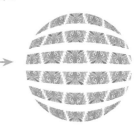

图8-89

- 扭曲图案填充：选中该复选框，可将对象的形状与图案填充一起扭曲，如图8-90所示。

图8-90

8.2.4 释放封套扭曲

对象被建立封套扭曲后，如果设计人员需要取消封套扭曲操作，则可以先选择对象，然后选择【对象】/【封套扭曲】/【释放】命令。如果该对象是使用变形样式或网格建立封套扭曲的，则还会释放出一个封套形状。图8-91所示为释放用网格建立的封套扭曲后的结果。

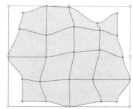

图8-91

如果该对象是使用顶层对象建立的封套扭曲，则释放后会恢复为封套前的状态，顶层对象将与下层对象居中对齐。

8.2.5 扩展封套扭曲

对象被建立封套扭曲后，如果设计人员需要再次应用封套扭曲的相关命令，则可以对其进行扩展操作。先选择已被建立封套扭曲的对象，然后选择【对象】/【封套扭曲】/【扩展】命令，即可将该对象转换为一个独立的对象，且该对象会保持之前的扭曲形状，并能在此基础之上对对象进行编辑和修改。

 范例 制作手机壳图案

知识要点	用顶层对象建立封套扭曲、建立剪切蒙版、减去顶层、应用联集、旋转对象、编组对象	
配套资源	效果文件\第8章\手机壳.ai	扫码看视频

 范例说明

随着手机使用频率的提高和消费个性化需求的增加，越来越多的消费者倾向于自己设计心仪的手机壳图案，再用它制作独一无二的手机壳成品。本例将制作手机壳图案，使用封套扭曲制作出各种星球图案，并调整图案的位置，使图案与手机壳的形状更加契合。

 操作步骤

1 新建一个200mm×200mm的文件，设置文件名称为"手机壳"。选择"圆角矩形工具" □，绘制两个宽度、高度、圆角半径分别为"80mm、160mm、6mm""24mm、24mm、5mm"的圆角矩形。

2 将小的圆角矩形放置于另一个圆角矩形的左上角，选择这两个图形，然后使用减去顶层功能减出手机摄像头的位置。

3 选择"圆角矩形工具" □，绘制3个圆角矩形，分别放在手机壳的左右两侧，作为电源键和音量键的覆盖部分，如图8-92所示，然后使用联集功能合并所有图形。

图8-92

4 使用"矩形工具" □ 绘制一个比手机壳形状略大的矩形，设置填充颜色为"C:90、M:79、Y:37、K:2"。锁定该图层，便于在其上绘制图形。

5 使用"矩形工具" □ 绘制一个矩形，设置填充颜色为"C:75、M:15、Y:0、K:0"。再使用"圆角矩形工具" □ 绘制6个大小不一的圆角矩形，设置填充颜色为"C:0、M:35、Y:85、K:0"，将矩形和圆角矩形编组。使用"椭圆工具" ○ 绘制一个圆形，选择刚刚绘制的矩形、圆角矩形和圆形，选择【对象】/【封套扭曲】/【用顶层对象建立】命令，或按【Alt+Ctrl+C】组合键建立封套扭曲，如图8-93所示。

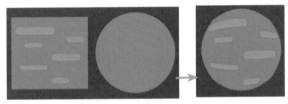

图8-93

6 使用"矩形工具" □ 绘制一个矩形，设置填充颜色为"C:69、M:56、Y:19、K:0"；使用"椭圆工具" ○ 绘制两个椭圆，组合成爱心形状，使用联集功能将它们合并，设置填充颜色为"C:82、M:70、Y:18、K:0"。再绘制一个圆形，然后按【Alt+Ctrl+C】组合键建立封套扭曲，如图8-94所示。

图8-94

7 使用"矩形工具" □ 绘制图8-95所示的矩形，再绘制一个圆形，然后按【Alt+Ctrl+C】组合键建立封套扭曲，效果如图8-96所示。

图8-95

图8-96

8 使用"矩形工具" ■ 和"多边形工具" ◎ 绘制图8-97所示的图形，再绘制一个圆形，然后按【Alt+Ctrl+C】组合键建立封套扭曲，效果如图8-98所示。

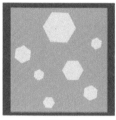
图8-97

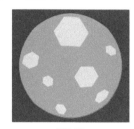
图8-98

9 使用"椭圆工具" ◎ 绘制一个椭圆，并取消填充，设置描边颜色为"白色"，描边粗细为"1pt"。选择"旋转工具" ↻，按住【Alt】键，单击椭圆下方的锚点，打开"旋转"对话框，设置角度为"40°"，如图8-99所示，单击"复制"按钮。然后按【Ctrl+D】组合键重复操作，制作出花朵形状并将其编组，效果如图8-100所示。

图8-99

图8-100

10 复制并变换多个花朵形状，将它们放置于背景中；将绘制好的星球图案放置于背景中，效果如图8-101所示。

11 使用"星形工具" ☆ 绘制多个五角星，并填充不同的颜色，放置于背景中，效果如图8-102所示。

图8-101

图8-102

12 解锁背景图层，将绘制好的手机壳中的所有图形编组，然后将所有图形移至手机壳下方，并适当调整其位置和大小；单击鼠标右键，在弹出的快捷菜单中选择"建立剪切蒙版"命令，效果如图8-103所示。

13 选择【效果】/【风格化】/【投影】命令，打开"投影"对话框，设置不透明度、X位移、Y位移、模糊分别为"40%""2mm""2mm""1mm"，单击"确定"按钮，制作出立体效果，如图8-104所示，完成本例的制作。

图8-103

图8-104

小测 制作食品包装

配套资源\素材文件\第8章\水煮鱼.jpg
配套资源\效果文件\第8章\食品包装.ai

　　本小测要求制作食品包装，制作时可先绘制出小鱼形状，再使用顶层对象建立封套扭曲并对文字进行变形处理，效果如图8-105所示。

图8-105

8.3 混合对象

> 混合对象是指在两个或两个以上的对象之间创建混合
> 效果，可以在混合的对象之间平均分布形状，也可以
> 在混合的开放路径之间创建平滑的过渡路径，还可以
> 混合对象之间的颜色，从而创建渐变颜色。

8.3.1 创建混合

在平面设计中，混合对象之间的形状、颜色等属性能够得到出其不意的效果，如图8-106所示。

图8-106

在Illustrator中，创建混合的方法有以下两种。

1. 混合工具

选择"混合工具" ，将鼠标指针移至对象上，待鼠标指针变为 形状后单击；再将鼠标指针移至其他对象上并单击，即可混合所选对象，如图8-107所示。若连续选择多个对象，则可创建连续的混合效果。选择对象时，若单击对象的锚点，则可创建出不同的混合效果，将鼠标指针移至对象的锚点上时，鼠标指针将变为 形状。图8-108所示为选择六边形右上角的锚点和星形左下角的锚点后生成的混合效果。

图8-107

图8-108

2. 菜单命令

选择需要混合的对象，然后选择【对象】/【混合】/【建立】命令或按【Alt+Ctrl+B】组合键。若混合对象后的效果不太理想，则可选择【对象】/【混合】/【混合选项】命令，打开"混合选项"对话框，设置相关参数，如图8-109所示。

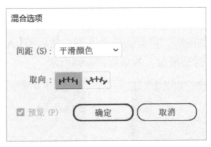

图8-109

● 间距：设置混合的计算方法，在"间距"下拉列表框中可选择平滑颜色、指定的步数和指定的距离3种计算方法。选择"平滑颜色"选项后，可在混合对象之间实现平滑的颜色过渡，Illustrator将自动计算出最佳步数。选择"指定的步数"选项后，在右侧数值框中输入数值，可设置混合对象的步数，图8-110所示为指定步数为"10"的混合效果。选择"指定的距离"选项后，在右侧数值框中输入数值，可设置混合步骤之间的距离，图8-111所示为指定距离为"4mm"的混合效果。

图8-110　　　　　　　　　图8-111

● 取向：用于设置混合方向。单击"对齐页面"按钮 ，可使混合方向垂直于页面的x轴，如图8-112所示；单击"对齐路径"按钮 ，可使混合方向垂直于路径，如图8-113所示。

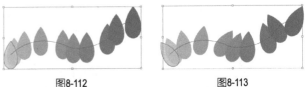

图8-112　　　　　　　　　图8-113

需要注意的是：如果对填充了图案的对象进行混合，则混合时将只使用最上层对象的填充图案；如果对在"透明度"面板中指定了混合模式的对象进行混合，则混合时将只使用最上层对象的混合模式。

8.3.2 修改混合轴

在对象之间创建混合后，会将所选对象合并到一个图层中，该图层的名称为"混合"，并自动生成一条混合轴。混合轴是混合对象时对齐的路径，默认情况下，生成的混合轴是一条直线。如果需要调整混合轴的形状，则可以使用编辑路径的方法修改混合轴上的锚点或路径段，如图8-114所示。

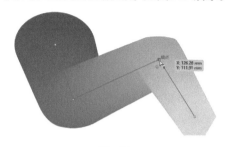

图8-114

如果需要颠倒混合轴上的对象的顺序，则可在选择混合对象后，选择【对象】/【混合】/【反向混合轴】命令，效果如图8-115所示。

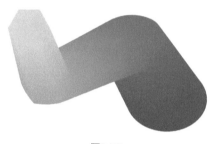

图8-115

8.3.3 替换混合轴

混合对象后，除了可以修改自动生成的混合轴外，也可以绘制单独的路径，再用其替换混合对象的混合轴。其方法为：选择路径和混合对象，然后选择【对象】/【混合】/【替换混合轴】命令，效果如图8-116所示。

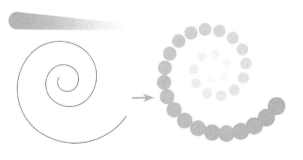

图8-116

8.3.4 编辑混合对象

生成混合对象后，除了能修改"混合选项"对话框中的相关参数外，也能通过编辑混合对象、调整混合对象的堆叠顺序等方式调整混合效果。例如，使用"直接选择工具" ▷ 选择混合对象，然后根据需求改变其颜色和形状等，效果如图8-117所示。

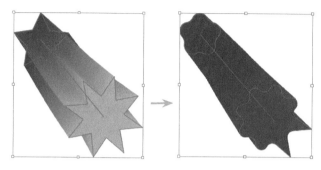

图8-117

当混合对象过多时，若需要改变所有混合对象的堆叠顺序，则可在选择混合对象后，选择【对象】/【混合】/【反向堆叠顺序】命令，改变混合对象在混合时的堆叠顺序，效果如图8-118所示。

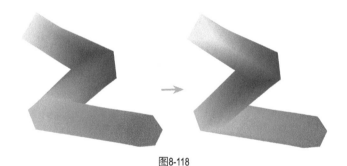

图8-118

8.3.5 扩展混合图形

在默认情况下，混合对象之间生成的过渡图形不能选中，如果需要编辑这些图形，则需要先扩展混合图形。其方法为：选择混合对象后选择【对象】/【混合】/【扩展】命令，所有图形将默认编为一组，因此，需要单击鼠标右键，在弹出的快捷菜单中选择【取消编组】命令；在所有图形都独立存在后，可以对所有图形进行单独的选择、移动等操作，如图8-119所示。

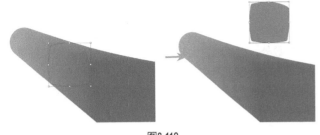

图8-119

8.3.6 释放混合对象

生成混合对象后，若需要取消混合操作，则可选择【对象】/【混合】/【释放】命令或按【Alt+Shift+Ctrl+B】组合键，删除混合对象后生成的新图形，将所选混合对象释放并还原到混合之前的状态。需注意的是，释放混合对象后还会释放出一条无填充、无描边的混合轴。

 范例　制作立体字

 知识要点：创建混合、编辑混合图形、用顶层对象建立封套扭曲、变换对象

配套资源：效果文件\第8章\立体字.ai

扫码看视频

 范例说明

在广告设计中，因为立体字具有大方气派、视觉冲击力强的特点，能够达到很好的宣传效果，所以其应用十分广泛。本例将通过混合对象制作立体字，以突出显示广告信息，并丰富广告的视觉效果。

操作步骤

1 新建一个1280像素×720像素的文件，设置文件名称为"立体字"。使用"矩形工具" ▣ 绘制一个与画板大小相同的矩形，设置填充颜色为"C:100、M:0、Y:0、K:0"；再绘制一个小矩形，设置填充颜色为"白色"。

2 选择两个矩形，选择【混合】/【建立】命令，或按【Alt+Ctrl+B】组合键创建混合，制作出渐变效果；然后使用"直接选择工具" ▷ 适当调整小矩形的位置，效果如图8-120所示。

图8-120

3 使用"矩形工具" ▣ 绘制一个矩形，设置填充颜色为"C:0、M:90、Y:85、K:0"，然后使用"变形工具" ◣ 将其变形。

4 选择变形后的矩形，按【Ctrl+C】组合键复制形状，按【Ctrl+F】组合键在原位置粘贴形状，将复制的变形矩形缩小并设置其填充颜色为"C:0、M:50、Y:100、K:0"，效果如图8-121所示。

图8-121

5 选择图8-121所示的形状，按【Alt+Ctrl+B】组合键创建混合，将其不透明度设置为"80%"，然后放在背景中，如图8-122所示。

6 使用"文字工具" T 在形状中输入"疯狂秒杀"文字，设置文字颜色为"C:0、M:35、Y:85、K:0"；然后按【Ctrl+C】组合键复制文字，按【Ctrl+V】组合键粘贴文字，设置文字颜色为"白色"，适当调整文字的位置。

7 选择【对象】/【混合】/【混合选项】命令，打开"混合选项"对话框，在"间距"下拉列表框中选择"指定的步数"选项，在右侧的数值框中输入"50"，如图8-123所示，然后单击"确定"按钮。

图8-122

图8-123

8 选择两组"百万豪礼"文字，按【Alt+Ctrl+B】组合键创建混合，制作出具有立体感的文字，如图 8-124所示。

9 使用相同的方法制作"年末大回馈"立体字，然后放置于背景中，如图8-125所示。

图8-124　　　　　　　　图8-125

10 使用"椭圆工具"●绘制两个大小不一的圆形，设置小圆的填充颜色为"C:0、M:11、Y:21、K:0"，不透明度为"20%"，设置大圆的填充颜色为"C:0、M:80、Y:95、K:0"。

11 选择两个圆形，按【Alt+Ctrl+B】组合键创建混合，如图8-126所示。

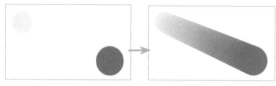

图8-126

12 复制并变换多个混合对象，制作出放射状的效果，增强画面的视觉冲击力，效果如图8-127所示。

图8-127

13 选择【对象】/【混合】/【混合选项】命令，打开"混合选项"对话框，在"间距"下拉列表框中选择"指定的步数"选项，在右侧的数值框中输入"8"，然后单击"确定"按钮，为之后的混合对象操作设置好相应的参数。

14 使用"钢笔工具"●绘制一条波浪线，复制波浪线并将复制的波浪线向下移动一定距离，然后选择两条波浪线，按【Alt+Ctrl+B】组合键创建混合，如图8-128所示。

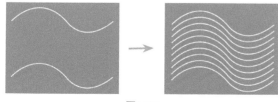

图8-128

15 复制并变换多个混合对象，然后将多个混合对象分别放置于背景中，效果如图8-129所示。

图8-129

16 使用"矩形工具"■和"椭圆工具"●绘制图8-130所示的矩形和圆形，同时选择它们，然后建立封套扭曲，效果如图8-131所示。复制并变换多个扭曲对象，然后将它们分别放置于背景中。

图8-130　　　　　　　　图8-131

17 使用"文字工具"T输入"亲年旗舰店""12.22—12.31""回馈商品 卖完截止"文字，适当调整文字的大小和位置，效果如图8-132所示，完成本例的制作。

图8-132

范例　制作展览海报

知识要点　创建混合、修改混合选项、替换混合轴、旋转对象、均匀分布对象

配套资源　效果文件\第8章\展览海报.ai

扫码看视频

范例说明

　　赛博朋克风格的平面设计作品常以蓝紫色为主色，这种风格常用于表现数码产品、人工智能、科技展览等主题。本例将制作赛博朋克风格的展览海报，制作时需要先绘制具有渐变颜色的图形，混合图形后通过替换混合轴操作制作出具有立体感的线条，增强画面的视觉冲击力，最后添加与展览相关的信息。

操作步骤

1 新建一个210mm×297mm的文件，设置文件名称为"展览海报"。使用"椭圆工具" ◎ 绘制3个大小不一的圆形，设置渐变颜色为"C:59、M:2、Y:0、K:0""C:77、M:80、Y:0、K:0""C:0、M:92、Y:3、K:0"，如图8-133所示。

图8-133

2 选择3个圆形，按【Alt+Ctrl+B】组合键创建混合，如图8-134所示。

3 混合操作默认的计算方法为平滑颜色，此时创建出的混合图形不符合设计需求，因此需要对其进行修改。选择【对象】/【混合】/【混合选项】命令，打开"混合选项"对话框，在"间距"下拉列表框中选择"指定的距离"选项，在右侧的数值框中输入"2mm"，然后单击"确定"按钮，此时混合图形如图8-135所示。

4 使用"钢笔工具" ✍ 绘制一条曲线，然后选择混合对象和曲线，选择【对象】/【混合】/【替换混合轴】命令，将混合对象的混合轴替换为这条曲线，制作出具有立

体感的线条，如图8-136所示。可再使用"直接选择工具" ▷ 调整曲线，使混合效果更加自然。

5 使用"矩形工具"绘制一个210mm×297mm的矩形作为背景，设置渐变颜色为"C:0、M:92、Y:3、K:0""C:77、M:80、Y:0、K:0""C:59、M:2、Y:0、K:0"，将该矩形置于底层并锁定该矩形所在的图层，防止它影响后续操作，如图8-137所示。

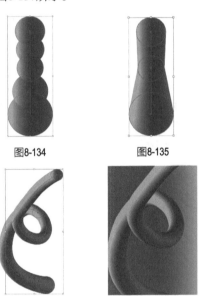

图8-134　　　　　图8-135

图8-136　　　　　图8-137

6 使用"椭圆工具" ◎ 绘制两个大小不一的圆形，设置小圆的填充颜色为"C:6、M:87、Y:0、K:0"，不透明度为"20%"，设置大圆的填充颜色为"C:60、M:15、Y:0、K:0"。

7 选择刚刚绘制的两个圆形，按【Alt+Ctrl+B】组合键创建混合，如图8-138所示。再使用"旋转工具" ↻ 旋转和复制混合对象，效果如图8-139所示。

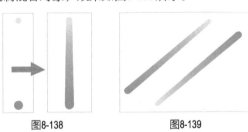

图8-138　　　　　图8-139

8 将立体线条置于顶层，然后复制多个步骤7中制作的混合对象并将它们添加至背景中，使背景画面更加丰富、美观，效果如图8-140所示。

9 选择"矩形工具" □，取消填充，设置描边颜色为"白色"，描边粗细为"2pt"，绘制一个矩形框。

10 选择矩形框，然后选择"添加锚点工具" ✍，在矩形框与立体线条下方的相交处单击，以添加锚点。使用相同的方法在添加的两个锚点之间的任意位

置再添加一个锚点，然后使用"直接选择工具" ▷ 选中该锚点，按【Delete】键将其删除，效果如图8-141所示，制作出立体线条从矩形框中穿过的效果。

图8-140　　　　　　　　图8-141

11 选择"文字工具" T，设置文字颜色为"白色"，字体为"方正粗倩简体"，在海报中输入"未来世界2146数字互动艺术展""龙华区展街255号""Cyberpunk""赛博朋克艺术展""12.2—12.6"文字，并适当调整文字的大小和位置，如图8-142所示。

12 使用"文字工具" T 分别输入"现实·虚拟""传统·未来"和"人类·机械"文字，设置不透明度为"60%"。

13 选择步骤12中输入的所有文字，按【Shift+F7】组合键打开"对齐"面板，设置"现实·虚拟"文字为关键对象，将3组文字以"10mm"的间距垂直分布，以"−40mm"的间距水平分布，效果如图8-143所示，完成本例的制作。

图8-142　　　　　　　　图8-143

小测　制作特效字

配套资源\效果文件\第8章\特效字.ai

本小测要求制作特效字，为文字创建混合，适当调整混合选项，并将上方文字的不透明度设置为"0%"；然后绘制单独的线条，再替换混合对象的混合轴，效果如图8-144所示。

图8-144

8.4　描摹对象

Illustrator提供了描摹对象的功能，可通过描摹现有的位图格式的图像（如JPEG、PNG等格式），将其转换为矢量图形。利用此功能，不仅可以在现有图像的基础上绘制新的图形，还可以选择不同的预设参数来快速获得不同的描摹效果。

8.4.1　认识"图像描摹"面板

描摹图像时，可以在"图像描摹"面板中设置描摹样式和视图效果等参数，以实现需要的描摹效果。其方法为：选择【窗口】/【图像描摹】命令，打开"图像描摹"面板，只有选择图像后，该面板中的选项才会被激活，单击"高级"栏左侧的 ▶ 按钮可显示更多选项，如图8-145所示。

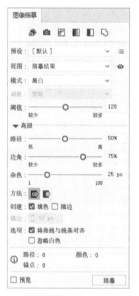

图8-145

● 自动着色：单击"自动着色"按钮 🎨，图像将被转换为色调分离后的图形。图8-146所示为原图，图8-147所示为自动着色后的图形。

图8-146　　　　　　　　图8-147

● 高色：单击"高色"按钮 📷，图像将被转换为具有高保真度的图形，如图8-148所示。

● 低色：单击"低色"按钮 📧，图像将被转换为色调简化后的图形，如图8-149所示。

图8-148　　　　　　　　图8-149

● 灰度：单击"灰度"按钮 📧，图像将被描摹到灰色背景中，如图8-150所示。

● 黑白：单击"黑白"按钮 📧，图像将被简化为具有黑白效果的图形，如图8-151所示。

● 轮廓：单击"轮廓"按钮 📧，图像将被简化为具有黑色效果的轮廓，如图8-152所示。

图8-150　　　　图8-151　　　　图8-152

● 预设：在该下拉列表框中可选择描摹预设，其中包含了高保真度照片、低保真度照片、3色、6色等12种描摹预设。图8-153所示为选择3色和6色描摹预设的效果。单击右侧的"管理预设"按钮 ≡，在弹出的下拉列表中选择相应的选项，可将当前描摹效果存储为新的描摹预设，以及删除或重命名现有的描摹预设。

3色　　　　　　　　　　6色

图8-153

● 视图：用于设置描摹对象的视图，可选择描摹结果、描摹结果（带轮廓）、轮廓等选项，如图8-154所示。按住右侧的 👁 图标可查看原始图像。

描摹结果（带轮廓）　　　　　轮廓

图8-154

● 模式：用于设置描摹结果的颜色模式，可选择彩色、灰度和黑白3种模式。选择不同的模式时，面板下方将显示不同的选项。

● 调板：只有选择"彩色"模式后，"调板"下拉列表框才会变为可用状态，可在该下拉列表框中选择根据原始图像生成的描摹调板，包含自动、受限、全色调和文档库4个选项。选择"自动"选项时，可拖动滑块来更改描摹结果的简化度和准确度；选择"受限"选项时，将在描摹调板中使用一组颜色，可拖动滑块来进一步减少颜色的数量；选择"全色调"选项时，将在描摹调板中使用全套颜色；选择"文档库"选项时，将在描摹调板中使用现有的颜色组。

● 颜色：选择"彩色"模式时，可设置在彩色描摹结果中使用的颜色数量。

● 灰度：选择"灰度"模式时，可设置在灰度描摹结果中使用的灰色数量。

● 阈值：选择"黑白"模式时，可设置在黑白描摹结果中使用的阈值，比阈值亮的像素将被转换为白色，比阈值暗的像素将被转换为黑色。

● 路径：用于控制描摹结果的形状和原始图像的形状之间的差异，该值越大表示二者契合得越紧密。

● 边角：用于设置边角上的强调点的数量，该值越大表示角越多。

● 杂色：可忽略指定像素大小的区域来减少杂色，该值越大表示杂色越少。

● 方法：用于设置描摹方法。单击"邻接（创建木刻路径）"按钮 ◧ 后，路径边缘将与其相邻路径的边缘完全重合；单击"重叠（创建重叠路径）"按钮 ◧ 后，路径将与其相邻的路径有重叠部分。

● 填色：选中该复选框，将在描摹结果中创建填色区域。

● 描边：选中该复选框，将在描摹结果中创建描边路径，可设置具体的描边粗细。

● 将曲线与线条对齐：选中该复选框，可将稍微弯曲的曲线段替换为直线段。

● 忽略白色：选中该复选框，可将白色填充区域替换为无填充的区域。

8.4.2　快速描摹对象

置入图像后，工具属性栏中有多个可实现快速操作的按钮，单击"图像描摹"按钮右侧的下拉按钮，在弹出的下拉列表中选择相应的描摹预设可以快速描摹图像。除此之外，还能通过菜单命令描摹图像，其方法为：置入图像后，选择【对象】/【图像描摹】/【建立】命令，将默认生成黑白的描摹结果，如图8-155所示。使用这两种方法描摹对象后，可通过"图像描摹"面板修改描摹结果。

图8-155

8.4.3　扩展描摹结果

当描摹结果达到了需要的效果时，可将描摹结果转换为矢量图形，以便对其进行编辑。其方法为：选择描摹结果，选择【对象】/【图像描摹】/【扩展】命令。扩展描摹结果前后的对比效果如图8-156所示。扩展描摹结果后产生的所有图形将组合在一起，若要对单独的图形进行编辑，则需先取消编组。另外，扩展描摹结果后，将不能再重新设置描摹选项。

图8-156

> **技巧**
>
> 选择图像后，再选择【对象】/【图像描摹】/【建立并扩展】命令，可在描摹的同时扩展描摹结果，以提高工作效率。

8.4.4　释放描摹对象

描摹图像后，若要放弃描摹结果但保留原始图像，则可先选择描摹图像，然后选择【对象】/【图像描摹】/【释放】命令，将描摹结果还原为原始图像。

范例说明

在平面设计中，通过图像描摹功能可以快速将位图转换为矢量图形，以满足更为广泛的创作需要。本例将制作夏日度假海报，制作时先描摹图像，然后扩展描摹结果，删除不必要的图形，再组合所有图形。

操作步骤

1 新建一个210mm×297mm的文件，设置文件名称为"夏日度假海报"。选择【文件】/【置入】命令，打开"置入"对话框，选择"夏日度假海报素材"文件夹中的所有素材文件，单击"置入"按钮。

2 选择【窗口】/【图像描摹】命令，打开"图像描摹"面板。选择背景图像，单击"图像描摹"面板中的"低色"按钮，效果如图8-157所示。

3 选择椰树图像，单击"图像描摹"面板中的"低色"按钮，效果如图8-158所示。

图8-157　　　　　　图8-158

4 选择上一步中生成的描摹结果，再选择【对象】/【图像描摹】/【扩展】命令，然后在其上单击鼠标右键，在弹出的快捷菜单中选择"取消编组"命令，选择除椰树之外的所有图形，按【Delete】键将它们删除，效果如图8-159所示。

5 选择构成椰树的所有图形，按【Ctrl+G】组合键编组，便于进行统一操作。复制并变换3个椰树图形，放置于背景两侧，效果如图8-160所示。

图8-159　　　　　　　图8-160

6 选择水果图像，单击"图像描摹"面板中的"低色"按钮，效果如图8-161所示。

7 扩展上一步中生成的描摹结果，将其取消编组后删除多余图形，效果如图8-162所示。

图8-161　　　　　　　图8-162

8 选择构成水果的所有图形，按【Ctrl+G】组合键将它们编组，便于进行统一操作。将水果图形放置于背景下方，效果如图8-163所示。

9 选择"文字工具"T，设置文字颜色为"白色"，字体为"方正仿宋简体"，在海报中输入"HELLO""SUMMER""你好""夏天""炎炎夏日 愿所有美好都与你不期而遇"文字，并适当调整文字的大小和位置。

10 使用"椭圆工具"○绘制两个圆环，设置描边颜色为"白色"，将圆环分别放置于"你"文字的左上角和"遇"文字上，效果如图8-164所示。

图8-163　　　　　　　图8-164

8.5 栅格化对象

利用描摹对象功能可以将位图转换为矢量图形，而栅格化对象则是将矢量图形转换为位图。在执行栅格化操作时，Illustrator会将图形的路径转换为像素。

Illustrator中有两种栅格化对象的方法：选择【对象】/【栅格化】命令后，将永久栅格化对象；选择【效果】/【栅格化】命令后，将创建栅格化外观，而保留对象的原始样式，可以随时还原对象。

先选择矢量图形，然后选择【效果】/【栅格化】命令或选择【对象】/【栅格化】命令，打开"栅格化"对话框，如图8-165所示。设置好相应的参数后，单击"确定"按钮，可将矢量图形将转换为位图。

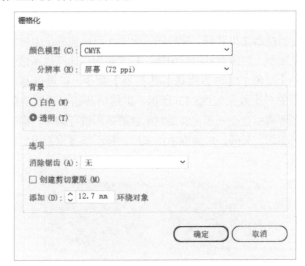

图8-165

● 颜色模型：可以在该下拉列表框中选择栅格化过程中使用的颜色模型，包含RGB或CMYK颜色模型（取决于当前文件的颜色模式）、灰度模型及位图模型。

● 分辨率：可以在该下拉列表框中设置栅格化后的图像中每英寸的像素数量。选择"使用文档栅格效果分辨率"选项，将使用全局分辨率数值；选择"其他"选项，可自定义分辨率数值。

● 背景：用于设置矢量图形背景中的透明区域的栅格化结果。选中"白色"单选项，背景中的透明区域将变为白色；选中"透明"单选项，背景中的透明区域将保持不变，且创建一个Alpha通道。

● 消除锯齿：可在该下拉列表框中设置是否应用消除锯齿效果，以优化栅格化图像的锯齿边缘。选择"无"选项，将不会应用消除锯齿效果；选择"优化图稿（超像素取样）"选项，将应用最适合无文字图稿的消除锯齿效果；选择"优化文字（提示）"选项，将应用最适合文字的消除锯齿效果。

● 创建剪切蒙版：选中该复选框，将创建一个能使栅格化图像的背景显示为透明效果的蒙版。若已在"背景"栏中选中了"透明"单选项，则不需要再选中"建立剪切蒙版"复选框。

● 添加环绕对象：可以指定数值为栅格化图像添加边缘填充或边框效果。

8.6 综合实训：制作空调直通车海报

淘宝直通车是为淘宝和天猫商家量身定制的广告位，可以实现商品的精准推广。消费者点击直通车海报，可以直接进入对应的店铺或者商品详情页。因此，一张具有吸引力的直通车海报能够为店铺带来较高的流量和转化率，也能将商品信息传达给更多消费者。

8.6.1 实训要求

"双十二"年度大促即将到来，各大商家都开始积极准备营销方案，某空调店铺也准备推出促销活动。现需制作空调直通车海报，要求在展示商品的同时，突出商品卖点及促销力度；要求海报整洁、美观，能够吸引消费者，海报尺寸为800像素×800像素。

8.6.2 实训思路

（1）直通车海报需要让消费者直观了解活动信息，因此本例将海报版面划分为上下两个区域，上方区域用于展示商品名称和卖点等，下方区域用于展示活动价格和优惠信息。

（2）直通车海报的图文搭配需要比例平衡、整齐统一、符合逻辑，重点信息可通过改变文字大小或者颜色来突出展示。

（3）直通车海报中的文字内容需要符合消费者的心理，紧扣消费者的诉求。只有突出活动力度和商品的关键信息，才能在第一时间吸引消费者的视线。

（4）结合本章介绍的知识，使用混合工具制作背景中的线条元素，增强画面的柔和感。使用晶格化工具和封套扭曲功能能制作文字的背景，以突出文字信息。

（5）本实训可采用红色和橙色为主色，使海报颜色鲜亮，具有一定的视觉冲击力。

本实训完成后的参考效果如图8-166所示。

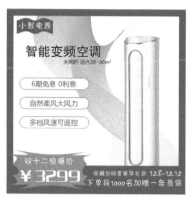

图8-166

8.6.3 制作要点

知识要点	混合对象、替换混合轴、使用晶格化工具、使用网格建立封套扭曲、使用钢笔工具
配套资源	素材文件\第8章\空调.png 效果文件\第8章\空调直通车海报.ai

扫码看视频

本实训主要包括绘制元素、制作文字背景、添加文字3个部分，主要操作步骤如下。

1 新建一个800像素×800像素的文件，设置文件名称为"空调直通车海报"，然后置入"空调.png"素材文件。

2 使用"钢笔工具" 绘制两条曲线，分别为它们填充颜色；然后使用"混合工具" 混合两条曲线，并设置混合选项，增加混合对象的步骤数，使混合效果更加平滑。

3 使用"钢笔工具" 再绘制一条曲线，选择该曲线和步骤2中的混合对象，将混合对象的混合轴替换为新的曲线，制作出海报的背景线条。

4 绘制一个矩形，使用"晶格化工具" 变形矩形，制作出爆炸的图形效果，并将其作为价格文字的背景，以突显活动的优惠力度。

5 绘制一个矩形，使用网格建立封套扭曲，然后使用"直接选择工具" 选择并拖动多个锚点，制作出波浪，作为店铺名称的背景。

6 在海报四周绘制多个红色矩形，增强海报整体的视觉效果。

7 在海报中输入直通车海报的其他文字信息，注意区分主次文字信息的颜色和字号。

巩固练习

1. 制作足球图标

本练习将制作足球图标，制作时先使用多边形工具和直线段工具绘制出足球的平面图，然后将其栅格化为位图，再使用膨胀工具变形图形，使其具有球体表面的效果，完成后的参考效果如图8-167所示。

配套资源　效果文件\第8章\足球.ai

图8-167

2. 制作艺术文字

本练习将制作"spring"艺术文字，制作时先变形和复制文字，然后使用混合工具制作出立体效果，再添加与春天相关的元素和背景，得到具有春日氛围的艺术文字，完成后的参考效果如图8-168所示。

配套资源　素材文件\第8章\树叶.ai、春天背景.jpg
　　　　　效果文件\第8章\艺术字.ai

图8-168

 技能提升

在使用"混合工具" 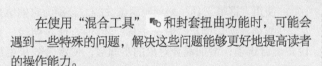 和封套扭曲功能时，可能会遇到一些特殊的问题，解决这些问题能够更好地提高读者的操作能力。

1. 混合对象时的混合步骤只有3步的原因

在混合对象时，为了实现混合对象之间颜色的平滑过渡，Illustrator将自动计算出最佳的混合步骤数。在对象之间的距离相差不大时，混合步骤默认为3步。若要修改混合步骤数，则需要选择【对象】/【混合】/【混合选项】命令，在打开的"混合选项"对话框中进行设置。

2. 图形不能封套扭曲的解决办法

使用封套扭曲功能变形对象时，可能会出现"选区包含无法扭曲的对象"提示，一般情况下，出现该提示是因为该对象是链接对象。此时可选择【窗口】/【链接】命令，打开"链接"画板，选择链接对象，单击该面板右上角的 ≡ 按钮，在弹出的下拉列表中选择"嵌入图像"选项，之后就能对该对象进行封套扭曲操作了。

第 9 章

应用图表、符号和图形样式

9.1 应用图表

在Illustrator中，当数据较多时，可以通过图表的形式对数据进行统计和分析管理。而在应用图表前，需要先了解图表的类型，然后创建图表，再编辑和美化图表。

9.1.1 图表类型

在Illustrator中，要想清晰地呈现数据间的相对关系，需要先了解图表的类型。Illustrator提供了多种图表类型，包括柱形图、堆积柱形图、条形图、堆积条形图、折线图、面积图、散点图、饼图和雷达图等。

● 柱形图：柱形图常用于展现一段时间内数据的变化情况或各项数据之间的对比情况。图9-1所示为使用柱形图展现每季度数据的变化趋势。在Illustrator中，可使用"柱形图工具" ⅰ 制作柱形图。

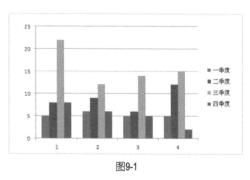

图9-1

● 堆积柱形图：堆积柱形图以二维垂直堆积矩形的形式显示数据，常用于强调多个数据系列的总数值。图9-2所示为使用堆积柱形图展现每个季度不同系列产品的销售数量。在Illustrator中，可使用"堆积柱形图工具" ⅰ 制作堆积柱形图。

● 条形图：条形图用一个单位长度表示一定的数量，根据数量的多少形成长短不同的矩形条，然后将这些矩形条按一定的顺序排列起来。图9-3所示为使用条形图展现并对比第1季度和第2季度各产品的销售数量。在Illustrator中，可使用"条形图工具" 制作条形图。

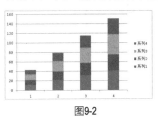
图9-2

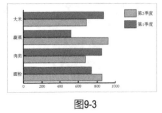
图9-3

● 堆积条形图：堆积条形图与堆积柱形图相似，堆积条形图能够直观地展现数据，易于比较数据，并发现数据之间的差别。除此之外，它还能反映系列数据的总和，更加便于识别数据。在Illustrator中，可使用"堆积条形图工具" 制作堆积条形图。

● 折线图：折线图能直观地展示数据随时间推移发生的变化，常以点状图形为数据点，并从左向右用直线段将各数据点连接成折线形状。图9-4所示为使用折线图展示全国居民消费价格涨跌幅度的对比情况。在Illustrator中，可使用"折线图工具" 制作折线图。

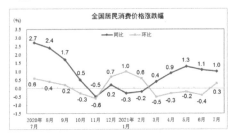
图9-4

● 面积图：面积图用于展示每个数值的变化量，能强调数据随时间变化的幅度，还能直观地体现整体和部分的关系。图9-5所示为使用面积图展示不同年份数据的增长情况。在Illustrator中，可使用"面积图工具" 制作面积图。

● 散点图：散点图用两组数据构成多个坐标点，通过坐标点的分布判断两个变量之间是否存在某种关联，或总结坐标点的分布模式，散点图通常用于比较跨类别的聚合数据。图9-6所示为使用散点图对比6个月的产量与销量数据。在Illustrator中，可使用"散点图工具" 制作散点图。

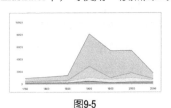
图9-5

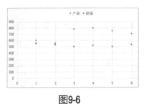
图9-6

● 饼图：饼图用于显示一个数据系列中各项数据的大小与各项数据的占比，利用饼图能直观地分析项目的数据组成与占比情况，图9-7所示为使用饼图展示每周数据的对比效果。在Illustrator中，可使用"饼图工具" 制作饼图。

● 雷达图：雷达图可在从同一点开始的轴线上表示3项或更多项数据，雷达图是以二维图表的形式显示多项数据、数值的分布情况的图表，且各项数据根据其数值的不同，会从轴线中心向外扩展。图9-8所示为使用雷达图展现第1季度和第2季度各个产品的数据分布情况。在Illustrator中，可使用"雷达图工具" 制作雷达图。

图9-7   图9-8

9.1.2 创建图表

数据类型不同，选择的图表类型也应有所不同，但不同类型图表的创建方法基本相同。具体创建方法为：选择合适的图表工具，例如，选择"饼图工具" ，在画板中单击，打开"图表"对话框，在其中设置图表的高度与宽度，单击"确定"按钮确认图表的大小，如图9-9所示；也可直接在画板中按住鼠标左键并拖动鼠标，确定图表的位置和大小，打开"图表数据"面板，在其中输入图表的数据内容，然后单击"应用"按钮 确认数据内容，如图9-10所示。返回画板可查看创建图表后的效果，如图9-11所示。

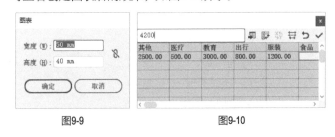
图9-9   图9-10

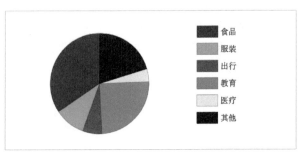
图9-11

9.1.3　添加图表数据

在创建图表时需要输入数据。在Illustrator中可以通过以下3种方法来输入图表数据。

1.　利用图表数据输入框输入图表数据

在图表数据输入框中，每一个方格就是一个单元格，在单元格中可输入图表数据。以第一个单元格为起始点，第一个单元格右侧单元格中的内容为图例名称，第一个单元格下方的单元格中的内容为图表标签。图例名称是组成图表的必要元素，一般情况下需要先输入图表标签和图例名称，然后在其他单元格中输入图表数据，图表数据输入完，单击"应用"按钮☑即可创建图表，如图9-12所示。

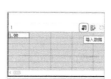

图9-13　　　　　　　　　　　图9-14

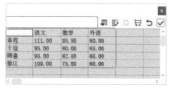

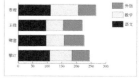

图9-15　　　　　　　　　　　图9-16

在选择文本文件时需要注意：文本文件中的每个数据应由制表符隔开，每行的数据应由段落回车符隔开。例如，在记事本中输入一行数据，每项数据需要按【Tab】键隔开，然后再按【Enter】键换行，再输入下一行数据，如图9-17所示。

图9-12

2.　导入其他文件中的图表数据

在Illustrator中可导入其他文件中的图表数据，需注意该图表数据必须保存为文本格式。导入其他文件中的图表数据的方法为：在画板中确定图表大小后，将打开"图表数据"面板，单击"导入数据"按钮🗐，如图9-13所示；打开"导入图表数据"对话框，在其中选择需要导入的文本文件，例如，选择"成绩统计表.txt"文本文件，单击"打开"按钮，如图9-14所示；可发现选择的文件中的内容已导入当前的图表数据输入框中，如图9-15所示；单击面板右上角的"应用"按钮☑完成图表的制作，效果如图9-16所示。

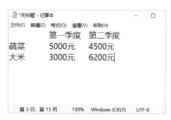

图9-17

3.　从其他的程序或图表中复制数据

利用复制、粘贴的方法，可以从电子表格（如Excel电子表格）或文本文件中复制需要的内容。具体的操作方法为：先在其他程序中选择需要复制的数据，再选择【编辑】/【复制】命令（或按【Ctrl+C】组合键），然后在Illustrator中打开"图表数据"面板，选择要粘贴数据的单元格，按【Ctrl+V】组合键，将需要的数据复制到选择的单元格中，完成后单击"应用"按钮☑即可创建相应的图表。

9.1.4 转换图表类型

制作完图表后，如果想将当前图表的类型转换为另一种类型，则可利用"图表类型"对话框进行转换。图9-18所示为将柱形图转换为面积图。

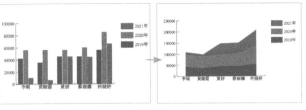

图9-18

转换图表类型的具体方法为：在画板中选择需要转换类型的图表，然后双击工具箱中的任意一种图表工具或选择【对象】/【图表】/【类型】命令，打开图9-19所示的"图表类型"对话框；在"类型"栏中单击需要转换的图表类型对应的按钮，单击"确定"按钮。

图9-19

"图表类型"对话框中各选项的作用如下。

● 数值轴：此选项用于确定数值轴（此轴表示测量单位）的位置，包括位于左侧、位于右侧、位于两侧。

● 添加投影：选中"添加投影"复选框，可为图表添加投影效果，如图9-20所示。

● 在顶部添加图例：默认情况下，图例显示在图表的右上角。若选中"在顶部添加图例"复选框，则图例显示在图表顶部，如图9-21所示。

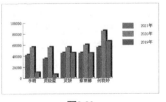

图9-20

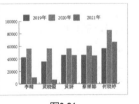

图9-21

● 第一行在前：选中"第一行在前"复选框，图表中的第一行数据将显示在前面。该复选框常与"列宽""簇宽度"数值框结合使用。

● 第一列在前：选中"第一列在前"复选框，图表中的第一列数据将显示在前面。该复选框常与"列宽""簇宽度"数值框结合使用。

● 列宽：该数值框用于定义图表中矩形条的宽度。当该值大于100%时，矩形条将相互堆叠；当该值小于100%时，矩形条之间会存在空隙；当该值为100%时，矩形条会相互对齐。图9-22、图9-23分别为设置该值为40%和140%时的图表效果。

图9-22

图9-23

● 簇宽度："簇宽度"即"组宽度"，该数值框用于定义一组中所有矩形条的总宽度。"簇"就是指与图表数据输入框中一行数据相对应的一组矩形条。注意：当簇宽度大于100%时，相邻的矩形条会重叠在一起，甚至会溢出坐标轴。图9-24、图9-25分别为设置该值为50%和140%时的图表效果。

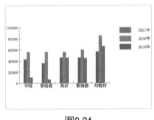

图9-24

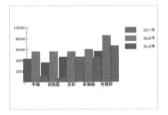

图9-25

9.1.5 自定义图表

在实际设计中，为了适应不同的情况，有时需要更改图表的颜色、文字属性等，甚至需要绘制自定义图案，从而创建的图表丰富多彩，并满足工作需要。

1. 修改图表样式

图表绘制完成后，其是以灰度模式显示的，为了使图表更美观、生动，设计人员可以修改图表颜色和文字样式等。若要修改图表颜色，则可使用"直接选择工具"选择图表，然后在"颜色"面板中设置要修改的颜色。若要修改文字样式，则先选择文字，再在工具属性栏或"属性"面板中修改文字的字体、字号、颜色等。

实战 编辑产品销量统计表

知识要点 转换图表类型、修改图表样式

配套资源 素材文件\第9章\产品销量统计表.ai
效果文件\第9章\产品销量统计表.ai

扫码看视频

操作步骤

1 打开"产品销量统计表.ai"素材文件，发现该图表是以饼图的形式展现的，各个区间的对比不够明显，且其颜色过于灰暗，不够美观，如图9-26所示。

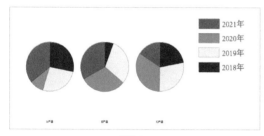

图9-26

2 选择【对象】/【图表】/【类型】命令，打开"图表类型"对话框，在"类型"栏中单击"柱形图"按钮；依次选中"第一行在前""第一列在前"复选框，然后设置列宽、簇宽度分别为"100%""90%"，单击"确定"按钮，如图9-27所示。发现图表已经发生了变化，效果如图9-28所示。

图9-27　　　　图9-28

3 使用"选择工具" 选择图表，打开"属性"面板，单击"快速操作"栏中的"重新着色"按钮。

4 打开"重新着色图稿"对话框，在"颜色组"列表框中选择"明亮"选项，然后单击"确定"按钮，如图9-29所示。若已有的颜色组不符合需求，则可编辑当前颜色进行调整。

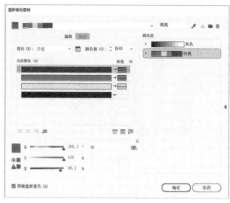

图9-29

5 返回画板发现图表颜色已经更改，由于着色后的图表中有黑色，效果不够美观，因此为了提升图表的美观度，还需对单个颜色进行更改。选择"直接选择工具" ，按住【Shift】键，依次选择柱形图中的黑色矩形条，在"属性"面板的"外观"栏中单击"填色"选项左侧的色块，在"色板"面板中单击"CMYK 蓝"色块，更改所选矩形条的颜色，如图9-30所示。

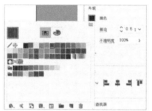 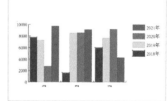

图9-30

6 使用相同的方法将黄色矩形条的颜色更改为"C:96、M:8、Y:100、K:0"，效果如图9-31所示。

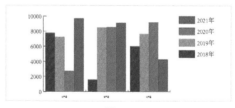

图9-31

7 选择"直接选择工具" ，按住【Shift】键选择图表中的所有文字，在"属性"面板中的"字符"栏中设置字体为"方正兰亭准黑_GBK"，字号为"21pt"，如图9-32所示。

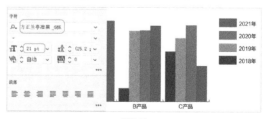

图9-32

8 按【Ctrl+S】组合键保存图表，最终效果如图9-33所示。

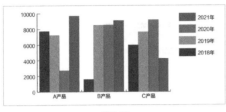

图9-33

2. 定义图表图案

如果想创建更加形象化和个性化的图表，则可通过定义图表图案来实现。

（1）定义图表设计

在定义图表设计时，用于标记图表的图案可以由简单的图形或路径组成，也可以由图案、文字等复杂对象组成。定义图表设计的方法为：在画板中选择需要的图形，然后选择【对象】/【图表】/【设计】命令，在打开的"图表设计"对话框中单击"新建设计"按钮，最后单击"确定"按钮，如图9-34所示。

图9-34

（2）运用图表设计

定义图表设计后，可对运用图表设计，不同类型的图表运用图表设计时用到的命令不同。例如，选择图9-35所示的柱形图后，选择【对象】/【图表】/【柱形图】命令，打开"图表列"对话框，如图9-36所示；在左侧的"选择列设计"列表框中单击自定义图案的名称，该图案便显示在右侧的预览窗口中，单击"确定"按钮，即可使用该图案替换图表中的矩形条和标记，如图9-37所示。

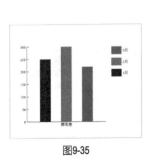

图9-35　　　　　　　图9-36

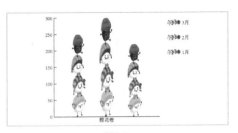

图9-37

9.2　应用符号

在Illustrator中，符号是指保存在"符号"面板中的图形，这些图形可以在当前文件中多次应用，且不会增大文件。符号的编辑操作一般在"符号"面板中进行。除此之外，还可使用符号喷枪工具组中的工具创建符号。

9.2.1　通过"符号"面板创建符号

选择【窗口】/【符号】命令或按【Shift+Ctrl+F11】组合键，可打开"符号"面板，如图9-38所示。

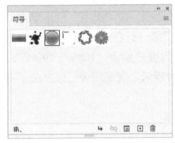

图9-38

"符号"面板中各个按钮的作用如下。

● 符号库菜单：单击"符号库菜单"按钮 ，可在弹出的下拉列表中选择预设的符号库选项。

● 置入符号实例：选择面板中的任意一个符号，单击"置入符号实例"按钮 ，可以在画板中创建一个该符号的实例。

● 断开符号链接：选择面板中的任意一个符号，单击"断开符号链接"按钮 ，可以断开它与符号样本的链接，该符号实例将成为可单独编辑的对象。

● 符号选项：单击"符号选项"按钮 ，可打开"符号选项"对话框。

● 新建符号：选择画板中的任意一个对象，单击"新建符号"按钮 ，可将其定义为符号。

● 删除符号：选择面板中的任意一个符号，单击"删除符号"按钮 🗑，可将其删除。

1. 应用符号

应用"符号"面板中的符号主要有以下4种方法。

● 通过按钮：在"符号"面板中选择需要的符号，单击面板下方的"置入符号实例"按钮 ⤵ 即可应用该符号。

● 直接拖动：直接将选择的符号拖动到面板中，即可应用该符号，如图9-39所示。

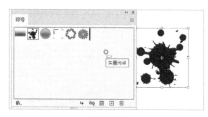

图9-39

● 通过列表选项：在"符号"面板中选择需要的符号，再单击面板右上角的 ≡ 按钮，在弹出的下拉列表中选择"放置符号实例"选项，如图9-40所示。

图9-40

● 通过工具：在"符号"面板中选择需要的符号，再选择"符号喷枪工具" 🔲，在画板中单击或拖动鼠标可以同时创建多个符号实例。

2. 创建新符号

设计人员如果不喜欢"符号"面板中的默认符号，则可将自己喜欢的图形创建为符号，以便随时调用。创建新符号的方法为：打开"符号"面板，使用"选择工具" ▶ 选择需要创建为新符号的图形，将其拖动至"符号"面板中；打开"符号选项"对话框，在"名称"文本框中输入符号的名称，单击"确定"按钮即可创建新符号，如图9-41所示。也可在画板中选择需要创建为新符号的图形，然后单击"符号"面板右上角的 ≡ 按钮，在弹出的下拉列表中选择"新建符号"选项，快速创建新符号。

"符号选项"对话框中各选项的作用如下。

● 名称：可在该文本框中输入新符号的名称。

● 导出类型：该下拉列表框中包含"影片剪辑"和"图形"两个选项。如果要将符号导出到Animate中，则选择"影片剪辑"选项；如果要将符号导出为图形，则选择"图形"选项。

● 启用9格切片缩放的参考线：如果要在Animate中使用9格切片缩放功能，则选中"启用9格切片缩放的参考线"复选框。

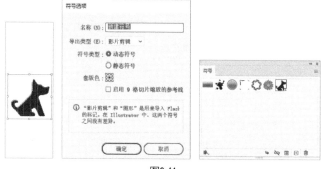

图9-41

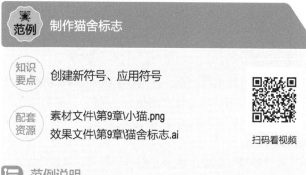

范例	制作猫舍标志

知识要点	创建新符号、应用符号

配套资源	素材文件\第9章\小猫.png 效果文件\第9章\猫舍标志.ai

扫码看视频

范例说明

"猫舍"宠物店决定运用猫咪矢量图制作一个符合店铺定位的标志。考虑到后续还会使用该矢量图进行产品图、海报、广告等的设计，因此在制作标志时先将猫咪矢量图保存到"符号"面板中，方便随时调用，然后运用该符号设计标志。

操作步骤

1 新建一个800像素×800像素的文件，选择"矩形工具" 🔲，沿着画板边缘绘制一个矩形，设置填充颜色为"C:1、M:2、Y:12、K:0"，取消描边。

2 打开"小猫.png"素材文件，然后打开"符号"面板，使用"选择工具" ▶ 选择素材，将素材拖动至"符号"

面板中；打开"符号选项"对话框，在"名称"文本框中输入符号的名称，这里输入"猫咪"；然后在"导出类型"下拉列表框中选择"图形"选项，选中"静态符号"单选项，单击"确定"按钮，如图9-42所示。

3 返回"符号"面板，发现"符号"面板中已添加了"猫咪"符号，如图9-43所示。

图9-42　　　　　　　　图9-43

4 选择"椭圆工具" ⬭，在画板绘制一个600像素×600像素的圆形，设置填充颜色为"白色"，描边颜色为"C:65、M:68、Y:74、K:26"，描边粗细为"10 pt"，如图9-44所示。

5 在"符号"面板中选择"猫咪"符号，单击 ☰ 按钮，在弹出的下拉列表中选择"放置符号实例"选项，如图9-45所示。

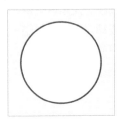

图9-44　　　　　　　　图9-45

6 使用"选择工具" ▶ 将猫咪实例拖动到圆形中，调整猫咪实例的大小和位置，如图9-46所示。

7 选择"文字工具" T，在猫咪实例的左侧输入"猫""——""舍"文字，设置文字字体为"汉仪清韵体简"，字号为"112.55 pt"，颜色为"黑色"，调整文字的位置，效果如图9-47所示，完成后按【Ctrl+S】组合键保存标志。

图9-46　　　　　　　　图9-47

9.2.2 用符号喷枪工具组创建符号

在应用符号的过程中，若需要同时创建多个相同的符号实例，则通过"符号"面板逐个添加会十分烦琐，此时可使用符号喷枪工具组中的工具在画板中喷射出大量无序排列的符号实例，以提升设计效率。

1. 符号喷枪工具

使用"符号喷枪工具" 🔳 可以将大量相同的符号添加到画板中。使用"符号喷枪工具" 🔳 创建的一组符号实例被称为符号组，设计人员可以在一个符号组中添加不同的符号实例。图9-48所示为"符号喷枪工具" 🔳 在作品中的应用效果。

图9-48

应用"符号喷枪工具" 🔳 的具体方法为：选择"符号喷枪工具" 🔳，打开"符号"面板，选择需要添加的符号，然后在画板中单击或拖动鼠标，添加符号实例，如图9-49所示。

图9-49

若需要调整"符号喷枪工具" 🔳 的参数，则双击"符号喷枪工具" 🔳，打开"符号工具选项"对话框，在其中可调整直径、强度、符号组密度、紧缩、大小等参数，然后单击"确定"按钮，如图9-50所示，再进行符号实例的添加。

图9-50

"符号工具选项"对话框中各选项的作用如下。

● 直径：在该数值框中输入数值，可确定符号工具的画笔大小。

● 方法：选择"用户定义"选项，可根据鼠标指针的位置逐步调整符号实例；选择"随机"选项，可在鼠标指针对应的区域中随机修改符号实例；选择"平均"选项，将逐步平滑符号实例。

● 强度：用于设置符号工具的速度，该值越大，速度越快。

● 符号组密度：用于设置符号实例的密度，该值越大，符号实例的密度就越大。如果当前选择了整个符号组，则修改符号组的密度值将影响符号组中所有符号实例的密度，但不会影响符号实例的数量。

● 缩紧/滤色/大小染色/旋转/样式：这些下拉列表框只有在选择"符号喷枪工具"工具 时才会出现，用于控制喷射符号实例的效果。其中每个下拉列表框中均提供了两种选项，选择"平均"选项，可以添加一个新符号实例，它的值为现有符号实例的平均值；选择"用户定义"选项，会为每个参数应用特定的预设值。另外，选择"符号缩放器工具" ，"符号工具选项"对话框的同一位置会显示"等比缩放"和"调整大小影响密度"两个复选框。选中"等比缩放"复选框，可保持缩放时每个符号实例的形状一致；选中"调整大小影响密度"复选框，在放大时可以使符号实例彼此远离，在缩小时可以使符号实例彼此聚拢。

● 显示画笔大小和强度：选中"显示画笔大小和强度"复选框，在使用"符号喷枪工具" 时会显示画笔的大小和强度。

2. 符号移位器工具

使用"符号移位器工具" 可以在画板中移动选择的符号实例。其方法为：先选择符号实例或符号组，然后选择"符号移位器工具" ，直接拖动需要移动的符号实例可移动符号实例。图9-51所示为移动前的效果，图9-52所示为移动后的效果。按住【Shift】键再单击某个符号实例，可

以将其移动到所有符号实例的前面。按住【Shift+Alt】组合键再单击某一个符号实例，可以将其移动到所有符号实例的后面。

图9-51　　　　　　图9-52

3. 符号紧缩器工具

使用"符号紧缩器工具" 可以将选择的符号实例向鼠标指针所在的位置聚拢。其方法为：先选择符号实例或符号组，然后选择"符号紧缩器工具" ，直接拖动需要紧缩的符号实例可紧缩符号实例。图9-53所示为符号实例紧缩前的效果，图9-54所示为符号实例紧缩后的效果。

图9-53　　　　　　图9-54

在使用"符号紧缩器工具" 时，如果同时按住【Alt】键，则可使符号实例远离鼠标指针所在的位置。图9-55所示为符号实例远离鼠标指针所在位置前的效果，图9-56所示为符号实例远离鼠标指针所在位置后的效果。

图9-55　　　　　　图9-56

4. 符号缩放器工具

使用"符号缩放器工具" 可以调整符号实例的大小。其方法为：先选择符号实例或符号组，然后选择"符号缩放器工具" ，在选择的符号实例上单击可放大符号实例。图9-57所示为符号实例放大前的效果，图9-58所示为符号实例放大后的效果。

图9-57

图9-58

使用"符号缩放器工具" ◎ 时，如果按住【Alt】键，再单击选择的符号实例，则可缩小符号实例，图9-59所示为符号实例缩小前的效果，图9-60所示为符号实例缩小后的效果。如果按住【Shift】键再单击符号实例，则可将其删除。

图9-59

图9-60

5. 符号旋转器工具

使用"符号旋转器工具" ◎ 可以旋转所选符号。其方法为：先选择符号实例或符号组，然后选择"符号旋转器工具" ◎ ，在需要旋转的符号实例上单击并拖动鼠标，可旋转符号实例。图9-61所示为旋转符号实例前的效果，图9-62所示为旋转符号实例后的效果。

图9-61

图9-62

6. 符号着色器工具

使用"符号着色器工具" ◎ 可修改符号实例颜色。其方法为：先选择符号实例或符号组，然后选择"符号着色器工具" ◎ ，设置前景色（该前景色为对符号实例进行着色后的颜色），在需要修改颜色的符号实例上按住鼠标左键，可发

现符号实例的颜色会随着时间的推移发生变化，按住左键的时间越长（或单击次数越多），着色程度越高。图9-63所示为着色前的效果，图9-64所示为设置前景色为红色，并对符号实例进行着色后的效果。

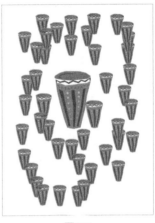
图9-63

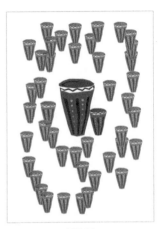
图9-64

7. 符号滤色器工具

使用"符号滤色器工具" ◎ 可以更改符号实例的透明度。其方法为：先选择符号实例或符号组，然后选择"符号滤色器工具" ◎ ，将鼠标指针放置在需要调整透明度的符号实例上，按住鼠标左键，即可调整某透明度，按住鼠标左键的时间越长，符号实例越透明。如果同时按住【Alt】键，则可以恢复符号实例的透明度。图9-65所示为降低透明度前的效果，图9-66所示为降低透明度后的效果。

图9-65

图9-66

8. 符号样式器工具

使用"符号样式器工具" ◎ 可以对所选符号实例应用在"图形样式"面板中选择的样式。其方法为：先选择符号实例或符号组，然后选择"符号样式器工具" ◎ ，再选择【窗口】/【图形样式】命令或按【Shift+F5】组合键打开"图形样式"面板，在其中选择要添加的样式，返回画板，将鼠标指针放置在需要应用样式的符号实例上，单击可发现选择的样式已

经添加到符号实例上了。按住【Alt】键，可取消符号实例应用的样式。图9-67所示为符号实例应用样式前的效果，图9-68所示为符号实例应用样式后的效果。

图9-67　　　　　　　　　图9-68

知识
要点　应用"符号"面板和符号喷枪工具组中的工具

配套
资源　素材文件\第9章\背景.png、瓶子.ai
效果文件\第9章\护肤品海报.ai

扫码看视频

范例说明

　　大多数护肤品具有自然、安全等特点，为了体现这些特点往往需要使用相关的素材来表现护肤品。为了提高工作效率，本例将直接运用"自然"符号库面板中的草地、小草、植物、石头等符号。为了让海报效果更加美观，可对添加的符号实例进行编辑，并添加文字和护肤品图像来丰富海报画面。

1　新建一个1024像素×1920像素的文件，将"背景.png"素材文件拖动到画板中，调整素材的大小和位置，使其对齐画板，然后打开"图层"面板并锁定对应图层，如图9-69所示。

2　按【Shift+Ctrl+F11】组合键打开"符号"面板，单击"符号库菜单"按钮，在弹出的下拉列表中选择"自然"选项，如图9-70所示。

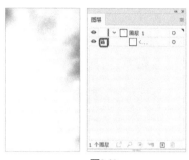

图9-69　　　　　　　　　图9-70

3　打开"自然"符号库面板，选择"草地3"符号，发现选择的符号已经添加到了"符号"面板中，如图9-71所示。

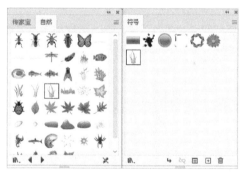

图9-71

4　双击"符号喷枪工具"，打开"符号工具选项"对话框，设置直径为"500 px"，强度为"8"，符号组密度为"3"，单击"确定"按钮，如图9-72所示。

图9-72

5 在画板底部单击并拖动鼠标，完成符号实例的创建，效果如图9-73所示。

6 选择"符号缩放器工具" ，在需要放大的草地符号实例上单击并拖动鼠标，放大单个草地符号实例，重复放大操作，效果如图9-74所示。

图9-73 　　　　　　　　　图9-74

7 双击"符号缩放器工具" ，打开"符号工具选项"对话框，设置直径为"100 px"，单击"确定"按钮。

8 按住【Shift】键，在多余的草地符号实例上单击，以删除多余的草地符号实例，然后缩小所有草地符号实例，效果如图9-75所示。

9 选择"符号滤色器工具" ，依次单击后方的草地符号实例，使其形成图9-76所示的草地效果。

图9-75 　　　　　　　　　图9-76

10 调整透明度后，发现草地较为杂乱，为了突显主体，还需要再次删除多余的符号实例。选择"符号缩放器工具" ，按住【Shift】键，在多余的草地符号实例上单击，删除多余的草地符号实例，然后放大草地符号实例，效果如图9-77所示。

11 打开"瓶子.ai"素材文件，将其拖动到草地符号实例上，调整该素材的位置和大小，如图9-78所示。

12 在"自然"符号库面板中选择"植物1"符号，将其拖动到画板中，调整植物符号实例的大小，并将其放于瓶子右侧，效果如图9-79所示。

13 使用相同的方法将"草地3""岩石5"符号拖动到画板中，调整符号实例的大小和位置，效果如图9-80所示。

图9-77 　　　　　　　　　图9-78

图9-79 　　　　　　　　　图9-80

14 将"草地4"符号拖动到画板下方，调整符号实例的大小和位置，效果如图9-81所示。

15 设置填充颜色为"C:57、M:13、Y:88、K:0"，选择"符号着色器工具" ，在草地符号实例上单击以对其进行重新着色，效果如图9-82所示。

图9-81 　　　　　　　　　图9-82

16 将"草地3""草地4""岩石1""岩石4""植物1"符号拖动到画板中，调整符号实例的大小和位置，效果如图9-83所示。

17 选择"文字工具" **T** ，在画板上方输入"温柔护肤的选择""让美丽破茧新生"文字，设置文字字体为"方正卡通简体"，颜色为"C:82、M:50、Y:100、K:14"，调整文字的位置和大小，如图9-84所示。

图9-83　　　　　　　图9-84

18 使用"文字工具" **T** 在画板上方输入"Young and beautiful"文字，设置文字字体为"方正静蕾简体"，颜色为"C:78、M:82、Y:83、K:67"，调整文字的位置和大小，如图9-85所示。

19 在"符号"面板中单击"符号库菜单"按钮 **⌗.** ，在弹出的下拉列表中选择"庆祝"选项，打开"庆祝"符号库面板，选择"王冠""宝石"符号，将它们拖动到文字上，调整符号实例的大小和位置，效果如图9-86所示。

图9-85　　　　　　　图9-86

20 由于画板外侧还有多余的图形，因此，为了便于查看海报效果，需隐藏画板外的内容。选择"矩形工具" **□** ，沿着画板边缘绘制一个矩形，按【Ctrl+A】组合键全选图形，然后按【Ctrl+7】组合键创建剪切蒙版，此时只显示画板内的内容。

21 完成后按【Ctrl+S】组合键保存护肤品海报。

图9-87

9.3　应用图形样式

图形样式是一组可反复使用的外观属性，使用图形样式可以快速更改对象的外观，如更改对象的填充和描边属性等，此外还可以为对象应用多种特殊效果。

9.3.1　认识"图形样式"面板

"图形样式"面板常用于快速为所选对象设置已定义的描边、填充、阴影等效果，同时"图形样式"面板具有创建、管理和存储图形样式的功能。选择【窗口】/【图形样式】命令，或按【Shift+F5】组合键，可打开"图形样式"面板，如图9-88所示。

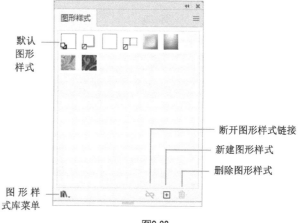

图9-88

默认图形样式

图形样式库菜单

断开图形样式链接
新建图形样式
删除图形样式

"图形样式"面板中各个按钮的作用如下。

● 默认图形样式：单击"默认图形样式"按钮，可以将当前选择的对象设置为默认的基本图形样式，即描边颜色为黑色和填充颜色为白色。

● 图形样式库菜单：单击"图形样式库菜单"按钮，可在弹出的下拉列表中选择一个图形样式库。

● 断开图形样式链接：单击"断开图形样式链接"按钮，可断开当前对象使用的图形样式与面板中图形样式的链接，断开链接后，可单独修改对象使用的图形样式，而不会影响面板中的图形样式。

● 新建图形样式：单击"新建图形样式"按钮，可以将当前对象的样式保存到"图形样式"面板中，以便其他对象使用。

● 删除图形样式：选择面板中的图形样式，单击"删除图形样式"按钮，可将该图形样式删除。

9.3.2 应用图形样式

当将"图形样式"面板中的图形样式应用到对象上时，对象和图形样式之间将创建链接。若"图形样式"面板中的图形样式发生了变化，那么应用到对象中的图形样式也会随之发生改变。应用图形样式的方法为：选择需要添加图形样式的对象，打开"图形样式"面板，选择需要的图形样式，按住鼠标左键将其拖动到选择的对象上，即可为对象应用该图形样式，如图9-89所示。

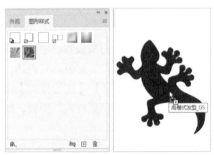

图9-89

实战 对文字应用图形样式

知识要点	应用图形样式
配套资源	素材文件\第9章\文字.ai 效果文件\第9章\文字.ai

扫码看视频

操作步骤

1 打开"文字.ai"素材文件，使用"选择工具"选择背景图形。选择【窗口】/【图形样式】命令，打开"图形样式"面板，单击"图形样式库菜单"按钮，在弹出的下拉列表中选择"纹理"选项，如图9-90所示。

图9-90

2 打开"纹理"图形样式库面板，选择"RGB草"图形样式，然后将其拖动到背景图形中，为背景图形添加该纹理，如图9-91所示。

3 按住【Shift】键依次单击蓝色文字，然后单击"图形样式库菜单"按钮，在弹出的下拉列表中选择"涂抹效果"选项，打开"涂抹效果"图形样式库面板，选择"涂抹5"图形样式，然后将其应用到蓝色文字上，如图9-92所示。

图9-91

图9-92

4 此时画板中的整体效果如图9-93所示，按【Ctrl+S】组合键保存文件。

图9-93

9.3.3　创建与编辑图形样式

Illustrator提供的图形样式可能无法满足某些设计需求，若设计人员需要自定义图形样式，则需要先创建图形样式，再对其进行编辑。

1.　创建图形样式

创建图形样式的方法非常简单：先选择要创建为图形样式的图形，再单击"图形样式"面板右上角的 ☰ 按钮，在弹出的下拉列表中选择"新建图形样式"选项，如图9-94所示；打开"图形样式选项"对话框，在"样式名称"文本框中输入新建样式的名称，如图9-95所示；单击"确定"按钮，即可将其创建为图形样式，如图9-96所示。

图9-94

图9-95

图9-96

2.　删除和复制图形样式

在"图形样式"面板中，可以对图形样式进行删除和复制操作。

● 删除图形样式：选择"图形样式"面板中需要删除的图形样式，单击"图形样式"面板右上角的 ☰ 按钮，在弹出的下拉列表中选择"删除图形样式"选项；或将需要删除的图形样式拖动至面板底部的"删除图形样式"按钮 🗑 上，也可删除该图形样式。

● 复制图形样式：选择"图形样式"面板中需要复制的图形样式，单击"图形样式"面板右上角的 ☰ 按钮，在弹出的下拉列表中选择"复制图形样式"选项；或将需要复制的图形样式拖动到"新建图形样式"按钮 ⊞ 上，也可复制该图形样式，复制得到的图形样式将显示在"图形样式"面板的末尾，如图9-97所示。

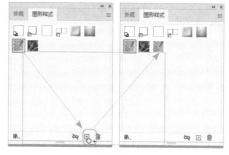

图9-97

3.　合并图形样式

在编辑图形样式的过程中，为了使图形样式满足使用需求，常常需要合并两种或更多种图形样式。其操作方法为：在按住【Ctrl】键的同时在"图形样式"面板中选择需要合并的多个图形样式，再单击面板右上角的 ☰ 按钮，在弹出的下拉列表中选择"合并图形样式"选项，在打开的"图形样式选项"对话框中为合并的图形样式命名，单击"确定"按钮，如图9-98所示，即可将选择的多个图形样式合并为一个图形样式。

图9-98

4.　重新定义图形样式

在"图形样式"面板中可以重新定义图形样式，从而生成新的图形样式，以满足设计需要。其方法为：选择并添加图形样式后，如图9-99所示，选择【窗口】/【外观】命令，打开"外观"面板，在其中重新设置图形样式的参数，如图9-100所示。

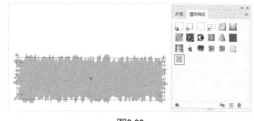

图9-99

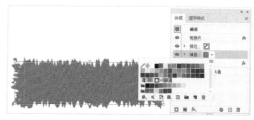

图9-100

9.3.4 从其他文件中导入图形样式

若"图形样式"面板中的图形样式无法满足需求，则可从其他文件中导入图形样式。其方法为：单击"图形样式"面板右上角的 ≣ 按钮，在弹出的下拉列表中选择【打开图形样式库】/【其他库】选项，如图9-101所示；在打开的"选择要打开的库"对话框中选择需要的文件，单击"打开"按钮，将该文件中的图形样式导入"图形样式"面板，如图9-102所示。

图9-101

图9-102

制作宠物App图标

知识要点　添加与编辑图形样式

配套资源　素材文件\第9章\小狗.ai　效果文件\第9章\宠物App图标.ai

扫码看视频

范例说明

一家宠物店铺需要为新上线的App制作图标，在制作前，该店铺提供了一个卡通风格的小狗素材，要求以该素材为基础制作一个立体感十足、以蓝色为主色的图标。根据店铺对图标的要求，设计人员可采用在圆角矩形中添加图形样式的方式来制作图标。

操作步骤

1　新建一个300像素×300像素的文件，选择"圆角矩形工具" ▣，在工具属性栏中设置填充颜色为"C:75、M:26、Y:0、K:0"，圆角半径为"30 px"，然后在画板中绘制一个160像素×160像素的圆角矩形，如图9-103所示。

2　打开"图形样式"面板，单击面板左下角的"图形样式库菜单"按钮 ▥，在弹出的下拉列表中选择"按钮和翻转效果"选项，如图9-104所示。

图9-103

图9-104

3　在打开的"按钮和翻转效果"图形样式库面板中选择"斜角蓝色插入"样式，为图形添加该样式，效果如图9-105所示。

图9-105

4　选择【窗口】/【外观】命令，打开"外观"面板，单击第一个"填色"选项右侧的色块，打开"渐变"面板，双击第一个色标，打开颜色调整面板，单击"色板"选项卡，在右侧的面板中选择"白色"作为第一个色标的颜色，如图9-106所示。

图9-106

5 双击第2个色标，打开颜色调整面板，单击"颜色"选项卡，设置颜色值为"C:52、M:0、Y:0、K:0"，如图9-107所示。

6 双击第3个色标，打开颜色调整面板，单击"色板"选项卡，在右侧的面板中选择"CMYK 青"颜色，然后单击"颜色"选项卡，设置颜色值为"C:80、M:3、Y:0、K:0"，如图9-108所示。

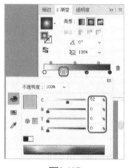

图9-107　　　　　　　　图9-108

7 双击第4个色标，打开颜色调整面板，单击"颜色"选项卡，在"CMYK色谱"中吸取颜色，然后调整颜色值为"C:100、M:28、Y:0、K:0"，如图9-109所示。

8 返回"外观"面板，单击第3个"填色"选项右侧的色块，在打开的面板中选择"C:85、M:50、Y:0、K:0"颜色，如图9-110所示。

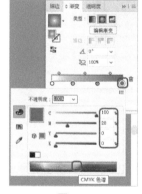

图9-109　　　　　　　　图9-110

9 返回画板查看设置颜色后的圆角矩形，效果如图9-111所示。

10 打开"小狗.ai"素材文件，将其拖动到圆角矩形中，调整其位置和大小，如图9-112所示。

11 在"按钮和翻转效果"图形样式库面板中选择"白金-按下鼠标"样式，如图9-113所示，在"图形样式"面板中添加选择的图形样式。

12 单击"图形样式"面板下方的"图形样式库菜单"按钮，在弹出的下拉列表中选择"文字效果"选项。

13 在打开的"文字效果"图形样式库面板中选择"金属金"样式，如图9-114所示，在"图形样式"面板中添加选择的图形样式。

图9-111　　　　　　　　图9-112

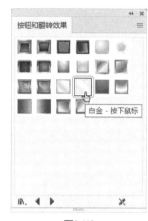

图9-113　　　　　　　　图9-114

14 在按住【Ctrl】键的同时，在"图形样式"面板中选择"白金-按下鼠标""金属金"样式，再单击面板右上角的 按钮，在弹出的下拉列表中选择"合并图形样式"选项。

15 打开"图形样式选项"对话框，设置"样式名称"为"小狗效果"，单击"确定"按钮，如图9-115所示，为素材添加合并后的图形样式。

图9-115

16 选择【效果】/【风格化】/【投影】命令，打开"投影"对话框，在其中设置参数，如图9-116所示，单击"确定"按钮。

17 返回画板即可看到最终效果，如图9-117所示，按【Ctrl+S】组合键保存文件。

图9-116

图9-117

 小测 制作金属字效果

配套资源\素材文件\第9章\金属背景.ai
配套资源\效果文件\第9章\金属字.ai

本小测将使用图形样式制作金属字效果。要求在"金属背景.ai"素材文件中输入文字，为文字添加"闪光按钮-正常"图形样式和投影效果，完成后的效果如图9-118所示。

图9-118

9.4 综合实训：制作数据分析海报

数据分析海报是用户了解数据信息的常用途径。在制作数据分析海报时，设计人员可以使用符号、图形样式美化海报，再使用图表展现数据信息。

9.4.1 实训要求

某数据分析公司针对险种的不同，决定根据已有的数据制作数据分析海报，以便让更多用户了解不同险种的占比情况。要求海报要用不同的颜色来展现不同险种的占比情况，海报整体效果要美观；还需要对重要险种进行重点显示，方便用户对其进行重点关注。

9.4.2 实训思路

（1）海报除了内容要具备吸引力外，美观的背景也十分重要。在制作本海报的背景时，可在背景中添加美观的符号。

（2）制作本海报的主要目的是分析不同险种的占比情况。制作完本海报的背景后，需要根据提供的数据制作图表，以展现各个险种的具体数据；还需要美化图表，以提升整个海报的美观度。

（3）为了突出显示重点内容，可在本海报中添加形状，在形状中输入重点文字。

（4）颜色能使海报具有视觉冲击力，有利于传达信息。本例采用较为鲜亮的颜色，如红色、黄色、蓝色等，从而提升整个海报的醒目度和展现效果。

本实训完成后的参考效果如图9-119所示。

图9-119

9.4.3 制作要点

 知识要点 使用图表、使用符号、使用图形样式

配套资源 素材文件\第9章\数据分析海报素材.ai、数据.txt
效果文件\第9章\数据分析海报.ai

扫码看视频

本实训主要包括符号的添加、图表的制作、图形样式的添加3个部分，主要操作步骤如下。

1 打开"数据分析海报素材.ai"素材文件，按【Shift+Ctrl+F11】组合键打开"符号"面板，单击"符号库菜单"按钮 ，在弹出的下拉列表中选择"点状图案矢量包"选项，打开"点状图案矢量包"符号库面板。使用"选择工具" 选择"点状图案矢量包 12"选项，将其拖动

到画板中，并调整其大小和位置。

2 选择添加的符号实例，在"属性"面板中单击"编辑符号"按钮，在打开的提示对话框中单击"确定"按钮，选择所有符号实例，设置填充颜色为"C:100、M:100、Y:44、K:1"，描边颜色为"C:81、M:97、Y:8、K:0"。

3 选择"饼图工具" ，在画板中单击并拖动鼠标，绘制一个矩形框，定义图表的大小；打开"图表数据"面板，单击"导入数据"按钮 ，打开"导入图表数据"对话框，在其中选择需要导入的文本文件，例如，选择"数据.txt"文本文件，单击"打开"按钮，发现文件中的内容已经导入表格中，单击"应用"按钮，如图9-120所示。

4 将图表颜色更改为"C:11、M:99、Y:100、K:0""C:7、M:3、Y:86、K:0""C:72、M:22、Y:6、K:0""C:76、M:8、Y:100、K:0""C:56、M:100、Y:13、K:0"，然后将字体修改为"方正兰亭准黑_GBK"，调整文字大小、位置和颜色，调整图表的位置，使其便于查看。

重疾险占比	医疗险占比	伤残险占比	意外险占比	其他险占比
22.00	18.00	15.00	20.00	25.00

图9-120

5 输入其他文字内容，分别设置字体为"方正粗倩简体""方正华隶简体""方正兰亭粗黑简体""方正兰亭特黑简体"，调整文字的大小、位置和颜色。

6 绘制圆角矩形来装饰文字。打开"图形样式"面板，单击"图形样式库菜单"按钮 ，在弹出的下拉列表中选择"霓虹效果"选项；打开"霓虹效果"图形样式库面板，选择"深蓝色霓虹"选项，为圆角矩形添加图形样式，制作完成后保存海报。

巩固练习

1. 制作卡通图例

本练习将绘制一个柱形图，然后打开"卡通人物.ai"素材文件，将卡通人物图案应用到柱形图中，完成后的效果如图9-121所示。

 素材文件\第9章\卡通人物.ai
效果文件\第9章\卡通图例.ai

图9-121

2. 快速制作按钮

本练习将通过添加图形样式的方法快速制作按钮，然后对按钮的样式进行编辑，得到新的图形样式，完成前后的对比效果如图9-122所示。

 素材文件\第9章\图标.ai
效果文件\第9章\按钮.ai

图9-122

技能提升

在使用图表、符号与图形样式的过程中会涉及设置坐标轴、替换符号等操作，设计人员掌握这些技能可以很好地提升工作效率。

1. 设置坐标轴

在制作图表的过程中，为了更加直观地在图表中展现数值，需要对图表的坐标轴进行精确设置。在"图表类型"对话框顶部的下拉列表框中选择"数值轴"选项，可对坐标轴进行设置，如图9-123所示。

图9-123

该对话框中各选项的作用如下。

● 刻度值：主要用来定义图表坐标轴的刻度值。只有在选中"忽略计算出的值"复选框时，其下的各选项才可用。其中，"最小值"数值框用来设置坐标轴的起始刻度值；"最大值"数值框用来设置坐标轴的最大刻度值；"刻度"数值框用来设置将最大刻度值和最小刻度值之间的区域分成几个部分。

● 刻度线：在"长度"下拉列表框中可以设置刻度线的长度。选择"无"选项表示图表的坐标轴上没有刻度线，选择"短"选项表示图表的坐标轴上使用短刻度线，选择"全宽"选项表示图表坐标轴上的刻度线将贯穿整个图表。"绘制"用于设置每个坐标轴分隔间的刻度线条数。

● 添加标签：用于为图表坐标轴上的数据添加"前缀"和"后缀"。例如，将"前缀"设置为"共"，将"后缀"设置为"辆"，效果如图9-124所示。

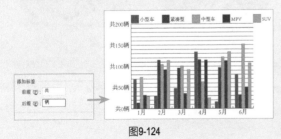

图9-124

2. 设置类别坐标轴

在"图表类型"对话框顶部的下拉列表框中选择"类别轴"选项，可以对图表的类别坐标轴进行设置，如图9-125所示。

图9-125

该对话框中各选项的作用如下。

● 长度：用于控制类别刻度线的长度。该下拉列表框中包括"无""短""全宽"3个选项。选择"无"选项表示不使用刻度线，选择"短"选项表示使用短刻度线，选择"全宽"选项表示将刻度线贯穿整个图表。

● 绘制：用于设置在两个相邻类别刻度间刻度线的条数。

● 在标签之间绘制刻度线：选中"在标签之间绘制刻度线"复选框时，可在标签或列的任意一侧绘制刻度线；取消选中该复选框时，标签或列上的刻度线将居中显示。

3. 替换符号

对于画板中已应用的符号，在需要的情况下，可将其替换为另一种符号。具体操作方法为：选择图形，在"符号"面板中选择另外一种符号，再单击面板右上角的 ≡ 按钮，在弹出的下拉列表中选择"替换符号"选项，即可替换原来的符号。图9-126所示为符号替换前和替换后的效果。

图9-126

技巧

应用符号后，在符号实例上单击鼠标右键，在弹出的下拉菜单中选择"断开符号链接"命令；或单击"符号"面板右上角的 ≡ 按钮，在弹出的下拉列表中选择"断开符号链接"选项，可将符号实例的链接取消，使其成为单个独立路径。

第10章

不透明度、混合模式和蒙版

第
10
章

不
透
明
度
、
混
合
模
式
和
蒙
版

本章导读

在平面设计中，调整不透明度可增强图形的通透感，调整混合模式可修改图形的色调，使用蒙版可让绘制的形状遮盖位其他图形，使图形按照绘制的形状显示。

知识目标

< 掌握不透明度的使用方法
< 掌握混合模式的使用方法
< 掌握各种蒙版的使用方法

能力目标

< 制作App登录界面
< 制作环境宣传公益广告
< 制作风景装饰画效果

情感目标

< 培养调整色调的能力
< 培养正确选择和使用蒙版的能力

10.1 使用不透明度和混合模式

使用不透明度与混合模式可以让互相堆叠的对象产生混合和叠加等效果。在平面设计中，不透明度和混合模式主要用于调整对象之间的叠加关系，有助于合成创意效果。

10.1.1 使用不透明度

在使用不透明度时，100%代表完全不透明，50%代表半透明，0%代表完全透明。在默认情况下，对象的不透明度为100%。对象的不透明度可通过"透明度"面板中的"不透明度"数值框进行设置。其方法为：选择对象后，再选择【窗口】/【透明度】命令，或按【Shift+Ctrl+F10】组合键，打开"透明度"面板，如图10-1所示，在"不透明度"数值框中输入相应的数值。图10-2所示为不透明度为100%和50%时的对比效果。在默认情况下，选择一个对象并调整其不透明度时，其填充和描边的不透明度将同时修改。如果要单独调整对象填充或描边的不透明度，则可在"外观"面板中调整。

图10-1

图10-2

10.1.2 使用混合模式

Illustrator的"透明度"面板提供了16种混合模式。为相同对象应用不同的混合模式会得到不同的混合效果。

使用混合模式的方法为：选择一个或多个对象，单击"透明度"面板中"正常"右侧的下拉按钮 ∨，在弹出的下拉列表中选择一种混合模式，可为所选对象添加相应模式的混合效果，如图10-3所示。

图10-3

"混合模式"下拉列表框中各选项的作用如下。

● 正常：该模式为系统默认的模式，即对象的不透明度为100%，完全遮盖其下方的对象，如图10-4所示。

● 变暗：在混合过程中对比底层对象的颜色和当前对象的颜色，使用较暗的颜色作为结果色，比当前对象的颜色亮的颜色将被取代，比当前对象的颜色暗的颜色保持不变，如

图10-5所示。

● 正片叠底：将当前对象中的深色和底层对象中的深色相互混合，结果色通常比原来的颜色更深，其效果与"变暗"模式的效果类似，如图10-6所示。

图10-4　　　　　图10-5　　　　　图10-6

● 颜色加深：对比底层对象的颜色与当前对象的颜色，使其以低明度显示，如图10-7所示。

● 变亮：对比底层对象的颜色和当前对象的颜色，使用较亮的颜色作为结果色，比当前对象的颜色暗的颜色被取代，比当前对象的颜色亮的颜色保持不变，如图10-8所示。

● 滤色：将当前对象的明亮颜色与底层对象的明亮颜色相互融合，其效果通常比原来的颜色更亮，如图10-9所示。

图10-7　　　　　图10-8　　　　　图10-9

● 颜色减淡：在底层对象与当前对象中选择明度更高的颜色来显示混合效果，如图10-10所示。

● 叠加：用混合色显示对象，并保持底层对象的明暗对比效果，如图10-11所示。

● 柔光：当混合色大于50%灰度时，对象变亮；当混合色小于50%灰度时，对象变暗，如图10-12所示。

图10-10　　　　　图10-11　　　　　图10-12

● 强光：与"柔光"模式的效果相反，当混合色大于50%灰度时，对象变暗；当混合色小于50%灰度时，对象变亮，如图10-13所示。

● 差值：用混合色中较亮颜色的亮度减去较暗颜色的亮度，如果当前对象的颜色为白色，则使底层对象的颜色呈现出反相效果，与黑色混合时效果保持不变，如图10-14所示。

● 排除：与"差值"模式的混合效果相似，只是该模式产生的效果比"差值"模式产生的效果更柔和，如图10-15所示。

图10-13　　　　　图10-14　　　　　图10-15

● 色相：混合后的亮度和饱和度由底层对象决定，色相由当前对象决定，如图10-16所示。

● 饱和度：混合后的亮度和色相由底层对象决定，饱和度由当前对象决定，如图10-17所示。

● 混色：混合后的亮度由底层对象决定，色相和饱和度由当前对象决定，如图10-18所示。

图10-16　　　　　图10-17　　　　　图10-18

● 明度：与"混色"模式的效果相反，混合后的色相和饱和度由底层对象决定，亮度由当前对象决定，如图10-19所示。

图10-19

范例　制作App登录界面

知识要点　应用不透明度、应用混合模式

配套资源　素材文件\第10章\背景.png、导航条.ai、印章.png
效果文件\第10章\App登录界面.ai

扫码看视频

App登录界面主要起验证用户的作用。本例在进行App登录界面设计时选择"故宫一角"图像作为背景素材，利用宫墙的红色与雪的白色形成对比，再对背景进行不透明度和混合模式的处理，弱化背景效果，体现上方的文字内容和按钮内容。

操作步骤

1 新建一个1080像素×1920像素的文件，选择"矩形工具" ，沿着画板边缘绘制一个矩形，设置填充颜色为"C:1、M:1、Y:1、K:0"，并取消描边。

2 打开"背景.png"素材文件，将其中的背景素材拖动到矩形上，并调整背景素材的大小和位置，如图10-20所示，然后按【Ctrl+2】组合键锁定图层。

3 选择"矩形工具" ，沿着画板边缘绘制一个矩形。

4 选择"渐变工具" ，打开"渐变"面板，在"类型"栏中单击"径向渐变"按钮 ，在下方拖动滑块调整渐变颜色，如图10-21所示。

 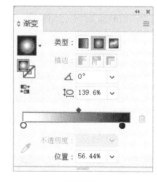

图10-20　　　　　　　　　图10-21

5 此时画板中出现调整线，拖动右侧调整线上的圆点，调整渐变效果，如图10-22所示。

6 按【Shift+Ctrl+F10】组合键打开"透明度"面板，设置不透明度为"90%"，混合模式为"正片叠底"，如图10-23所示。

图10-22   图10-23

7 打开"导航条.ai"素材文件，将其中的导航条素材拖动到登录界面中，调整导航条素材的大小和位置，如图10-24所示。

8 选择"文字工具" T，在登录界面中输入"不觉初雪至 寒起温骤降"文字，设置其字体为"方正FW童趣POP体 简"，颜色为"白色"，并调整文字的位置和大小，效果如图10-25所示。

9 打开"印章.png"素材文件，将印章素材拖动到上一步输入的文字的右侧，然后选择"文字工具" T，在印章素材中输入"墨韵"文字，设置文字字体为"方正字迹-吕建德字体"，颜色为"白色"，并调整文字的位置和大小，效果如图10-26所示。

图10-24   图10-25   图10-26

10 选择"圆角矩形工具" □，在画板中绘制一个800像素×125像素的圆角矩形，设置填充颜色为"白色"，描边颜色为"C:68、M:100、Y:30、K:0"，描边粗细为"5 pt"，效果如图10-27所示。

11 在"透明度"面板中设置圆角矩形的不透明度为"55%"，效果如图10-28所示。

12 选择绘制的圆角矩形，按住【Alt】键向下拖动以复制圆角矩形，效果如图10-29所示。

图10-27   图10-28   图10-29

13 再次按住【Alt】键向下拖动以复制圆角矩形，设置填充颜色为"C:61、M:94、Y:99、K:57"，描边颜色为"C:78、M:82、Y:83、K:67"，不透明度为"100%"。

14 选择"文字工具" T，在圆角矩形中输入"账号""密码""立即登录""忘记密码"文字，设置文字字体为"方正兰亭准黑_GBK"，颜色分别为"C:54、M:100、Y:100、K:41""白色"，调整文字的位置和大小，效果如图10-30所示。

15 按住【Shift】键依次选择"立即登录""忘记密码"文字，在"透明度"面板中设置不透明度为"80%"，效果如图10-31所示。

16 选择"立即登录"文字，选择【效果】/【风格化】/【投影】命令，打开"投影"对话框，设置X位移、Y位移均为"10px"，单击"确定"按钮，如图10-32所示。

17 完成后按【Ctrl+S】组合键保存文件，查看完成后的效果，如图10-33所示。

图10-30   图10-31   图10-32   图10-33

小测 制作论坛登录界面

配套资源\素材文件\第10章\紫色背景.ai
配套资源\效果文件\第10章\论坛登录界面.ai

本小测将制作论坛登录界面，在制作时需打开素材文件，在其中绘制圆角矩形等形状并输入文字，然后对圆角矩形进行不透明度的设置，完成后的效果如图 10-34 所示。

图10-34

10.2 应用剪切蒙版

在Illustrator中，蒙版主要用于遮盖对象，使对象不可见或呈现出半透明的效果。在Illustrator中可以创建两种蒙版，分别是剪切蒙版和不透明蒙版。下面先介绍剪切蒙版的应用。

10.2.1 创建剪切蒙版

使用剪切蒙版能将文件中的对象裁剪为蒙版的形状。当位于同一个图层或不同图层的两个对象有重叠区域时，将位于上方的对象创建为蒙版，位于蒙版下方的对象只能透过蒙版显示出来，而蒙版外的内容将被隐藏。

创建剪切蒙版的方法为：打开素材文件，如图10-35所示，选择形状工具组中的工具或"钢笔工具" ✏，在图像上需要创建剪切蒙版的位置绘制图形，如图10-36所示；绘制完成后，单击"图层"面板中的"建立/释放剪切蒙版"按钮 ▣，或选择【对象】/【剪切蒙版】/【建立】命令，即可创建剪切蒙版，如图10-37所示。

图10-35　　　　　　　　图10-36

图10-37

10.2.2 编辑剪切蒙版

创建剪切蒙版后，如果发现效果不理想，则可编辑剪切蒙版。

1. 编辑蒙版路径

若绘制的蒙版路径不符合需求，则可编辑蒙版路径。其方法为：在"图层"面板中选择蒙版路径，再选择【对象】/【剪切蒙版】/【编辑蒙版】命令，使用"直接选择工具" ▷改变蒙版路径的形状或拖动路径上的锚点，即可编辑蒙版路径，如图10-38所示。

图10-38

2. 编辑蒙版内容

使用"直接选择工具" ▷在剪切蒙版路径内的图形上单击，选择蒙版内容，可编辑蒙版内容的形状、颜色和描边效果等，除此之外，还可移动蒙版内容。图10-39所示为更改蒙版内容的颜色、描边效果和形状后的效果。

选择蒙版内容　　　　　　　　更改蒙版内容的颜色

更改蒙版内容的描边效果　　　　　　更改蒙版内容的形状

图10-39

3. 在剪切蒙版中添加对象

创建剪切蒙版后，可在被蒙版遮挡的图层中添加对象，使其效果更加丰富。其方法为：在需要添加对象的图层右侧单击，选择该图层中的所有内容，如图10-40所示；然后将其拖动至包含剪切路径的组或图层中，即可添加对象，效果如图10-41所示。

> **技巧**
>
> 在创建剪切蒙版时，任何对象（位图或矢量图形）都可作为被隐藏的对象，但只有矢量图形可以作为剪切蒙版。

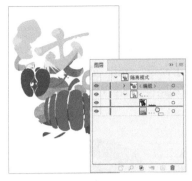

图10-40 　　　　　图10-41

知识
要点 应用剪切蒙版

配套
资源 素材文件第10章\动物.png、风景素
材.png、小图标.ai
效果文件第10章\环境宣传公益广告.ai

扫码看视频

 范例说明

　　为了提高人们保护环境的意识，环境宣传公益
广告应运而生。本例将制作关于保护环境的公益广
告，制作该公益广告时，以动物的侧面为设计点，
使用剪切蒙版将自然风景素材展现在动物侧面中，
并通过混合模式让动物的侧脸与自然风景素材融合
得更加自然，以此体现"人与自然和谐相处"的环
保理念；然后添加文字内容，将主题体现出来，便
于用户直观地了解公益广告的内容。

 操作步骤

1 新建一个750像素×1280像素的文件，选择"矩形工
具" ■，沿着画板边缘绘制一个填充颜色为"C:13、
M:10、Y:10、K:0"的矩形。

2 打开"动物.png"素材文件，将其中的动物素材拖动
到画板中，调整动物素材的大小和位置，效果如图
10-42所示。

3 选择"钢笔工具" ✒，沿着人物轮廓绘制路径，由于
动物的皮毛比较复杂，因此可直接勾勒出大致轮廓，
效果如图10-43所示。

图10-42 　　　　　图10-43

4 选择"直接选择工具" ▷，按住【Shift】键依次选择
绘制的轮廓和动物素材，然后选择【对象】/【剪切蒙
版】/【建立】命令，建立剪切蒙版。

5 打开"风景素材.png"素材文件，将风景素材拖动到
画板中并调整风景素材的大小和位置，打开"图层"
面板，将风景素材所在的图层拖动到剪切蒙版所在图层的上
方，如图10-44所示，形成剪影效果。

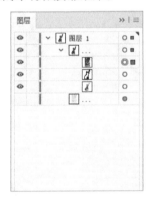

图10-44

6 使用"直接选择工具" ▷在画板中选择风景素材，按
【Shift+Ctrl+F10】组合键打开"透明度"面板，设置
混合模式为"滤色"。此时可发现整个侧面在保留动物轮廓
的基础上与风景素材相结合，如图10-45所示。

7 由于动物轮廓路径绘制得不够细致，顶部爪子部分和
皮毛部分有黑色的虚线，因此可再次选择"选择工
具" ▶，单击动物轮廓路径，使该路径处于选中状态；然
后选择"直接选择工具" ▷，在头发部分单击并拖动相关
锚点，使该路径更加细致，效果如图10-46所示。

图10-45　　　　　　图10-46

8 由于整个画面的色调较淡，效果不够美观，因此可再次叠加一层风景素材。在"图层"面板中选择风景素材，按住鼠标左键，将其拖动到"创建新图层"按钮 ⊡ 上方，复制该图层；然后在"透明度"面板中设置混合模式为"叠加"，不透明度为"50%"，如图10-47所示。

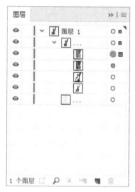

图10-47

9 打开"小图标.ai"素材文件，将图标素材拖动到画板中，调整图标素材和动物的大小和位置，效果如图10-48所示。

10 选择"文字工具" T，在人物右侧输入"环境"文字，设置文字字体为"方正字迹-钟骏手书简"，颜色为"C:76、M:59、Y:100、K:31"，并调整文字的位置和大小，效果如图10-49所示。

图10-48　　　　　　图10-49

11 选择"环"文字，选择【文字】/【创建轮廓】命令，将文字转换为轮廓，方便后续创建剪切蒙版。

12 复制风景素材，并将复制得到的风景素材拖动到"环"文字上方，调整风景素材的大小和位置；打开"图层"面板，将风景素材所在图层移动到"环"图层下方；选择风景素材和"环"文字，按【Ctrl+7】组合键创建剪切蒙版。

13 选择"文字工具" T，在动物的右侧输入"TAKE CARE OF YOUR HOME"文字，设置文字字体为"汉仪方叠体简"，颜色为"C:87、M:71、Y:99、K:62"，并调整文字的大小和位置，效果如图10-50所示。

图10-50

14 选择"画笔工具" ✐，在工具属性栏中设置描边颜色为"C:69、M:46、Y:100、K:5"。单击"画笔定义"选项右侧的下拉按钮 ⌄，在打开的下拉列表中单击"画笔库菜单"按钮 ◪，在弹出的下拉列表中选择"矢量包"/"颓废画笔矢量包"选项，打开"颓废画笔矢量包"画笔库面板，选择"颓废画笔矢量包 7"画笔样式，如图10-51所示。

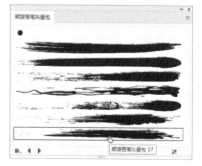

图10-51

15 返回"画笔定义"下拉列表，双击添加的画笔样式，打开"艺术画笔选项"对话框，设置宽度为"280%"，单击"确定"按钮，如图10-52所示。

16 在画板底部单击并拖动鼠标，绘制出图10-53所示的图形。

图10-52

17 选择"文字工具" T ，在图形中输入"善待地球就是善待自己。""破坏环境，祸及千古；保护环境，功盖千秋。"文字，设置文字字体为"方正字迹-钟骏手书简"、颜色为"白色"，并调整文字的大小和位置。

18 将"小图标.ai"素材文件中的小图标素材拖动到图形上方，调整小图标素材的大小和位置，完成后按【Ctrl+S】组合键保存文件，效果如图10-54所示。

图10-53

图10-54

小测 合成计算机屏幕

配套资源\素材文件\第10章\计算机.jpg、鱼.jpg
配套资源\效果文件\第10章\计算机.ai

本小测将使用剪切蒙版功能合成计算机屏幕，合成前后的对比效果如图10-55所示。

图10-55

公益广告主要以生命、健康、环境等公益性题材为主题，如珍爱生命、拒绝毒品、禁烟、禁酒、注意交通安全、注意卫生、保护环境等主题。公益广告的主要目的是宣扬社会的新风尚及美德，在设计时需要体现出公益内容，引起观者的共鸣。

设计素养

10.3 应用不透明蒙版

在Illustrator中，除了可创建剪切蒙版外，还可创建不透明蒙版。使用不透明蒙版可调整蒙版的显示效果，并改变对象间的融合效果。

10.3.1 创建不透明蒙版

Illustrator使用蒙版对象的颜色的不透明度来表示蒙版的不透明度。如果不透明蒙版为白色，则完全显示对象，如图10-56所示。如果不透明蒙版为黑色，则隐藏对象，如图10-57所示。不透明蒙版中的灰色会让文件中出现不同的透明效果，如图10-58所示。

图10-56　　　　图10-57　　　　图10-58

创建不透明蒙版的方法为：选择需要创建不透明蒙版的对象，如图10-59所示，在其上绘制形状，如图10-60所示，同时选择对象和绘制的形状，单击"透明度"面板中的"制作蒙版"按钮，如图10-61所示，即可创建不透明蒙版，如图10-62所示。

图10-59　　　　　　　图10-60

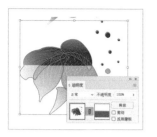
图10-61

图10-62

10.3.2 编辑不透明蒙版

设计人员可以编辑不透明蒙版来更改对象的形状或透明度，从而得到不同的形状或透明效果。创建不透明蒙版后，"透明度"面板中将出现两个缩览图，左侧是被遮盖对象的缩览图，右侧是蒙版缩览图，如图10-63所示。单击对象缩览图，即可编辑该对象；单击蒙版缩览图，可使用Illustrator中的任意一个编辑工具和菜单命令来编辑不透明蒙版。

对象缩览图 ——  —— 蒙版缩览图

图10-63

按住【Alt】键单击蒙版缩览图可显示或隐藏蒙版对象，如图10-64所示。

图10-64

实战　调整图像效果

知识
要点　编辑不透明蒙版

配套
资源　素材文件　第10章\儿童.png
　　　效果文件　第10章\儿童.ai

扫码看视频

操作步骤

1 打开"儿童.png"素材文件，如图10-65所示。

2 选择"钢笔工具" ✐，沿着人物轮廓绘制路径，如图10-66所示。

图10-65

图10-66

3 打开"渐变"面板，设置渐变颜色为从"白色"到"黑色"，单击"径向渐变"按钮◙，如图10-67所示。

4 选择"选择工具" ▶，按住【Shift】键依次选择人物和绘制的路径，打开"透明度"面板，单击"制作蒙版"按钮，创建不透明蒙版，效果如图10-68所示。单击蒙版缩览图，选择不透明蒙版，如图10-69所示。

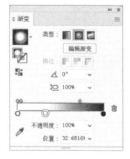

图10-67

5 按住【Shift+Alt】组合键，在画板中向外拖动定界框的一角，将不规则的路径放大，如图10-70所示。

6 选择【效果】/【风格化】/【羽化】命令，打开"羽化"对话框，设置半径为"6mm"，单击"确定"按钮，如图10-71所示。

图10-68

图10-69

图10-70

图10-71

7 单击"透明度"面板中的对象缩览图，进入对象编辑状态，如图10-72所示。

图10-72

8 使用"矩形工具" □ 绘制一个与对象缩览图大小相同的矩形，然后在"颜色"面板中设置矩形的填充颜色为"C:27、M:11、Y:35、K:0"，并将该矩形所在的图层调整至人物图层的下方，效果如图10-73所示。

图10-73

10.3.3 取消与重新链接不透明蒙版

创建不透明蒙版之后，不透明蒙版与被遮盖的对象处于链接状态。为了便于单独编辑对象，可根据情况取消链接或重新链接不透明蒙版。

● 取消链接不透明蒙版：在"图层"面板中定位被不透明蒙版遮盖的对象，然后单击"透明度"面板中缩览图之间的 🔗 图标；或者单击"透明度"面板右上角的 ≡ 按钮，在弹

出的下拉列表中选择"取消链接不透明蒙版"选项，取消链接不透明蒙版，如图10-74所示。

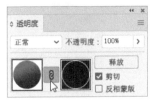

图10-74

● 重新链接不透明蒙版：在"图层"面板中定位被不透明蒙版遮盖的对象，再单击"透明度"面板中缩览图之间的 🔗 图标；或者单击"透明度"面板右上角的 ≡ 按钮，在弹出的下拉列表中选择"链接不透明蒙版"选项，重新链接不透明蒙版，如图10-75所示。

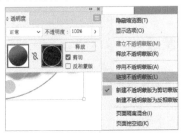

图10-75

10.3.4 停用或启用不透明蒙版

编辑不透明蒙版时，停用不透明蒙版可删除创建的不透明效果。停用不透明蒙版后，为了便于查看图形的最终编辑效果，还可重新启用不透明蒙版。

● 停用不透明蒙版：在"图层"面板中定位被不透明蒙版遮盖的对象，按住【Shift】键并单击"透明度"面板中的蒙版缩览图；或单击"透明度"面板右上角的 ≡ 按钮，在弹出的下拉列表中选择"停用不透明蒙版"选项。停用不透明蒙版后，"透明度"面板中的蒙版缩览图上会显示一个红色的"×"号，如图10-76所示。

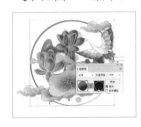

图10-76

● 启用不透明蒙版：在"图层"面板中定位被不透明蒙版遮盖的对象，按住【Shift】键并单击"透明度"面板中的蒙版缩览图；或者单击"透明度"面板右上角的 ≡ 按钮，在弹出的下拉列表中选择"启用不透明蒙版"选项。

10.3.5　剪切与取消剪切蒙版

在默认状态下，不透明蒙版区域外的对象会被剪切。选中"透明度"面板中的"剪切"复选框，表示当前的不透明蒙版处于剪切状态。如果取消选中"剪切"复选框，则位于不透明蒙版区域外的对象将全部显示出来，如图10-77所示。

图10-77

10.3.6　反相蒙版

反相蒙版可以反转蒙版对象的明度，即反转蒙版的遮盖范围。例如，90%不透明度的区域在反相蒙版后变为10%不透明度的区域。设计人员只需选中"透明度"面板中的"反相蒙版"复选框，即可反相蒙版，如图10-78所示。取消选中"反相蒙版"复选框，可将蒙版恢复为原始状态。

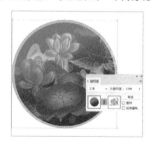

图10-78

10.3.7　使用透明度定义挖空形状

在平面设计中，有时需要对某个形状进行挖空处理，此时可选中"不透明度和蒙版用来定义挖空形状"复选框来实现挖空处理。其方法为：选择被不透明蒙版遮盖的对象，如图10-79所示；将其与要挖空的对象编为一组，再选择该组，在"透明度"面板中选中"不透明度和蒙版用来定义挖空形状"复选框，如图10-80所示。完成后的效果如图10-81所示。注意：在具有较高不透明度的不透明蒙版区域中，挖空效果较强；在具有较低不透明度的蒙版区域中，挖空效果较弱。如果使用渐变蒙版对象作为挖空对象，则会逐渐挖空底层对象，就好像它被渐变颜色遮住了一样。

图10-79

图10-80

图10-81

10.3.8　删除不透明蒙版

如果对当前创建的不透明蒙版的效果不满意，则设计人员可将其删除。其操作方法为：在"图层"面板中选择被不透明蒙版遮盖的对象，然后单击"透明度"面板右上角的 ≡ 按钮，在弹出的下拉列表中选择"释放不透明蒙版"选项，蒙版对象会重新出现在被不透明蒙版遮盖的对象的上方，如图10-82所示。

图10-82

范例 **制作风景装饰画效果**

 知识要点 创建与编辑不透明蒙版

配套资源 素材文件\第10章\风景.jpg
效果文件\第10章\风景.ai

扫码看视频

范例说明

　　在制作装饰画效果时，若装饰画中的场景存在瑕疵，则先对场景进行调整。本例中风景素材上方的颜色过深，即天空的色调太深。设计人员可调整矩形蒙版的颜色来调整天空的色调。

操作步骤

1 新建一个1200像素×1800像素的文件，选择【文件】/【置入】命令，置入"风景.jpg"素材文件，如图10-83所示。

2 选择"矩形工具" ，在风景素材上方绘制一个1200像素×750像素的矩形，如图10-84所示。

图10-83

图10-84

3 打开"渐变"面板，设置渐变颜色为从"白色"到"黑色"，角度为"90°"，如图10-85所示。

图10-85

4 同时选择矩形和风景素材，打开"透明度"面板，单击"制作蒙版"按钮，得到蒙版效果，如图10-86所示。此时发现"透明度"面板中默认选中了"剪切"复选框，为了显示完整效果，这里取消选中"剪切"复选框，如图10-87所示。

图10-86

图10-87

5 单击蒙版缩览图，选择不透明蒙版，在画板中向下拖动定界框的一角，将其放大，使其与海面的水平线对齐，如图10-88所示。

图10-88

6 单击"透明度"面板中缩览图之间的 图标，取消链接，选择对象缩览图，如图10-89所示。

7 选择【效果】/【艺术效果】/【干画笔】命令，在打开的对话框右侧设置画笔大小为"2"，画笔细节为"1"，纹理为"1"，单击"确定"按钮，如图10-90所示。

图10-89　　　　　　　　　图10-90

8 选择"矩形工具" ▢，在风景素材上方绘制一个150像素×400像素的矩形，并设置其填充颜色为"C:74、M:62、Y:0、K:0"，效果如图10-91所示。

9 选择"直排文字工具" ↓T，在矩形中输入"东海"文字，设置文字字体为"方正艺黑简体"，颜色为"黑色"，调整文字的大小和位置，效果如图10-92所示。

图10-91　　　　　　　　图10-92

10 同时选择文字和矩形，打开"透明度"面板，单击"制作蒙版"按钮，得到蒙版效果；取消选中"剪切"复选框，单击 ≡ 按钮，在弹出的下拉列表中选择"显示选项"选项；选中"挖空组"复选框，得到挖空效果，如图10-93所示。

图10-93

11 完成后按【Ctrl+S】组合键保存文件。

招贴中"招"是指引起注意，"贴"是指张贴，招贴是一种展示在公共场所的告示。本实训将为某音乐剧制作招贴，用于在演出厅外宣传该音乐剧，方便观众了解音乐剧的相关信息。

10.4.1　实训要求

"雨中唱歌"音乐剧将在某大剧院开演，现需要制作该音乐剧的招贴。要求该招贴的尺寸为21cm×32.5cm，招贴要体现出音乐剧的特点和经典场景；除此之外，还要展示出音乐剧的演出时间和地址，方便观众了解音乐剧的相关信息。

10.4.2　实训思路

（1）音乐剧的名称为"雨中唱歌"，在设计背景时可以从"雨"展开联想，用雨伞来映射下雨的天气，用翻转的雨伞和带弧度的图形构成雨中的场景，使背景与音乐剧的名称相呼应；然后在招贴底部添加雨滴落在水中的场景，使其整体效果更加生动和丰富。

（2）中间内容的设计需要迎合音乐剧的主题，在设计时可在图形中添加"雨中唱歌"的场景，用不透明蒙版使场景与图形相融合，使其效果更加自然、协调。

（3）为了增加说明性，还需要输入与音乐剧相关的文字，包括名称、主题、时间、地点等，方便观众了解该音乐剧的相关信息。

本实训完成后的参考效果如图10-94所示。

图10-94

10.4.3 制作要点

 知识要点 应用剪切蒙版、设置不透明度、设置混合模式、设置不透明蒙版

 配套资源 素材文件\第10章\雨伞.png、人物.jpg、雨滴.png
效果文件\第10章\音乐剧招贴.ai

扫码看视频

本实训主要包括绘制形状、创建剪切蒙版、设置混合模式和创建不透明蒙版4个部分，主要操作步骤如下。

1 新建一个21cm×32.5cm的文件，使用"矩形工具" ▭，沿着画板边缘绘制填充颜色为"C:30、M:0、Y:11、K:0"的矩形。

2 将"雨伞.png"素材文件置入画板中，调整该素材的大小和位置。使用"圆角矩形工具" ▢ 在雨伞下方绘制一个圆角矩形，并调整圆角矩形的填充颜色和大小。

3 选择"矩形工具" ▭，在雨伞下方绘制一个矩形，该矩形需要包裹住下方的圆角矩形，方便后续创建剪切蒙版。同时选择圆角矩形和矩形，建立剪切蒙版，效果如图10-95所示。

4 将"人物.jpg"素材文件置入绘制的圆角矩形中，调整该素材的大小和位置；打开"透明度"面板，设置混合模式为"柔光"。

5 选择"椭圆工具" ⬭，在人物上绘制一个椭圆，并为其填充渐变颜色。

6 选择人物和绘制的椭圆，建立不透明蒙版，此时发现人物在圆角矩形中以渐变的方式显示，如图10-96所示。

图10-95　　　　　　　　　　图10-96

7 选择"椭圆工具" ⬭，在人物右侧绘制一个圆形；然后置入"雨滴.png"素材文件，将其拖动到画板底部，设置其混合模式和不透明度。

8 选择"文字工具" Ｔ，在画板中输入文字，并调整文字的字体、颜色、大小和位置。

9 选择"直线段工具" ╱，在中间文字的右侧绘制多条直线段，完成后保存招贴文件。

巩固练习

1. 制作晴天效果

本练习将使用不透明蒙版调整素材中的天空，使阴天变为晴天，调整前后的对比效果如图10-97所示。

 配套资源 素材文件\第10章\阴天.jpg
效果文件\第10章\晴天.ai

图10-97

2. 制作彩色人物剪影

本练习将制作一个彩色人物剪影，通过剪切蒙版将人物制作成彩色剪影效果，完成后的参考效果如图10-98所示。

 配套资源 素材文件\第10章\人物.ai、灰色背景.ai、彩色圆.ai
效果文件\第10章\彩色人物剪影.ai

3. 制作装饰画效果

本练习通过创建不透明蒙版，将装饰画融合到画框中，制作前后的对比效果如图10-99所示。

 配套资源 素材文件\第10章\装饰画1.jpg、装饰画2.jpg、装饰画框.jpg
效果文件\第10章\装饰画.ai

图10-98

图10-99

在完成剪切蒙版的制作后，若需要重新对对象进行编辑，则先释放剪切蒙版。其方法为：选择包含剪切蒙版的组，然后选择【对象】/【剪切蒙版】/【释放】命令；或在"图层"面板中选择包含剪切蒙版的组或图层，单击面板底部的"建立/释放剪切蒙版"按钮 ◙；或在画板中单击鼠标右键，在弹出的快捷菜单中选择"释放剪切蒙版"命令，即可释放剪切蒙版，被剪切蒙版遮盖的对象将完整显示出来，如图10-100所示。需注意：用于创建剪切蒙版的矢量图形将以轮廓线的形式显示，设计人员可改变其填充或描边颜色使其具有更加明显的显示效果。

图10-100

第 **11** 章

制作特殊效果

本章导读

在Illustrator中，外观能在不改变对象基本色调的前提下影响对象的效果，如填充颜色、描边颜色、不透明度等各种效果。而Illustrator中的效果用于修改对象的外观，使对象形成特殊效果，例如为对象添加影印、炭笔、炭精笔等效果，从而制作出各种各样的丰富质感。

知识目标

< 掌握"3D"效果组的使用方法
< 掌握"SVG滤镜"与"变形"效果组的使用方法
< 掌握"扭曲和变换"效果组的使用方法
< 掌握"风格化"效果组的使用方法
< 掌握其他效果和效果组的使用方法

能力目标

< 制作书籍封面
< 制作汽车创意广告
< 制作"大雪"节气朋友圈海报
< 制作浮雕字
< 制作青草字

情感目标

< 培养对立体图形的制作兴趣
< 培养对特殊效果的运用能力

11.1 "3D"效果组

利用"效果"菜单中的"3D"效果组可以将二维 (2D) 对象转换为三维 (3D) 对象，使整体效果更加立体。除此之外，设计人员还可通过高光、阴影、旋转和其他属性控制3D对象的外观，提升整个画面的美观度。

11.1.1 凸出和斜角

"凸出和斜角"效果是"3D"效果组中最常使用的效果之一，该效果通过挤压平面对象的方法为平面对象增加厚度，从而创建立体对象。图11-1所示为该效果在作品中的应用。

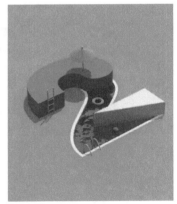

图11-1

该效果的使用方法为：选择对象，再选择【效果】/【3D】/【凸出和斜角】命令，打开"3D凸出和斜角选项"对话框，如图11-2所示，设置位置、透视、凸出厚度、端点、斜角、高度等选项，可以创建具有凸出和斜角效果的逼真立体对象。

技巧

若需要对立体图形的不同面应用不同的图像，则在“3D凸出和斜角选项”对话框中单击“贴图”按钮，打开“贴图”对话框，在其中选择不同的贴图并依次应用到立体图形的不同面。

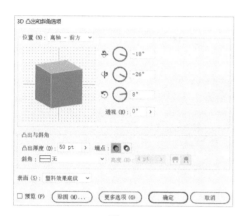

图11-2

“3D凸出和斜角选项”对话框中各选项的含义如下。

● 位置：在“位置”下拉列表框中可选择一个预设的旋转角度。如果要自由调整旋转角度，则拖动该下拉列表框下方预览窗口中的立方体。如果要精确调整旋转角度，则在“指定绕X轴旋转”“指定绕Y轴旋转”“指定绕Z轴旋转”数值框中输入具体的角度值，如图11-3所示。

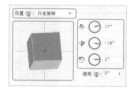

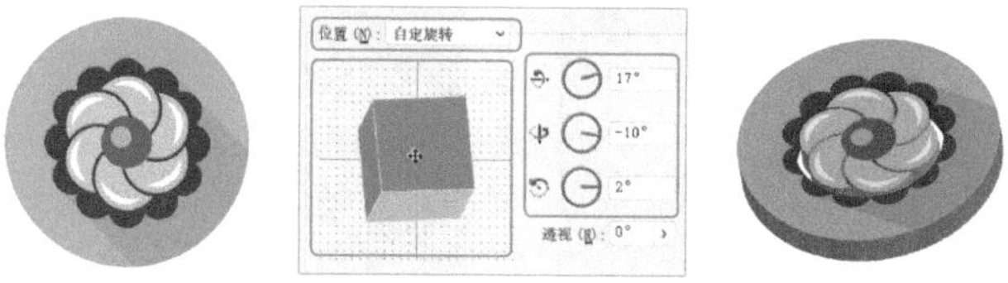

图11-3

● 透视：在“透视”数值框中输入数值，或单击其右侧的 › 按钮，拖动显示的滑块可调整透视效果。应用透视可增强立体效果的空间感。图11-4所示为未设置透视的立体对象的效果，图11-5所示为设置透视为“70°”的立体对象的效果。

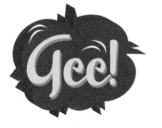

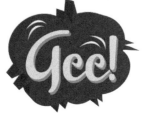

图11-4

图11-5

● 凸出厚度：用于设置挤压厚度，该值越大，对象的厚度越大。图11-6所示为设置凸出厚度为“20pt”的对象的效果，图11-7所示为设置凸出厚度为“50pt”的对象的效果。

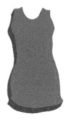

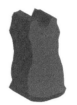

图11-6

图11-7

● 端点：在“端点”右侧单击“开启端点以建立实心外观”按钮，可以创建实心的立体对象，如图11-8所示。单击“关闭端点以建立实心外观”按钮，可以创建空心的立体对象，如图11-9所示。

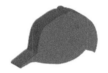

图11-8

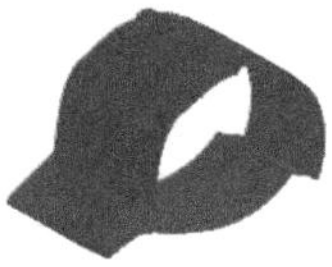

图11-9

● 斜角：在“斜角”下拉列表框中可选择一种斜角样式，以便创建带有斜角的立体对象，设置斜角前后的对比效果如图11-10所示。

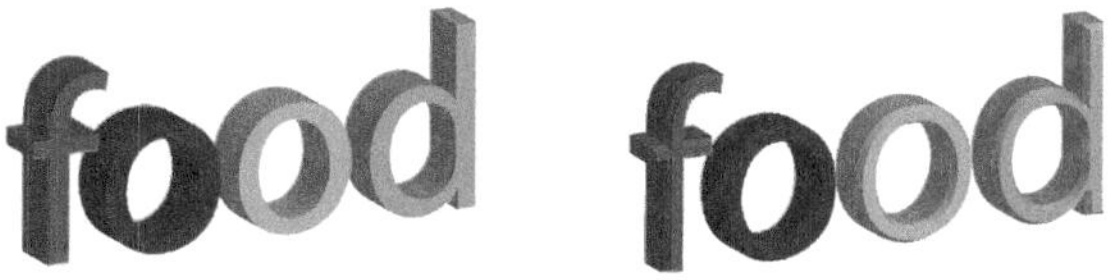

图11-10

● 高度：在“高度”右侧单击“斜角外扩：将斜角添加至原始对象”按钮，可以在保持对象大小的基础上通过增加像素来形成斜角；单击“斜角内缩：自原始对象减去斜角”按钮，可以从原对象上切除部分像素来形成斜角。为对象设置斜角后，可在“高度”数值框中输入斜角的高度值。图11-11所示为斜角外扩、高度为“10 pt”的效果，图11-12所示为斜角内缩、高度为“10 pt”的效果。

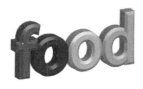

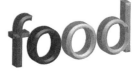

图11-11

图11-12

范例 制作书籍封面

 知识要点 应用凸出和斜角

 配套资源 素材文件\第11章\背景.png
效果文件\第11章\书籍封面.ai

 扫码看视频

范例说明

　　书籍封面一般根据书籍的名称或内容设计，本例将为《Illustrator CC——平面设计核心技能修炼》一书制作封面，要求在视觉上营造出立体感和层次感，要求其尺寸为210mm×297mm。在设计时可以深蓝色作为背景颜色，以"AI"文字作为整个封面中的立体元素。设计人员可以参考本例封面文字的制作方法，制作出其他立体字。

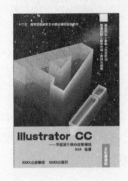

操作步骤

1 新建一个210mm×297mm的文件，打开"背景.png"素材文件，将背景素材拖动到画板中，并调整背景素材的大小与位置，使背景素材与画板对齐，如图11-13所示。

2 选择"文字工具" **T**，在画板中输入"A"文字，设置字体为"汉仪方叠体简"，字号为"320 pt"，效果如图11-14所示。

3 选择【效果】/【3D】/【凸出和斜角】命令，打开"3D凸出和斜角选项"对话框，在"位置"下拉列表框中选择"等角-下方"选项，设置凸出厚度为"0 pt"，单击"确定"按钮，如图11-15所示。

4 返回画板可查看文字变换后的效果，如图11-16所示。在文字上单击鼠标右键，在弹出的快捷菜单中选择"创建轮廓"命令。

5 选择文字，在工具属性栏中取消填充，设置描边颜色为"黑色"，描边粗细为"5 pt"，完成后调整文字的位置，效果如图11-17所示。

图11-13　　　　　　图11-14

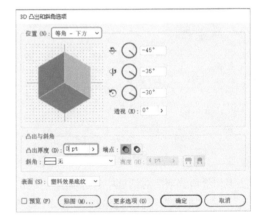

图11-15

图11-16　　　　　　图11-17

6 选择文字，按住【Alt】键向上拖动，复制两个文字；选择中间的文字，打开"渐变"面板，设置渐变颜色为从"C:58、M:0、Y:15、K:0"到"C:94、M:81、Y:0、K:0"，如图11-18所示。

图11-18

7 选择上方的文字，打开"渐变"面板，设置渐变颜色为从"C:58、M:0、Y:15、K:0"到"C:10、M:4、Y:87、K:0"，效果如图11-19所示。

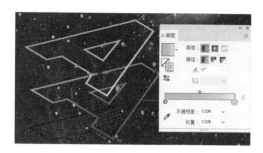

图11-19

8 按住【Shift】键，依次选择底部的文字和中间的文字，在工具箱中双击"混合工具" ，打开"混合选项"对话框，设置间距为"指定的步数"，步数值为"20"，单击"确定"按钮，如图11-20所示。

图11-20

9 单击文字的任意两个端点，创建文字的混合效果，如图11-21所示。

10 选择中间的文字和上方的文字，使用前面介绍的方法为它们创建混合效果，此时发现整个文字呈空心立体状显示，效果如图11-22所示。

图11-21　　　　　　图11-22

11 此时的文字较小，为了让文字更具表现力，将文字放大，效果如图11-23所示。

12 输入"i"文字，为了使"i"文字的倾斜方向与"A"文字的倾斜方向一致，在"A"文字下方绘制一条斜线。

13 选择"文字工具" ，沿着斜线输入"i"文字，设置字体为"汉仪方叠体简"，字号为"300pt"，效果如图11-24所示。

图11-23　　　　　　图11-24

14 选择【效果】/【3D】/【凸出和斜角】命令，打开"3D凸出和斜角选项"对话框，选中"预览"复选框，拖动左上角预览窗口中的立方体，调整"i"文字的旋转角度。在调整时可观察画板中文字的旋转角度，确定拖动的位置是否合理；拖动完成后设置凸出厚度为"0 pt"，单击"确定"按钮，如图11-25所示。

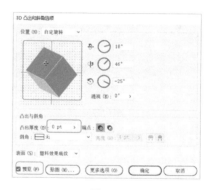

图11-25

15 选择"i"文字，在其上单击鼠标右键，在弹出的快捷菜单中选择"创建轮廓"命令，取消填充，再复制两个大小相同的文字；修改底层文字的渐变颜色为从"C:34、M:27、Y:25、K:0"到"C:78、M:82、Y:83、K:67"，修改中间文字的渐变颜色为从"C:81、M:62、Y:7、K:0"到"C:100、M:98、Y:25、K:0"，修改上方文字的渐变颜色为从"C:58、M:0、Y:15、K:0"到"C:10、M:4、Y:87、K:0"，效果如图11-26所示。

16 按住【Shift】键，依次选择底层的文字和中间的文字，在工具箱中双击"混合工具" ，打开"混合选项"对话框，保持默认设置不变，单击"确定"

按钮；再单击文字的任意两个端点，创建文字的混合效果。使用相同的方法为上方的文字和中间的文字创建混合效果，如图11-27所示。

图11-26　　　　　　　　图11-27

17 选择"矩形工具" ▢，在画板右上角绘制一个16mm×16mm的矩形，设置填充颜色为"CMYK 黄"；使用"文字工具" T.、"直排文字工具" IT.分别输入图11-28所示的文字，并设置字体为"方正粗圆简体"，调整文字的大小、位置和颜色。

图11-28

18 选择"矩形工具" ▢，在面板底部绘制一个210mm×80mm的矩形，设置填充颜色为"CMYK 黄"；打开"透明度"面板，设置不透明度为"90%"，如图11-29所示。

图11-29

19 使用"文字工具" T.、"直排文字工具" IT.分别输入图11-30所示的文字，并分别设置字体为"汉仪方叠体简""方正粗圆简体"，然后调整文字的大小、位置和颜色。

20 选择"矩形工具" ▢，在"全彩慕课版"文字下绘制一个15mm×45mm的矩形，设置填充颜色为"CMYK 青"，如图11-31所示。

图11-30　　　　　　　　图11-31

21 选择"矩形工具" ▢，框选整个画板，选择全部图形，单击鼠标右键，在弹出的快捷菜单中选择"建立剪切蒙版"命令，隐藏画板外的对象。完成后按【Ctrl+S】组合键保存文件，并查看完成后的效果。

11.1.2 绕转

绕转是指围绕轴以指定的度数旋转2D对象，将其转换为3D对象的过程。由于绕转是垂直固定的，因此用于实现绕转的开放或闭合路径应为所需3D对象正前方的垂直剖面的一半。"绕转"效果常用于制作带弧度的3D效果。图11-32所示为"绕转"效果在作品中的应用。

图11-32

该效果的使用方法为：选择对象，选择【效果】/【3D】/【绕转】命令，打开"3D绕转选项"对话框，如图11-33所示，设置位置、透视、角度、位移等选项，可以制作具有绕转效果的对象。

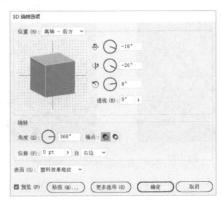

图11-33

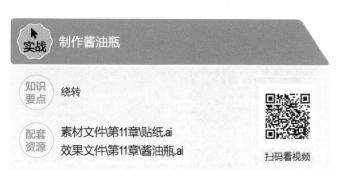

📋 操作步骤

1 新建一个600mm×800mm的文件,打开"贴纸.ai"素材文件,再打开"符号"面板,将贴纸拖动到"符号"面板中;打开"符号选项"对话框,设置名称为"贴纸",单击"确定"按钮,如图11-34所示。

2 选择"钢笔工具" 🖊,取消填充,设置描边颜色为"C:44、M:35、Y:33、K:0",描边粗细为"2",在画板中绘制瓶子的路径,效果如图11-35所示。

图11-34　　　　　　　　图11-35

3 选择瓶子路径,再选择【效果】/【3D】/【绕转】命令,打开"3D绕转选项"对话框,在"自"下拉列表框中选择"右边"选项,单击"贴图"按钮,如图11-36所示。

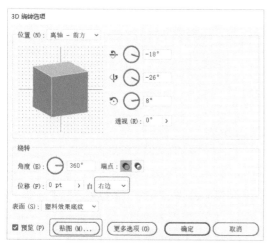

图11-36

4 打开"贴图"对话框,单击"下一个表面"按钮▶,切换到第1面,在"符号"下拉列表框中选择"贴纸"选项,在中间的编辑框中调整符号的宽度,完成后单击"确定"按钮,如图11-37所示。

5 返回画板,发现酱油瓶已经制作完成,并在其中间区域添加了贴纸,如图11-38所示,完成后保存文件并将其命名为"酱油瓶"。

图11-37　　　　　　　　图11-38

11.1.3　旋转

使用"旋转"效果可以在一个虚拟的三维空间中旋转对象,被旋转的对象可以是2D或3D对象。图11-39所示为旋转对象前后的对比效果。

图11-39

该效果的使用方法为:选择【效果】/【3D】/【旋转】命令,打开"3D旋转选项"对话框,如图11-40所示,可拖动立方体或输入旋转角度值来调整旋转效果。

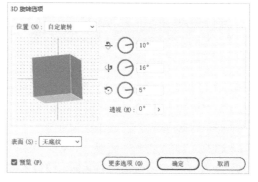

图11-40

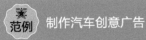

范例 制作汽车创意广告

知识要点 应用凸出和斜角、应用旋转

配套资源 素材文件\第11章\汽车.png
效果文件\第11章\汽车创意广告.ai

扫码看视频

范例说明

在广告设计中,为了提升广告的辨识度,常常会采用一些颇具创意的广告形式。本例将为"TIME"品牌制作汽车创意广告,为了让整个广告富有创意性,使用"凸出和斜角""旋转"效果来完成广告的制作。

操作步骤

1 新建一个2260pt×1130pt的文件,选择"矩形工具"□,沿着画板边缘绘制一个矩形,设置矩形的填充颜色为"C:87、M:54、Y:7、K:0",然后按【Ctrl+2】组合键锁定矩形所在的图层。

2 使用"文字工具"T在矩形中输入"TIME"文字,并设置文字字体为"汉仪圆叠体简",字号为"170",颜色为"白色",如图11-41所示。

图11-41

3 选择文字,在其上单击鼠标右键,在弹出的快捷菜单中选择"创建轮廓"命令;将鼠标指针移动到文字中间,单击并拖动鼠标以旋转文字,如图11-42所示。

4 选择文字,打开"符号"面板,拖动文字到"符号"面板中,打开"符号选项"对话框,设置名称为"文字",单击"确定"按钮,如图11-43所示。

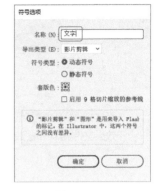

图11-42　　　　　　图11-43

5 选择"矩形工具"□,绘制一个630像素×325像素的矩形,将鼠标指针移动到矩形的右上角,当鼠标指针呈▸状时,向矩形内侧拖动鼠标,使矩形边角呈圆弧状,如图11-44所示。

图11-44

6 选择【效果】/【3D】/【凸出和斜角】命令,打开"3D凸出和斜角选项"对话框,在"位置"下拉列表框中选择"等角-左方"选项,设置凸出厚度为"300pt",单击"贴图"按钮,如图11-45所示。

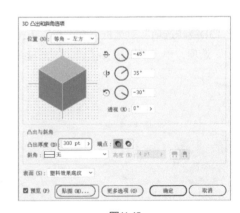

图11-45

7 打开"贴图"对话框,单击"下一个表面"按钮▸,切换到第6面,在"符号"下拉列表框中选择"文字"选项,选中"三维模型不可见"复选框,然后单击"缩放以适合"按钮,在中间的编辑框中调整符号的宽度,如图11-46所示。

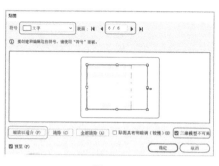

图11-46

8 单击"下一个表面"按钮▶,切换到第3面,在"符号"下拉列表框中选择"文字"选项,选中"三维模型不可见"复选框,然后单击"缩放以适合"按钮,在中间的编辑框中调整符号的宽度,如图11-47所示。

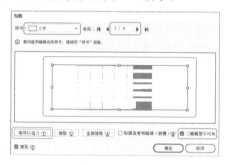

图11-47

9 单击"下一个表面"按钮▶,切换到第4面,在"符号"下拉列表框中选择"文字"选项,选中"三维模型不可见"复选框,然后单击"缩放以适合"按钮,将文字向左拖动,完成后依次单击"确定"按钮,如图11-48所示。

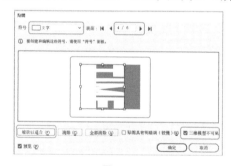

图11-48

10 返回画板并选择形状,选择【对象】/【扩展外观】命令;然后选择形状,在其上单击鼠标右键,在弹出的快捷菜单中选择"取消编组"命令。使用相同的方法再次取消编组,以便对各个面进行编辑,如图11-49所示。

11 双击底面的文字,使文字单独显示,打开"外观"面板,修改填充颜色为"C:64、M:55、Y:52、K:1",如图11-50所示。

图11-49　　　　　　图11-50

12 选择【效果】/【风格化】/【羽化】命令,打开"羽化"对话框,设置半径为"5",单击"确定"按钮,如图11-51所示。

13 选择【效果】/【风格化】/【涂抹】命令,打开"涂抹选项"对话框,设置路径重叠为"27px",变化为"7px",描边宽度为"12px",曲度为"7%",间距为"16px",变化为"13px",单击"确定"按钮,如图11-52所示。

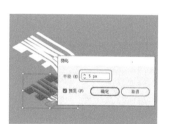

图11-51　　　　　　图11-52

14 返回画板,可查看羽化和涂抹后的效果,如图11-53所示。

15 双击并选择底面右侧的图形,打开"色板"面板,设置填充颜色为"黑色",如图11-54所示。

图11-53　　　　　　图11-54

16 打开"汽车.png"素材文件,将其拖动到文字左侧,并调整汽车素材的大小和位置,如图11-55所示。

图11-55

17 选择汽车素材，选择【效果】/【3D】/【旋转】命令，打开"3D旋转选项"对话框，在左侧的预览窗口中拖动立方体以调整汽车的旋转角度，单击"确定"按钮，如图11-56所示。

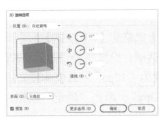

图11-56

18 选择【效果】/【风格化】/【投影】命令，打开"投影"对话框，设置不透明度为"50%"，X位移为"3 px"，Y位移为"4px"，模糊为"7px"，单击"确定"按钮，效果如图11-57所示。

图11-57

19 调整汽车素材的位置，打开"符号"面板，将"文字"符号拖动到汽车素材上，调整"文字"符号实例的大小和位置，并旋转符号实例，如图11-58所示。

20 选择"文字工具" T ，在画板中输入"'TIME'汽车留给你的时间不多了"文字，并设置字体为"方正FW童趣POP体 简"，字号为"60 pt"。

21 选择"直线段工具" ，在文字的左右两侧各绘制一条白色的直线段，并设置描边粗细为"6 pt"。完成后保存文件，完成本例的制作，效果如图11-59所示。

图11-58　　　　　　　　图11-59

11.2 "SVG滤镜"与"变形"效果组

"SVG滤镜"效果组是一种综合的效果组，利用该效果组可为对象填充各种纹理，也可进行模糊、阴影等设置；利用"变形"效果组可对编辑的对象进行变形操作，使整体效果更具创意性。

11.2.1 "SVG滤镜"效果组

选择【效果】/【SVG滤镜】命令，弹出的子菜单中有许多默认的SVG滤镜可供选择。组图11-60所示为选择"AI_暗调_1"命令前后的对比效果。选择"应用SVG滤镜"命令，将打开图11-61所示的"应用SVG滤镜"对话框，在其中可选择、新建、编辑和删除SVG滤镜。

图11-60

图11-61

11.2.2 "变形"效果组

使用"变形"效果组中的效果可以对选择的对象进行各种弯曲或变形操作。选择【效果】/【变形】命令，弹出的子菜单中包含了15种变形样式，如图11-62所示。选择其中的任意一个变形样式，将打开图11-63所示的"变形选项"对话框。

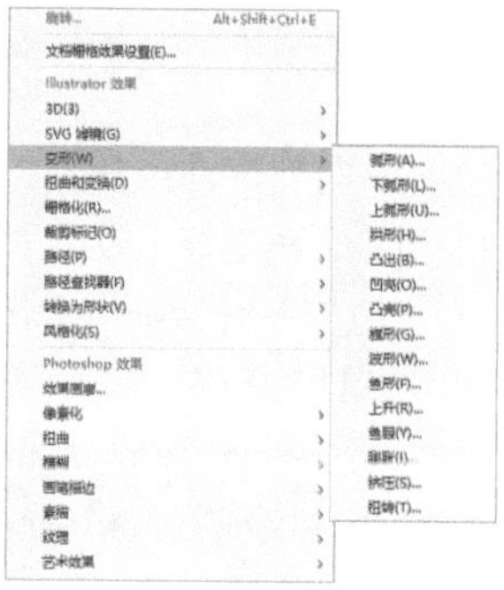

图11-62

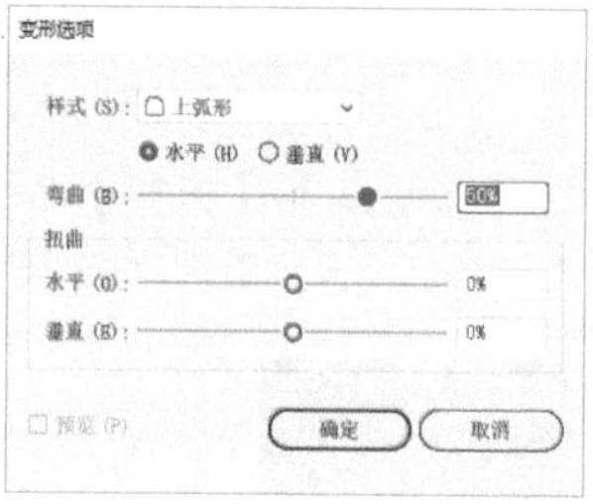

图11-63

实战 制作风景插画书签

知识要点 应用“变形”效果组、应用“SVG滤镜”效果组

配套资源 素材文件\第11章\风景插画书签背景.ai
效果文件\第11章\风景插画书签.ai

扫码看视频

操作步骤

1 打开“风景插画书签背景.ai”素材文件，发现整个书签的效果比较完整，但缺乏说明性文字，如图11-64所示。

2 选择“文字工具” T，在画板中输入“TOWER SCENERY”文字，设置文字字体为“方正粗雅宋_GBK”，颜色为“黑色”，并调整文字的大小和位置，如图11-65所示。

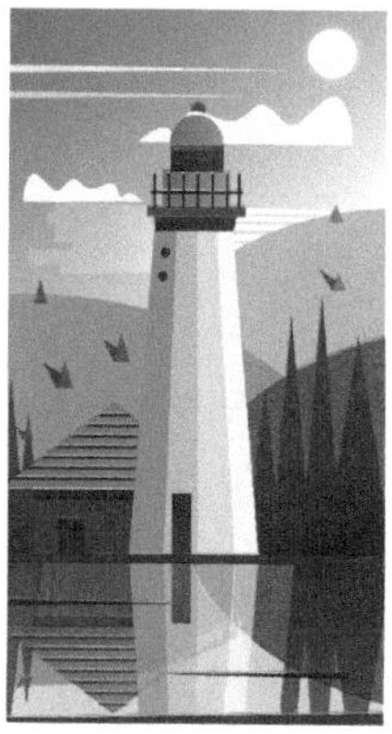

图11-64

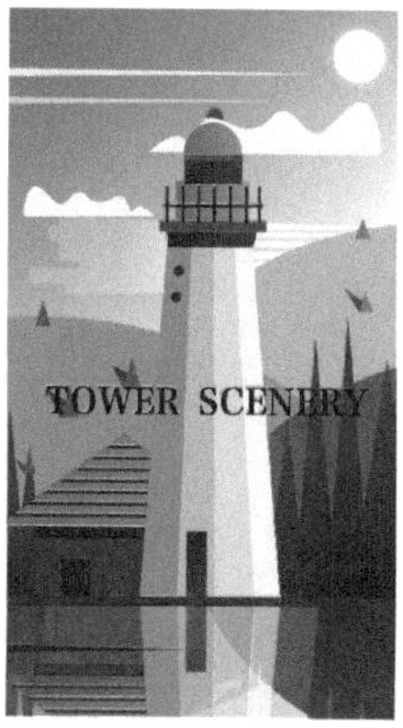

图11-65

3 选择【效果】/【变形】/【弧形】命令，打开“变形选项”对话框，设置弯曲为“33%”，其他参数保持默认设置，单击“确定”按钮，然后将文字移动到画板顶部，如图11-66所示。

4 选择【效果】/【SVG滤镜】/【AI_Alpha_4】命令，添加SVG滤镜，效果如图11-67所示。

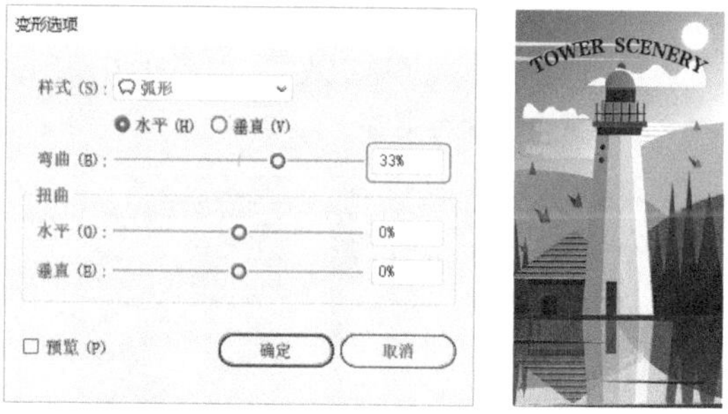

图11-66

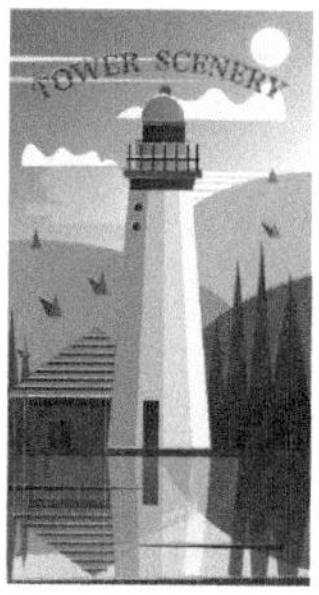

图11-67

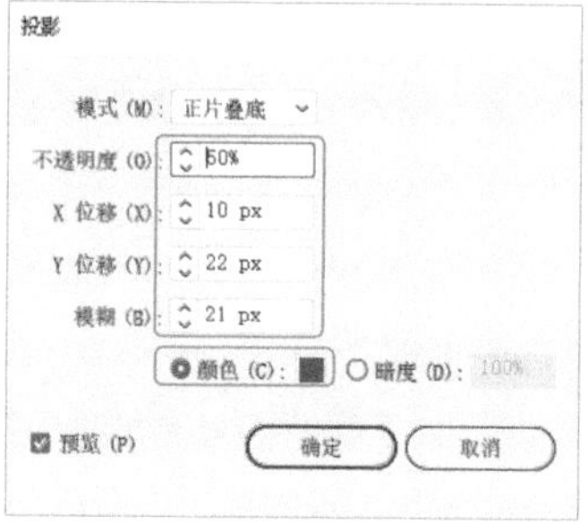

图11-68

5 选择【效果】/【风格化】/【投影】命令，打开“投影”对话框，设置不透明度为“50%”，X位移为“10px”、Y位移为“22px”，模糊为“21px”，颜色为“C:88、M:54、Y:59、K:8”，如图11-68所示。

6 返回画板发现文字下方有了投影效果，更加便于识别，如图11-69所示。

7 选择“矩形工具” ，在画板的左下角绘制一个160像素×650像素的矩形，设置矩形的填充颜色为“白色”，不透明度为“30%”。

8 选择“直排文字工具” IT，在矩形中输入“——墨韵旅行”文字，设置文字字体为“汉仪方叠体简”，颜色为“黑色”，并调整文字的大小和位置，如图11-70所示。

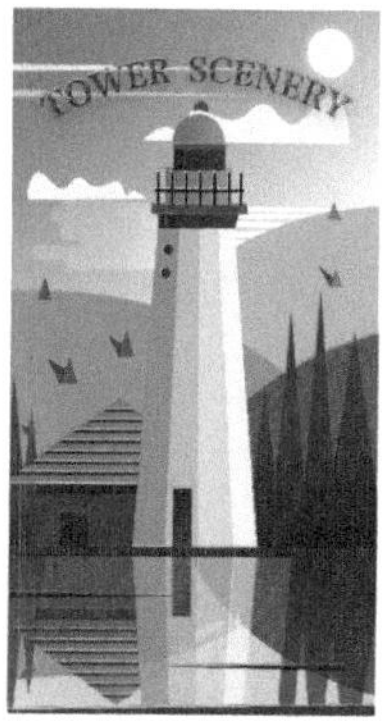

图11-69

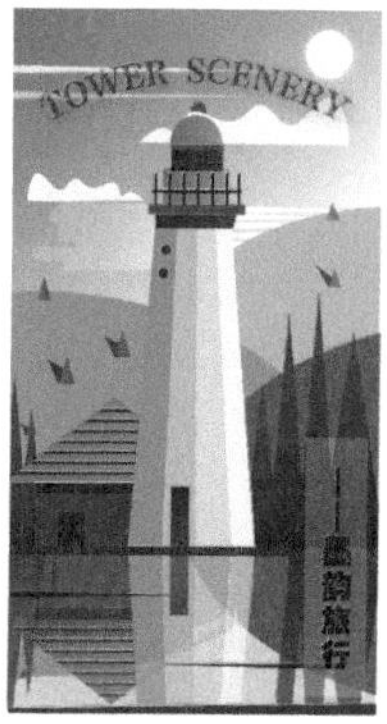

图11-70

9 同时选择矩形和"——墨韵旅行"文字，打开"透明度"面板，单击"制作蒙版"按钮，取消选中"剪切"复选框，然后选中"不透明度和蒙版用来定义挖空形状"复选框，此时发现文字已形成了镂空效果，如图11-71所示，完成后按【Ctrl+S】组合键保存书签。

图11-71

11.3 "扭曲和变换"效果组

"扭曲和变换"效果组中有"变换""扭拧""扭转""收缩和膨胀""波纹效果""粗糙化""自由扭曲"7个效果，应用这些效果可以改变图形的形状、方向和位置，创建出扭曲、收缩、膨胀、粗糙和锯齿等效果。

11.3.1 变换

使用"变换"效果可以使选择的对象按精确的数值进行缩放、移动、旋转、复制及镜像等变换。其操作方法为：选择【效果】/【扭曲和变换】/【变换】命令，打开"变换效果"对话框，在其中设置变换的参数，完成后单击"确定"按钮，如图11-72所示。

图11-72

11.3.2 扭拧

使用"扭拧"效果可以随机向内或向外弯曲或扭曲对象。其操作方法为：选择需要扭曲的对象，再选择【效果】/【扭曲和变换】/【扭拧】命令，打开"扭拧"对话框，进行相应的设置后，单击"确定"按钮，如图11-73所示。

图11-73

11.3.3 扭转

使用"扭转"效果可以旋转对象，对象中心的旋转程度比边缘的扭转程度大。其操作方法为：选择需要扭转的对象，再选择【效果】/【扭曲和变换】/【扭转】命令，打开"扭转"对话框，设置角度为负数时，可逆时针扭转对象，如图11-74所示；设置角度为正数时，可顺时针扭转对象，如图11-75所示。

图11-74

图11-75

11.3.4 收缩和膨胀

使用"收缩和膨胀"效果可以在将线段向内收缩的同时向外拉伸矢量对象的锚点，或在将线段向外膨胀的同时向内拉入矢量对象的锚点。其操作方法为：选择需要收缩或膨胀的对象，选择【效果】/【扭曲和变换】/【收缩和膨胀】命令，打开"收缩和膨胀"对话框，向左拖动滑块，可向内收缩对象，如图11-76所示；向右拖动滑块可向外膨胀对象，如图11-77所示。

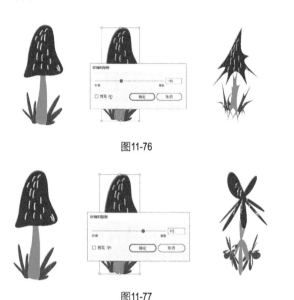

图11-76

图11-77

11.3.5 波纹效果

使用"波纹效果"效果可以将对象的路径变换为由大小相同的尖峰和凹谷形成的锯齿和波形。其操作方法为：选择需要编辑的对象，再选择【效果】/【扭曲和变换】/【波纹效果】命令，打开图11-78所示的"波纹效果"对话框，进行相应的设置后，单击"确定"按钮，效果如图11-79所示。

图11-78

图11-79

11.3.6 粗糙化

使用"粗糙化"效果可以将对象的路径变形为具有不同大小的尖峰和凹谷的锯齿状。其操作方法为：选择需要粗糙化的对象，选择【效果】/【扭曲和变换】/【粗糙化】命令，打开"粗糙化"对话框，进行相应的设置后，单击"确定"按钮，效果如图11-80所示。

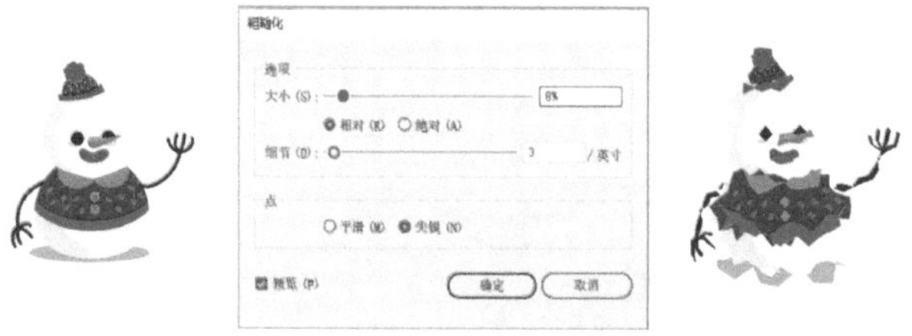

图11-80

11.3.7 自由扭曲

使用"自由扭曲"效果可以对对象进行缩放、旋转、倾斜和扭曲等变换，也可以随意改变对象的大小和方向。其操作方法为：选择需要自由扭曲的对象，再选择【效果】/【扭曲和变换】/【自由扭曲】命令，打开"自由扭曲"对话框，进行相应的设置后，单击"确定"按钮，效果如图11-81所示。

图11-81

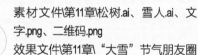

★范例 制作"大雪"节气朋友圈海报

知识要点　变换、投影、粗糙化对象

配套资源　素材文件\第11章\松树.ai、雪人.ai、文字.png、二维码.png
效果文件\第11章\"大雪"节气朋友圈海报.ai

扫码看视频

范例说明

大雪是二十四节气中的第21个节气。在这一天，许多企业、小程序等会展示与"大雪"节气相关的海报，以此来提升用户的活跃度。本例将制作大小为1120像素×2440像素的"大雪"节气朋友圈海报，采用雪、雪人、堆满雪的松树等素材来表现大雪场景，以体现海报主题。

操作步骤

1 新建一个1120像素×2440像素的文件，选择"矩形工具"，沿着画板边缘绘制一个矩形；选择"渐变工具"，打开"渐变"面板，设置渐变颜色为从"白色""C:47、M:22、Y:16、K:0" 再 到"C:20、M:5、Y:5、K:0"，然后调整渐变位置，如图11-82所示。

2 选择"椭圆工具"，在画板顶部绘制一个1090像素×1090像素的圆形；选择"渐变工具"，打开"渐变"面板，设置渐变颜色为从"白色"到"C:32、M:3、Y:8、K:0"，然后调整渐变位置，如图11-83所示。

图11-82

图11-83

3 打开"松树.ai"素材文件，将其中的松树素材拖动到画板中，调整松树素材的大小和位置，效果如图11-84所示。

4 选择【效果】/【扭曲和变换】/【变换】命令，打开"变换效果"对话框，设置"缩放"栏中的水平为"114%"，垂直为"100%"，设置"移动"栏中的水平为"7px"，垂直为"−25px"，单击"确定"按钮，如图11-85所示。

5 选择松树素材，再选择【效果】/【风格化】/【投影】命令，打开"投影"对话框，设置不透明度为"20%"，X位移为"10px"，Y位移为"10px"，模糊为"15px"，颜色为"C:87、M:53、Y:61、K:8"，单击"确定"按钮，效果如图11-86所示。

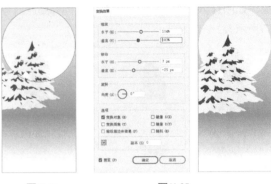

图11-84　　　　　　　　图11-85

图11-86

6 选择"钢笔工具"，在松树素材下方绘制一个带弧度的形状，使其形成白雪效果，然后调整松树素材和白雪形状的位置，效果如图11-87所示。

7 选择"矩形工具"，在白雪形状下方绘制一个矩形；选择"渐变工具"，打开"渐变"面板，设置渐变颜色为从"白色"到"C:23、M:9、Y:5、K:0"，然后调整渐变位置，如图11-88所示。

图11-87　　　　　　　　图11-88

8 打开"雪人.ai"素材，将雪人素材拖动到画板中，调整雪人素材的大小和位置，如图11-89所示。

9 选择雪人素材，再选择【效果】/【扭曲和变换】/【粗糙化】命令，打开"粗糙化"对话框，设置大小为"2%"，细节为"2"，单击"确定"按钮，如图11-90所示。

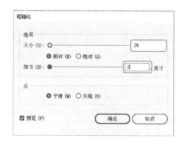

图11-89　　　　　　　　图11-90

10 返回画板发现整个雪人的表面已形成堆积感，十分符合真实的雪人形象，效果如图11-91所示。

11 选择雪人素材，再选择【效果】/【风格化】/【投影】命令，打开"投影"对话框，设置不透明度为"15%"，X位移为"10px"，Y位移为"10px"，模糊为"15px"，选中"暗度"单选项，单击"确定"按钮，使雪人更加立体，如图11-92所示。

图11-91　　　　　　　　图11-92

12 为了营造下雪的氛围，先创建下雪符号，方便后续制作下雪场景。选择"椭圆工具"，在画板外侧绘制一个50像素×50像素的圆形，打开"符号"面板，按住鼠标左键将绘制的圆形拖动到"符号"面板中，打开"符号选项"对话框，设置名称为"圆点"，单击"确定"按钮，如图11-93所示。

13 选择"符号喷枪工具"，在画板中单击并拖动鼠标，以制作下雪效果，效果如图11-94所示。

图11-93　　　　　　　　图11-94

14 使用"符号缩放器工具"，单击需要放大的符号实例，将符号实例放大；按住【Alt】键，单击需要缩小的符号实例，将符号实例缩小；按住【Shift】键单击需要删除的符号实例，将符号实例删除，丰富下雪效果，如图11-95所示。

15 打开"文字.png"素材文件，将其中的文字素材拖动到画板中，并调整文字素材的大小和位置，如图11-96所示。

16 复制文字，打开"透明度"面板，设置混合模式为"叠加"，不透明度为"80%"，如图11-97所示。

图11-95　　　　　　图11-96　　　　　　图11-97

17 选择"矩形工具"，在工具属性栏中设置填充颜色为"C:70、M:51、Y:16、K:0"，然后在海报下方绘制一个1300像素×350像素的矩形，效果如图11-98所示。

18 打开"二维码.png"素材文件，将其中的二维码素材拖动到矩形右侧，调整二维码素材的大小和位置，如图11-99所示。

19 选择"文字工具"，在矩形上方输入图11-100所示的文字，设置文字字体为"思源黑体CN"、颜色分别为"白色""C:11、M:3、Y:58、K:0"，并调整文字的大小和位置。

图11-98　　　　　　图11-99　　　　　　图11-100

20 选择"矩形工具"，沿着画板边缘绘制一个与画板大小相同的矩形。选择全部图形，单击鼠标右键，在弹出的快捷菜单中选择"建立剪切蒙版"命令，隐藏画板外的对象。完成后按【Ctrl+S】组合键保存文件，并查看完成后的效果。

11.4 "风格化"效果组

"风格化"效果组包含"内发光""圆角""外发光""投影""涂抹""羽化"6个效果，应用这些效果，可让对象产生颇具风格的特殊效果。

11.4.1 内发光

使用"内发光"效果可以让选择对象的内部产生光晕效果。其操作方法为：选择【效果】/【风格化】/【内发光】命令，打开"内发光"对话框，如图11-101所示，在其中可设置内发光颜色、不透明度和模糊参数来确定内发光程度。图11-102所示为应用"内发光"效果前后的对比效果。

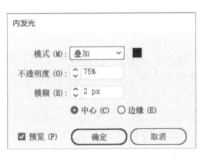

图11-101　　　　　　　　图11-102

> **技巧**
>
> 如果扩展已添加"内发光"效果的对象，则"内发光"效果本身会呈现为一个不透明蒙版；如果扩展已添加"外发光"效果的对象，则"外发光"效果会变成一个透明的栅格对象。

11.4.2 圆角

使用"圆角"效果可以将矢量对象的尖角锚点转换为平滑锚点，使其产生平滑的曲线。其操作方法为：选择【效果】/【风格化】/【圆角】命令，打开"圆角"对话框，在其中可设置半径参数来确定圆角大小。图11-103所示为应用"圆角"效果前后的对比效果。注意不要对圆角矩形使用"圆角"效果，否则将导致圆角矩形的直边发生轻微弯曲。

图11-103

11.4.3 外发光

使用"外发光"效果可让对象外部产生光晕效果，它与"内发光"效果相反。其操作方法为：选择【效果】/【风格化】/【外发光】命令，打开"外发光"对话框，如图11-104所示，在其中可设置模式、颜色、不透明度、模糊参数来确定外发光程度。图11-105所示为应用"外发光"效果前后的对比效果。

图11-104　　　　　　　　图11-105

11.4.4 投影

使用"投影"效果可以为选择的对象添加投影，同时会影响对象的描边和填充颜色。其操作方法为：选择【效果】/【风格化】/【投影】命令，打开"投影"对话框，如图11-106所示，在其中可设置模式、不透明度、X位移、Y位移、模糊等参数来确定投影效果。图11-107所示为应用"投影"效果前后的对比效果。

图11-106　　　　　　　图11-107

11.4.5　涂抹

使用"涂抹"效果可为对象添加类似素描的手绘效果，可以创建机械图样或一些涂鸦图稿，可更改线条的样式、紧密度、松散度和描边宽度，还可以为对象应用预设的涂抹效果。其操作方法为：选择【效果】/【风格化】/【涂抹】命令，打开"涂抹选项"对话框，如图11-108所示，在其中可设置各项参数来确定涂抹效果。图11-109所示为应用"涂抹"效果前后的对比效果。

图11-108　　　　　　　图11-109

11.4.6　羽化

使用"羽化"效果可以柔化对象的边缘，使对象产生从内部到边缘逐渐透明的效果。其操作方法为：选择【效果】/【风格化】/【羽化】命令，打开"羽化"对话框，如图11-110所示，在其中可设置半径值来确定羽化范围。图11-111所示为应用"羽化"效果前后的对比效果。

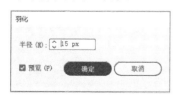

图11-110

图11-111

范例　制作浮雕字

知识要点　应用"风格化"效果组、应用"扭曲和变换"效果组

配套资源　素材文件\第11章\纹理.jpg
效果文件\第11章\浮雕字.ai

扫码看视频

范例说明

浮雕一般分为浅浮雕、中浮雕、高浮雕3种。本例将在提供的纹理上制作具有浅浮雕效果的浮雕字，要求完成后的效果不仅具有浮雕的肌理感，还具有凹凸感和美感。设计人员在制作时可根据背景颜色确定内发光的颜色，使制作出来的浮雕字更加立体。

操作步骤

1　打开"纹理.jpg"素材文件，使用"文字工具" T.在纹理背景中输入"DREAM"文字，并设置字体为"方正FW童趣POP体 简"，字号为"150 pt"，如图11-112所示。

2　在工具箱底部单击 按钮，为文字取消填充，如图11-113所示。

图11-112　　　　　　　图11-113

3 打开"外观"面板，单击面板右上角的■按钮，在弹出的下拉列表中选择"添加新填色"选项，如图11-114所示。为文字添加新的填充颜色，再使用"选择工具"▶选择文字，设置填充颜色为"C:58、M:49、Y:46、K:0"，如图11-1 15所示。

图11-114　　　　图11-115

4 选择【效果】/【风格化】/【内发光】命令，打开"内发光"对话框，设置模式为"正常"，颜色为"C:78、M:73、Y:70、K:41"，不透明度为"90%"，模糊为"12px"，选中"中心"单选项，单击"确定"按钮，如图11-116所示。

图11-116

5 选择【效果】/【风格化】/【圆角】命令，打开"圆角"对话框，设置半径为"20px"，单击"确定"按钮，效果如图11-117所示。

6 选择【效果】/【风格化】/【投影】命令，打开"投影"对话框，设置不透明度为"100%"，X位移为"4px"，Y位移为"5px"，模糊为"2px"，单击"确定"按钮，如图11-118所示。

图11-117

图11-118

7 打开"外观"面板，单击面板右上角的■按钮，在弹出的下拉列表中选择"添加新填色"选项，再次在"外观"面板中添加一个新的填充颜色；然后将其拖动至最下方，并设置填充颜色为"C:56、M:51、Y:86、K:4"，如图11-119所示。

8 在"外观"面板中选择新添加的填充颜色，再选择【效果】/【扭曲和变换】/【变换】命令，打开"变换效果"对话框，在"移动"栏中设置水平为"2px"，垂直为"7px"，设置完成后单击"确定"按钮，如图11-120所示。

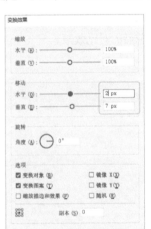

图11-119　　　　图11-120

9 打开"图层"面板，选择文字，将其拖动到"创建新图层"按钮⊞上，复制文字，然后打开"透明度"面板，设置混合模式为"滤色"，不透明度为"60%"，如图11-121所示。最后按【Ctrl+S】组合键保存文件，完成本例的制作。

图11-121

"效果"菜单中除了包括前面讲解的效果组外，还包括"效果画廊"效果、"像素化"效果组、"扭曲"效果组、"模糊"效果组、"画笔描边"效果组、"素描"效果组、"纹理"效果组、"艺术效果"效果组等。

11.5.1　"效果画廊"效果

"效果画廊"效果集合了多种效果，使用这些效果可以快速进行滤镜的选择与切换。

选择【效果】/【效果画廊】命令，打开"滤镜库"对话框，如图11-122所示，该对话框的中间区域包括风格化、画笔描边、扭曲、素描、纹理、艺术效果等各种效果组。选择效果后，在右侧修改参数，单击"确定"按钮，即可完成效果的添加。图11-123所示为应用"滤镜库"对话框中的"成角的线条"效果前后的对比效果。

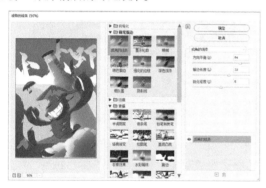

图11-122

图11-123

11.5.2　"像素化"效果组

"像素化"效果组中的效果主要用许多小块来组成所选的对象使其产生像素化的颗粒效果。选择对象后，选择【效果】/

【像素化】命令，弹出的子菜单中包括"彩色半调""晶格化""点状化""铜版雕刻"4个效果。

● "彩色半调"效果：应用"彩色半调"效果可以在图像的每个通道上制作放大的半调网屏效果，将每个通道中的对象划分为许多个矩形，并用圆形替换每个矩形，且圆形的大小与矩形的亮度成正比。图11-124所示为应用"彩色半调"效果前后的对比效果。

图11-124

● "晶格化"效果：应用"晶格化"效果可以将对象中的颜色集结成对应形状的色块。图11-125所示为应用"晶格化"效果前后的对比效果。

图11-125

● "点状化"效果：应用"点状化"效果可以将对象中的颜色分解为随机分布的网点，并使用背景颜色作为网点之间的画板区域的颜色。图11-126所示为应用"点状化"效果前后的对比效果。

图11-126

● "铜版雕刻"效果：应用"铜版雕刻"效果可以用点或线重新生成图像，且生成的图像只有饱和的颜色。图11-127所示为应用"铜版雕刻"效果前后的对比效果。

图11-127

11.5.3 "扭曲"效果组

使用"扭曲"效果组中的效果可以对图像进行几何扭曲处理。该效果组与"滤镜库"对话框中的"扭曲"效果组不同。选择对象后，选择【效果】/【扭曲】命令，弹出的子菜单中包括"扩散亮光""海洋波纹""玻璃"3个效果。

● "扩散亮光"效果：应用"扩散亮光"效果可以对对象的颜色进行柔和扩散，并将透明的白色颗粒添加到对象上，对象从中心向外发出渐隐亮光。图11-128所示为应用"扩散亮光"效果前后的对比效果。

图11-128

● "海洋波纹"效果：应用"海洋波纹"效果可以在对象上产生随机分布的波纹效果。图11-129所示为应用"海洋波纹"效果前后的对比效果。

图11-129

● "玻璃"效果：应用"玻璃"效果可以产生透过不同类型的玻璃来观察对象的效果。图11-130所示为应用"玻璃"效果前后的对比效果。

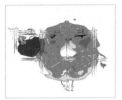

图11-130

11.5.4 "模糊"效果组

应用"模糊"效果组中的效果可以处理对象中过于清晰和对比过于强烈的区域。该效果组通常用于模糊对象背景和创建柔和的阴影效果。选择对象后，选择【效果】/【模糊】命令，弹出的子菜单中包括"径向模糊""特殊模糊""高斯模糊"3个效果。

● "径向模糊"效果：应用"径向模糊"效果可以将对象模糊成圆形或将对象从中心辐射出去。图11-131所示为应用"径向模糊"效果前后的对比效果。

图11-131

● "特殊模糊"效果：应用"特殊模糊"效果可以模糊对象的重叠边缘或对象中的褶皱。图11-132所示为应用"特殊模糊"效果前后的对比效果。

图11-132

● "高斯模糊"效果：应用"高斯模糊"效果可以使原本清晰的对象产生朦胧的效果，还可快速模糊选择的对象，并移去其中多次出现的细节。图11-133所示为应用"高斯模糊"效果前后的对比效果。

图11-133

11.5.5 "画笔描边"效果组

应用"画笔描边"效果组中的效果后，用户可以使用不同类型的画笔和油墨使对象产生不同的绘画效果。选择对象后，选择【效果】/【画笔描边】命令，弹出的子菜单中包含"喷溅""喷色描边""墨水轮廓""强化的边缘""成角的线条""深色线条""烟灰墨""阴影线"8个效果。

● "喷溅"效果：应用该效果可模拟喷枪喷溅的效果。图11-134所示为应用"喷溅"效果前后的对比效果。

图11-134

● "喷色描边"效果：该效果将使用对象的主色，用喷溅出的成角线条模拟描边效果。图11-135所示为应用"喷色描边"效果前后的对比效果。

图11-135

● "墨水轮廓"效果：该效果将使用纤细的线条，在对象上模拟出钢笔画的效果。图11-136所示为应用"墨水轮廓"效果前后的对比效果。

● "强化的边缘"效果：该效果可强化对象的边缘，强化的程度越高，对象边缘越趋于白色，强化程度越低，对象

边缘越趋于黑色。图11-137所示为应用"强化的边缘"效果前后的对比效果。

图11-136

图11-137

● "成角的线条"效果：该效果将用相同方向的线条绘制对象的高亮区域，用相反方向的线条绘制对象的其他区域。图11-138所示为应用"成角的线条"效果前后的对比效果。

图11-138

● "深色线条"效果：该效果将使用黑色的短线条绘制对象的暗部，用白色的长线条绘制对象的高亮区域。图11-139所示为应用"喷色描边"效果前后的对比效果。

图11-139

● "烟灰墨"效果：应用该效果可模拟出用蘸满黑色油墨的湿画笔在宣纸上绘画的效果。图11-140所示为应用"烟灰墨"效果前后的对比效果。

图11-140

● "阴影线"效果：该效果在保留对象细节特征的同时，使用模拟的铅笔阴影线为对象添加纹理，并使对象中彩色区域的边缘变粗糙。图11-141所示为应用"阴影线"效果前后的对比效果。

图11-141

11.5.6 "素描"效果组

应用"素描"效果组中的效果可以模拟出素描和速写等效果。选择对象后，选择【效果】/【素描】命令，弹出的子菜单中包括"便条纸""半调图案""图章""基底凸现""影印""撕边""水彩画纸""炭笔""炭精笔""石膏效果""粉笔和炭笔""绘图笔""网状""铬黄"14个效果。

● "便条纸"效果：应用该效果可简化对象并制作出浮雕效果。图11-142所示为应用"便条纸"效果前后的对比效果。

图11-142

● "半调图案"效果：应用该效果可以在保持连续的色调范围的同时，制作出半调网屏的效果。图11-143所示为应用"半调图案"效果前后的对比效果。

● "图章"效果：应用该效果可简化对象，使其呈现出盖印效果。该效果多用于黑白对象。图11-144所示为应用"图章"效果前后的对比效果。

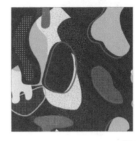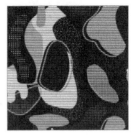

图11-143

图11-144

● "基底凸现"效果：该效果可模拟雕刻效果和突出对象表面在光照下的变化，并分别用白色和黑色表示对象中的高亮区域与暗部。图11-145所示为应用"基底凸现"效果前后的对比效果。

图11-145

● "影印"效果：该效果可模拟影印效果。图11-146所示为应用"影印"效果前后的对比效果。

图11-146

● "撕边"效果：应用该效果可在对象上模拟出粗糙的破碎纸片的效果。图11-147所示为应用"撕边"效果前后的对比效果。

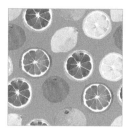
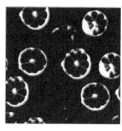

图11-147

● "水彩画纸"效果：应用该效果可模拟出颜色向外渗透的水彩画效果。图11-148所示为应用"水彩画纸"效果前后的对比效果。

图11-148

● "炭笔"效果：应用该效果可为对象制作出色调分离与涂抹的效果，并以粗线条绘制对象的边缘。图11-149所示为应用"炭笔"效果前后的对比效果。

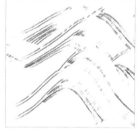

图11-149

● "炭精笔"效果：应用该效果可模拟出黑色和白色的炭精笔纹理效果，并采用黑色绘制对象的暗部，采用白色绘制对象的高亮区域。图11-150所示为应用"炭精笔"效果前后的对比效果。

图11-150

● "石膏效果"效果：应用该效果可在对象上产生一种石膏浮雕效果，用前景色和背景色来填充对象，使高亮区域凹陷、暗部凸现。图11-151所示为应用"石膏效果"效果前后的对比效果。

图11-151

● "粉笔和炭笔"效果：该效果将使用白色与黑色重新绘制对象的高光区域和中间调区域。图11-152所示为应用"粉笔和炭笔"效果前后的对比效果。

图11-152

● "绘图笔"效果：该效果将使用黑色和白色的细线条重新绘制对象。图11-153所示为应用"绘图笔"效果前后的对比效果。

图11-153

● "网状"效果：该效果将模拟出胶片乳胶的可控收缩和扭曲效果，使对象的暗部呈结晶状。图11-154所示为应用"网状"效果前后的对比效果。

图11-154

● "铬黄"效果：该效果将模拟出亮的铬黄表面的效果。图11-155所示为应用"铬黄"效果前后的对比效果。

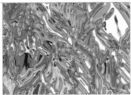

图11-155

图11-158

图11-159

11.5.7 "纹理"效果组

应用"纹理"效果组中的效果可让对象产生各种纹理效果。选择对象后，选择【效果】/【纹理】命令，弹出的子菜单中包括"拼缀图""染色玻璃""纹理化""颗粒""马赛克拼贴""龟裂缝"6个效果。

● "拼缀图"效果：应用该效果可以将对象分解为由若干个方形图块组成的图形，图块的颜色由该区域的主色决定。随机减小或增大拼贴的深度，可以复原对象的高光区域和暗部。图11-156所示为应用"拼缀图"效果前后的对比效果。

● "染色玻璃"效果：应用该效果可将对象重新绘制成由许多相邻的单色单元格构成的图形，用前景色填充单元格的边框。图11-157所示为应用"染色玻璃"效果前后的对比效果。

● "马赛克拼贴"效果：应用该效果可以马赛克样式重新拼贴对象。图11-160所示为应用"马赛克拼贴"效果前后的对比效果。

图11-160

● "龟裂缝"效果：该效果将根据所选对象的等高线生成细致的纹理，并制作出浮雕效果。图11-161所示为应用"龟裂缝"效果前后的对比效果。

图11-156

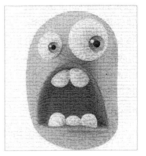

图11-161

图11-157

11.5.8 "艺术效果"效果组

应用"艺术效果"效果组中的效果可使对象产生不同的绘画效果。选择对象后，选择【效果】/【艺术效果】命令，弹出的子菜单中包括"塑料包装""壁画""干画笔""底纹效果""彩色铅笔""木刻""水彩""海报边缘""海绵""涂抹棒""粗糙蜡笔""绘画涂抹""胶片颗粒""调色刀""霓虹灯光"15个效果。

● "纹理化"效果：应用该效果可在对象上创建纹理效果。图11-158所示为应用"纹理化"效果前后的对比效果。

● "颗粒"效果：应用该效果可在对象上产生颗粒效果。图11-159所示为应用"颗粒"效果前后的对比效果。

● "塑料包装"效果：该效果通过在对象上模拟出一层光亮的塑料来强调对象表面的细节。图11-162所示为应用"塑料包装"效果前后的对比效果。

图11-162

● "壁画"效果：该效果将使用粗糙的圆形线条为对象描边，模拟出壁画效果。图11-163所示为应用"壁画"效果前后的对比效果。

图11-163

● "干画笔"效果：该效果使用具有介于油彩颜料和水彩颜料之间的颜料的干画笔来绘制对象边缘，并减小对象的颜色范围。图11-164所示为应用"干画笔"效果前后的对比效果。

图11-164

● "底纹效果"效果：应用该效果可以在带纹理的背景上重新绘制对象。图11-165所示为应用"底纹效果"效果前后的对比效果。

图11-165

● "彩色铅笔"效果：该效果将使用彩色铅笔在纯色背景上绘制对象，会保留对象的重要边缘并粗糙化对象。图11-166

所示为应用"彩色铅笔"效果前后的对比效果。

图11-166

● "木刻"效果：该效果将模拟木器上的雕刻效果。图11-167所示为应用"木刻"效果前后的对比效果。

图11-167

● "水彩"效果：应用该效果可简化对象，并以水彩画的风格重新绘制对象。图11-168所示为应用"水彩"效果前后的对比效果。

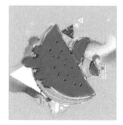

图11-168

● "海报边缘"效果：该效果将根据设置的相关参数来减少对象的颜色数量，然后用黑色线条对对象进行描边。图11-169所示为应用"海报边缘"效果前后的对比效果。

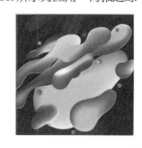

图11-169

● "海绵"效果：该效果将在对象颜色对比强烈、纹理较重的区域，模拟出用海绵进行绘制的效果。图11-170所示为应用"海绵"效果前后的对比效果。

图11-170

● "涂抹棒"效果：该效果将使用短的对角线对对象进行描边与涂抹，从而简化细节，柔化对象。图11-171所示为应用"涂抹棒"效果前后的对比效果。

图11-171

● "粗糙蜡笔"效果：该效果将模拟用彩色蜡笔在带有纹理的背景上绘制对象的效果。图11-172所示为应用"粗糙蜡笔"效果前后的对比效果。

图11-172

● "绘画涂抹"效果：该效果将使用各种类型的画笔来涂抹对象，以模拟出不同的效果。图11-173所示为应用"绘画涂抹"效果前后的对比效果。

图11-173

● "胶片颗粒"效果：应用该效果将平滑处理对象的暗部与中间调区域。图11-174所示为应用"胶片颗粒"效果前后的对比效果。

图11-174

● "调色刀"效果：应用该效果将减少对象的细节，模拟出清新的画布效果。图11-175所示为应用"调色刀"效果前后的对比效果。

图11-175

● "霓虹灯光"效果：应用该效果可模拟出不同类型的灯光叠印在对象上的效果。图11-176所示为应用"霓虹灯光"效果前后的对比效果。

图11-176

★ 范例　制作青草字

知识要点　应用"纹理"效果组、应用"艺术效果"效果组、应用"素描"效果组、应用"扭曲和变换"效果组、应用"模糊"效果组

扫码看视频

配套资源　效果文件\第11章\青草字.ai

范例说明

　　青草字是指具有青草的外形和质感的文字。本例需将"GREEN"文字制作成青草字，文字整体要具有青草的外形和质感；为了提升其美观度，还要为文字添加投影效果。

1 新建一个600像素×400像素的文件，选择"矩形工具" ■ ，沿着画板边缘绘制一个矩形，并设置填充颜色为"C:16、M:12、Y:12、K:0"。

2 选择【效果】/【纹理】/【纹理化】命令，打开"纹理化"对话框，在右侧设置缩放为"200%"，凸现为"6"，单击"确定"按钮，如图11-177所示。

图11-177

3 选择【效果】/【艺术效果】/【粗糙蜡笔】命令，打开"粗糙蜡笔"对话框，在右侧设置描边长度为"15"，描边细节为"5"，缩放为"90%"，凸现为"20"，单击"确定"按钮，如图11-178所示。

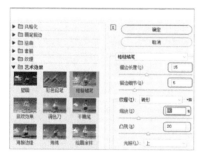

图11-178

4 按【Ctrl+2】组合键锁定图层，选择"文字工具" T ，在画板中输入"GREEN"文字，设置字体为"方正白舟魂心体 简"，字号为"120 pt"，如图11-179所示。

5 打开"图层"面板，将文字图层拖动到"创建新图层"按钮 ⊞ 上，复制文字图层，方便后续制作投影效果，如图11-180所示。

图11-179　　　　　图11-180

6 选择【对象】/【扩展】命令，打开"拓展"对话框，单击"确定"按钮。

7 选择【效果】/【素描】/【便条纸】命令，打开"便条纸"对话框，在右侧设置图像平衡为"30"，粒度为"18"，凸现为"15"，单击"确定"按钮，如图11-181所示。

8 选择【对象】/【扩展外观】命令，对文字的外观进行扩展，效果如图11-182所示。

图11-181　　　　　图11-182

9 在工具属性栏中单击"图像描摹"按钮右侧的下拉按钮✓，在弹出的下拉列表中选择"灰阶"选项；然后单击"扩展"按钮，使文字整体单独显示，方便后续添加渐变效果，效果如图11-183所示。

10 选择"直接选择工具" ▷ ，选择文字外部的白色部分，单击【Delete】键将其删除，效果如图11-184所示。

图11-183　　　　　图11-184

11 选择"选择工具" ▶ ，再选择文字；选择"渐变工具" ■ ，打开"渐变"面板，设置渐变颜色为从"C:76、M:8、Y:100、K:0"到"C:89、M:48、Y:100、K:12"，此时发现文字已形成了青草效果，如图11-185所示。

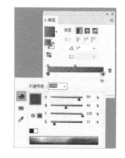　

图11-185

12 选择【效果】/【扭曲和变换】/【收缩和膨胀】命令，打开"收缩和膨胀"对话框，设置收缩

为 "-150%"，单击 "确定" 按钮，此时发现文字已经有青草质感了，如图11-186所示。

图11-186

13 隐藏有青草质感的文字所在的图层，选择【效果】/【模糊】/【高斯模糊】命令，打开 "高斯模糊" 对话框，设置半径为 "50像素"，单击 "确定" 按钮，如图11-187所示。

14 在右侧的 "属性" 面板中设置不透明度为 "65%"，效果如图11-188所示。

图11-187　　　　　　　图11-188

15 显示有青草质感的文字所在的图层，复制该图层；打开 "透明度" 面板，设置混合模式为 "正片叠底"，不透明度为 "50%"，增强文字的肌理感，如图11-189所示。

图11-189

16 制作完成后以 "青草字.ai" 为名保存文件。

小测　制作海报背景

配套资源\素材文件\第11章\背景.jpg、剪影.ai
配套资源\效果文件\第11章\海报背景.ai

本小测将综合使用 Illustrator中的效果制作海报背景。制作时，可对背景应用 "染色玻璃" 效果，再对剪影人物应用 "纹理化" 效果，完成后的参考效果如图11-190所示。

图11-190

11.6 利用 "外观" 面板管理效果

外观实际上是对象的外在表现形式，包括填充效果、描边效果、不透明度等各种特殊效果。使用 "外观" 面板可以灵活设置这些特殊效果，设置完成后，还可以随时修改或删除这些特殊效果。

11.6.1 使用 "外观" 面板

"外观" 面板显示了已应用于对象、组或图层的填色效果、描边效果、图形样式及其他效果。在 "外观" 面板中可以编辑对象的外观属性。

1.认识 "外观" 面板

选择【窗口】/【外观】命令，可以打开 "外观" 面板查看和调整对象的外观，如图11-191所示。如果在打开 "外观" 面板之前，已经在画板中选择了对象，则打开的 "外观" 面板中的内容也会根据当前选择的对象的不同而有所区别。

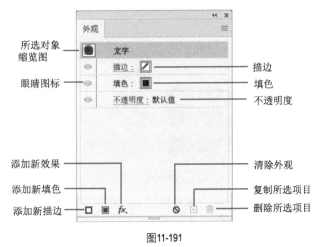

图11-191

"外观" 面板中各选项的含义如下。

● 所选对象缩览图：用于显示当前选择的对象的缩览图，其右侧的名称表示当前选择的对象的类型，如路径、文字、图层等。

● 描边：用于显示并修改所选对象的描边属性，包括描边颜色、粗细和类型。

● 填色：用于显示并修改所选对象的填充内容。

● 不透明度：用于显示并修改所选对象的不透明度和混合模式。

● 眼睛图标：单击 ◉ 图标，可隐藏或重新显示效果。

● 添加新描边：单击 "添加新描边" 按钮 回，可以为所选对象增加一个描边属性。

● 添加新填色：单击"添加新填色"按钮■，可以为所选对象增加一个填色属性。

● 添加新效果：单击"添加新效果"按钮 fx，可在弹出的下拉列表中选择一个效果。

● 清除外观：单击"清除外观"按钮 ⊘，可清除所选对象的外观。

● 复制所选项目：选择面板中的任意一个项目后，单击"复制所选项目"按钮⊡，可复制该项目。

● 删除所选项目：选择面板中的任意一个项目后，单击"删除所选项目"按钮 🗑，可删除该项目。

2. 调整外观属性的顺序

调整"外观"面板中外观属性的顺序能够影响当前对象的显示效果。其方法为：在需要调整的外观属性上按住鼠标左键并向上或向下拖动，可以调整该外观属性的位置，同时更改对象的显示效果。例如，图11-192所示的图形有两个填色属性，将上方填色属性拖动到下方填色属性的下方，图形的外观颜色将发生变化，如图11-193所示。

图11-192　　　　　　　图11-193

3. 复制外观属性

复制外观属性是指将一个对象的外观属性应用到另一个对象上，常用的方法有以下两种。

● 通过工具复制外观属性：选择想要更改外观属性的对象，再选择"吸管工具" ✐，将鼠标指针移至要进行属性取样的对象上并单击，对所有外观属性进行取样，即可将取样对象的外观属性应用于所选对象上，如图11-194所示。

● 通过拖动复制外观属性：选择需要的对象，将"外观"面板中左上角的对象缩览图拖动到画板中的目标对象上，如图11-195所示，即可将所选对象的外观属性复制给目标对象，如图11-196所示。

图11-194

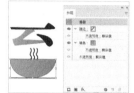

图11-195　　　　　　　图11-196

4. 添加和编辑基本外观属性

基本外观属性是指对象的描边、填色等基本的外观组成要素。不管是描边还是填色，其添加和编辑方法基本相同。以添加填色为例：打开"外观"面板，单击右上角的 ≡ 按钮，在弹出的下拉列表中选择"添加新填色"选项，如图11-197所示；此时在"外观"面板中添加一个填色属性，单击该属性右侧的下拉按钮 ∨，可编辑填充颜色，如图11-198所示。

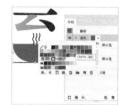

图11-197　　　　　　　图11-198

11.6.2　添加效果

在Illustrator中，用户可在"外观"面板中直接为对象添加效果，以提升其美观度。其方法为：选择需要添加效果的对象，在"外观"面板中选择相应的填色或描边属性，单击"添加新效果"按钮 fx，在弹出的下拉列表中选择某个效果，如图11-199所示；在打开的相应效果对话框中设置参数后，单击"确定"按钮，即可为所选对象添加效果，如图11-200所示。

图11-199　　　　　　　图11-200

11.7 综合实训："美味嘉年华"地铁宣传广告

地铁是人们日常生活中的重要交通工具，也是一个相对封闭且极易触发人们情绪的场景。地铁广告是在地铁内设置的各种广告的统称，与其他广告不同，地铁广告的发展空间更大。本实训将为"美味嘉年华"活动制作地铁宣传广告，要求用2.5D风格与扁平化风格来展现宣传内容。

地铁广告因自身的独特优势成为各大企业的广告"宠儿"，但想要获得预期的广告效果还需要进行精心设计，这就要求设计人员充分掌握地铁广告的设计要点。

（1）画面简洁。地铁广告的画面应尽可能简洁，始终坚持"少而精"的设计原则，力图给受众留下充分的想象空间。

（2）画面具有视觉冲击力。地铁广告类型繁多，且尺寸并不统一，视觉冲击力强的画面能让整个广告更具吸引力和震撼力，还能加深受众对广告的印象，以达到宣传的目的。

（3）文案简洁、有感染力。地铁广告的文案一般以一句话（主题语）来吸引受众，再附上简短有力的说明性文字。另外，地铁广告的文案要言简意赅、易读易记、风趣幽默、有号召力。

设计素养

11.7.1 实训要求

"美味嘉年华"活动是宣传各种美食的大众娱乐盛会，现需要为该活动制作尺寸为297mm×420mm的两个不同颜色的地铁宣传广告，希望通过该广告吸引更多年轻人来参加活动。

11.7.2 实训思路

（1）本地铁宣传广告主要用于宣传"美味嘉年华"活动，结合活动定位，可将该广告的主题定位为"每时每刻 美味不停歇"。

（2）由于该广告的受众为年轻人，他们更喜欢新颖、有创意的表现形式，因此这里采用2.5D风格和扁平化风格进行设计。

（3）该广告主体部分的颜色可选用淡雅、清新的粉色、嫩绿色，使整体的视觉效果更加柔和；在背景颜色的选择上，可选择红色和绿色来突显主体部分。

（4）本实训的两个地铁广告的排版风格应保持一致，为了达到快速吸引受众目光的效果，广告画面以主体物（2.5D风格的图形）为视觉中心，再搭配不同的纯色背景，并在画面的空白位置添加广告文案，以体现广告主题。

本实训完成后的参考效果如图11-201所示。

图11-201

11.7.3 制作要点

知识要点	应用"凸出和斜角"效果、扩展外观、应用"颗粒"效果、应用"底纹效果"效果	
配套资源	效果文件\第11章\"美味嘉年华"地铁宣传广告.ai	扫码看视频

本实训主要包括制作主体房屋、制作立体文字、输入说明性文字3个部分，主要操作步骤如下。

1 新建一个297mm×420mm的文件，选择"矩形工具" ，沿着画板边缘绘制一个矩形，并为其填充渐变颜色。

2 选择"钢笔工具" ✐，绘制矩形的倾斜效果，并为其填充渐变颜色。

3 打开"3D凸出和斜角选项"对话框，旋转凸出位置，并设置凸出厚度。

4 扩展外观，并取消编组。使用相同的方法为左侧矩形添加颜色。使用"钢笔工具" 在矩形的右侧绘制一个大树图形。

5 使用步骤2~步骤4中的方法绘制其他矩形，并设置"凸出和斜角"效果，完成后修改各个面的颜色，效果如图11-202所示。

6 使用"钢笔工具" 在矩形中绘制窗户、礼物条纹等部分，使其形成透视效果。选择"椭圆工具" ，在店铺招牌中绘制圆点，复制圆点并使其形成矩形边框；然后选择所有圆点，对它们进行编组，效果如图11-203所示。

7 使用相同的方法绘制遮雨篷、桌子、凳子、草丛、蛋糕、草莓等形状，然后复制大树形状，将复制的大树形状放在房子后方。

8 选择遮雨篷，打开"外观"面板，添加并设置"颗粒"效果。使用相同的方法为大树添加"底纹效果"效果。

9 选择"文字工具" ，输入"美味"文字，并调整文字的字体、大小和位置。

10 打开"3D凸出和斜角选项"对话框，调整3D文字的方向和厚度；然后扩展外观，并取消编组，完成后修改文字各个面的颜色。

11 由于背景颜色过于单调，不能突显文字，因此打开"外观"面板，为文字添加新颜色，并设置混合模式和不透明度。选择"文字工具" ，输入其他文字，并调整文字的大小和位置。

12 在上方文字两侧绘制装饰形状，以美化画面，完成后保存文件。

13 使用相同的方法制作另一个地铁宣传广告。

图11-202　　　　　图11-203

巩固练习

1. 制作刺绣字

本练习将运用Illustrator中的"涂抹""投影"效果制作刺绣字，完成后的参考效果如图11-204所示。

 效果文件\第11章\刺绣字.ai

图11-204

2. 制作清爽的立体字

本练习将制作清爽的立体字，主要通过Illustrator中的3D、渐变和不透明蒙版功能来完成，完成后的参考效果如图11-205所示。

 素材文件\第11章\背景2.jpg、水珠.jpg、花纹.ai
效果文件\第11章清爽的立体字.ai

图11-205

234

技能提升

本章主要介绍了各种特殊效果的使用方法，若需要从设备中提取对象，则可使用"视频"效果组中的效果。"视频"效果组中的效果用于处理从隔行扫描的设备中提取的对象。选择【效果】/【视频】命令，弹出的子菜单中包括"NTSC颜色""逐行"两个效果。

● "NTSC颜色"效果："NTSC颜色"效果用于匹配对象的色域以适合NTSC视频颜色的标准色域，使对象能够被视频接收。使用该效果可以解决使用NTSC方式向电视机输出对象时色域变窄的问题，将颜色的表现范围缩小，将某些饱和度过高的对象转成与其相似的对象，降低其饱和度。

● "逐行"效果："逐行"效果可以清除对象中的奇或偶交错线，还可在输出视频时消除混杂信号的干扰，使对象平滑、清晰。

第 12 章

切片、输出和自动化处理

本章导读

在Illustrator中完成对象的基本绘制与处理后，可能还需要进行一些后续处理。例如，使用切片处理网页，然后将其输出为网页布局需要的图片。除此之外，若需要重复执行某个操作，如添加Logo、水印、画框等，则可使用"动作"面板和"批处理"命令快速对某个文件或文件夹进行指定操作，简化重复的人工操作，提高工作效率。

知识目标

< 掌握网页切片的创建与编辑方法
< 掌握输出Web图形的方法
< 掌握实现自动化处理的方法
< 掌握打印输出的方法

能力目标

< 为京东店铺首页创建切片并导出切片
< 批处理图片背景

情感目标

< 培养提升工作效率的能力
< 提升编辑与优化网页的能力

12.1 网页切片

Illustrator的一个重要应用领域是网页设计，设计人员通常会在Illustrator中对网页进行切片处理。网页切片是指将设计好的网页分割成多个不同大小的图片，以方便加载和浏览。因为如果将一个完整的网页直接放到网站中，那么整张图片全部"加载"完成之后整个网页才会显示出来，这个过程耗费的时间较长。若将整个网页以小图片的方式展现，则可加快图片的加载速度，节约加载时间。

12.1.1 创建切片

在Illustrator中，可使用以下3种方法创建切片。

1. 使用切片工具创建切片

使用"切片工具" ✐ 创建切片的方法非常简单：打开需要创建切片的对象，在工具箱中选择"切片工具" ✐ ，按住鼠标左键在对象上拖出一个矩形框，如图12-1所示；释放鼠标左键后，即可创建一个切片，如图12-2所示。

图12-1

图12-2

2. 从所选对象创建切片

从所选对象创建切片需要先选择对象，例如，使用"选择工具" ▶ 选择多个对象，如图12-3所示。如果选择【对象】/【切片】/【建立】命令，则可以为每个选择的对象创建一个切片，如图12-4所示。如果选择【对象】/【切片】/【从所选对象创建】命令，则可以将选择的全部对象创建为一个切片，如图12-5所示。

图12-3

图12-4

图12-5

3. 通过参考线创建切片

除了前面介绍的两种创建方法外，在Illustrator中还可通过参考线快速创建切片。按【Ctrl+R】组合键可以显示标尺，依次从水平标尺和垂直标尺上拖出多条参考线，选择【对象】/【切片】/【从参考线创建】命令，即可按照参考线的划分方式创建切片，如图12-6所示。

图12-6

技巧

按住【Shift】键拖动鼠标可以创建正方形切片；按住【Alt】键拖动鼠标可以从中心向外创建切片。

12.1.2 编辑切片

创建切片后，可根据当前网页的实际需求对切片进行移动、复制、调整大小等编辑操作。

● 移动切片：如果创建的切片的位置不符合需求，则可以移动切片。其方法为：使用"选择工具" ▶ 选择切片，按住鼠标左键进行拖动，即可移动选择的切片。

● 复制切片：如果需要的切片的大小与已创建的切片的大小相同，就可以通过复制的方法生成新的切片。其方法为：选择需要复制的切片，按住【Alt】键，当鼠标指针变为 ▶ 形状时，单击并拖动鼠标即可复制出新的切片。

● 调整切片大小：创建切片后，如果发现其大小不太合适，则不需要删除后再重新创建，只需调整该切片的大小。其方法为：选择切片，这时切片的4个角出现控制点，将鼠标指针置于控制点上，鼠标指针变为 ↗ 形状，此时，拖动控制点可以调整切片的大小。

● 组合切片：组合切片是指将两个或两个以上的切片组合为一个切片。其方法为：选择两个或两个以上的切片，选择【对象】/【切片】/【组合切片】命令。

● 锁定切片：当画板中的切片过多时，为了便于编辑，可暂时锁定不需要的切片，锁定后的切片将不能被移动、缩放或更改。其方法为：选择需要锁定的切片，选择【视图】/【锁定切片】命令，可将切片锁定。锁定之后，使用"切片选择工具" ↗ 移动该切片，鼠标指针将变为 ⊘ 形状，表示不能进行移动操作。此外，再次选择该命令可解除锁定。

● 显示和隐藏切片：选择【视图】/【隐藏切片】命令，可以隐藏画板中的切片。如果要重新显示切片，则可以选择【视图】/【显示切片】命令。

● 删除切片：选择需要删除的切片，按【Delete】键即可将其删除。选择【对象】/【切片】/【全部删除】命令，可删除当前所有切片。

12.1.3 定义切片选项

若切片没有单独的名称、位置或地址，则会提升后期编辑网页的难度，使用"切片选项"命令可为各个切片定义名称或地址，以方便查找与编辑切片。其方法为：选择一个切片，再选择【对象】/【切片】/【切片选项】命令，打开"切片选项"对话框，在其中进行相应的设置后，单击"确定"按钮，如图12-7所示。

"切片选项"对话框中各选项的含义如下。

● 切片类型：用于设置切片的输出类型，包括"图像""无图像""HTML文本"3种类型。

● 名称：用于设置切片的名称。

● URL：用于设置切片链接的网页地址，在浏览器中单击切片时，可转到链接的网页。

● 目标：用于设置目标框架的名称。

● 信息：用于设置当鼠标指针位于图像上时，浏览器的状态区域中显示的信息，此信息主要起提示作用。

图12-7

● 替代文本：用于设置在浏览器中下载切片时，未显示切片前显示的代替文本。

● 背景：用于设置切片的背景颜色，如果要自定义颜色，则选择"其他"选项，然后在打开的"拾色器"对话框中定义颜色。

实战 为京东店铺首页创建切片

知识
要点　创建切片、编辑切片

配套
资源　素材文件\第12章\京东店铺首页.gif
效果文件\第12章\京东店铺首页.ai

扫码看视频

操作步骤

1 打开需要创建切片的"京东店铺首页.gif"素材文件，如图12-8所示。

2 依次从水平标尺和垂直标尺上拖出多条参考线，然后选择【对象】/【切片】/【从参考线创建】命令，可按照参考线的划分方式创建切片，如图12-9所示。

3 选择"切片工具" ，在网页下方的商品中按住鼠标左键并拖动鼠标，绘制出一个矩形框，如图12-10所示，拖动到文字的右下方时释放鼠标左键，即可得到切片。

4 选择"切片选择工具" ，选择上一步创建的切片，按住【Alt】键并向右拖动鼠标，复制两次切片，将另外两个商品用矩形框框住，得到两个大小相同的切片，如图12-11所示。

5 由于复制的切片的大小与整个商品图片的大小不匹配，因此还需要调整切片的大小。使用"选择工

具" 选择需要调整的切片，这时切片的4个角出现控制点，将鼠标指针置于下方的控制点上，鼠标指针变为 形状，此时，拖动控制点可调整切片的大小，如图12-12所示。

图12-8　　　　　　　　图12-9

图12-10　　　　　　　图12-11

6 使用相同的方法调整其他切片的大小，如图12-13所示。

图12-12　　　　　　　图12-13

12.2 存储为Web所用格式

对网页进行切片处理后，利用"存储为Web所用格式"对话框可对同一个对象进行不同的优化设置，以得到最佳效果。

选择【文件】/【导出】/【存储为Web所用格式（旧版）】命令，打开"存储为Web所用格式"对话框。设置完成后，单击"存储"按钮，可将对象保存为可以在Web上使用的格式，如图12-14所示。

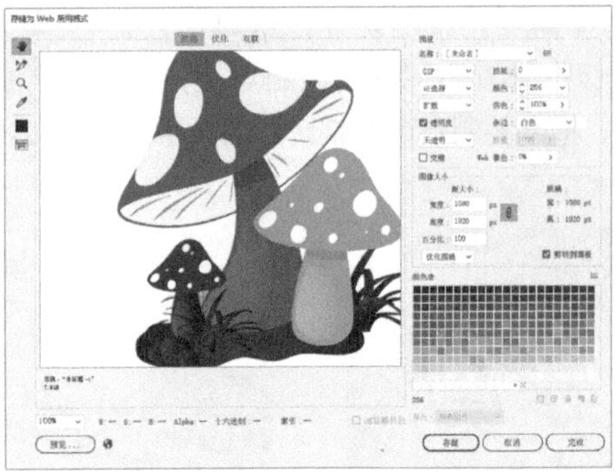

图12-14

“存储为Web所用格式”对话框左侧主要选项的含义如下。

● 原稿、优化、双联：单击“原稿”选项卡，可在预览窗口中显示没有优化的对象；单击“优化”选项卡，可在预览窗口中显示优化后的对象；单击“双联”选项卡，可并排显示优化前和优化后的对象，如图12-15所示。

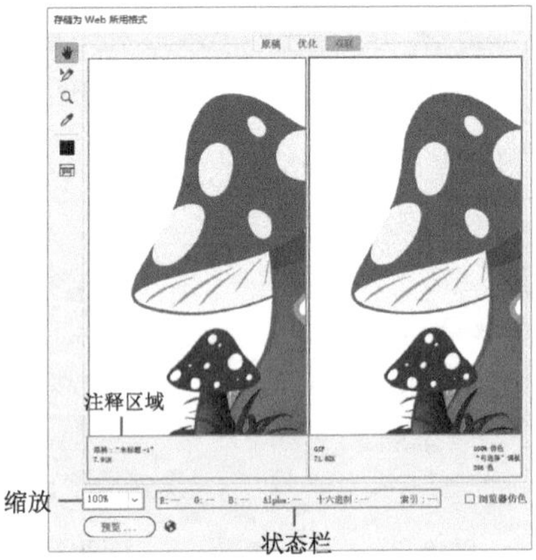

图12-15

● 抓手工具：放大对象后，选择“抓手工具”，可在预览窗口中移动对象，以便查看对象。

● 切片选择工具：当对象包含多个切片时，可使用“切片选择工具”选择预览窗口中的切片，并对其进行优化。

● 缩放工具：使用“缩放工具”在预览窗口中单击可放大对象，按住【Alt】键单击可缩小对象。

● 吸管工具：使用“吸管工具”在对象上单击，可吸取单击处的颜色。

● 吸管颜色：用于显示用“吸管工具”吸取到的颜色。

● 切换切片可视性：单击“切换切片可视性”按钮，可显示或隐藏切片的定界框。

● 注释区域：预览窗口下方显示的信息为对象的注释信息。其中，原稿对象的注释信息显示了文件名和文件大小；优化后的对象的注释信息显示了当前优化的选项、优化文件的大小及颜色数量等。

● 缩放：可输入百分比值来缩放预览窗口；也可单击右侧的下拉按钮，在弹出的下拉列表中选择预设的缩放值。

● 状态栏：当鼠标指针在预览窗口中的对象上移动时，状态栏中将显示鼠标指针所在位置的颜色信息。

● 预览：单击“预览”按钮，可以使用默认的浏览器预览优化后的对象；还可以在浏览器中查看对象的文件类型、尺寸、文件大小、压缩规格和其他HTML信息。

“存储为Web所用格式”对话框右侧主要选项的含义如下。

1. 图像存储格式

在“存储为Web所用格式”对话框的“预设”栏的“名称”下方的下拉列表框中提供了GIF、JPEG、PNG等格式。选择不同的格式后，下方的选项将发生变化。

● GIF格式：GIF格式常用于压缩具有单色调或细节清晰的对象（如文字），它是一种无损压缩格式，可使文件最小化，并且可加快信息传输的速度。GIF格式支持文件背景色为透明色或实色。因为GIF格式只支持8位色彩，所以将24位色彩的对象优化成8位色彩的对象，文件的品质通常会有损失。图12-16所示为GIF格式的优化选项。

● JPEG格式：JPEG格式可以用于压缩颜色丰富的对象，它是一种有损压缩格式。图12-17所示为JPEG格式的优化选项。

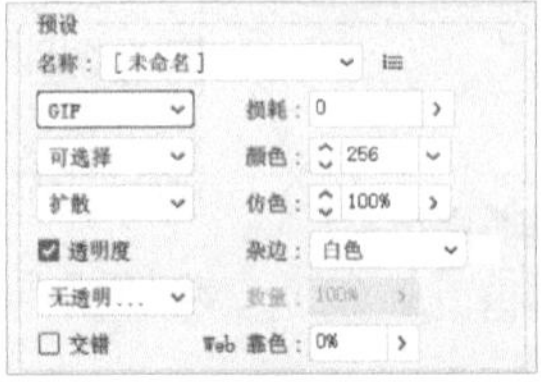

图12-16

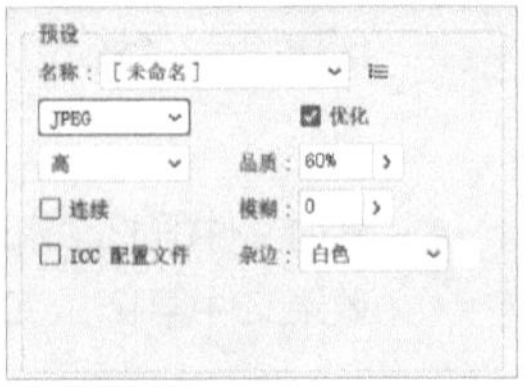

图12-17

● PNG格式：PNG格式包括PNG-8和PNG-24两种格式。PNG-8格式支持8位色彩，适用于颜色较少、颜色数量有限及细节清晰的对象，其优化选项与GIF格式的优化选项相同，如图12-18所示。PNG-24格式支持24位色彩，像JPEG格式一样支持具有连续色调的对象，如图12-19所示。PNG-8和PNG-24格式使用的压缩方式都为无损压缩方式，在压缩过程中没有数据丢失，因此PNG格式的文件要比JPEG格式的文件大。PNG格式支持文件背景色为透明色或实色，并且PNG-24格式支持多级透明。

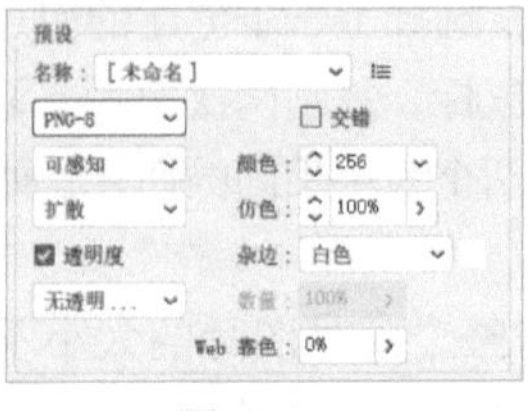

图12-18

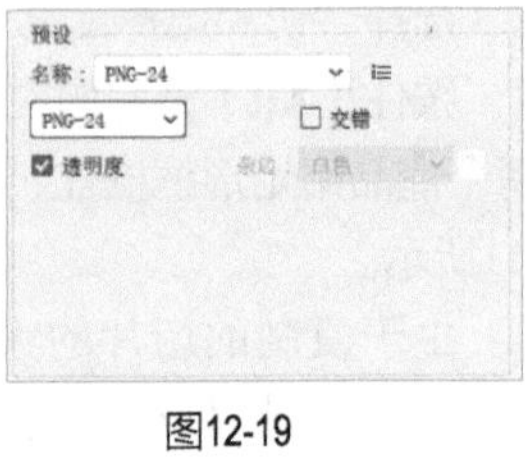

图12-19

2. 优化图像大小

在"存储为Web所用格式"对话框的"图像大小"栏中可以输入数值以调整对象的大小、百分比等，如图12-20所示。

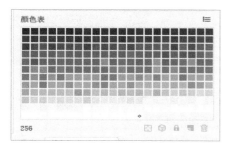

图12-20

3. 自定义颜色表

在"存储为Web所用格式"对话框中将文件格式设置为GIF或PNG-8格式后，可在下方的"颜色表"栏中自定义对象的颜色，如图12-21所示。在其中适当减少颜色的数量可以减小文件，并保证对象的品质。

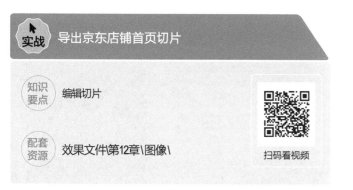

图12-21

实战 导出京东店铺首页切片

| 知识要点 | 编辑切片 |
| 配套资源 | 效果文件第12章\图像\ |

扫码看视频

📋 操作步骤

1 打开上一个实战中制作的"京东店铺首页.ai"文件，选择【文件】/【导出】/【存储为Web所用格式（旧版）】命令，打开"存储为Web所用格式"对话框，在左侧单击缩放右侧的下拉按钮，在弹出的下拉列表中选择"25%"选项，然后使用"抓手工具"查看切片效果，如图12-22所示。

2 在对话框右侧"预设"栏的"名称"下方的下拉列表框中选择"PNG-8"选项，如图12-23所示。

图12-22

图12-23

3 在"图像大小"栏中单击"优化图稿"右侧的下拉按钮，在弹出的下拉列表中选择"优化文字"选项，如图12-24所示。

4 单击"存储"按钮，打开"将优化结果存储为"对话框，设置对象文件的保存位置和名称，单击"保存"按钮，如图12-25所示。

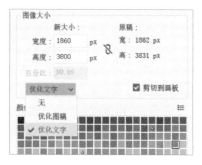

图12-24

图12-25

5 在计算机中找到保存文件的位置，其中有一个名为"图像"的文件夹，该文件夹中保存的文件即导出的所有切片，如图12-26所示。

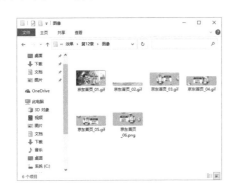

图12-26

12.3 利用动作实现自动化处理

动作是Illustrator的一大特色功能，通过它可以快速对不同的对象进行相同的处理，大大降低重复性工作的烦琐程度。动作会将不同的操作、命令及命令参数记录下来，以一个可执行文件的形式保存，当对不同的对象执行相同的操作时，可快速实现自动化处理。

12.3.1 认识"动作"面板

"动作"面板主要用于记录、播放、编辑和删除各个动作，也可以用于存储和载入动作文件。选择【窗口】/【动作】命令，将打开图12-27所示的"动作"面板，在其中可以进行动作的相关操作。在Illustrator中进行的每一步操作都可看作一个动作，如果将若干步操作放到一起，就形成了一个动作集。单击 按钮可以展开动作集或动作，同时该按钮将变为 样式，单击 按钮可关闭动作集或动作。

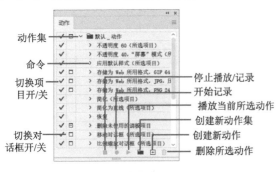

图12-27

"动作"面板中各选项的含义如下。

● 动作集：动作集是一系列动作的集合。

● 命令：命令是指录制的操作命令，单击 按钮可以展开命令列表，显示该命令的具体参数。

● 切换项目开/关：若动作集、动作和命令左侧有 ✓ 图标，则表示该动作集、动作和命令可以执行。若动作集、动作和命令左侧没有 ✓ 图标，则表示该动作集、动作和命令不可执行。

● 切换对话框开/关：若命令左侧有 图标，则表示执行到该命令。

● 停止播放/记录：单击"停止播放/记录"按钮 ，将停止播放动作或停止记录动作。

● 开始记录：单击"开始记录"按钮 ，可开始记录动作；处于记录状态时，该按钮变为红色。

● 播放当前所选动作：单击"播放当前所选动作"按钮 ，将播放当前动作。

● 创建新动作集：单击"创建新动作集"按钮 ，将创建一个新的动作集。

● 创建新动作：单击"创建新动作"按钮 ，将创建一个新动作。

● 删除所选动作：单击"删除所选动作"按钮 ，可删除当前动作或动作集。

在"动作"面板的右上角单击 按钮，在弹出的下拉列表中选择"按钮模式"选项，如图12-28所示，可将"动作"面板中的动作转换为按钮形式，如图12-29所示。在按钮模式下，单击一个按钮将执行整个动作，但不执行先前已排除的命令。

图12-28　　　　　　　图12-29

12.3.2 创建新动作

虽然"动作"面板提供了许多预设的动作，但在实际工作中，这些预设的动作是不能满足设计需求的，这就需要设计人员根据需求创建新动作。创建新动作时，Illustrator将记录执行的每一步操作。

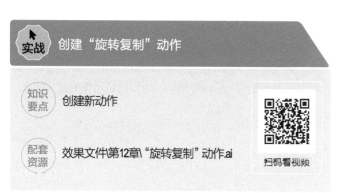

実战　创建"旋转复制"动作

知识要点　创建新动作

配套资源　效果文件\第12章\"旋转复制"动作.ai

扫码看视频

操作步骤

1 新建一个A4文件，使用"椭圆工具" ◎ 绘制一个 17mm×70mm的椭圆；打开"渐变"面板，设置渐变颜色为从"C:51、M:6、Y:68、K:0"到"C:11、M:4、Y:72、K:0"再到"C:5、M:2、Y:24、K:0"，效果如图12-30所示。

2 选择"旋转工具" ◎ ，按住【Alt】键在椭圆正下方单击，打开"旋转"对话框，设置角度为"15°"，单击"复制"按钮，如图12-31所示。

3 此时自动关闭"旋转"对话框，并复制一个对象，如图12-32所示。按【Ctrl+D】组合键重复上一次操作，不断复制对象，直至形成一个圆形，如图12-33所示，然后按【Ctrl+G】组合键将它们编组。

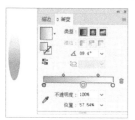

图12-30

图12-31

图12-32

图12-33

4 选择【窗口】/【动作】命令，打开"动作"面板，单击"创建新动作"按钮 ▣ 打开"新建动作"对话框，设置名称为"旋转复制"，单击"记录"按钮开始录制，如图12-34所示。

5 选择对象，双击"比例缩放工具" ▣ ，打开"比例缩放"对话框，设置等比为"75%"，单击"复制"按

钮，如图12-35所示，得到图12-36所示的效果。

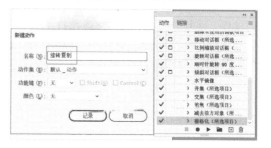

图12-34

图12-35

图12-36

6 按【Ctrl+D】组合键重复上一次操作，双击"旋转工具" ◎ ，打开"旋转"对话框，设置角度为"10°"，单击"确定"按钮，如图12-37所示。

7 单击"动作"面板底部的"停止播放/记录"按钮 ■ ，完成动作的录制。在"动作"面板中可以看到刚才录制的动作，如图12-38所示。

图12-37

图12-38

8 返回画板可查看旋转后的效果，如图12-39所示。

图12-39

12.3.3 播放动作

在"动作"面板中录制相应的动作后，即可播放该动作，以便快速制作和编辑当前图形。

1. 播放动作

选择图12-40所示的图形，选择【窗口】/【动作】命令，打开"动作"面板。选择一个需要播放的动作，如"旋转复制"动作，再单击下方的"播放当前所选动作"按钮 ▶，如图12-41所示。

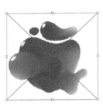

图12-40　　　　　　图12-41

此时自动播放该动作，并得到图12-42所示的效果。多次单击"播放当前所选动作"按钮 ▶，图形将不断地被旋转复制，形成一个漂亮的螺旋图案，如图12-43所示。

图12-42　　　　　　图12-43

2. 播放动作中的命令

如果只想播放动作中的某个命令，则先在"动作"面板中选择需要播放的命令，然后按住【Ctrl】键并单击"播放当前所选动作"按钮 ▶。若在单击该按钮时没有按住【Ctrl】键，则系统将以该命令为开始命令，连续播放其下面的所有命令。

3. 在播放动作的过程中跳过命令

播放动作时，如果想跳过动作中的某个命令，则只需单击此命令名称左侧的 ✔ 图标。

4. 播放动作集中的所有动作

在"动作"面板中选择需要播放的动作集，单击"播放当前所选动作"按钮 ▶，将连续播放该动作集中的所有动作。

5. 设置动作的播放速度

在"动作"面板右上角单击 ≡ 按钮，在弹出的下拉列表中选择"回放选项"选项，打开图12-44所示的"回放选项"对话框，在其中选中相应的单选项，可以指定动作的播放速度。

图12-44

12.3.4 批处理

录制完动作后，若要用动作对一个文件夹中的所有图片进行相同的处理，则可通过"批处理"命令来完成，这样可以节省大量时间并提高工作效率。

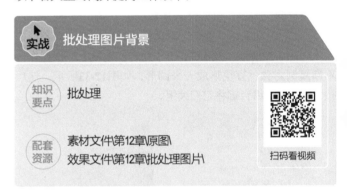

实战　批处理图片背景

知识要点　批处理

配套资源　素材文件\第12章\原图\
效果文件\第12章\批处理图片\

扫码看视频

操作步骤

1 打开"原图"文件夹中的"图1.png"素材文件，如图12-45所示。

2 选择【窗口】/【动作】命令，打开"动作"面板，单击"创建新动作"按钮 ⊞，打开"新建动作"对话框，设置名称为"添加背景"，单击"记录"按钮开始录制，如图12-46所示。

图12-45　　　　　　图12-46

3 选择"矩形工具" ▣，设置填充颜色为"C:51、M:84、Y:0、K:0"，在小狗图片的上方绘制一个矩形，注意该矩形要完全覆盖小狗图片。

4 选择矩形，单击鼠标右键，在弹出的快捷菜单中选择【排列】/【置于底层】命令，将矩形放到底层，如图12-47所示。

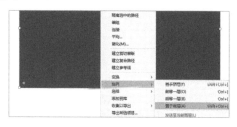

图12-47

5 选择所有对象，单击工具属性栏中的“水平居中对齐”按钮 和“垂直居中对齐”按钮 ，将得到图12-48所示的效果。

6 选择【文件】/【导出】/【导出为】命令，打开“导出”对话框，设置文件的保存路径和保存类型，单击“导出”按钮，如图12-49所示。

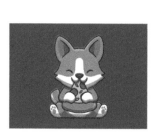

图12-48

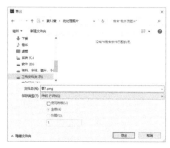

图12-49

7 打开“PNG选项”对话框，单击“确定”按钮，将文件保存到相应的位置。单击“动作”面板底部的“停止播放/记录”按钮 ，停止录制动作，在“动作”面板中可以看到刚才录制的动作，如图12-50所示。

8 单击“动作”面板右上角的 按钮，在弹出的下拉列表中选择“批处理”选项，如图12-51所示。

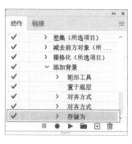

图12-50

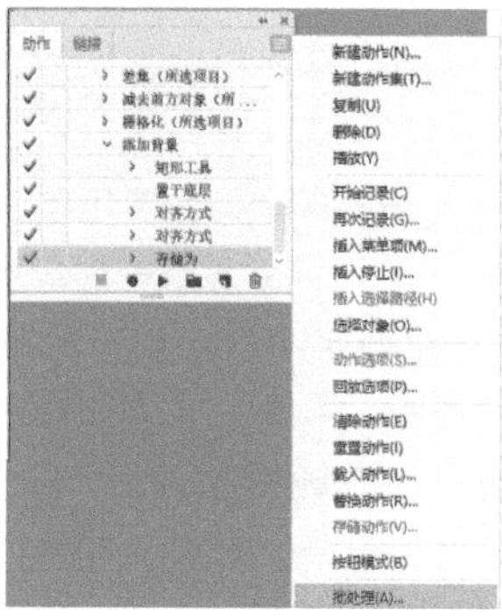

图12-51

9 打开“批处理”对话框，在“动作”下拉列表框中选择“添加背景”选项，在“源”和“目标”下拉列表框中选择“文件夹”选项；单击“选取”按钮，在打开的对话框中分别选择原图文件夹和存放处理后的图片的文件夹，设置完成后，单击“确定”按钮即可进行批处理，如图12-52所示。

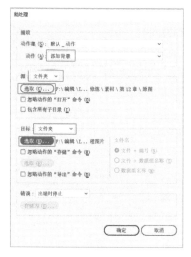

图12-52

技巧

打开“批处理”对话框后，若在“目标”栏中选中“忽略动作的‘导出’命令”复选框，则动作中的“导出”命令将引用批处理文件，而不是动作中设置的文件。

10 处理后的图片自动放到设置的文件夹中，如图12-53所示。

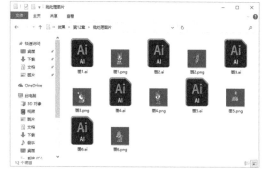

图12-53

12.4 打印输出

作品设计完后，通常要打印样稿，以便检验、修改错误，或用来给客户查看初步效果。因此，掌握打印输出方面的知识十分必要。

12.4.1 设置打印页面

打印页面的设置十分重要，它决定了打印效果。在实际工作中可以打印单页文件，也可以打印多页文件，还可以调整页面的大小和方向等。

设置打印页面的方法为：选择【文件】/【打印】命令，或按【Ctrl+P】组合键，打开"打印"对话框，如图12-54所示，该对话框左下角的预览区中显示了图稿的打印位置。在预览区上单击并拖动鼠标，可以调整图稿的打印位置，在对话框右侧可设置打印参数，单击"打印"按钮即可打印图稿。

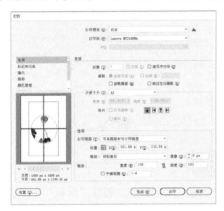

图12-54

"打印"对话框中各选项的含义如下。

● 份数：在该数值框中输入数值可确定打印的图稿份数。

● 拼版：如果图稿超出了页面边界，则可以对其进行缩放，或选中"拼版"复选框对其进行拼贴。

● 逆页序打印：选中"逆页序打印"复选框，将从后往前依次打印图稿。

● 全部页面：选中"全部页面"单选项，画板上包含图稿的所有页面都将被打印。此时，可以看到"打印"对话框左下角的预览区列出了所有页面。

● 范围：选中"范围"单选项，并在数值框中输入数值，可以打印指定范围内的页面。

● 忽略画板：如果要在一页中打印所有画板上的图稿，则选中"忽略画板"复选框。

● 跳过空白画板：选中"跳过空白画板"复选框，可自动跳过不包含图稿的空白画板。

● 介质大小："介质大小"下拉列表框中包含了Illustrator预设的打印介质选项，选择相应的打印介质选项，可将图稿打印到相应大小的纸张上。

● 取向：用于调整打印方向。取消选中"自动旋转"复选框，在右侧将显示方向按钮，用于调整打印方向。

● 打印图层：用于设置打印图层，包括可见图层和可打印图层、可见图层、所有图层3个选项。

● 位置：用于设置打印位置，其中X和Y表示位置坐标。

● 缩放：如果要将图稿打印到小于图稿实际尺寸的纸张上，则在"缩放"下拉列表框中选择相应的选项，以调整图稿的宽度和高度。

技巧

将画板分为多个页面时，会从左至右、从顶部到底部，并且从第一页开始对页面进行编号。这些页码将显示在画板上，但仅供参考，它们不会被打印出来。同时，使用页码可以打印文件中的所有页面或指定的页面。

12.4.2 印刷标记和出血

打印图稿时，打印设备需要精确套准图稿像素并校验正确的颜色，因此需要设计人员提前设置好印刷标记；出血是指位于印刷边框、裁切线和裁切标记外的部分。在"打印"对话框中选择左侧列表中的"标记和出血"选项，可设置印刷标记的种类和出血，如图12-55所示。

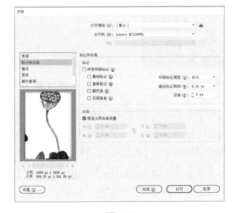

图12-55

选择"标记和出血"选项后，"打印"对话框中各选项的含义如下。

● 所有印刷标记：用于一次性选择所有输出标记。

● 裁切标记：用于划定页面修边位置的水平或垂直标记线，有助于将各分色相互对齐。

● 套准标记：可在页面外加上"小"标记，以对齐彩色文件中的不同分色。

● 颜色条：可加入代表CMYK油墨和色调灰度的彩色小方块。印刷服务供应商会使用这些小方块来调整印刷时的墨水浓度。

● 页面信息：可使用文件名称、打印日期、网频、分色片的网线角度及每个特定通道的颜色来标示底片，这些标签会显示在图稿上方。

● 印刷标记类型：可选择"日式""西式"选项；也可以创建自定义的印刷标记或使用由其他公司创建的自定义标记。

● 裁切标记粗细：决定了裁切、出血和套准标记的线条的粗细。

● 位移：用于指定页面信息或标记距页面边缘的宽度（裁切标记的位置）。只有在"印刷标记类型"下拉列表框中选择"西方"选顷，"位移"选项才可用。

● 出血：用于指定裁切标记与页面信息之间的距离。若要避免在出血上绘制打印机的标记，则需输入大于出血值的位移值。

● 顶、底、左、右：在右侧的数值框中可输入0mm~72mm的值，以指定出血标记的位置。

● 链接：单击 🔗 图标可以使上出血、下出血、左/内出血和右/外出血使用相同的值。

图12-56

12.5.3 制作要点

知识要点	创建动作、存储为Web所用格式
配套资源	素材文件第12章\人物.png 效果文件第12章\双十二购物狂欢节促销广告.ai、双十二购物狂欢节促销广告.png

扫码看视频

本实训主要包括制作双十二购物狂欢节广告效果、创建动作、导出广告3个部分，操作步骤如下。

1 新建一个60cm×80cm的文件，使用"钢笔工具" 🖊 在画板中绘制购物袋的形状和手的形状，并填充颜色。

2 选择"文字工具" T，输入广告文字，并调整文字的大小、位置和颜色。

3 置入"人物.png"素材文件，将其放到画板底部，并调整人物素材的大小和位置。

4 打开"动作"面板，单击"创建新动作"按钮 🔳，在打开的"新建动作"对话框中设置名称为"边框"。

5 选择"矩形工具" 🔲，在画板中绘制一个矩形。使用相同的方法，在矩形内绘制描边粗细为"5 pt"的矩形。

6 单击"动作"面板底部的"停止播放/记录"按钮 ⏹，停止录制动作，在"动作"面板中可以看到刚才录制的动作。

7 打开"存储为Web所用格式"对话框，设置缩放值。在对话框右侧"预设"栏的"名称"下方的下拉列表框中选择文件的保存格式，在"图像大小"栏中选择"优化文字"选项。

8 单击"存储"按钮，打开"将优化结果存储为"对话框，设置文件的保存位置，单击"保存"按钮，完成广告的导出操作。

12.5 综合实训：制作并导出"双十二购物狂欢节"广告

"双十二购物狂欢节广告"是专为每年12月12日的购物狂欢节制作的广告。本实训将为"MO旗舰店"制作双十二购物狂欢节广告，以此吸引更多消费者进入店铺，从而提升店铺的销售业绩。

12.5.1 实训要求

"MO旗舰店"将针对双十二购物狂欢节进行广告设计，需要体现促销信息和购物氛围，广告中的边框需要录制为动作，方便下次使用。广告尺寸为60cm×80cm，完成后需要将广告导出为PNG格式的文件。

12.5.2 实训思路

（1）在图形设计上，为了体现双十二购物狂欢节主题，可以手提式购物袋的形状作为背景。

（2）在内容选择上，可以较大的"12.12"文字展现活动时间，以"低价狂欢 不止5折"文字展现活动信息，以"MO旗舰店各种折扣等你来！"文字宣传店铺。

（3）由于边框的应用广泛，因此在制作边框时，可录制边框动作，方便后续使用。

本实训完成后的参考效果如图12-56所示。

巩固练习

1. 制作珠宝店首页切片

本练习将对珠宝店首页进行切片处理，以此练习创建切片与保存切片的操作，完成后的参考效果如图12-57所示。

图12-57

配套资源
素材文件\第12章\珠宝店首页.jpg
效果文件\第12章\珠宝店首页切片.ai、珠宝店首页图像\

2. 使用"动作"面板制作透明效果

本练习将通过"动作"面板快速制作图像的透明效果。打开"花环.ai"素材文件，选择"动作"面板中的不透明度选项并播放，即可得到透明效果，完成后的参考效果如图12-58所示。

配套资源
素材文件\第12章\花环.ai
效果文件\第12章\透明效果.ai

图12-58

技能提升

本章主要介绍了切片、输出和自动化处理的相关操作，为了提高制作效率，设计人员还可了解重新记录动作、载入外部动作、存储动作、利用脚本进行自动化处理等操作。

1. 重新记录动作

如果想重新记录某个动作，则可以选择与要重新记录的动作的类型相同的对象（如果该动作只能用于矢量对象，那么重新记录该动作时需选择矢量对象），在"动作"面板中双击该动作，在打开的对话框中重新设置参数，再单击"确定"按钮即可修改记录动作。

2. 载入外部动作

单击"动作"面板右上角的 ≡ 按钮，在弹出的下拉列表中选择"载入动作"选项，打开"载入动作集自："对话框，在该对话框中选择要加载的外部动作，单击"打开"按钮即可载入外部动作。

3. 存储动作

卸载或重新安装Illustrator后，设计人员将无法使用自己创建的动作集。因此，设计人员可以将动作集保存为单独的文件，以备以后使用。其方法为：在"动作"面板中选择要存储的动作集，单击右上角的 ≡ 按钮，在弹出的下拉列表中选择"存储动作"选项，如图12-59所示；在打开的图12-60所示的"将动作集存储到："对话框中选择存放动作集的

目标文件夹，输入动作集的名称，单击"保存"按钮。

图12-59　　　　　　　图12-60

4. 利用脚本进行自动化处理

脚本是一系列包含在单个文件中的命令，它类似于计算机代码。选择【文件】/【脚本】命令，在弹出的子菜单中选择包含的所有脚本命令；或选择【文件】/【脚本】/【其他脚本】命令，在打开的对话框中选择并打开一个脚本，即可运行脚本。此时计算机会执行一系列操作，这些操作可能只涉及Illustrator，也可能涉及其他应用程序，如Word、Excel、Access等应用程序。

> **技巧**
>
> 如果需将脚本放在硬盘中的其他地方，则选择【文件】/【脚本】/【其他脚本】命令，在 Illustrator 中运行脚本。

第 13 章　综合案例（一）

本章导读

本章将运用前面介绍的知识进行综合案例的制作，共分为文字设计、VI设计、广告设计、商业插画设计4个部分，每个部分将以案例的形式讲解相关知识和设计方法。

知识目标

< 掌握进行文字设计的方法
< 掌握进行VI设计的方法
< 掌握进行广告设计的方法
< 掌握进行商业插画设计的方法

能力目标

< 设计气泡字
< 设计新能源公司VI
< 设计幼儿园招生DM单
< 设计内页场景插画

情感目标

< 提高对文字的设计能力
< 培养对插画艺术的兴趣
< 提高对广告的设计能力

13.1　文字设计：气泡字

在平面设计中，文字十分重要。文字不仅能有效、准确地传达设计信息，还能通过字体展现设计风格。本节将设计气泡字，要求该气泡字既可作为标志，也可作为广告中的文字。

13.1.1　行业知识

如今，文字在信息传播、大众媒体等诸多领域起到了很好的交流和沟通作用。在现代设计观念的引导下，文字设计已呈现出千变万化的发展趋势。设计人员在设计前可先了解文字设计的基本原则，以及文字设计的应用领域。

1. 文字设计的基本原则

在进行文字设计前，需要了解文字设计的基本原则。

● 可识别性：文字是人们在长期生活、生产过程中创造出来的有固定意义的可识别符号，它的主要功能是向大众传达各种设计意图和信息。文字若失去了可识别性，则文字的存在将会失去意义。因此设计出的文字要易认、易懂、具有可识别性。图13-1所示的变形文字具有可识别性，同时极具设计感。

图13-1

● 整体感：在进行文字设计的过程中，即使是一个词组也应将其作为一个整体，要在文字的笔画、字形、结构、色彩等方面做到统一，不能因为进行过多的设计而让文字丧失整体感，使人在视觉上感到不舒服。在进行文字设计时，可统一总体基调，并进行局部对比设计，使文字在统一中又具备设计感，这样才符合大众审美。图13-2所示的文字采用了统一的字体样式，整个效果直观统一。

图13-2

● 创意性：文字的创意性表现为文字具有鲜明的个性、独特的样式、新颖的效果。别具风格的文字在视觉传达过程中能够更好、更快地吸引受众，有助于快速传播文字信息。只有有个性、有感染力的创意文字才能长久地留在受众的记忆中。图13-3所示的文字通过调整色彩和添加素材，更具创意性。

图13-3

2. 文字设计的应用领域

文字设计具有相对开放的内容、千变万化的设计语言，因此在各个领域被广泛应用。无论是在标志设计、广告设计、包装设计、书籍装帧设计方面，还是在环境艺术设计及新媒体艺术设计等方面，文字都常被使用。

（1）标志文字设计

标志是一种具有现代特点的信息传达符号，能够体现企业形象。文字则是组成标志的重要元素，文字不但可以直接作为标志展示，还可用于说明标志内容。根据字形的不同，可将标志文字设计分为汉字设计、数字设计和字母设计3种类型。

● 汉字设计：汉字虽然经历了甲骨文、金文、篆书、隶书、楷书、现代美术字等演变阶段，但其在结构上仍存在共性，例如，都有点、竖、横等笔画。在汉字设计中，可以通过改变笔画效果或修改与提炼字形，找到字形与需要传达的信息之间的关系，这样制作的文字不但效果美观，而且极具意义。图13-4所示的汉字型标志，通过修改文字字形并添加与企业相关的元素，增强了整个标志的可识别性。

图13-4

● 数字设计：将数字元素运用到标志设计中，不但能增强用户的好奇感，还能提升标志的趣味性。在设计数字时可在其中添加不同的形状，以提升标志的丰富性。图13-5所示的数字型标志主要通过叠加数字，并添加合适的颜色，使整体效果具有设计感。

图13-5

● 字母设计：字母是标志设计中的常用元素。字母不但具备文字传达信息的功能，还具备简略、易记、醒目等特点。在设计字母型标志时必须保留字母的形象特征，要易于辨认。此外，字母型标志还要有个性和简洁性。在图13-6所示的字母型标志中输入代表企业的字母，并对字母的笔画进行简单的删减，使整体效果具有设计感。

图13-6

（2）广告文字设计

在广告设计中，文字也很重要。设计美观、排版合理的文字不仅能够有效、准确地传达广告信息，还能增强广告的视觉效果，展现广告的设计风格，体现广告的美学价值。广告设计中的文字有以下3个层次。

● 标题：标题是表现广告主题的短句。标题具有点明主题、引起大众的注意与兴趣、引导大众阅读正文、加深印象等作用，成功的标题能达到打动人心的效果。标题的内容要符合创意需求，要突出个性、言简意赅、引人注目，同时又要与广告主题、图形相协调。

● 正文：正文是标题的延伸，当标题引起大众的注意与兴趣后，正文应起到吸引大众继续阅读的作用。正文要参考广告内容、广告策略及大众心理等具体情况，以增强广告的说服力和感染力为主要目标。

● 附文：附文是对正文的补充说明，如品牌或企业名称、地址、网址、电话等文字内容，设计时可根据广告需要酌情添加。

图13-7所示的广告的标题为"这就挺好",体现了广告主题;右侧文字为正文,介绍了广告主题;其他文字为附文,补充说明了正文。

（3）包装文字设计

商品包装肩负着实现商品价值、传递信息的重要职责。在包装上进行文字设计,不仅能够传递商品信息,还能起到美化商品、宣传商品、提升品牌价值的作用。根据包装用途的不同,可将包装文字分为广告文字、说明文字两大类,它们的设计要点各不相同。

● 广告文字:广告文字包括品牌名称、广告语等,其设计各有特点。品牌名称需要定位准确、醒目,富有感染力,且能影响消费行为,通常表现为独特的文字形态。广告语是宣传企业理念、商品特点的文字,其内容应简洁、生动,契合商品的特性,在视觉表现上要突出,要有较好的可记忆性。

● 说明文字:包装中的说明文字主要用于介绍商品的用途、用法、注意事项等,它是构成包装设计和传递相关商品信息的重要部分。说明文字的风格要尽可能与图形元素的风格统一,方便消费者识别。

在图13-8所示的广告中,广告文字为"蒸豆浆",通过简洁的文字,体现了商品特点,且文字醒目、简洁;下方的"黄豆"文字为说明文字,介绍了该商品的原材料。

图13-7　　　　　　　图13-8

（4）书籍装帧文字设计

书籍装帧中不同的文字设计会唤起人们不同的情感,使人们产生不同的联想。例如,如果书中的诗歌、散文是抒情风格的,那么笨重、滞涩的文字设计就很难体现书中表达的意境。不管是情节跌宕的小说,还是颇具权威性的工具书,不同类型的书籍在文字设计上都应有所不同。根据书籍装帧中文字位置的不同,可将文字分为封面文字、内页文字两大类,它们的设计要点各不相同。

● 封面文字:封面是整个书籍的外观,是体现创意的核心。在进行封面文字设计时,儿童书籍封面的文字设计应以趣味、夸张、活泼为主;青年书籍封面的文字设计应以简洁、时尚、自信、坚定为主;老年书籍封面的文字设计应以祥和、悠然、古朴为主。图13-9所示为《围城》《有欲且过》的封面,封面文字均简洁、整齐、统一,符合对应读者的读书需求。

图13-9

● 内页文字:内页文字的设计重点是文字字体、笔画和组合方式的设计。设计时要协调字体、字号、间距、行距及它们之间的变化关系。各种不同形式文字的组合一定要符合整个书籍的风格,以形成统一的基调。

13.1.2　案例分析

气泡字属于创意文字,常用在广告、标志、包装设计中。本案例将设计气泡字,具体分析如下。

1. 文字整体构思

（1）气泡字属于可爱类型的文字,常用在儿童类文字设计中。由于要求该文字要适用于标志和广告,因此在设计时主要对字母进行设计,使气泡字更加简略、易记、醒目,且更具可识别性。

（2）单独的字母会显得单调,不具有美感。因此,在设计时可对文字进行变形,或在文字上绘制装饰图形,以提升文字的美观度,并通过文字大小的对比体现创意感。

2. 文字气泡构思

气泡字中的气泡不是指文字冒泡,而是指文字有气泡的感觉。在设计气泡字时要先体现出文字的立体感和玻璃质感,立体感可提升文字的可识别性,玻璃质感能更好地体现气泡内容。立体感和玻璃质感主要通过颜色的叠加、路径的偏移和效果的变换来实现,在叠加颜色的过程中设置不透明度和混合模式,可增强文字整体的质感。

3. 文字颜色构思

在颜色的选择上,可使用蓝色作为主色,蓝色是大海的颜色,以契合"气泡"主题;叠加不同的蓝色可增强文字的立体感和通透感。图13-10所示为文字的参考颜色。

图13-10

图13-11所示为设计完成后的效果和文字应用到标志和广告中的参考效果。

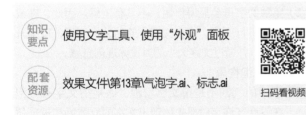

图13-11

| 知识要点 | 使用文字工具、使用"外观"面板 |
| 配套资源 | 效果文件\第13章\气泡字.ai、标志.ai |

扫码看视频

13.1.3　设计气泡字

下面将设计气泡字，具体操作如下。

1 新建一个800像素×500像素的文件。选择"文字工具" T ，然后在画板的空白处单击，输入"BUBBLE"文字；在工具属性栏中设置字体为"Showcard Gothic"，字号为"150"，文字颜色为"黑色"，如图13-12所示。

2 选择文字，在工具属性栏中取消填充和描边，打开"外观"面板，单击 ≡ 按钮，在弹出的下拉列表中选择"添加新填色"选项，如图13-13所示。

图13-12　　　　　　　　　　图13-13

3 选择新建的填色属性，在工具箱中设置前景色为"C:93、M:81、Y:28、K:0"，此时发现文字的颜色已经发生了变化，如图13-14所示。

图13-14

4 在"外观"面板中再添加一个新的填色属性，设置填充颜色为"C:81、M:53、Y:18、K:0"，如图13-15所示。

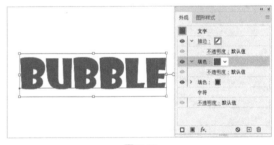

图13-15

5 单击"添加新效果"按钮 fx ，在弹出的下拉列表中选择"路径"/"偏移路径"选项，打开"偏移路径"对话框，设置位移为"−4px"，单击"确定"按钮，如图13-16所示。

图13-16

6 单击"添加新效果"按钮 fx，在弹出的下拉列表中选择"扭曲和变换"/"变换"选项，打开"变换效果"对话框，在"移动"栏中设置水平为"2px"，垂直为"-2px"，单击"确定"按钮，如图13-17所示。

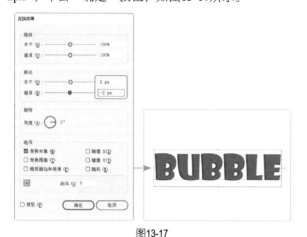

图13-17

7 在"外观"面板中添加一个新的填色属性，设置填充颜色为"C:72、M:38、Y:11、K:0"。再次打开"偏移路径"对话框，设置位移为"-4px"，单击"确定"按钮，如图13-18所示。

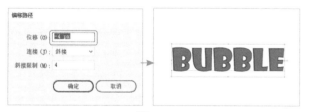

图13-18

8 打开"变换效果"对话框，在"移动"栏中设置水平为"4px"，垂直为"-4px"，单击"确定"按钮，如图13-19所示。

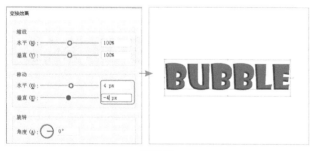

图13-19

9 在"外观"面板中添加一个新的填色属性，设置填充颜色为"C:65、M:18、Y:5、K:0"。使用与前面相同的方法，在"偏移路径"对话框中设置位移为"-6px"，在"变换效果"对话框的"移动"栏中设置水平为"6px"，垂直为"-6px"，如图13-20所示。

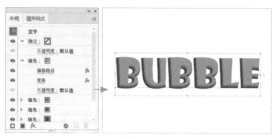

图13-20

10 在"外观"面板中添加一个新的填色属性，打开"渐变"面板，设置渐变颜色为从"C:66、M:16、Y:11、K:0"到"C:41、M:3、Y:7、K:0"，角度为"-90°"，如图13-21所示。

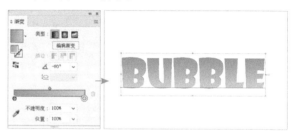

图13-21

11 使用与前面相同的方法，在"偏移路径"对话框中设置位移为"-8px"，在"变换效果"对话框的"移动"栏中设置水平为"8px"，垂直为"-8px"，如图13-22所示。

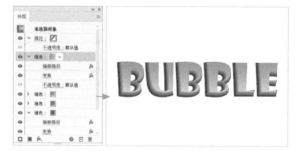

图13-22

12 在"外观"面板中添加一个新的填色属性，设置填充颜色为"白色"。使用与前面相同的方法，在"偏移路径"对话框中设置位移为"-12px"，在"变换效果"对话框的"移动"栏中设置水平为"10px"，垂直为"-10px"，效果如图13-23所示。

图13-23

13 单击"添加新效果"按钮 *fx*，在弹出的下拉列表中选择"模糊"/"高斯模糊"选项，打开"高斯模糊"对话框，设置半径为"13"，单击"确定"按钮，如图13-24所示。

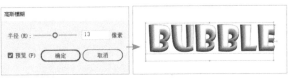

图13-24

14 打开"透明度"面板，设置混合模式为"叠加"，不透明度为"30%"，如图13-25所示。

图13-25

15 在"外观"面板中选择"白色"填色项目，单击"复制所选项目"按钮 ⊡，复制该项目，然后修改"偏移路径"对话框中的位移为"–14px"，修改"变换效果"对话框中"移动"栏的水平为"12px"，垂直为"–12px"，删除"高斯模糊"效果，设置不透明度为"60%"，如图13-26所示。

图13-26

16 在"外观"面板中添加一个新的填色属性，打开"渐变"面板，设置渐变颜色为从"C:87、M:58、Y:7、K:0"到"C:0、M:0、Y:0、K:0"，角度为"90°"，并设置最右侧色标的不透明度为"0%"；然后在"外观"面板中单击"不透明度"选项，在打开的面板中设置混合模式为"叠加"，效果如图13-27所示。

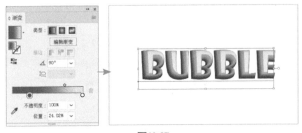

图13-27

17 打开"色板"面板，单击右上角的 ≡ 按钮，在弹出的下拉列表中选择"打开色板库"/"图案"/"基本图形"/"基本图形_纹理"选项，打开"基本图形_纹理"色板库面板，选择"点铜版雕刻"图案，如图13-28所示，此时发现"色板"面板中已经添加了该图案。

18 在"外观"面板中添加一个新的填色属性，单击填色右侧的下拉按钮 ⌄，在弹出的下拉列表中选择添加的"点铜版雕刻"图案，如图13-29所示。

图13-28   图13-29

19 打开"变换效果"对话框，在"缩放"栏中设置水平为"250%"，垂直为"250%"，取消选中"变换对象"复选框，选中"变换图案"复选框，单击"确定"按钮，如图13-30所示。

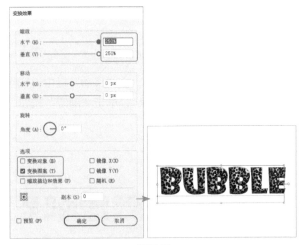

图13-30

20 在"透明度"面板中设置混合模式为"叠加"，不透明度为"40%"，效果如图13-31所示。

21 复制图案图层，修改图案为"精细点刻"图案，在"变换效果"对话框的"缩放"栏中设置水平为"800%"，垂直为"800%"，在"透明度"面板中修改不透明度为"80%"，效果如图13-32所示。

图13-31　　　　　　　图13-32

22 单击"外观"面板中的描边色块，在"渐变"面板中设置渐变颜色为从"C:100、M:89、Y:14、K:0"到透明，角度为"90°"；在"外观"面板中设置描边粗细为"8pt"，单击"不透明度"选项，在打开的面板中设置混合模式为"柔光"，如图13-33所示；在"偏移路径"对话框中设置位移为"-4px"。

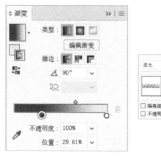

图13-33

23 在"外观"面板中单击 ≡ 按钮，在弹出的下拉列表中选择"添加新描边"选项，添加新描边。

24 在"渐变"面板中设置渐变颜色为从"C:87、M:58、Y:7、K:0"到"C:41、M:3、Y:7，K:0"，角度为"90°"，并设置最左侧色标的不透明度为"25%"；然后在"外观"面板中单击"不透明度"选项，在打开的面板中设置混合模式为"颜色减淡"，再在"外观"面板中设置描边粗细为"4pt"，效果如图13-34所示。

图13-34

25 选择位于最下方的填色项目，单击"添加新效果"按钮 *fx*，在弹出的下拉列表中选择"风格化"/"投影"选项，打开"投影"对话框，设置不透明度为"50%"，X位移为"3px"，Y位移为"3px"，模糊为"5px"，颜色为"C:94、M:74、Y:13、K:0"，单击"确定"按钮，如图13-35所示。

26 选择文字，打开"图形样式"面板，单击"新建图形样式"按钮 □，将制作的效果新建为图形样式，如图13-36所示。

图13-35

图13-36

27 选择文字，在"外观"面板中单击"添加新效果"按钮 *fx*，在弹出的下拉列表中选择"变形"/"旗形"选项，打开"变形选项"对话框，设置弯曲为"8%"，水平为"8%"，垂直为"0%"，单击"确定"按钮，如图13-37所示。

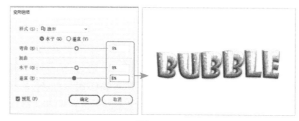

图13-37

28 选择文字，在"属性"面板的"字符"栏中修改文字的间距和大小，使文字更具设计感，效果如图13-38所示。

29 选择"椭圆工具" ◎，在"U"文字上方绘制一个圆形，打开"图形样式"面板，单击新建的图形样式，此时发现绘制的圆形已经运用了新建的图形样式，如图13-39所示。

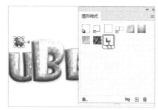

图13-38　　　　　　　图13-39

30 选择"直接选择工具" ▷，单击圆形最上方的锚点，并向上拖动，使其形成水滴的形状，如图13-40所示。

31 使用相同的方法，在文字的下方绘制圆形，并为其添加图形样式，效果如图13-41所示。

图13-40

图13-41

32 选择"矩形工具" ▭，在"渐变"面板中设置径向渐变的渐变颜色为从"白色"到"C:31、M:5、Y:2、K:0"，然后沿着画板边缘绘制一个矩形，并将矩形调整至底层，效果如图13-42所示。

图13-42

33 设计完成后保存文件。文件中的气泡字可运用到标志中作为主要内容，也可作为广告中的标题文字，起到引起大众的注意与兴趣的作用，如图13-43所示。设计人员在制作时可根据自身需求制作不同颜色的气泡字，完成后可联想该气泡字的适用场景，方便以后调用。

图13-43

13.2 VI设计：新能源公司VI

VI（Visual identity，视觉识别）设计是依据公司文化与经营理念等，统一设计公司的整体表达系统，并将其传达给公司内部员工与其他受众，使他们对公司产生一致的认同感，以形成良好的公司印象，最终促进公司产品和服务的销售。下面为云开新能源公司设计VI，该公司是一家从事风能和水能开发的新能源公司，现在正处于全方位升级和强化的阶段，在此形势下，充分且精准地向公司内部员工和年轻一代的外部人才传达公司文化、提升品牌影响力，是该公司进行VI设计的目的和要求。

13.2.1 行业知识

设计VI是每个公司树立品牌形象的必要步骤，专业的VI设计能使公司形象高度统一，从而产生良好的品牌传播效果。

1. VI设计原则

VI设计需符合公司理念、目标用户定位、经营策略等。另外，VI设计还需要遵循明确的设计原则，包括统一性、规范性、美观性、独特性、原创性等原则。

● 统一性原则：统一性也可以理解为整体性。VI设计以Logo为主导，以不同场合的辅助图形、辅助色等为桥梁，将各内容融于一体并形成新的效果。为了保持统一性，设计人员在设计时可将标准字体、各种图形等进行不同形式的组合。图13-44所示为一家公司的VI设计，该VI设计采用了统一的颜色和统一的标志，效果美观。

图13-44

● 规范性原则：规范性原则主要指VI的制作标准和实施规范。规范的VI设计更容易引发大众对该品牌的品质和服务的联想，更有利于公司形象的树立。

● 美观性原则：美观性原则是指VI设计需要给大众带来美的感受。VI设计是一项品牌形象包装工程，VI的具体设计要符合大众审美，设计中的色彩、字体、背景、材质、产品、效果等要与整体风格统一。图13-45所示为 "雾山" VI设计，该VI设计将雾山风景、动物等作为设计的出发点，不但生动形象，而且美观。

图13-45

● 独特性原则：设计VI的目的是提升公司形象，增强品牌的可识别性和大众对其的认同感，以便公司在复杂的市场竞争中保持自身优势。有个性、与众不同、独特的VI设计有助于更好地展现公司特色，提升公司的认知度。

● 原创性原则：原创性原则是指VI设计要符合广告、知识产权、商标等方面的法律规定，VI设计中使用的商标要通过合法程序进行注册，以免被盗用。

2. VI设计基础

在进行VI设计前，需要掌握一些基础知识。

● 标志：标志作为公司形象的直观体现，是VI设计的核心和基础。标志以图形符号为主体，主要作用就是让公司具有独特性、便于识别，能快速、准确地传递公司的重要信息和文化内涵。

● 标准字体：标准字体是根据公司名称及公司的主要经营内容创作的，专门用于体现公司名称或者品牌形象。标准字体通常为某种特殊字体或字体的变体，主要有中文标准字体与西文标准字体两种。

● 标准色彩：标准色彩是指为塑造独特的公司形象而确定的某一个特定的色彩或一组色彩。在VI设计中，通过色彩的不同特点可以传达公司的不同经营理念和产品的内容特质。

● 辅助图形：辅助图形的设计应基于品牌文化的发展需求，辅助图形用于在设计中辅助表现标志、标准字体与标准色彩。辅助图形的设计应注意主次、对比等关系，辅助图形力求衬托主体并与主体形成完整、统一的效果，从而增强图形的视觉吸引力。

完成基础设计后，即可根据设计效果进行VI产品设计，例如，在名片、信封、工作证、出入证、文件袋、茶杯、纸杯、海报、杂志广告等地方运用设计的图案、标志等。

13.2.2 案例分析

在制作该案例前，需要先构思VI设计中的标志形状、色彩及图案，然后明确需要设计的办公用品，具体的分析如下。

1. 标志形状构思

新能源标志的作用是树立公司形象，提升公司的影响力，在设计时可从公司的名称、需求和定位出发，具体构思如图13-46所示。

图13-46

2. 色彩构思

云开新能源公司是一家经营绿色、可再生新能源业务的公司，为了体现新能源的可再生性和公司绿色环保的理念，在色彩的选择上，可选择绿色作为主色，绿色通常有清新、希望、健康、积极向上的含义，是一种常见的环保色。辅助色可选择白色，白色与绿色的有效搭配十分符合年轻人的审美。

3. 图案构思

云开新能源公司主要从事风能和水能的开发，在图案的设计上可将风能和水能作为设计点，从风能联想到风车、风力发电机等，从水能联想到水车、水电站、桥、船等。再结合设计主题，可选择水车和风车作为图案，将风车与水车组合成简洁、美观的图案。除此之外，在设计中还可添加山脉图案，以此体现公司绿色环保的理念，如图13-47所示。

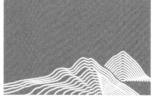

图13-47

4. 应用场景构思

设计标志和图案后，需要将这些基础设计运用到具体的办公场景中，以完成VI设计。常见的VI设计主要用在办公用品中，包括名片、工作证、纸杯等。

● 名片：名片的常用尺寸为90mm×54mm，在设计时可将标志和图案运用到名片中，并在其中添加公司名称、地址、电话、邮箱等内容，方便大众了解公司和该名片所属人员的信息。

● 工作证：工作证的常用尺寸为55mm×90mm，在设计时，可将图案作为底纹置入工作证中，并添加员工具体信息，使工作证的可识别性更强。

● 纸杯：在纸杯中需要体现标志和公司信息，方便大众了解公司。

● 其他：除了以上办公用品外，还可将标志和图案用在其他办公用品中，如信封、档案袋等。

图13-48所示为本例的VI设计参考效果。

图13-48

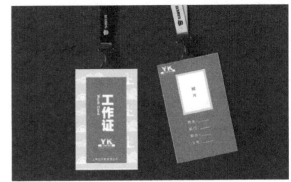

图13-48（续）

学习笔记

知识要点 使用形状绘图工具、使用钢笔工具

配套资源 效果文件\第13章\新能源标志.ai、新能源图案.ai、信封.ai、纸杯.ai、档案袋.ai、工作证.ai、名片.ai

扫码看视频

13.2.3 设计新能源标志

下面设计新能源标志，具体操作如下。

1 新建一个大小为300像素×300像素，名称为"新能源标志"的文件。

2 选择"矩形工具"，在工具属性栏中设置填充颜色为"CMYK绿"，在画板中间绘制一个220像素×150像素的矩形，效果如图13-49所示。

3 选择"曲率工具"，在工具属性栏中取消填充，设置描边颜色为"白色"，描边粗细为"2pt"，在矩形下方绘制山脉形状，效果如图13-50所示。

图13-49

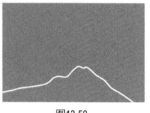
图13-50

4 使用相同的方法绘制其他山脉形状，效果如图13-51所示，完成后全选山脉形状，按【Ctrl+G】组合键编组。

5 选择山脉形状，打开"透明度"面板，设置不透明度为"15%"，使山脉形状形成底纹效果，如图13-52所示。

图13-51

图13-52

6 选择"矩形工具"，在工具属性栏中设置填充颜色为"CMYK绿"，在画板中间绘制两个220像素×4像素和两个220像素×2像素的矩形；选择所有内容，按【Ctrl+G】组合键编组，然后按【Ctrl+2】组合键锁定图层，效果如图13-53所示。

7 选择"文字工具"，在矩形中输入"YK"文字，在工具属性栏中设置文字字体为"方正超粗黑简体"，字号为"100"，颜色为"白色"。选择文字，单击鼠标右键，在弹出的快捷菜单中选择"创建轮廓"命令，创建文字轮廓，如图13-54所示。

8 选择"矩形工具"，在文字上绘制一个矩形；打开"渐变"面板，设置渐变颜色为从"白色"到"黑色"，角度为"−90°"，如图13-55所示。

图13-53

图13-54

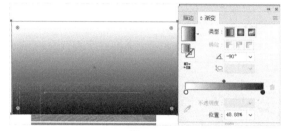
图13-55

9 选择【效果】/【像素画】/【铜版雕刻】命令，打开"铜版雕刻"对话框，在"类型"下拉列表框中选择"粒状点"选项，单击"确定"按钮，如图13-56所示。

10 选择【对象】/【设为像素级优化】命令，优化像素；选择【对象】/【扩展外观】命令，扩展外观；然后选择【对象】/【图像描摹】/【建立】命令，返回画板查看效果，如图13-57所示。

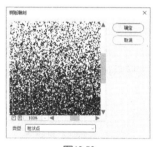
图13-56

图13-57

11 在工具属性栏中单击"扩展"按钮，然后在图像上单击鼠标右键，在弹出的快捷菜单中选择"取消编组"命令，如图13-58所示。

12 选择"直接选择工具"，选择外部轮廓，按【Delete】键删除，此时发现图像呈颗粒状，且图像不够干净，需要删除多余的白色部分，如图13-59所示。

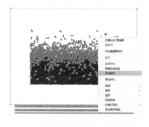
图13-58

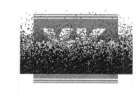
图13-59

13 将"YK"文字拖动到矩形外侧避免不小心将文字删除，使用"直接选择工具"⬛选择黑色矩形中多余的白色部分，按【Delete】键将其删除。使用相同的方法删除其他多余的白色部分，效果如图13-60所示。

14 选择所有黑色部分，在工具属性栏中将填充颜色修改为"白色"，效果如图13-61所示，选择白色矩形后按【Ctrl+G】组合键将它们编组，然后调整白色矩形的大小。

图13-60

图13-61

15 选择文字，将其放在白色矩形上方，选择文字和白色矩形，打开"透明度"面板，单击"制作蒙版"按钮，制作制版，然后调整剪切蒙版的大小和位置，效果如图13-62所示。

16 选择"文字工具"T，在矩形中输入"YUN KAI"文字，在工具属性栏中设置文字字体为"方正超粗黑简体"，字号"21"，颜色为"白色"；然后选择"直线段工具"✎，在文字的左右两侧各绘制一条直线段，并调整直线段的大小和位置，完成标志的设计，效果如图13-63所示。可以矩形的方式显示该标志，也可去掉矩形只用文字作为标志。

图13-62

图13-63

13.2.4 设计新能源图案

下面设计新能源图案，具体操作如下。

1 新建一个大小为800像素×400像素、名称为"新能源图案"的文件。

2 选择"矩形工具"⬛，在工具属性栏中设置填充颜色为"CMYK绿"，绘制一个与画板等大的矩形。

3 选择"椭圆工具"⬭，在工具属性栏中取消填充，设置描边颜色为"白色"，描边粗细为"2pt"，在画板左侧绘制一个40像素×40像素的圆形，效果如图13-64所示。

4 选择"直接选择工具"⬛，选择圆形下方的锚点，按【Delete】键将其删除，此时圆形呈半圆状显示，如图13-65所示。

图13-64

图13-65

5 选择"椭圆工具"⬭，在工具属性栏中设置填充颜色为"白色"，在半圆左侧绘制一个5像素×5像素的圆形，效果如图13-66所示。

6 选择"直接选择工具"⬛，选择圆形上端的锚点，按【Delete】键将其删除，此时圆形呈半圆状显示，如图13-67所示。

图13-66

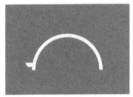
图13-67

7 双击"旋转工具"⟳，打开"旋转"对话框，设置角度为"-15°"，单击"复制"按钮，如图13-68所示。

8 按5次【Ctrl+D】组合键，重复执行旋转与复制操作，效果如图13-69所示。

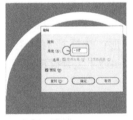
图13-68

图13-69

9 调整各个小半圆的位置，使其沿较大的半圆排列，如图13-70所示。

10 选择大半圆上的所有小半圆，单击鼠标右键，在弹出的快捷菜单中选择"变换"/"镜像"命令，如图13-71所示。

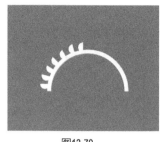

图13-70   图13-71

11 打开"镜像"对话框，选中"垂直"单选项，单击"复制"按钮，然后调整镜像图形的位置，效果如图13-72所示。

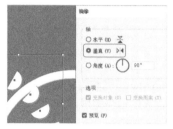

图13-72

12 选择"钢笔工具" ✐，在大半圆中绘制图形，并设置填充颜色为"白色"，效果如图13-73所示。

13 选择"锚点工具" ◣，调整线段的弧度，效果如图13-74所示。

图13-73   图13-74

14 选择图形，双击"旋转工具" ↻，打开"旋转"对话框，设置角度为"-45%"，单击"复制"按钮，如图13-75所示。

图13-75

15 选择并镜像步骤14制作的两个图形，然后调整各个图形的位置，效果如图13-76所示。

16 选择"椭圆工具" ⬭，在形状的中间绘制一个圆形，并设置填充颜色为"白色"，效果如图13-77所示。

图13-76   图13-77

17 选择"钢笔工具" ✐，绘制图13-78所示的形状，作为风车底座。

18 选择"椭圆工具" ⬭，在风车底座的顶部绘制一个圆形，效果如图13-79所示。

图13-78   图13-79

19 使用"钢笔工具" ✐绘制风车叶片，效果如图13-80所示。

20 选择"矩形工具" ▢，在风车底座下方绘制90像素×2.5像素、90像素×1像素的矩形，效果如图13-81所示。

图13-80   图13-81

21 打开"新能源标志.ai"文件，将其中的山脉形状复制到风车右侧，调整山脉的大小和位置，并设置其不透明度为"100%"，效果如图13-82所示。

图13-82

22 选择所有图形，按【Ctrl+G】组合键编组。按【Shift+Ctrl+M】组合键打开"移动"对话框，设置水平为"280px"，此时距离自动更改为"280px"，单击"复制"按钮，如图13-83所示。

图13-83

23 使用相同的方法再复制一次图形。

24 选择第一个图形组，按【Shift+Ctrl+M】组合键打开"移动"对话框，设置垂直为"60px"，距离也将自动更改为"60px"，单击"复制"按钮。解除编组，将图形的位置对调，效果如图13-84所示。

图13-84

25 使用相同的方法复制图形，此时发现图形依次排列，效果如图13-85所示。

图13-85

26 选择"矩形工具" ，在顶部和底部绘制4个800像素×2像素的矩形；然后使用"矩形工具" 绘制一个与画板等大的矩形，按【Ctrl+A】组合键全选画板中的图形，单击鼠标右键，在弹出的快捷菜单中选择"建立剪切蒙版"命令，将画板外侧的图形隐藏。以

PNG格式保存文件，完成图案的设计，效果如图13-86所示。

图13-86

13.2.5　设计办公用品

下面设计新能源公司的办公用品，包括名片、工作证、纸杯、信封、档案袋等。

1. 设计名片

设计名片的具体操作如下。

1 新建一个大小为90mm×54mm、名称为"名片"的文件，并绘制一个与画板等大的白色矩形作为背景。

2 选择"矩形工具" ，在画板中间绘制90mm×4mm、90mm×1mm的矩形，并设置填充颜色分别为"CMYK 绿""C:27、M:20、Y:20、K:0"。

3 使用"钢笔工具" 在画板底部绘制形状，并设置填充颜色分别为"CMYK 绿""C:27、M:20、Y:20、K:0"，如图13-87所示。

4 打开"新能源标志.ai"和"新能源图案.ai"文件，将其中的标志和风车图案拖动到画板中，并调整两者的大小和位置，然后将风车图案的填充颜色修改为"CMYK绿"，效果如图13-88所示。

图13-87　　　　　　　　图13-88

5 选择"文字工具" ，输入图13-89所示的文字，设置文字字体为"思源黑体 CN"，颜色分别为"CMYK绿""黑色"，并调整文字的大小和位置。

图13-89

6 使用"钢笔工具" 在文字左侧绘制形状，并设置填充颜色为"CMYK 绿"，完成名片正面的设计，效果如图13-90所示。

7 选择"画板工具" ，在当前画板的右侧绘制一个90mm×54mm的画板，在新画板中绘制一个白色矩形作为背景。

8 将名片正面的标志复制并拖动到新画板中，调整标志的大小和位置，完成名片背面的设计，效果如图13-91所示。

图13-90　　　　　　　　　　图13-91

2. 设计工作证

设计工作证的具体操作如下。

1 新建一个大小为55mm×90mm、名称为"工作证"的文件。

2 添加之前绘制的图案，并调整图案的大小和位置，设置不透明度为"20%"；选择"矩形工具" ，在画板中绘制一个55mm×90mm的矩形，选择矩形和图案，然后创建剪切蒙版，效果如图13-92所示。

3 选择"矩形工具" ，绘制一个35mm×73mm的矩形，并设置填充颜色为"CMYK 绿"。

4 选择"文字工具" ，输入图13-93所示的文字，设置文字字体分别为"方正超粗黑简体""思源黑体 CN"，颜色为"白色"，并调整文字的大小和位置。

图13-92　　　　　　　　　　图13-93

5 将标志添加到文字中间，并调整标志的大小和位置。

6 选择"画板工具" ，在当前画板的右侧绘制一个55mm×90mm的画板，沿着新画板的四边绘制一个与画板等大的、填充颜色为"CMYK 绿"的矩形。

7 选择"矩形工具" ，在新画板中绘制一个25mm×35mm的矩形，并设置填充颜色为"白色"，描边颜色为"C:16、M:12、Y:12、K:0"，描边粗细为"5"，效果如图13-94所示。

8 选择"文字工具" ，输入图13-95所示的文字，设置字体为"思源黑体 CN"，并调整文字的大小和位置。

9 将标志添加到画板的左上角，并调整标志的大小和位置。保存文件，完成工作证的设计。

图13-94　　　　　　　　　　图13-95

3. 设计纸杯平面图

设计纸杯平面图的具体操作如下。

1 新建一个大小为166mm×210mm、名称为"纸杯"的文件。

2 使用"钢笔工具" 绘制纸杯形状，其尺寸如图13-96所示。

3 使用"钢笔工具" 绘制纸杯底部的形状，并设置填充颜色为"CMYK 绿"；然后使用"直线段工具" 在绿色形状中绘制填充颜色为"白色"的直线段。

4 选择"文字工具" ，输入图13-97所示的文字，设置字体为"思源黑体 CN"，并调整文字的大小和位置。

5 添加标志到纸杯的中间，并调整其大小和位置。保存文件，完成纸杯平面图的设计。

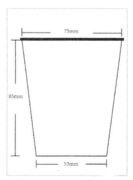 

图13-96　　　　　　　　　　图13-97

VI设计并非只针对以上办公用品，还包括信封、档案袋、公文袋、票据、合同书规范模板、卷宗纸等。图13-98所示为信封、档案袋的设计效果。这些用品都是传达公司文化的载体，影响着人们对公司的认知，设计人员应根据实际情况和需求进行设计。

图13-98

13.3 广告设计：幼儿园招生DM单

广告常以风格化或个性化的方式给大众带来强烈的视觉吸引力，能拨动大众心弦的广告通常都有一定的形式美，遵循一定的设计规律。本节将设计幼儿园招生DM单，要求该DM单包含招生信息、幼儿园情况、办学宗旨、招生对象、教学风采等内容，其效果要符合儿童的审美。

13.3.1 行业知识

广告，顾名思义就是广而告之，如告知社会大众某件事情。广告是一种传播工具，它承载着某个商品的信息，并由这个商品的生产或经营机构（广告主）传送给用户。

1. 广告的类型

经过漫长的发展，产生了多种多样、各具特色的广告。广告按照媒介形式可分为平面印刷类媒体广告、户外广告、网络广告等。

（1）平面印刷类媒体广告

平面印刷类媒体广告主要包括报纸广告、杂志广告、招贴广告、宣传册广告、包装广告、POP广告、DM广告等。

● 报纸广告：报纸广告是一种刊登在报纸上的广告。报纸广告的覆盖面大，传播范围广，具有一定的权威性，可信度较高，容易获得大众的信赖。图13-99所示为报纸广告。

● 杂志广告：杂志广告是一种刊登在杂志上的广告。杂志广告的受众较固定，且其针对性较强。与报纸广告相比，杂志广告的覆盖面和传播范围较小，但杂志广告的印刷效果较好。图13-100所示为杂志广告。

图13-99　　　　　　　图13-100

● 招贴广告：招贴广告也称为海报。招贴广告的应用范围较广，一般多张贴在户外公共场所，因此它也是户外广告的一种。图13-101所示为招贴广告。由于招贴广告多以平面印刷的方式呈现，因此这里将招贴广告划分到平面印刷类媒体广告中。但随着互联网的发展，招贴广告也开始以电子版的形式出现，展现出了多元化的发展趋势。

图13-101

● 宣传册广告：宣传册广告主要用于企业或政府宣传，其主要内容包括产品展示、使用说明及会展招商等方面。相对于报纸广告、杂志广告，宣传册广告更注重整体感，多用于展会展览、样本展示等场景。图13-102所示为教育推广宣传册广告，图13-103所示为产品宣传册广告。随着互联网的发展，宣传册广告也出现了电子版，电子宣传册广告将图片、视频、音频、文字等内容集合在了一起，大众可以在线阅读并传播该广告，为广告主节约了很多成本。

图13-102　　　　　　　　　图13-103

● 包装广告：包装广告是指印刷在物品包装上的广告。包装广告利用包装，以富有美感的形式展现广告信息，包装广告具有美观性和可识别性。图13-104所示为包装广告。

图13-104

● POP广告：POP广告是指在营业现场设置的各种广告，放在店铺橱窗、店铺内部作为装饰，如店铺的电子广告牌等。图13-105所示为POP广告。

图13-105

● DM广告：DM（Direct Mail）广告又称直接邮寄广告或直销广告，即通过促销活动，以邮寄、赠送等形式，将传

单、折页、明信片等宣传品发放给大众的一种广告形式。图13-106所示为DM广告。DM是区别于传统的广告刊载媒体（报纸、电视、广播、互联网等）的新型广告发布载体，DM广告除了可以用邮寄的形式发出外，还可以借助其他媒介，如传真、杂志、电视、电话、电子邮件，以及直销网络、柜台、专人送达、来函索取、商品包装等发出。

图13-106

（2）户外广告

户外广告是指在建筑物外表、街道、广场等室外公共场所设立的广告。户外广告的目标受众较广泛，且户外广告可在固定的地点长时间展示广告信息，因此，户外广告的传播效果较好。户外广告的种类众多，包括路牌广告、户外灯光广告、地铁广告、楼宇广告等。

● 路牌广告：路牌广告常出现在公路或交通要道两侧。路牌广告既可利用喷绘技术绘制在墙上，也可运用印刷技术印刷在广告牌上。

● 户外灯光广告：户外灯光广告是指通过灯光效果展示广告信息的广告，如灯箱广告、霓虹灯广告等。

● 地铁广告：用于在地铁上展示的各种广告统称为地铁广告。地铁广告可以增添地铁的文化色彩，提升地铁的美观度。图13-107所示为地铁广告。

图13-107

● 楼宇广告：楼宇广告泛指依靠楼宇展示一系列活动的广告，如楼宇超大屏广告、楼宇电视广告、电梯内部框架广

告等。楼宇广告具有低干扰、高频次的特点。

● 其他：除了上面提到的4种广告外，户外广告还有其他类型，如户外地贴广告、DP点广告、飞艇广告、户外充气广告等。

（3）网络广告

随着互联网的不断发展，网络广告成为一种新的广告类型，并不断融入人们的生活。常见的网络广告有动图广告、网页广告、弹出式广告、开屏广告、H5广告和短视频广告6种。

● 动图广告：动图广告介于静态的图片广告与动态的视频广告之间，相对于静态的图片广告，动图广告包含的信息量更大，视觉表现效果更加丰富、生动。动图广告包括动态海报、动态Logo、动态开屏广告等多种类型，其格式主要为GIF格式。图13-108所示为动图广告。

图13-108

● 网页广告：网页广告是网络广告中非常重要、有效的一种广告，主要在网页中表现广告内容，有静态、动态和交互式3种类型。

● 弹出式广告：弹出式广告是指受众在打开一个网页时自动弹出的广告。弹出式广告在移动端和PC端都较为常见，具有强制受众观看的特点，受到很多广告主的青睐。图13-109所示为弹出式广告。

图13-109

● 开屏广告：开屏广告是在启动App时出现的广告，其展示时长固定。开屏广告展示完毕会自动关闭并进入App主界面。图13-110所示为开屏广告。

● H5广告：H5广告是指利用HTML5（Hyper Text Markup Language 5，第5代超文本标记语言）编码技术实现的一种数字广告，其主要出现在移动端。随着移动网络的发展，H5广告逐渐应用于企业宣传、营销活动等场景。H5广告美观多变、互动性强，强烈的视觉效果能够给受众带来真实、有趣的感受。图13-111所示为H5广告。

图13-110

图13-111

● 短视频广告：短视频广告是以互联网为基础、以各大视频平台为媒介的一种广告。随着各种短视频App的兴起，时间短、节奏快的短视频广告逐渐出现。短视频广告可以很好地满足受众碎片化的娱乐需求，并且能够在较短的时间内完整地表述广告内容。它是当下比较流行的广告类型。

（4）其他广告

随着5G（5th Generation Mobile Communication Technology，第五代移动通信技术）、增强现实（Augmented Reality，AR）、虚拟现实（Virtual Reality，VR）、人工智能（Artificial Intelligence，AI）等技术的发展，广告传播的媒介形态也在不断发生变化，因此也衍生出了很多其他类型的广告，如VR广告、4D广告等，它们为受众带来了沉浸式的交互体验。

2. DM广告的设计要点

DM广告的设计要求较高，其设计要点较为广泛，掌握DM广告的设计要点非常重要。

● 广泛的内容题材：作为形式比较古老的广告，DM广告具有强烈的感染力和说服力。DM广告可以大面积地连续张贴，且不受张贴时间、场地的限制。因此，各行各业都喜欢使用DM广告，DM广告的内容题材也较为广泛。图13-112所示为新学期招生DM广告。

图13-112

● 卓越的创意：创意是DM广告的"灵魂"。DM广告历经多年的发展，其设计理论已经相对成熟，设计人员在设计DM广告时，并不会简单地追求形式美，而会采用既能准确传达主题，又能表达设计思想的艺术构思，深层次挖掘DM广告的内涵。因此，优秀的DM广告大多具有卓越的创意，能在瞬间抓住受众的注意力，使受众产生心理上的共鸣与联想，从而提升作品的内涵。图13-113所示为2.5D风格的DM广告。

图13-113

● 强烈的视觉冲击力：由于DM广告大多都张贴在户外，因此DM广告需要有强烈的视觉冲击力，才能在短时间内吸引受众的注意力，从而迅速、准确、有效地传达广告信息。图13-114所示的 "花样菜场" DM广告通过热气球来展示广告信息， 直观且具有视觉冲击力。

● 较高的审美价值和艺术价值：DM广告是利用视觉审美手段来达到宣传目的的一种广告，它能给受众以视觉上的享受和心理上的熏陶，因此，优秀的DM广告具有较高的审美价值和艺术价值。图13-115所示为采用彩绘形式展现的内测DM广告，其具有设计感和艺术性。

● 准确传达信息：DM广告主要用于传达信息，在设计时要做到言之有物，保证信息能够准确传递给受众。图13-116所示的招租广告通过文字直观地传达了相关信息。

图13-114

图13-115

图13-116

13.3.2 案例分析

在制作该案例时，需要先明确广告主题，然后根据广告主题确定广告文案和设计风格，具体分析如下。

1. 主题

本案例将设计幼儿园招生DM单。在设计时可以 "童真" 为主题，添加充满童趣的文字、儿童游戏的场景、云朵、小鸟等儿童喜欢的元素，营造出幼儿园的欢快氛围。

2. 文案

根据广告主题构思文案，在文案的编写上需体现出幼儿园的招生内容和幼儿园的宗旨。整个DM单分为正面和背面两个部分，正面用于吸引人们的注意，背面用于展现幼儿园的具体内容。以下为本案例的主要文案示例。

正面：

幼儿园招生中（主题）；

给孩子一个美好童年（次要文字）；

专业教师匹配（其他文字）；

班级设备齐全；

全程云端监控。

背面（分为4个板块）：

幼儿园基本情况；

幼儿园办学宗旨；

招生对象及计划；

幼儿园教学风采。

3. 风格

本案例的风格主要从整体风格和颜色风格两个方面来构思，具体思路如下。

（1）整体风格

本案例设计的幼儿园招生DM单的目标用户为儿童，因此整体以颜色鲜艳、造型简约、童趣可爱的矢量插画风格为主要风格。在设计上采用色彩块将DM单的正面分为上下两个部分，上部分为主要文字，下部分为儿童玩滑梯的场景，使用户有身临其境的感觉，以此吸引用户，让用户对幼儿园产生好奇感。DM单的背面主要是对幼儿园的介绍，中间为介绍文字，最下方为幼儿园的地址、联系电话等，方便用户咨询相关内容，布局参考如图13-117所示。

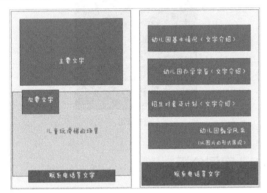

图13-117

（2）颜色风格

鲜亮的颜色更加符合儿童的审美，本案例采用较为鲜艳的橙色作为主色，橙色可以营造出欢快、活泼、兴奋、温暖、欢乐、热情的氛围，搭配白色、绿色和桃红色，使DM单更加美观。

完成后的参考效果如图13-118所示。

图13-118

 知识要点　使用矩形工具、文字工具、效果、渐变

配套资源　素材文件\第13章\二维码.png、幼儿园.png
效果文件\第13章\幼儿园招生DM单.ai

扫码看视频

13.3.3 设计幼儿园招生DM单

幼儿园招生DM单主要分为正面和背面两个部分，正面用于吸引用户，背面用于呈现招生详情。

1. 设计幼儿园招生DM单正面

下面设计幼儿园招生DM单正面，具体操作如下。

1 新建一个大小为220mm×310mm、名称为"幼儿园招生DM单"的文件。

2 选择"矩形工具" □，沿着画板边缘绘制一个220mm×310mm的矩形，并设置填充颜色为"C:13、M:42、Y:79、K:0"，按【Ctrl+2】组合键锁定矩形所在的图层。

3 使用"矩形工具" □ 在矩形上绘制一个400mm×12mm的矩形，并设置填充颜色为"白色"，不透明度为"20%"，如图13-119所示。

4 双击"旋转工具" ↻，打开"旋转"对话框，设置角度为"15"，单击"复制"按钮，如图13-120所示。

图13-119　　　　　　　　图13-120

5 多次按【Ctrl+D】组合键重复操作，制作出圆圈效果，如图13-121所示。

6 选择"矩形工具" □，绘制一个220mm×65mm的矩形，并设置填充颜色为"C:11、M:62、Y:89、K:0"，效果如图13-122所示。

7 选择"圆角矩形工具" □，在工具属性栏中设置填充颜色为"C:10、M:11、Y:57、K:0"，描边颜色为"白色"，描边粗细为"6pt"，圆角半径为"10mm"，在矩形上方绘制一个185mm×230mm的圆角矩形，效果如图13-123所示。

图13-121

图13-122

8 使用"钢笔工具" ✐ 绘制图13-124所示的形状，并设置填充颜色为"黑色"。

9 使用"钢笔工具" ✐，在形状的内侧绘制图13-125所示的形状，并设置填充颜色为"C:7、M:71、Y:92、K:0"。

10 选择黑色形状，按【Ctrl+C】组合键复制形状，然后按【Ctrl+V】组合键粘贴形状，选择复制后的形状，修改填充颜色为"C:6、M:56、Y:90、K:0"，并调整复制后的形状的位置，如图13-126所示。

图13-123

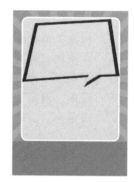

图13-124

图13-125

图13-126

11 使用"文字工具" T 输入"幼儿园招生中"文字，调整文字的大小和位置，然后修改文字颜色分别为"C:19、M:97、Y:60、K:0""C:17、M:92、Y:31、K:0""C:73、M:11、Y:90、K:0""C:87、M:56、Y:13、K:0"，如图13-127所示。

12 选择文字，单击鼠标右键，在弹出的快捷菜单中选择"创建轮廓"命令，将文字转换为轮廓。

13 选择"直接选择工具" ▷，单击"幼"文字，此时文字显示锚点，拖动锚点可变形文字，效

果如图13-128所示。

图13-127

图13-128

14 使用相同的方法变形其他文字，效果如图13-129所示。

15 选择"曲率工具" ✐，设置填充颜色为"白色"，沿着文字边缘绘制曲线框，用作文字底纹，然后将其所在图层调整至文字图层下方，效果如图13-130所示。

图13-129

图13-130

16 选择所有文字，按住【Alt】键向上拖动，选择底层文字，将文字颜色更改为"黑色"，然后调整文字的大小和位置，制作出投影效果，如图13-131所示。

17 选择"钢笔工具" ✐，在文字上方绘制白色的形状，用于装饰文字，效果如图13-132所示。

图13-131

图13-132

18 选择所有文字，选择【效果】/【效果画廊】命令，在打开的对话框的中间区域选择"纹理"选项，在打开的列表框中选择"纹理化"选项，在右侧设置缩放为"110%"，凸现为"8"，光照为"左下"，单击"确定"按钮，如图13-133所示。

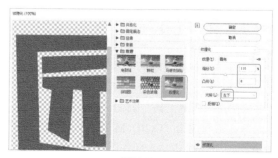

图13-133

19 使用"文字工具" $\boxed{T}$，输入图13-134所示的文字，调整文字的大小和位置，然后修改文字颜色为"C:9、M:68、Y:49、K:0""白色"，并设置字体分别为"方正超粗黑简体""方正大黑简体"。

20 选择"椭圆工具" ⬭ ，在工具属性栏中设置填充颜色为"C:79、M:27、Y:99、K:0"，然后在文字下方绘制一个26mm×74mm的椭圆，如图13-135所示。

图13-134　　　　　　　　　图13-135

21 选择"矩形工具" ▢ ，在椭圆下方绘制一个矩形，然后同时选择绘制的椭圆和矩形，在"属性"面板中单击"减去顶层"按钮 ◨ ，减去矩形区域，效果如图13-136所示。

22 选择"钢笔工具" ✐ ，在椭圆右侧绘制填充颜色为"C:76、M:27、Y:77、K:0"的形状，效果如图13-137所示。

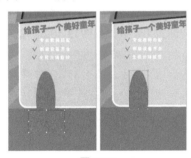

图13-136　　　　　　　　　图13-137

23 使用"钢笔工具" ✐ ，绘制其他形状，并设置填充颜色分别为"C:72、M:13、Y:83、K:0""C:64、M:7、Y:63、K:0""C:73、M:7、Y:71、K:0""C:77、M:15、Y:73、K:0""C:78、M:17、Y:80、K:0""C:80、M:26、Y:86、K:0""C:72、M:13、Y:83、K:0""C:65、M:7、Y:83、K:0""C:77、M:23、Y:98、K:0"，使其形成灌木效果，如图13-138所示。

24 选择所有灌木图形，按【Ctrl+G】组合键将它们编组，方便后续进行移动操作。

25 使用"钢笔工具" ✐ 绘制滑梯扶手形状，设置填充颜色为"C:20、M:78、Y:45、K:0"，如图13-139所示。

26 按住【Alt】键，向右拖动，复制滑梯扶手形状，然后修改填充颜色为"C:17、M:94、Y:70、K:0"，如图13-140所示。

27 使用"钢笔工具" ✐ 在滑梯扶手两端的空白处绘制形状，使整个滑梯扶手形成立体效果，如图13-141所示。

图13-138　　　　　　　　　图13-139

图13-140　　　　　　　　　图13-141

28 设置填充颜色为"C:4、M:32、Y:80、K:0"，继续使用"钢笔工具" ✐ 在滑梯中间的空白处绘制形状，制作滑梯，如图13-142所示。

29 使用"钢笔工具" ✐ 绘制小鹿形状，设置填充颜色为"C:9、M:26、Y:58、K:0"，如图13-143所示。

图13-142　　　　　　　　　图13-143

30 复制小鹿形状，修改复制后的小鹿形状的填充颜色分别为"C:18、M:49、Y:94、K:0""C:9、M:33、Y:79、K:0"，调整小鹿形状的位置，效果如图13-144所示。

31 在"图层"面板中调整小鹿形状的位置，使其与滑梯形成一个整体，选择并放大外部的小鹿形状，使其形成近大远小的效果，如图13-145所示。

图13-144

图13-145

32 选择"椭圆工具" ，在工具属性栏中设置填充颜色分别为"C:48、M:85、Y:100、K:18""白色"，绘制不同大小的椭圆，用作小鹿的斑点和眼睛，如图13-146所示。

33 使用"钢笔工具" 绘制小鹿的耳朵和嘴巴，设置填充颜色为"C:48、M:85、Y:100、K:18"，效果如图13-147所示。

图13-146

图13-147

34 选择"椭圆工具" ，在工具属性栏中设置填充颜色为"C:11、M:56、Y:71、K:0"，绘制3个不同大小的圆形，用作儿童的头部，如图13-148所示。

35 使用"钢笔工具"绘制头发，设置填充颜色为"黑色"，如图13-149所示。

图13-148

图13-149

36 选择"椭圆工具" ，绘制眼睛和腮红，设置填充颜色分别为"白色""C:47、M:96、Y:99、K:18""C:9、M:68、Y:50、K:0"。完成后使用"直接选择工具" 拖动眼睛上方和下方的锚点，调整眼睛的形状，如图13-150所示。

37 使用"钢笔工具" 绘制耳朵、鼻子和嘴巴，设置填充颜色分别为"C:53、M:96、Y:92、

K:37""C:23、M:67、Y:87、K:0""C:47、M:96、Y:99、K:18""白色"，如图13-151所示。

图13-150

图13-151

38 选择"圆角矩形工具" ，设置填充颜色为"C:23、M:67、Y:87、K:0"，然后在脑袋的底部绘制一个圆角矩形；选择"矩形工具" ，在圆角矩形的上方绘制一个矩形；然后同时选择绘制的圆角矩形和矩形，在"属性"面板中单击"减去顶层"按钮 ，减去矩形区域，效果如图13-152所示。

39 使用"钢笔工具" 绘制衣服，设置填充颜色为"C:58、M:21、Y:93、K:0"，然后在"图层"面板中将衣服图层拖动到圆角矩形所在图层的下方，如图13-153所示。

图13-152

图13-153

40 使用"钢笔工具" 绘制手臂和衣服上的装饰，设置填充颜色分别为"C:58、M:21、Y:93、K:0""C:11、M:56、Y:71、K:0"，如图13-154所示。

41 选择脑袋以下的部分，在"图层"面板中将其拖动到脑袋图层的下方；选择所有图形，按【Ctrl+G】组合键将它们编组，效果如图13-155所示。

图13-154

图13-155

42 使用绘制小男孩图形的方法绘制小女孩图形，完成后的效果如图13-156所示。

43 将绘制完的小男孩图形和小女孩图形移动到滑梯上方，并调整它们的大小和位置。打开"图层"面板，将小男孩图层移动到滑梯图层下方，完成后的效果如图13-157所示。

图13-156

图13-157

44 选择小女孩图形，选择【效果】/【风格化】/【投影】命令，打开"投影"对话框，设置不透明度为"20%"，X位移为"2mm"，Y位移为"2mm"，模糊为"1mm"，单击"确定"按钮，如图13-158所示，效果如图13-159所示。

图13-158

图13-159

45 使用"钢笔工具" 绘制云朵形状，设置填充颜色为"C:18、M:13、Y:13、K:0"，如图13-160所示。

46 选择云朵形状，按住【Alt】键，向下拖动复制云朵形状，然后更改复制的云朵形状的填充颜色为"白色"，效果如图13-161所示。

图13-160

图13-161

47 选择"文字工具"[T]，设置文字颜色为"C:70、M:62、Y:59、K:0"，在云朵形状上输入图13-162所示的文字，然后调整文字的大小和位置。

48 打开"二维码.png"素材文件，将二维码素材拖动到下方文字的中间，并调整二维码素材的大小和位置。

49 选择"矩形工具"[ ]，沿着画板边缘绘制一个与画板等大的矩形；然后选择所有图形，单击鼠标右键，在弹出的快捷菜单中选择"建立剪切蒙版"命令，完成正面的绘制，效果如图13-163所示。

图13-162

图13-163

2. 设计幼儿园招生DM单背面

下面设计幼儿园招生DM单背面，具体操作如下。

1 选择"画板工具" ，在DM单正面的右侧绘制一个220mm×310mm的画板；选择"矩形工具"[ ]，在画板中绘制一个220mm×310mm的矩形，并设置填充颜色为"C:8、M:39、Y:82、K:0"，按【Ctrl+2】组合键锁定矩形所在图层。

2 选择"直线段工具"[ ]，在画板顶部绘制两条交叉的直线段。

3 单击"画笔定义"右侧的下拉按钮 ，在弹出的下拉列表中单击"画笔库菜单"按钮 ，在弹出的下拉列表中选择"艺术效果"/"艺术效果_画笔"选项，打开"艺术效果_画笔"画板库面板，在其中选择"干画笔6"选项，如图13-164所示。

图13-164

4 此时发现绘制的直线段已应用了选择的画笔样式。在"属性"面板中单击"所选对象的选项"按钮 ，打开"描边选项（艺术画笔）"对话框，设置最小值为"50%"，单击"确定"按钮，效果如图13-165所示。

图13-165

5 选择上方的直线段，按【Ctrl+C】组合键复制直线段，按【Ctrl+V】组合键粘贴直线段，然后调整直线段的方向和长短。

6 选择"钢笔工具" 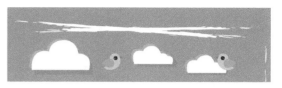，设置填充颜色为"C:9、M:46、Y:92、K:0"，绘制云朵形状，如图13-166所示。

7 复制两个云朵形状，更改填充颜色分别为"C:6、M:31、Y:84、K:0""白色"，使云朵形状形成叠加效果，如图13-167所示。

图13-166　　　　　　　图13-167

8 选择云朵形状，按【Ctrl+G】组合键将它们编组。使用相同的方法绘制其他云朵形状，如图13-168所示。

9 使用"钢笔工具" 绘制小鸟形状，并设置填充颜色为"C:36、M:3、Y:33、K:0""C:55、M:6、Y:44、K:0""C:6、M:58、Y:83、K:0"，如图13-169所示。

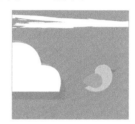

图13-168　　　　　　　图13-169

10 选择"椭圆工具" ，在工具属性栏中设置填充颜色为"白色""黑色"，绘制两个大小不同的圆形，作为小鸟的眼睛，如图13-170所示。

11 选择"钢笔工具" ，在眼睛的左侧绘制一个三角形，同时选择绘制的圆形和三角形，在"属性"面板中单击"减去顶层"按钮 ，减去三角形区域，效果如图13-171所示。

图13-170　　　　　　　图13-171

12 对小鸟形状进行编组，然后复制小鸟形状，调整复制的小鸟形状的位置和方向，效果如图13-172所示。

图13-172

13 选择"钢笔工具" ，在工具属性栏中设置描边颜色为"C:8、M:72、Y:72、K:0"，单击"描边"按钮，在弹出的下拉列表中设置描边粗细为"1pt"；选中"虚线"复选框，设置虚线为"6pt"，然后在画板中绘制虚线形状，如图13-173所示。

图13-173

14 选择"椭圆工具" ，在工具属性栏中设置填充颜色为"C:9、M:46、Y:92、K:0"，绘制一个30mm×30mm的圆形，如图13-174所示。

15 选择"添加锚点工具" ，在圆形右下角单击以添加多个锚点，然后使用"直接选择工具" 拖动添加的锚点，形成图13-175所示的效果。

图13-174　　　　　　　图13-175

16 复制绘制的形状，并更改填充颜色分别为"C:63、M:6、Y:34、K:0""C:8、M:72、Y:72、K:0""C:89、M:86、Y:55、K:28""C:13、M:81、Y:35、K:0"，完成后调整形状的位置和方向，效果如图13-176所示。

17 使用"文字工具" 输入图13-177所示的文字，设置文字字体为"方正兰亭中黑_GBK"，颜色为"白色"，并调整文字的大小和位置。

第13章

综合案例（一）

图13-176

图13-177

18 使用"文字工具" T 输入图13-178所示的其他文字，设置文字字体分别为"方正兰亭中黑_GBK""方正FW童趣POP体 简"，颜色分别为"白色""C:8、M:72、Y:72、K:0"，并调整文字的大小和位置。

图13-178

19 打开"幼儿园.png"素材文件，将幼儿园素材拖动到图形中，并调整幼儿园素材的大小和位置，如图13-179所示。

图13-179

20 使用"钢笔工具" 再次绘制云朵形状，设置填充颜色为"白色"。选择云朵形状，按住【Alt】键并向下拖动，以复制云朵形状，然后更改填充颜色为"C:13、M:42、Y:79、K:0"，效果如图13-180所示。

21 使用"文字工具" T 输入图13-181所示的文字，设置文字字体为"方正兰亭中黑_GBK"，颜色为"白色"，并调整文字的大小和位置。

图13-180

图13-181

22 将DM单正面中的二维码素材复制并拖动到"报名流程"的左侧，然后调整二维码素材的大小和位置。

23 选择"矩形工具" ，沿着画板边缘绘制一个与画板等大的矩形；然后选择所有图形，单击鼠标右键，在弹出的快捷菜单中选择"建立剪切蒙版"命令，完成背面的绘制，效果如图13-182所示。

图13-182

13.4 商业插画设计：内页场景插画

商业插画是一种具有明确商业意图的插画，它属于实用型插画。与纯艺术类插画相比，商业插画具有吸引力强、画面美观、能引导转化和促进消费的特点。本节将制作书籍内页中的"窗边夜景"场景插画，展现人物在窗边沉思的场景，并将舒适感、安逸感体现出来。

13.4.1 行业知识

插画是一种历史悠久的艺术形式，从古老的石窟壁画到书籍的插图，再到现在无处不在的商业插画，插画的魅力始终不减。

1. 商业插画的风格

商业插画的风格众多，大致可分为卡通风格、扁平风格、手绘风格和写实风格等4种。

● 卡通风格：卡通风格插画由轮廓线、结构线和块面组成。其造型比较简洁，给人以亲切的视觉感受；其色彩饱和度较高，视觉效果强烈。 图13-183所示为卡通风格商业插画。

● 扁平风格：扁平风格插画主要由色块构成，其造型具有几何特征，外轮廓光滑，视觉表现形式多样，可亲和也可严谨。因此，扁平风格插画被广泛应用于各个领域。部分扁平风格插画中会添加颗粒和渐变效果，以丰富整个画面，让画面看起来更有质感。图13-184所示为扁平风格商业插画。

图13-183

图13-184

● 手绘风格：手绘风格插画是在计算机上用笔刷来模仿真实手绘效果的插画。其造型较自由，不追求主体物外轮廓的绝对光滑和准确。其通常由色块、结构线和少量的阴影组成。图13-185所示为手绘风格商业插画。

图13-185

● 写实风格：写实风格插画与照片相似。写实风格插画追求准确性和真实的造型、透视关系、光影效果、色彩、质感，其刻画的深入程度高于手绘风格插画，且其绘制难度和成本比较高。图13-186所示为写实风格插画， 强烈的光影效果和细腻的刻画手法为主体物塑造出了明显的立体感。

图13-186

2. 商业插画的运用领域

商业插画可运用到文创出版、广告媒体、包装、游戏等领域中。

● 文创出版插画：文创出版插画包括各类文具插画、绘本插画、漫画、科普配图，以及书籍封面插画和内页插画等。图13-187所示为书籍封面插画。

图13-187

● 广告媒体插画：广告媒体插画包括在广告、海报、宣传单、招牌等媒介中使用的插画，以及在商品标志与企业形象设计中使用的插画。图13-188、图13-189所示分别为广告插画和海报插画。

图13-188　　　　　　图13-189

● 包装插画：包装插画包括外包装插画、内包装插画等。图13-190所示为外包装插画。

图13-190

● 游戏插画：游戏插画包括游戏宣传插画，以及游戏中的人物设计、场景设计、原画设计、漫画设计等。图13-191所示为游戏宣传插画。

图13-191

3. 商业插画的构图方式

商业插画主要有以下5种常用的构图方式。

● 水平线构图：水平线构图常常应用在风景插画中，其舒展的线条能够表现出宽阔、稳定、和谐的感觉。例如，着重表现天空的插画会将大部分空间留给天空，水平线的位置较低；着重表现地面建筑的插画会将水平线放在比较高的位

置，这样才能更好地表现地面上的事物。图13-192所示为水平线构图插画。

图13-192

● 三角形构图：三角形构图以3个视觉中心点为支点来构图，能让插画保持平衡与稳定。三角形构图既可以是正三角形构图，也可以是斜三角形构图。三角形构图能让插画中的信息层级更加合理和明确。图13-193所示为三角形构图插画。

图13-193

● 散点式构图：散点式构图不着重表现某个单一的主题，而着重表现一些普遍的人类活动、节日或者日常生活。这类插画看似无主题，实则处处是主题。图13-194所示为散点式构图插画。

图13-194

● 垂直线构图：垂直线构图插画的画面以垂直线条为主。这类插画一般具有高耸、挺拔、庄严、有力等特点，常见的树木、柱子、高大的建筑等都是可以利用的垂直线构图元素。图13-195所示为垂直线构图插画。

图13-195

● 中心构图：中心构图将主体放在画面的中心。这种构图方式的优点在于主体突出，且画面能达到左右平衡的视觉效果。图13-196所示为中心构图插画。

图13-196

13.4.2 案例分析

在制作该案例时，需要从场景、人物、颜色3个方面进行构思，具体分析如下。

1. 场景构思

由于该插画是以"窗边夜景"为主题的场景插画，因此在构思场景时，可采用水平线构图方式体现场景。通过"窗边夜景"可联想到人物在窗边沉思的场景，场景中包括窗边的人物、巨大的落地窗、窗外耸立的高楼、星星点点的灯光，以及夜空中飘浮的云朵等元素，通过以上元素搭建插画场景，将夜晚的宁静、安逸、舒适的感觉体现出来。

2. 人物构思

由于该插画需要体现安逸感，因此构思人物形态时，要考虑到整个场景的统一性，人物可采用坐在窗边、以手托头的形态，营造宁静、安逸的氛围。

3. 颜色构思

在颜色的选择上，可将深蓝色作为主色，深蓝色是夜

空的颜色，契合"夜晚"主题。将不同的蓝色叠加使用，可将宁静感体现出来；再加上白色、黄色、绿色、红色等点缀色，增强整个画面的趣味感。

完成后的参考效果如图13-197所示。

图13-197

 知识要点：使用渐变填充、使用钢笔工具、使用矩形工具

配套资源：效果文件\第13章\内页场景插画.ai

扫码看视频

13.4.3 制作内页场景插画

下面制作内页场景插画，具体操作如下。

1 新建一个225mm×200mm的文件，使用"矩形工具" 在画板上绘制一个矩形；再按【Ctrl+F9】组合键打开"渐变"面板，设置线性渐变颜色为从"白色"到"C:81、M:53、Y:19、K:0"，如图13-198所示。

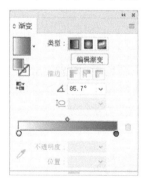

图13-198

2 使用相同的方法在矩形左右两侧分别绘制一个矩形，设置描边粗细为"0.1mm"，描边颜色为"黑色"，设置线性渐变颜色为从"白色"到"C:52、M:8、Y:4、K:0"，如图13-199所示。

第**13**章 综合案例（一）

图13-199

3 选择"钢笔工具" ，在图形中间绘制简洁的房屋图形，设置线性渐变颜色为从"C:54、M:18、Y:28、K:0"到"C:34、M:3、Y:16、K:0"，如图13-200所示。然后将房屋图形排列在左侧矩形的下层，再使用"矩形工具" 绘制不同大小的矩形，并设置填充颜色为"白色"，然后根据远景效果设置不透明度，效果如图13-201所示。

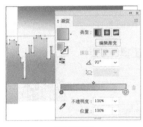

图13-200　　　　　　　　图13-201

4 使用"钢笔工具" 绘制草丛图形，设置线性渐变颜色为从"C:78、M:29、Y:80、K:0"到"C:90、M:58、Y:100、K:35"，效果如图13-202所示。

图13-202

5 绘制草丛图形，并设置填充颜色为"C:83、M:63、Y:100、K:46"，在工具属性栏中设置不透明度为"18%"，如图13-203所示。使用相同的方法继续绘制草丛图形，得到图13-204所示的效果。

图13-203　　　　　　　　图13-204

6 选择所有草丛图形，按【Ctrl+G】组合键将它们编组，并将编组后的图形移动至图13-205所示的位置。复制并镜像调整草丛图形，效果如图13-206所示。

图13-205　　　　　　　　图13-206

7 在左侧绘制窗柱图形，设置填充颜色为"C:76、M:66、Y:71、K:29"，不透明度为"50%"，效果如图13-207所示。使用"矩形工具" 在窗柱图形左侧绘制一个矩形，再按【Ctrl+[】组合键将其后移一层，设置线性渐变颜色为从"C:84、M:78、Y:42、K:5"到"C:64、M:31、Y:34、K:0"，如图13-208所示。

图13-207　　　　　　　　图13-208

8 选择窗柱图形，将其编组，在按住【Alt】键的同时向右侧拖动鼠标，复制该图形，效果如图13-209所示。使用"矩形工具" 在中间位置绘制一个矩形，设置线性渐变颜色为从"C:84、M:78、Y:42、K:5"到"C:64、M:31、Y:34、K:0"，如图13-210所示。

图13-209　　　　　　　　图13-210

9 使用"矩形工具" 在中间的矩形上方和下方分别绘制一个矩形，并设置填充颜色为"C:84、M:79、Y:43、K:5"，如图13-211所示。使用"钢笔工具" 在窗户上绘制多个不规则的图形，并设置填充颜色为"白色"，不透明度为"18%"，得到图13-212所示的光照效果。

10 使用"钢笔工具" 在窗户上方绘制云朵图形，设置填充颜色为"C:34、M:3、Y:7、K:0"，不透明度为"25%"，如图13-213所示。继续在云朵图形上绘制图形，设置填充颜色为"C:37、M:2、Y:9、K:0"，并使用"网格工具"▦添加网格，设置网格颜色为"白色"，如图13-214所示。

图13-211

图13-212

图13-213

图13-214

11 选择云朵图形，将它们编组，并在按住【Alt】键的同时向右侧拖动鼠标，复制该图形，分别调整云朵图形的不透明度后，得到图13-215所示的效果。使用"矩形工具"▫在下方的空白区域绘制一个矩形，设置线性渐变颜色为从"C:44、M:24、Y:18、K:0""白色"到"C:32、M:5、Y:15、K:0"，如图13-216所示。

图13-215

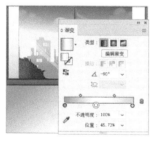

图13-216

12 在下方绘制一个矩形，设置线性渐变颜色为从"C:14、M:5、Y:17、K:0"到"C:32、M:5、Y:15、K:0"，如图13-217所示。

图13-217

13 使用"钢笔工具"✐在矩形下方绘制一个不规则的图形，设置填充颜色为"C:81、M:65、Y:56、K:13"，不透明度为"15%"，如图13-218所示。继续绘制3个矩形作为地板，并设置填充颜色为"C:81、M:65、Y:56、K:13"，不透明度为"22%"，如图13-219所示。

图13-218

图13-219

14 在不规则图形上方绘制一个长方形，设置线性渐变颜色为从"C:84、M:78、Y:42、K:5"到"C:61、M:31、Y:34、K:0"，如图13-220所示。

图13-220

15 在地板上绘制多个长方形，将它们放在地板下层，并设置线性渐变颜色为从"C:44、M:24、Y:18、K:0""白色"到"C:32、M:5、Y:15、K:0"，如图13-221所示。

图13-221

16 在地板上绘制光线图形，设置填充颜色为"白色"，并分别设置不透明度为"23%""39%""57%"，效果如图13-222所示。使用"钢笔工具"✐绘制窗帘的轮廓，设置描边粗细为"0.1mm"，描边颜色为"C:65、M:68、Y:74、K:26"，并设置线性渐变颜色为从"白色"到"C:88、M:57、Y:25、K:0"，如图13-223所示。

图13-222

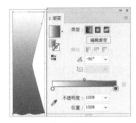

图13-223

图13-228

图13-229

17 使用"钢笔工具" ，在窗帘图形上绘制褶皱图形，并设置填充颜色为"C:98、M:84、Y:11、K:0"，不透明度为"27%"，如图13-224所示。选择窗帘图形，按【Ctrl+C】组合键复制图形，按【Ctrl+F】组合键将其粘贴到前面，再按【Shift+Ctrl+]】组合键将其置于顶层，如图13-225所示。

20 保持窗帘图形处于选中状态，选择"镜像工具" ，然后在窗户中间单击，定位中心点，如图13-230所示。再按住【Alt】键，拖动鼠标，镜像窗帘图形，得到图13-231所示的效果。

图13-224　　　　　图13-225

图13-230　　　　　图13-231

18 打开"色板"面板，单击"'色板库'菜单"按钮 ，在弹出的下拉列表中选择"图案"/"基本图形"/"基本图形_点"选项，打开"基本图形_点"色板库面板，选择面板中的"10 dpi 30%"选项，为窗帘图形添加图案，如图13-226所示。再按【Shift+Ctrl+F10】组合键打开"透明度"面板，设置混合模式为"变亮"，不透明度为"30%"，如图13-227所示。

21 使用"钢笔工具" ，绘制花盆图形，设置描边粗细为"0.1mm"，描边颜色为"黑色"，线性渐变颜色为从"C:24、M:18、Y:17、K:0"到"白色"，如图13-232所示。

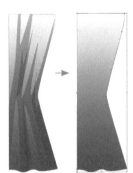

图13-232

图13-226

图13-227

22 使用相同的方法在花盆图形上方绘制一个矩形，并设置填充颜色为"C:61、M:76、Y:99、K:41"，再添加黑色描边，如图13-233所示。使用"钢笔工具" ，在花盆图形上方绘制树干和树叶图形，并设置填充颜色为"C:64、M:44、Y:100、K:3"，描边粗细为"0.1mm"，描边颜色为"C:82、M:60、Y:64、K:16"，效果如图13-234所示。

19 在窗帘图形的中间绘制一个长方形，设置描边粗细为"0.1mm"，描边颜色为"C:65、M:68、Y:74、K:26"，并填充线性渐变颜色为从"白色"到"C:88、M:57、Y:25、K:0"，如图13-228所示。选择窗帘图形，按【Ctrl+G】组合键将它们编组，并放在窗户的左侧，效果如图13-229所示。

图13-233

图13-234

23 选择树干和树叶图形，按【Ctrl+G】组合键将它们编组，然后复制多个绘制的图形，并调整它们的大小、位置和颜色，效果如图13-235所示。使用"钢笔工具" 在树干图形底部绘制多个干枯树叶图形，并设置填充颜色为"C:61、M:64、Y:100、K:23"，效果如图13-236所示。

图13-235

图13-236

24 选择整个盆栽图形，按【Ctrl+G】组合键将它们编组，并将其放在左侧地板上，效果如图13-237所示。使用"钢笔工具" 绘制人物的头部轮廓，设置填充颜色为"C:8、M:18、Y:10、K:0"，描边粗细为"0.5mm"，描边颜色为"C:50、M:56、Y:60、K:1"，效果如图13-238所示。

图13-237

图13-238

25 在脸部绘制眉毛，并设置填充颜色为"黑色"，如图13-239所示。使用"钢笔工具" 绘制眼睫毛，并设置填充颜色为"黑色"，效果如图13-240所示。

图13-239

图13-240

26 绘制眼白，并设置填充颜色为"白色"，如图13-241所示。使用"椭圆工具" 绘制眼珠，并设置线性渐变颜色为从"C:0、M:0、Y:0、K:100"到"C:72、M:83、Y:77、K:57"，如图13-242所示。

27 使用"椭圆工具" 绘制高光和眼珠，并分别设置填充颜色为"白色"和"C:73、M:86、Y:93、K:69"，如图13-243所示。使用"钢笔工具" 绘制鼻子，取消填充，设置描边粗细为"0.5mm"，描边颜色为"C:51、M:56、Y:60、K:1"，效果如图13-244所示。

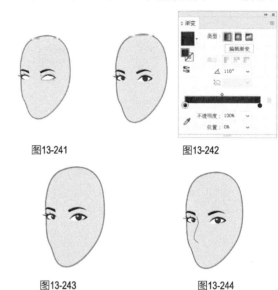

图13-241　　　　　　图13-242

图13-243　　　　　　图13-244

28 绘制鼻子的立体面和鼻孔，并分别设置填充颜色为"C:12、M:33、Y:23、K:0"和"C:57、M:69、Y:66、K:12"，效果如图13-245所示。使用"钢笔工具" 绘制嘴唇，并设置填充颜色为"C:7、M:57、Y:21、K:0"，效果如图13-246所示。

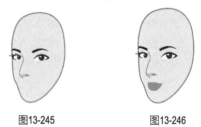

图13-245　　　　　　图13-246

29 在嘴唇上绘制一条线条，设置描边粗细为"0.75mm"，描边颜色为"C:40、M:68、Y:39、K:0"，效果如图13-247所示。继续在唇线下方绘制嘴唇的暗部和牙齿，并分别设置填充颜色为"C:52、M:83、Y:56、K:6"和"白色"，效果如图13-248所示。

图13-247

图13-248

30 在嘴唇上绘制高光，设置填充颜色为"白色"，不透明度分别为"70%"和"20%"，如图13-249所示。在脸部左侧绘制暗部，设置填充颜色为"C:18、M:33、Y:25、K:0"，效果如图13-250所示。

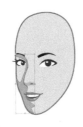

图13-249　　　　　图13-250

31 选择【效果】/【模糊】/【高斯模糊】命令，打开"高斯模糊"对话框，设置半径为"10"，单击"确定"按钮，如图13-251所示。返回画板查看应用高斯模糊后的效果，效果如图13-252所示。

图13-251　　　　　图13-252

32 绘制不规则的图形，设置填充颜色为"C:17、M:19、Y:17、K:0"，再按【Shift+Ctrl+[】组合键将其置于底层，效果如图13-253所示。继续绘制头发，并设置线性渐变颜色为从"C:0、M:0、Y:0、K:90"到"C:0、M:0、Y:0、K:100"，如图13-254所示。

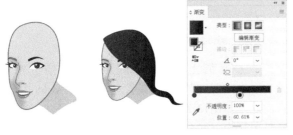

图13-253　　　　　图13-254

33 在脸部左侧绘制头发，按【Shift+Ctrl+[】组合键将其置于底层，并设置线性渐变颜色为从"C:0、M:0、Y:0、K:100"到"C:0、M:0、Y:0、K:80"，如图13-255所示。继续使用相同的方法绘制其他头发，并调整头发的位置，效果如图13-256所示。

图13-255　　　　　图13-256

34 使用"钢笔工具"绘制手臂，设置填充颜色为"C:8、M:18、Y:14、K:0"，描边粗细为"0.4mm"，描边颜色为"C:33、M:39、Y:37、K:0"，再将其放置于头发下方，如图13-257所示。继续使用相同的方法绘制另一只手臂和身体，并填充相同的颜色，效果如图13-258所示。

图13-257　　　　　图13-258

35 绘制衣服，设置填充颜色为"白色"，描边粗细为"0.4mm"，描边颜色为"C:40、M:44、Y:40、K:0"，再将其置于身体上，效果如图13-259所示。绘制衣服褶皱，并设置填充颜色为"C:19、M:7、Y:2、K:0"，效果如图13-260所示。

图13-259　　　　　图13-260

36 绘制裤子，设置填充颜色为"C:53、M:16、Y:13、K:0"，描边粗细为"1pt"，描边颜色为"C:91、M:65、Y:46、K:5"，再将其放于手臂下方，效果如图13-261所示。绘制裤子褶皱，并设置填充颜色分别为"C:68、M:32、Y:21、K:0"和"C:77、M:45、Y:31、K:0"，效果如图13-262所示。

37 绘制腰带和腰带的阴影，并分别设置填充颜色为"C:24、M:51、Y:95、K:0""C:89、M:76、Y:53、K:18"，效果如图13-263所示。

38 选择腰带的阴影，选择【效果】/【模糊】/【高斯模糊】命令，打开"高斯模糊"对话框，设

置半径为"3"，单击"确定"按钮，如图13-264所示。

图13-281　　　　　　图13-262

图13-263　　　　　　图13-264

39 绘制裤线，设置描边粗细为"1pt"，描边颜色为"C:78、M:48、Y:34、K:0"，效果如图13-265所示。选择裤线，在工具属性栏中单击"描边"按钮，在弹出的下拉列表中选中"虚线"复选框，在下方的"虚线"数值框中输入"2.835pt"，如图13-266所示。

图13-265　　　　　　图13-266

40 返回画板即可查看效果。然后使用"钢笔工具" .绘制裤包，取消选中"虚线"复选框，设置描边粗细为"0.353mm"，描边颜色为"C:100、M:93、Y:62、K:47"，效果如图13-267所示。继续绘制双脚形状，并设置填充颜色为"C:8、M:18、Y:13、K:0"，描边粗细为"0.353mm"，描边颜色为"C:36、M:37，Y:40、K:0"，按【Shift+Ctrl+[】组合键将其置于底层，效果如图13-268所示。

图13-267　　　　　　图13-268

41 使用相同的方法绘制鞋子，设置填充颜色为"C:40、M:97、Y:100、K:6"，并调整其位置，效果如图13-269所示。选择人物图形，按【Ctrl+G】组合键将其编组，然后将人物图形移至窗前，效果如图13-270所示。

图13-269　　　　　　图13-270

巩固练习

1. 制作黑板报特效字

本练习制作黑板报特效字，可通过输入文字、添加图层样式及滤镜等操作来完成，完成后的参考效果如图13-271所示。

配套资源　效果文件\第13章\黑板报特效字.ai

图13-271

Illustrator CC 平面设计核心技能一本通（移动学习版）

2. 绘制写实荷花

本练习主要通过绘图工具和渐变工具来绘制写实风格的荷花，完成后的参考效果如图13-272所示。

 配套资源 效果文件\第13章\写实荷花.ai

图13-272

3. 制作公益招贴

本练习主要通过设置混合模式、应用画笔和输入文字等操作来制作公益招贴，完成后的参考效果如图13-273所示。

 配套资源 素材文件\第13章\公益\
效果文件\第13章\公益招贴.ai

4. 绘制人物插画

本练习需要绘制人物插画，主要通过使用钢笔工具、应用渐变等操作来完成，完成后的参考效果如图13-274所示。

 配套资源 效果文件\第13章\人物插画.ai

图13-273　　　　　　图13-274

 技能提升

虽然广告的类型多种多样，但广告的设计流程大同小异，掌握广告的设计流程有利于设计人员提高工作效率。

1. 确定工作内容

设计人员在开展设计工作之前要先了解和确定工作内容，包括确定设计需求和目的、选择广告类型和设计风格等，这样才能设计出具有针对性的广告，更好地表现广告内容，达到良好的广告效果。

● 设计需求和目的一般由广告主提供，包括品牌信息、广告主题、设计理念、目标群体内容等内容。

● 广告有平面印刷类媒体广告、户外广告、网络广告等，设计人员应选择合适的广告类型，再根据广告类型确定最终的展现形式，如平面类、视频类、包装类、互动类等。

● 确定设计需求和目的后，设计人员可以根据品牌调性、目标群体、广告范围等进行初步设想，确定一个大致的设计方向，明确广告的设计风格。

2. 搜集与整理素材

广告的设计素材主要包括文字、图片、视频、动画、音频等元素，素材的来源主要有以下3种。

● 素材网站搜集：素材网站搜集是指在互联网上通过各种素材网站，搜索需要的图片和视频素材并下载。设计人员使用这些素材时要注意版权问题。

● 自行制作：自行制作是指为了制作出视觉效果突出的广告，设计人员需要根据实际情况自行制作一些素材，例如，可以实物拍摄、手绘、运用设计软件制作等。

● 品牌方提供：品牌方提供是指设计人员从广告主那里获得设计需要的基础素材，包括广告主对设计的要求、需要达到的效果，以及涉及的文案、商品等素材。设计人员可以根据这些素材进行广告设计。

素材搜集完成后，设计人员可以按照设计习惯分类整理素材，尽可能地筛选和精简素材，建立专属素材库，便于下次直接使用。

3. 构思创意设计方案

创意是广告的灵魂，优秀的创意设计方案是广告成功的前提。一般来说，构思创意设计方案是广告设计流程中非常耗费时间和精力的一个阶段。在这一阶段，设计人员可以根据搜集的素材、资料，从广告文案、版式、图形和色彩这4个方面展开联想，发散思维，并记录脑海中的想法，找到广告的主要创意点，再围绕这个创意点搭建广告的主要框架，或者利用手绘的形式设计创意草图。

生活是灵感的来源之一，设计人员可以在平时的生活中多留心观察一些具体的事物，思考这些事物有什么创意点，或创意点可以用于哪些方面，并以自己熟悉的方式记录下来，通过长期积累提高设计和审美素养。除此之外，设计人员也可以多欣赏国内外优秀的广告作品、参观设计艺术展等，通过这些方式为构思创意设计方案提供灵感。

4. 选择宣传媒体

当广告的设计流程进行到这一阶段时，设计人员已经有了明确的设计方向。设计人员可以根据实际需求选择具体的宣传媒体，以便在定稿后将广告及时、准确地传递给目标受众。

对于通常以树立品牌形象、传达品牌理念、提升品牌知名度等为核心目的的广告，设计人员可能会更倾向于选择一些口碑好、容易加深品牌印象、曝光频率高的媒体平台，并在这些媒体平台长时间传输品牌价值观，如杂志媒体、地铁媒体；对于以推销和宣传产品、提供劳务等扩大经济效益为目的的广告，设计人员可以选择一些以效果计费的宣传媒体，精准地引流到目标受众，如网络媒体。

5. 设计与制作广告

设计与制作广告是广告设计流程中的重点内容，设计人员可以根据广告文案、素材图像、装饰元素、色彩等信息，按照广告主、受众和广告的设计需求进行设计。设计与制作广告时，广告需要呈现出一定的视觉美感，并且需要内容清晰、主次分明，具有一定的逻辑性，能快速、准确地传播广告信息。在具体的设计过程中，设计人员可以先绘制广告草图，再根据草图添加装饰元素、素材图像和色彩等，完成广告的设计与制作。如果是设计与制作系列广告，则需要注意保持广告的统一性，保证能给受众带来鲜明而牢固的印象。图13-275所示为安踏KT6产品广告。

6. 审核与定稿

广告制作完成后，设计人员还需要与广告主进行仔细的沟通与交流，悉心听取意见，审核广告内容，最终确定稿件。

（1）审核广告内容

审核广告内容是指设计人员在发布广告之前要检查、核对广告内容是否真实合法，有无违背公序良俗、夸大、绝对化及封建迷信等不良导向的内容，保证广告符合广告法的要求；同时，还要审查广告中有无错别字、漏字及图片不规范等问题。

（2）调整广告页面的色彩和尺寸

广告输出打印时使用的颜色模式一般为CMYK颜色模式，网上预览时使用的颜色模式为RGB颜色模式，设计人员可根据需要选择对应的颜色模式，并对颜色模式进行合理的调整。另外，不同的宣传媒体有不同的广告位置和广告尺寸，设计人员需要根据要求调整广告的尺寸，以保证广告能正常展示。调整完成后经广告主签字定稿，就可以把广告交予相关工作人员开始制作成品了。

图13-275

第 14 章

第 **14** 章

综合案例（二）

📖 本章导读

本章将运用前面所学的知识进行综合案例的制作，共分为书籍装帧设计、包装设计、画册设计、UI设计4个部分，每个部分将以案例的形式讲解相关知识和设计方法。

🔖 知识目标

‹ 掌握进行装帧设计的方法
‹ 掌握进行包装设计的方法
‹ 掌握进行画册设计的方法
‹ 掌握进行UI设计的方法

🏆 能力目标

‹ 设计猫咪书籍封面
‹ 设计蚊香液包装
‹ 设计汽车画册内页
‹ 设计美食App首页

💟 情感目标

‹ 培养对UI设计的兴趣
‹ 提高对画册和封面等的设计能力
‹ 培养对包装设计的兴趣

14.1 书籍装帧设计：猫咪书籍封面

书籍装帧是指将图片、色彩、文字等内容，与封面、勒口、扉页、版式、封底等元素进行整合，最终将它们呈现在纸张、皮革及纤维等材料上的过程。本节将设计猫咪书籍封面，要求以"猫咪家的日常"为书名设计猫咪书籍封面，该封面要体现出书名、作者姓名和出版社名等内容，且封面要具备简洁、清晰、自然等特点。

14.1.1 行业知识

在进行书籍装帧设计前，可先了解书籍与装帧设计的相关内容，方便后续进行设计。

1. 书的构成

书由许多个部分组成，包括封面、封里、封底、书脊、勒口、护封、腰封、订口、扉页等，如图14-1所示。

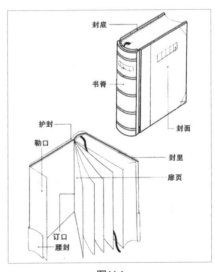

图14-1

● 封面：又称封一或书籍正面，位于书籍外层。封面包括书名、作者姓名、译者姓名和出版社名称等信息，起美化书籍、保护书芯的作用。

● 封里：又称封二，是封面的背页。封里一般是空白的，但在期刊中，封里常用于显示目录或有关图片。

● 封底：又称封四或底封，是书的最后一页，与封面相连。封底除印有书号和定价、条形码外，有的还会有内容提要、相关说明和作者介绍等内容，甚至还会有与该书相关的其他书的广告。

● 书脊：又称封脊，是指连接封面、封底的部分，其宽度相当于书芯厚度。书脊一般包括书名、册次（卷、脊、册）、作者姓名、译者姓名和出版社名称。为便于查找，书脊会与封面和封底形成统一的色调，在视觉传达上有连续的完整性约束。

● 勒口：又称折口，是书籍封皮的延长内折部分，是指封面和封底切口处多留的30mm~60mm的部分。勒口常用于编排作者或译者简介、同类书籍或与该书有关的图片，以及说明文字。

● 护封：护封是书籍封面外的包封纸。护封印有书名、作者姓名、出版社名称和装饰图画，既能保护书籍，使其不易损坏，又可以装饰书籍，提高书籍的档次。

● 腰封：腰封是包裹在书籍封面中部的一条纸带，属于外部装饰物。腰封可印与该书相关的宣传、推介性文字。

● 订口：订口是指书籍需要订联的、靠近书籍装订线的空白处。

● 扉页：扉页是指书翻开后的第一页，又指衬纸下面印有书名、出版社名称、作者姓名的单张页。扉页能补充介绍书名、作者姓名、出版社名称等项目，还能提升书籍的美感。

2. 书籍的装帧设计技巧

书籍的装帧设计技巧可从封面、封底、书脊、勒口4个方面进行介绍。

（1）封面的设计

封面是书籍最重要的组成部分，除了要传达书籍的主要内容外，还要在第一时间抓住读者的目光。封面的设计从构成要素上可以分为以下两种。

● 以文字为主的封面设计：在以文字为主的封面中，各个视觉元素的重要性从高到低依次是"文字→图像→颜色"。其中，文字用于表现书籍主题，是封面的主体部分；图像用于辅助文字；颜色主要起到平衡文字与图像，使它们相互配合、相互协调的作用。以文字为主的封面设计可运用到主题严肃、抽象、庄重的封面中。图14-2所示为以文字为主的封面，该封面以书籍名称为视觉焦点，添加了不同的装饰形状来美化封面，采用淡红色为主色，营造出了协调、自然的氛围。

● 以图像为主的封面设计：在以图像为主的封面中，各个视觉元素的重要性从高到低依次是"图像→颜色→文字"。在设计中要先选择与书籍主题有联系的图像，并以此确定封面的基本色调，利用合适的颜色来平衡图像与文字的关系。图14-3所示为以图像为主的封面，该封面的视觉焦点为图像，文字主要用于衬托图像，炫彩的颜色使整个封面设计感十足。

图14-2　　　　　　　　　　图14-3

（2）封底的设计

封底的设计应和封面的设计相关联，封底的设计是封面创意的延续，在设计上应延续封面的颜色和表现形式，以使封底与封面形成连续的视觉信息传递效果，这样更能打动读者。在结构上，封底的颜色和图像内容要适量，避免喧宾夺主、主次不分。图14-4所示的封底采用了与封面相同的色调和风格，使整体效果统一，封底在设计上减少了纹理、缩小了文字，与封面主次分明。

图14-4

（3）书脊的设计

书脊占据的面积较小，但当书籍被摆在书架上时，书脊便是视觉焦点。书脊的设计受书厚度的限制，清晰、可识别是设计书脊的主要原则。通常情况下，书脊中的文字都采用竖排的形式。书名的设计是书脊设计的重要部分，在设计时，书名可采用和封面书名相同的字体。在书脊中安排好文字的大小及位置，与封面和封底相呼应。图14-5所示为采用了封面字体和颜色的书脊。

图14-5

图14-7　　　　　　　图14-8

（4）勒口的设计

勒口是书籍封面的延伸部分。通常情况下，封面处的勒口常用于放置书籍简介、作者简介等，封面的设计风格也会延伸到勒口的设计中。而封底处的勒口可印其他图书相关信息等，这样可以加大对作者的宣传力度，方便读者了解作者，如图14-6所示。

图14-6

14.1.2　案例分析

完成该案例需要先构思封面、封底、书脊和勒口的设计，具体分析如下。

1．封面构思

本例图书的名称为"猫咪家的日常"，为了体现猫咪的可爱，整个封面采用可爱的风格，并以清新、自然的淡紫色为主色。为了体现更多的图书内容，整个封面采用以文字为主的设计方式，并在标题文字上绘制各种猫咪形象，以迎合"猫咪"这一主题；在标题下方添加副标题"猫咪家庭医学大百科"，以及作者姓名和出版社名称等文字，其整体布局如图14-7所示。

2．封底构思

封底在设计时将继续沿用封面的色调，并在中间部分添加知名人物对本书的评价，提升读者对该书的好感度；再在右下方添加书号、定价和条形码，方便读者购买该书，如图14-8所示。

3．书脊构思

书脊是连接封面和封底的部分。本例可采用浅蓝色作为书脊的主色，这样既不突兀，又能区分封面和封底；书脊中要体现出书名、图书定位、修订版本、出版社名称4个部分，方便读者快速了解图书信息。

4．勒口构思

勒口用于对图书信息进行补充，由于封面和封底没有体现出作者信息、内容介绍等，因此为了让读者了解该书，可在封面的勒口中添加作者介绍、内容介绍两个板块，然后在封底的勒口添加饲主感兴趣的内容，提升读者对该书的好感度。

图14-9所示为设计完成的平面效果及立体效果。

图14-9

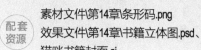

14.1.3 设计猫咪书籍封面平面图

猫咪书籍封面平面图主要分为封面、书脊、封底、勒口4个部分。

1. 猫咪书籍封面设计

下面设计猫咪书籍封面，具体操作如下。

1　新建一个大小为800像素×500像素、名称为"猫咪书籍封面"的文件。

2　选择"矩形工具"，绘制5个矩形，尺寸如图14-10所示。

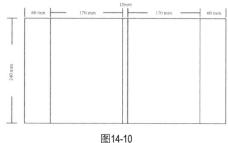

图14-10

3　按【Ctrl+R】组合键显示出标尺，沿着矩形添加参考线，以方便后续的编辑操作；选择所有参考线，按【Ctrl+2】组合键锁定参考线。

4　删除绘制的矩形，选择"矩形工具"，在工具属性栏中设置填充颜色为"C:27、M:21、Y:2、K:0"，沿着参考线绘制一个472像素×240像素的矩形，如图14-11所示。

5　选择"椭圆工具"，在工具属性栏中设置填充颜色为"白色"，在封面中绘制7个大小不同的圆形，用于放置文字内容；选择所有圆形，按【Ctrl+G】组合键将它们编组，如图14-12所示。

图14-11

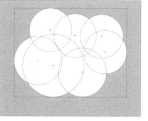

图14-12

6　选择"文字工具"，依次输入文字"猫""咪""家""的""日""常"，在工具属性栏中设置字体为"方正琥珀简体"，文字颜色为"C:75、M:51、Y:12、K:0"，并调整文字的大小和位置，如图14-13所示。

7　选择"常"文字，按【Shift+Ctrl+O】组合键创建轮廓，然后在其上单击鼠标右键，在弹出的快捷菜单中选择"取消编组"命令；再在其上单击鼠标右键，在弹出的快捷菜单中选择"释放复合路径"命令。选择"常"文字的下半部分，修改填充颜色为"C:55、M:33、Y:8、K:0"，并将"常"文字中间的"口"字的内部颜色修改为"白色"，如图14-14所示。

图14-13　　　　　　　图14-14

8　选择"钢笔工具"，在文字中间绘制白色形状，用于表现文字的高光部分，如图14-15所示。

9　选择"铅笔工具"，在工具属性栏中设置填充颜色为"C:4、M:2、Y:0、K:0"，描边颜色为"C:70、M:47、Y:10、K:0"，描边粗细为"1 pt"，沿着文字边缘绘制文字的轮廓，然后按【Ctrl+[】组合键，使轮廓在文字下方显示，如图14-16所示。

图14-15　　　　　　　图14-16

10　选择轮廓，再选择【效果】/【画笔描边】/【喷色描边】命令，打开"喷色描边"对话框，在右侧设置描边长度为"16"，喷色半径为"11"，描边方向为"右对角线"，单击"确定"按钮，如图14-17所示。

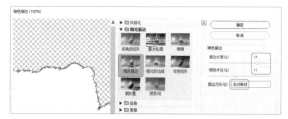

图14-17

11 选择"钢笔工具" ✐，在"常"文字上方绘制猫咪形状，并设置填充颜色为"C:5、M:20、Y:48、K:0"，描边颜色为"黑色"，描边粗细为"0.8 pt"，如图14-18所示。

12 选择"铅笔工具" ✐，在工具属性栏中设置填充颜色为"C:7、M:59、Y:51、K:0"，在猫咪的头部绘制花纹，如图14-19所示。

图14-18　　　　　　　　图14-19

13 选择"铅笔工具" ✐，在工具属性栏中设置填充颜色为"C:6、M:47、Y:72、K:0"，在猫咪的耳朵中绘制对应形状，如图14-20所示。

14 使用相同的方法，继续使用"铅笔工具" ✐ 绘制猫咪的其他纹理，并分别设置填充颜色为"C:12、M:0、Y:14、K:0""C:7、M:37、Y:64、K:0""黑色"，如图14-21所示。

图14-20　　　　　　　　图14-21

15 选择"椭圆工具" ◉，在猫咪面部绘制眼睛和腮红，并分别设置填充颜色为"C:84、M:83、Y:90、K:74""C:5、M:44、Y:49、K:0"，如图14-22所示。

16 使用"铅笔工具" ✐ 绘制猫咪眼睛中的高光、眉毛、胡须和嘴巴等，并分别设置填充颜色为"白色""C:13、M:40、Y:52、K:0""黑色""C:74、M:79、Y:87、K:62""C:71、M:80、Y:91、K:61""C:7、M:60、Y:51、K:0"，如图14-23所示。

17 选择所有猫咪形状，按【Ctrl+G】组合键将它们编组。为了使猫咪有攀爬在文字上的感觉，选择"椭圆工具" ◉，在猫咪的身体上绘制黑色的椭圆，如图14-24所示。

图14-22　　　　　　　　图14-23

18 同时选择猫咪和椭圆，打开"透明度"面板，单击"制作蒙版"按钮，取消选中"剪切"复选框，此时椭圆和对应的猫咪形状被隐藏，如图14-25所示。

图14-24　　　　　　　　图14-25

19 选择"椭圆工具" ◉，在"猫"文字上方绘制填充颜色为"C:51、M:38、Y:31、K:0"的椭圆；选择"直接选择工具" ▷，拖动椭圆上方的锚点，使其具有上尖下圆的效果，作为猫咪头部，如图14-26所示。

20 选择"椭圆工具" ◉，在猫咪头部绘制眼睛、眉毛、腮红等，分别设置填充颜色为"C:7、M:20、Y:42、K:0""黑色""白色""C:5、M:35、Y:19、K:0"，效果如图14-27所示。

图14-26　　　　　　　　图14-27

21 选择"钢笔工具" ✐，绘制猫咪耳朵、鼻子、嘴巴和爪子等，分别设置填充颜色为"C:63、M:51、Y:45、K:0""白色""黑色""C:5、M:35、Y:19、K:0""C:59、M:46、Y:40、K:0"，效果如图14-28所示。

22 选择"钢笔工具" ✐，绘制猫咪胡须，设置填充颜色为"C:78、M:82、Y:83、K67"。选择所有猫咪形状，按【Ctrl+G】组合键将它们编组，如图14-29所示。

图14-28

图14-29

23 选择"铅笔工具" ✎，在"日"文字上方绘制猫咪耳朵，分别设置填充颜色为"C:35、M:28、Y:26、K:0""C:6、M:7、Y:10、K:0"，如图14-30所示。

24 选择"椭圆工具" ⬭，在猫咪耳朵下方绘制眼睛、腮红等，分别设置填充颜色为"C:42、M:13、Y:4、K:0""黑色""白色""C:2、M:24、Y:15、K:0"。

25 选择"钢笔工具" ✎，绘制猫咪鼻子、嘴巴和胡须等，分别设置填充颜色为"C:21、M:60、Y:40、K:0""C:78、M:82、Y:83、K:67""白色"，如图14-31所示。

图14-30

图14-31

26 选择"钢笔工具" ✎，绘制菱形，分别设置填充颜色为"C:28、M:29、Y:91、K:0""C:16、M:4、Y:81、K:0"，用于美化文字，如图14-32所示。

图14-32

27 选择"圆角矩形工具" ▢，在文字下方绘制一个102像素×13像素的圆角矩形，设置填充颜色为"白色"，描边颜色为"C:71、M:21、Y:15、K:0"，描边粗细为"0.8 pt"，圆角半径为"4 pt"，然后旋转圆角矩形，如图14-33所示。

28 选择"钢笔工具" ✎，在圆角矩形两侧绘制图14-34所示的形状，并设置填充颜色为"C:69、M:15、Y:11、K:0"。

图14-33

图14-34

29 选择"文字工具" T，输入图14-35所示的文字，设置字体为"方正琥珀简体"，文字颜色分别为"C:73、M:23、Y:16、K:0""C:51、M:12、Y:11、K:0"，然后调整文字的大小和位置。

30 选择"星形工具" ☆，在圆角矩形上方绘制一个五角星，并设置五角星的填充颜色为"C:16、M:4、Y:81、K:0"，如图14-36所示。

图14-35

图14-36

31 选择"锚点工具" ⬠，单击五角星上的锚点，拖动锚点以调整五角星的弧度；然后选择"直接选择工具" ▷，调整各个锚点的位置，如图14-37所示。

32 选择"铅笔工具" ✎，为五角星绘制光效、底座等装饰形状，分别设置填充颜色为"C:11、M:6、Y:75、K:0""白色""C:49、M:70、Y:91、K:12""C:36、M:49、Y:80、K:0"，如图14-38所示。

图14-37

图14-38

33 选择整个五角星及其装饰形状，按【Ctrl+G】组合键将它们编组；然后按住【Alt】键，向右拖动以复制两个形状，如图14-39所示。

34 选择"钢笔工具" ✐，绘制图14-40所示的形状，分别设置填充颜色为"C:53、M:99、Y:98、K:37""C:11、M:13、Y:57、K:0"。

图14-39

图14-40

35 绘制多个五角星，并调整各个五角星的位置和大小。选择"圆角矩形工具" ▢，在文字下方绘制两个47像素×15像素的圆角矩形，设置填充颜色为"C:28、M:22、Y:3、K:0"，描边颜色为"C:71、M:23、Y:15、K:0"，描边粗细为"0.5 pt"，圆角半径为"4 pt"，然后旋转圆角矩形，如图14-41所示。

36 选择"钢笔工具" ✐，绘制乘号形状，设置填充颜色为"C:72、M:18、Y:10、K:0"，如图14-42所示。

图14-41

图14-42

37 选择"文字工具" T，输入图14-43所示的文字，设置字体为"方正琥珀简体"，文字颜色分别为"C:73、M:23、Y:15、K:0""白色"，然后调整文字的大小和位置。

图14-43

38 选择"圆角矩形工具" ▢，在文字上方绘制一个40像素×14像素的圆角矩形，设置填充颜色为"C:69、M:15、Y:11、K:0"；在"属性"面板中单击"链接圆角半径值"按钮 🔗，设置左侧半径值为"7 px"，右侧半径值为"0"。

39 选择"文字工具" T，输入"猫咪饲养丛书"文字，设置字体为"方正琥珀简体"，文字颜色为

"白色"，然后调整文字的大小和位置，完成封面的制作，如图14-44所示。

图14-44

2. 猫咪书籍书脊设计

下面设计猫咪书籍书脊，具体操作如下。

1 选择"矩形工具" ▢，在书脊处绘制一个12像素×240像素的矩形，并设置填充颜色为"C:55、M:33、Y:8、K:0"，如图14-45所示。

2 选择"文字工具" T，输入图14-46所示的文字，设置字体为方正琥珀简体，颜色分别为"C:16、M:4、Y:81、K:0"，"白色"，然后调整文字的大小和位置。

3 选择"矩形工具" ▢，在文字下方绘制12像素×17像素的矩形，并设置填充颜色为"C:69、M:15、Y:11、K:0"。

4 选择"文字工具" T，输入"全新修订"文字，设置字体为"方正琥珀简体"，文字颜色为"白色"，然后调整文字的大小和位置，如图14-47所示。

图14-45

图14-46

图14-47

3. 猫咪书籍封底设计

下面设计猫咪书籍封底，具体操作如下。

1 选择"矩形工具" ▢，在封底绘制一个130像素×120像素的矩形，并设置填充颜色为"白色"，不透明度为"20%"。

2 选择"文字工具" T，输入图14-48所示的文字，设置字体为"方正静蕾简体"，文字颜色为"C:90、M:72、Y:26、K:0"，然后调整义字的大小和位置。

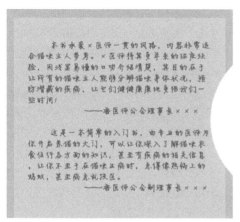

图14-48

3 选择"曲率工具" ✐，在文字上方绘制曲线，并设置描边颜色为"C:7、M:3、Y:86、K:0"，描边粗细为"1 pt"，如图14-49所示。

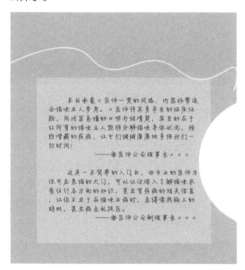

图14-49

4 选择"椭圆工具" ▢，在曲线左侧绘制33像素×33像素的圆形，并设置填充颜色为"C:73、M:23、Y:15、K:0"。

5 选择"文字工具" T，输入"同为猫主"文字，设置字体为"方正琥珀简体"，文字颜色为"白色"，然后调整文字的大小和位置，如图14-50所示。

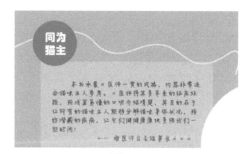

图14-50

6 打开"条形码.png"素材文件，将其拖动到封底的右下角，调整条形码的大小和位置，完成封底的制作，效果如图14-51所示。

图14-51

4. 猫咪书籍勒口设计

下面设计猫咪书籍勒口，具体操作如下。

1 选择"圆角矩形工具" ▢，在封面的勒口绘制42像素×10像素、55像素×58像素的圆角矩形，分别设置填充颜色为"C:75、M:51、Y:12、K:0""C:55、M:33、Y:8、K:0"；在"属性"面板中单击"链接圆角半径值"按钮 ⊖，并设置左侧和右侧的半径值。

2 选择"文字工具" T，输入图14-52所示的文字，设置字体为"方正静蕾简体"，文字颜色为"白色"，然后调整文字的大小和位置。

3 选择圆角矩形和文字，按住【Alt】键，向下拖动以复制圆角矩形和文字，然后更改文字内容，并调整圆角矩形的大小，如图14-53所示。

4 选择"矩形工具" ▢，在封底的勒口绘制60像素×240像素的矩形，设置填充颜色为"白色"，并设置

不透明度为"60%"。

5 选择"文字工具" T ，输入图14-54所示的文字，设置字体为"方正静蕾简体"，文字颜色分别为"C:73、M23、Y:15、K:0""C:55、M:33、Y:8、K:0"，然后调整文字的大小和位置。

图14-52

图14-53

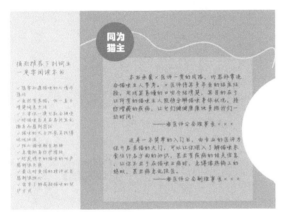
图14-54

6 完成后按【Ctrl+S】组合键保存文件，完成书籍封面平面图的制作，可在Photoshop中制作书籍封面的立体效果。

14.2 包装设计：蚊香液包装

俗话说，"人靠衣装，佛靠金装"，产品更需要有一身"好包装"，以便于在众多产品中脱颖而出。米尔集团是一家专营日用品的企业，现要上市一款针对儿童的电热蚊香液，以拓展儿童日用品市场。该款儿童电热蚊香液的包装设计应考虑儿童的需求，具有童趣感，并体现出温和无味、无烟无灰、全家适用等卖点。

14.2.1 行业知识

包装是指在流通过程中保护产品、方便产品储运、促进产品销售，按一定技术方法采用的容器、材料及辅助物等的总称。下面先讲解包装的功能，然后介绍包装的设计要点和设计技巧。

1. 包装功能

在实际生活中，人们真正需要的不是包装本身，而是包装功能。包装功能贯穿了产品从生产到售出的整个过程，主要包括保护功能、便利功能、宣传功能和美化功能。

● 保护功能：保护功能是包装最基本的功能。每件产品都要经过多次流通才能进入商场或其他销售场所，最终到达用户手中。在这个流通过程中，产品需要经过运输、存储、销售等多个环节，在这些环节中，产品可能受到撞击、打湿、暴晒、细菌污染等威胁。包装在整个流通过程中能够起到防止震动、挤压或撞击，防止打湿、冷热变化，防止外界污染，防止光照或辐射，防止酸碱侵蚀等作用。图14-55所示的茶具包装采用了硬纸盒，中间为茶具放置区，在避免茶具被破坏的同时还便于携带、放置。

图14-55

● 便利功能：便利功能是包装在产品运输、搬运、销售和使用过程中体现出的便于操作的功能。包装的便利功能体现在方方面面，根据产品的不同特征，包装可以通过不同的方式为人们带来便利，如易拉罐的拉环、糖果包装上的锯齿、纸袋上的手提绳等。图14-56所示的茶叶包装在封口处预留了开口，方便用户拿放茶包。

图14-56

● 宣传功能：包装的另一个主要功能是传达产品信息、宣传品牌及促进产品销售。优秀的包装不仅能使用户熟悉产品，还能提升用户对产品及品牌的识别度与好感度。造型独特、材料新颖、印刷精美的包装可以吸引用户关注，加快产品信息的传递。图14-57所示的食品包装右侧采用了透明材料，方便用户了解产品的外观；左侧为产品介绍，方便用户了解产品详情。

图14-57

● 美化功能：不同的包装能迎合不同用户的审美，满足用户的心理需求，从而让产品更容易被用户接受。在进行包装设计时，设计人员要善于运用色彩、图像等视觉元素，通过对视觉元素的组合、加工、创新，塑造包装的性格、品味和气质，从而充分体现包装的"美"。图14-58所示为农副产品包装，该包装将产品的种植场景作为设计点，体现出了产品的自然、健康。

图14-58

2. 日用品包装的设计要点

蚊香液包装属于日用品包装，日用品种类繁多，功能不同，对包装设计的要求也不同。无论设计哪种类型的日用品包装，都应遵循适宜、可靠、美观、经济的原则，以促进日用品的销售。日用品包装的设计重点主要体现在产品形态、产品外观、产品强度、产品重量和产品风险等方面。

● 产品形态：日用品有固体、液体、气体等不同的形态，设计人员需要根据产品形态进行包装设计。例如，设计洗手液包装时可选择塑料作为包装材料，避免包装损坏；在图形上，可通过搓洗双手的图形将产品的去污功能体现出来，便于用户了解产品，如图14-59所示。

图14-59

● 产品外观：日用品有方形、圆柱形、多边形、异形等不同的形状，设计人员应根据产品外观的特点进行包装设计。例如，陶瓷茶杯本身为圆柱形，其包装可选择方形盒子。图14-60所示的花生包装模仿了花生的外观，更加贴合产品。

图14-60

● 产品强度：对于强度低、易损坏的日用品，应充分考虑包装的防护性能。包装上应有明显的标志，例如，玻璃杯的包装上就应注明"易碎物品"，以提醒人们轻拿轻放。

● 产品重量：对于重量较大的日用品，应特别注意包装的强度，确保在流通过程中包装不会被损坏。

● 产品风险：对于易燃、易爆、有毒等具有危险性的日用品，如酒精等，为保证安全，它们的包装上应有对应的注意事项和特殊标志。

3. 日用品包装的设计技巧

在设计日用品的包装时，除了需要掌握基本的设计要点外，还需要掌握以下设计技巧。

● **突出产品特点**：不同日用品的特点不同，优秀的日用品包装要将日用品的特点展现出来，如去污、留香、防潮等，以促进日用品的销售。

● **了解用户群体**：在设计日用品包装前，一定要了解日用品的用户群体，依据用户群体的需求进行设计，进而拉进日用品与用户之间的距离，提升用户对日用品的好感度。

● **不要过于复杂**：日用品包装不要过于复杂，要尽量以简洁的视觉效果展现更多的信息。

14.2.2 案例分析

完成该案例需要从材料、结构、图形、色彩、文字5个方面构思包装，具体分析如下。

1. 材料构思

本案例的电热蚊香液的瓶子是圆柱形的，且一盒有3瓶电热蚊香液，为了保证包装的便利性，可选择纸质材料作为包装材料。纸质材料具有轻便、便于印刷、美观等特点，符合电热蚊香液的包装需求。

2. 结构构思

为了让包装更加坚固，可采用管式纸盒结构。插入摇盖式（其盒盖有3个摇盖部分，主盖有伸出的插舌，以便插入盒体，从而起到封闭的作用）的盒盖，以及互插式的锁扣，让包装在具备美观性的同时又很牢固。图14-61所示为本例包装的结构示意图。

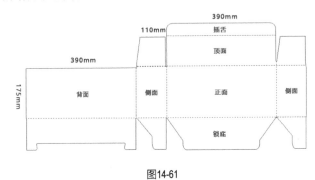

图14-61

3. 图形构思

该日用品的目标用户是儿童，在设计包装时可以将童趣作为设计点，加入夜空、草地、熟睡的小孩等图形，使人联想到炎热无蚊、宁静安睡的场景，给人一种宁静的感觉，以体现电热蚊香液的主要功能。图14-62所示为参考图形。

4. 色彩构思

夏日夜晚的天空是深蓝色的，草地是绿色的，在进行包装设计时，可以将深蓝色和绿色作为主色，以星星的黄色、树叶的深绿色为点缀色，让整个背景显得宁静、安详、自然。此外，文字的颜色以黑色和白色为主，以便用户识别。

图14-62

5. 文字构思

整个包装的文字可分为品牌文字、广告文字和说明文字3个部分。

● **品牌文字**：品牌文字用于介绍企业名称、电热蚊香液名称，方便用户快速了解品牌信息。

● **广告文字**：广告文字用于展现产品的优点。

● **说明文字**：说明文字用于说明产品名称、生产商、地址、传真等信息，其文字的字体、颜色、大小要统一，便于用户查看。

图14-63所示为本例包装制作完成后的平面效果及立体效果。

图14-63

 知识要点　使用矩形工具、使用文字工具、使用渐变

 配套资源　素材文件\第14章\蚊子.ai、二维码.ai
效果文件\第14章\儿童蚊香液包装.ai

 扫码看视频

14.2.3　设计儿童蚊香液包装

儿童蚊香液包装可分为正面、侧面和顶面。在进行整个平面图的设计时，可先分别设计各个面。

1. 设计儿童蚊香液包装正面

下面设计"米尔"儿童蚊香液包装正面，具体操作如下。

1 新建一个390mm×175mm的文件。

2 选择"矩形工具" □，沿着画板边缘绘制一个与画板等大的矩形，设置填充颜色为"C:99、M:83、Y:42、K:5"，按【Ctrl+2】组合键锁定图层。

3 选择"钢笔工具" ✐，绘制草坪形状；打开"渐变"面板，设置渐变颜色为从"C:52、M:14、Y:97、K:0"到"C:82、M:38、Y:100、K:1"，如图14-64所示。

图14-64

4 使用相同的方法绘制其他草坪形状，如图14-65所示。

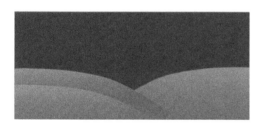

图14-65

5 选择"曲率工具" ✐，在空白处绘制树冠形状，并设置填充颜色为"C:81、M:26、Y:95、K:0"，效果如图14-66所示。

6 选择"钢笔工具" ✐，绘制树干形状，设置填充颜色为"C:60、M:58、Y:67、K:7"，效果如图14-67所示。

图14-66

图14-67

7 选择"曲率工具" ✐，绘制树冠形状亮部，设置填充颜色为"C:71、M:8、Y:83、K:0"，效果如图14-68所示。

8 复制绘制的树冠形状亮部，修改填充颜色为"C:66、M:7、Y:78、K:0"，然后调整复制后的形状的大小和位置，如图14-69所示。

图14-68

图14-69

9 选择所有树木形状，按【Ctrl+G】组合键将它们编组；然后将树木移动到草坪右侧，调整其大小和位置；再复制树木并调整各棵树木的位置，如图14-70所示。

图14-70

10 选择"钢笔工具" ✐，绘制灌木形状，设置填充颜色为"C:73、M:12、Y:89、K:0"，效果如图14-71所示。

图14-71

11 选择"钢笔工具" ✐，绘制其他灌木形状，设置填充颜色分别为"C:83、M:30、Y:97、K:0""C:54、M:0、Y:63、K:0"，效果如图14-72所示。

图14-72

12 选择"钢笔工具" ✏，绘制人物头部，设置填充颜色为"C:12、M:27、Y:29、K:0"，如图14-73所示。

13 选择"钢笔工具" ✏，绘制人物头部的阴影部分，并设置填充颜色为"C:17、M:34、Y:42、K:0"。为了使阴影与头部更加融合，可选择阴影和头部，在其上单击鼠标右键，在弹出的快捷菜单中选择"建立剪切蒙版"命令，创建剪切蒙版后的效果如图14-74所示。

图14-73　　　　　　　　　　图14-74

14 选择"钢笔工具" ✏，绘制人物头发，设置填充颜色为"黑色"；然后绘制头发部分的高光，并设置填充颜色为"C:75、M:70、Y:68、K:32"，效果如图14-75所示。

15 选择"钢笔工具" ✏，绘制人物的帽子，设置填充颜色分别为"C:99、M:93、Y:53、K:26""C:64、M:28、Y:6、K:0""C:81、M:26、Y:95、K:0"，效果如图14-76所示。

图14-75　　　　　　　　　　图14-76

16 选择"曲率工具" ✏，绘制耳朵、眉毛、眼睛，设置填充颜色分别为"C:47、M:74、Y:100、K:12""C:60、M:82、Y:100、K:47""C:18、M:33、Y:37、K:0""C:26、M:35、Y:50、K:0"，效果如图14-77所示。

17 选择"铅笔工具" ✏，绘制鼻子、嘴巴，并设置填充颜色分别为"C:45、M:70、Y:86、K:6""C:18、M:67、Y:46、K:0""C:30、M:77、Y:58、K:0""C:11、M:11、Y:9、K:0"，效果如图14-78所示。

图14-77　　　　　　　　　　图14-78

18 使用相同的方法，使用"钢笔工具" ✏、"曲率工具" ✏绘制人物的身体，设置填充颜色分别为"C:99、M:93、Y:53、K:26""C:92、M:69、Y:14、K:0""C:51、M:69、Y:87、K:12""C:71、M:28、Y:9、K:0""C:87、M:53、Y:34、K:0""C:96、M:79、Y:29、K:0""C:19、M:36、Y:43、K:0""C:97、M:78、Y:35、K:1"，效果如图14-79所示。

19 使用"椭圆工具" ⬭、"钢笔工具" ✏、"铅笔工具" ✏绘制青蛙，并设置填充颜色分别为"白色""C:30、M:16、Y:16、K:0""C:77、M:67、Y:60、K:19""C:85、M:74、Y:64、K:35""C:25、M:90、Y:79、K:0""C:78、M:82、Y:83、K:67""C:65、M:7、Y:87、K:0""C:89、M:52、Y:100、K:20"；然后将整个人物和青蛙编为一组，如图14-80所示。

图14-79　　　　　　　　　　图14-80

20 将绘制的人物和青蛙拖动到草坪中，调整其位置和大小，如图14-81所示。

图14-81

21 选择"星形工具" ☆，绘制五角星，并设置五角星的填充颜色为"C:12、M:18、Y:78、K:0"。选择"锚点工具" ▷，单击五角星的锚点，拖动锚点以调整五角星的弧度；然后选择"直接选择工具" ▷，调整各个锚点的位置，效果如图14-82所示。

图14-82

22 复制绘制的五角星，并调整各个五角星的大小和位置，如图14-83所示。

图14-83

23 选择"文字工具" T ，输入图14-84所示的文字，设置文字字体分别为"方正粗倩_GBK""方正综艺简体""方正行楷简体"，颜色为"白色"，完成后调整文字的大小和位置。

图14-84

24 选择"电热蚊香液"文字，选择【效果】/【风格化】/【投影】命令，打开"投影"对话框，设置模式为"正常"，不透明度为"100%"，X位移为"1.2 mm"，Y位移为"1.2 mm"，模糊为"0 mm"，颜色为"C:66、M:17、Y:99、K:0"，单击"确定"按钮，如图14-85所示。

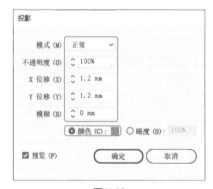

图14-85

25 使用"椭圆工具" ◎ 绘制一个32mm×32mm的圆形，并设置填充颜色为"C:28、M:3、Y:31、K:0"，如图14-86所示。

图14-86

26 再次使用"椭圆工具" ◎ 绘制一个26mm×26mm的圆形，并设置填充颜色为"白色"，描边颜色为"C:82、M:40、Y:100、K:2"，描边粗细为"3 pt"，如图14-87所示。

27 选择"文字工具" T ，输入图14-88所示的文字，设置文字字体为"方正兰亭中黑_GBK"，颜色为"C:66、M:17、Y:99、K:0"，完成后调整文字的大小和位置。

图14-87　　　　　　　　　图14-88

28 使用"星形工具" ☆ 在圆形左上方绘制五角星，并调整五角星的位置和弧度，然后设置填充颜色为"C:11、M:6、Y:67、K:0"。

29 使用"椭圆工具" ◎ 绘制不同大小的圆形，并设置填充颜色为"C:9、M:24、Y:79、K:0"，效果如图14-89所示。

图14-89

30 打开"蚊子.ai"素材文件，将其中的蚊子素材拖动到画板中，并调整其大小和位置。选择"矩形工具" ▢ ，沿着画板边缘绘制一个与画板等大的矩形；然后选择所有图形，创建剪切蒙版，完成包装正面的制作，如图14-90所示。

图14-90

2. 设计儿童蚊香液包装侧面

下面设计"米尔"儿童蚊香液包装侧面，具体操作如下。

1 选择"画板工具" 🔲，在当前画板右侧绘制一个110mm×175mm的画板。

2 选择"矩形工具" 🔲，沿着画板边缘绘制一个与画板等大的矩形，并设置填充颜色为"C:12、M:18、Y:78、K:0"。

3 选择"文字工具" 🔤，输入图14-91所示的文字，设置文字字体为"方正兰亭刊黑_GBK"，颜色为"C:78、M:82、Y:83、K:67"，完成后调整文字的大小和位置。

4 打开"二维码.ai"素材文件，将二维码和条形码拖动到画板中，调整它们的大小和位置，保存文件，如图14-92所示。

图14-91 　　　　　　　图14-92

3. 设计儿童蚊香液包装顶面

下面设计"米尔"儿童蚊香液包装顶面，具体操作如下。

1 选择"画板工具" 🔲，在包装侧面的右侧绘制一个390mm×110mm的画板。

2 选择"矩形工具" 🔲，沿着画板边缘绘制一个与画板等大的矩形，并设置填充颜色为"C:99、M:83、Y:42、K:5"。

3 将图14-93所示的蚊子、文字和圆形等复制并拖动到包装顶面，调整它们的大小和位置，完成顶面的设计。

图14-93

14.2.4　设计蚊香液包装平面图

下面设计"米尔"儿童蚊香液包装平面图，具体操作如下。

1 选择"画板工具" 🔲，在包装正面的左侧绘制一个1200mm×700mm的画板。

2 使用"矩形工具" 🔲、"钢笔工具" 🖊 绘制儿童蚊香液平面图，并设置填充颜色分别为"C:65、M:56、Y:53、K:2""C:12、M:18、Y:78、K:0""C:18、M:14、Y:13、K:0""C:77、M:32、Y:99、K:0"，便于用户区分和查看平面效果，如图14-94所示。

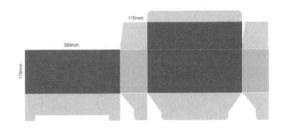

图14-94

3 将制作的包装正面、侧面、顶面依次复制到对应的区域，保存文件，完成平面图的制作，如图14-95所示。

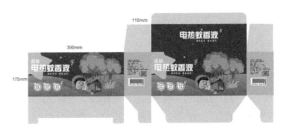

图14-95

14.3　画册设计：汽车画册内页

画册不仅展示产品信息，还展示企业的文化和理念，因此，画册的设计并不是信息的简单堆砌，而是需要展现出企业的形象与风格。下面制作汽车画册内页，该画册主要用于向用户展示各类汽车的图片及对应的汽车参数。

14.3.1　行业知识

在设计汽车画册内页前，需要先掌握画册的特点、画册的常见形式和画册的设计要点。

1. 画册的特点

画册主要用于介绍企业产品、文化和经营理念，或用于进行社会公益宣传，如今被广泛应用于商业活动中。总的来说，画册主要具有以下3个特点。

（1）内容真实、详细

画册的内容以实物展示为主，通过在广告作品中塑造真实的艺术形象来吸引用户，使用户接受广告中宣传的内容，以达到宣传品牌或产品的目的。同时，画册具有长时间的宣传作用，用户可反复观看。因此，设计人员需在画册中展示更加详细的信息，如产品的性能特点、使用方法及不同角度的产品照片等信息，便于用户进行合理选择。图14-96所示的画册详细介绍了公司信息和产品特点，并展示了真实的产品图片，其宣传方式非常直观。

图14-96

（2）针对性强

画册的内容完全由企业提供，因此企业可有针对性地定制画册的内容，例如，可着重介绍产品信息或重点展现品牌形象。画册的传播方式非常灵活且具有针对性。画册可以通过邮寄、分发、赠送等方式送达给用户。

（3）印刷精美

近年来，随着印刷技术的进步，画册的印刷效果也更加精美。画册除了全部采用彩色印刷外，还会使用一些常见的印刷工艺。图14-97所示的画册全部采用了彩色印刷，并使用了覆膜工艺，其色彩十分鲜艳、有光泽。

图14-97

常用的印刷工艺包括烫金、上光、覆膜、模切等。

● 烫金：烫金是一种热压印刷工艺，主要借助压力和温度，将各种铝箔片印制到印刷品上，呈现出强烈的金属效果。烫金工艺常用于印制画册的封面，起到画龙点睛、突出广告主题的作用。

● 上光：上光是在印刷品表面涂上（或喷、印）一层无色、透明的涂料，经流平、干燥、压光、固化等加工处理后，在印刷品表面形成一种薄而均匀的透明光亮层，以起到提高印刷品表面平滑度的作用。

● 覆膜：覆膜又称过胶，它通过热压技术将透明塑料薄膜覆贴到印刷品表面，起到增加光泽、防水和防污的作用。薄膜包括亮光膜、亚光膜等种类。

● 模切：模切是用模切刀根据印刷品设计要求，在压力作用下，将印刷品的边缘轧切成各种形状，或在印刷品上增加各种特殊的艺术效果，使印刷品更具创意。

2. 画册的常见形式

根据装订方式，画册可分为以下3种形式。

（1）折页式

在一些特定场景下，企业需要将画册发放给用户，此时若制作整本画册将会大大提高制作成本。折页式画册更轻薄、更便携，既有足够的空间展示详细的广告信息，又具有新颖别致、开本灵活、设计精巧的特点，因此常用于展示具有连续性的内容或篇幅较大的广告内容。根据折叠方式，可将折页式画册分为2折页、3折页、4折页及多折页。图14-98所示为3折页画册。

图14-98

（2）订装式

相对于折页式画册，订装式画册显得更加正式，能有效地提升企业形象。订装式是画册中较为普遍的一种形式，主要有骑马钉和胶订两种订装方式。

● 骑马钉：骑马钉是指沿着画册的中缝钉装，可将画册页面一分为二。这是一种高效、实惠、快捷的装订方式，适合装订页数较少的画册。需要注意的是，用骑马钉方式装订的画册的页数需要是4的倍数，如图14-99所示。

图14-99

● 胶订：胶订是一种用胶粘剂将画册黏合在一起制成书芯的装订形式。胶订比骑马钉更加美观，而且更加牢固，平整度更好，因此深受企业的喜爱。胶订适用于装订页数较多或纸张较厚的画册，如图14-100所示。

图14-100

（3）封套式

封套式是一种十分灵活的画册形式。封套式画册由多张单页宣传卡和封套组成，适用于单页宣传卡能独立构成一项内容的宣传广告，并具有抽出、补充或更换的功能，如图14-101所示。

图14-101

3. 画册的设计要点

要想设计出符合企业需求的画册，设计人员应掌握一些画册的设计要点。

（1）设计精美

精美的设计可使用户对画册产生兴趣，吸引用户阅读画册，以达到宣传的目的。而设计精美的画册需要设计人员重点把握以下3点设计元素。

● 图片：画册中的图片除了起到有效传达信息、美化画面的作用外，还要展现出企业的形象和产品风格。因此，设计人员在设计画册时要重视图片。例如，设计科技型企业画册时，可在图片中融入具有科技感的元素，突出科技型企业的风格。

● 文字：画册中的文字与图片一样，都可以传达信息和美化画面。要想设计出精美的画册，文字的大小、字体的选择与创意设计等都要与画册的整体效果相协调。

● 色彩：画册中的色彩主要有营造气氛、烘托主题、美化画面、增强视觉冲击力的作用。设计人员在选择画册的色彩时应考虑这4个作用，例如，设计美食产品画册时应选择明快鲜艳的色彩，以提高人们的食欲。

（2）目的明确

明确设计画册的目的是设计人员设计画册的必要前提，以便准确表达核心宣传内容。如果画册的目的是宣传品牌、提升品牌知名度和用户对品牌的好感度，画册的内容就应满足企业需求，围绕企业文化、理念、服务等进行设计，使其贴合品牌的风格与气质，在凸显企业文化的同时彰显企业精神；如果画册的目的是宣传活动或促销产品，则画册需主要表现产品的特征、优势、功能，并展示产品的实物图片。

（3）结构清晰

优秀的画册必须重点突出、主次分明，并且结构清晰、简洁明了，让用户一眼就能了解画册的信息。

（4）考虑整体风格

整体性是画册的一个显著特征，尤其是页数较多的画册，其封面设计和内页设计都要保证形式、内容、风格的连贯性和整体性。

14.3.2 案例分析

在制作本案例时，需要先策划设计方案、明确设计风格，具体分析如下。

1. 设计方案

本画册主要用于展示各类汽车。为了更加直观地展现汽车外观，可采用多图少文的方式，在画册右侧展现各类汽车的图片，在画册左侧附上说明性文字，方便用户了解汽车信息。

2. 设计风格

根据设计方案，对本案例的设计风格分析如下。

（1）整体风格

画册的整体风格可选择简约风格，简约的排版搭配大气的汽车图片能使整体效果更加美观。多张汽车图片的简单排列能使用户更加直观地了解汽车；再搭配说明性文字，方便用户了解具体信息。

（2）色彩风格

可采用汽车的颜色作为主色，使画册的整体色调统一；文字的颜色可选用黑色和白色，使画册的展现效果简约、直观，符合画册的风格定位。

（3）排版风格

本例需制作订装式画册，整个画册的尺寸为780mm×362mm，每页的尺寸为390mm×362mm。为了便于用户了解汽车信息，每页统一采用图文混排的排版方式，其布局参考如图14-102所示。

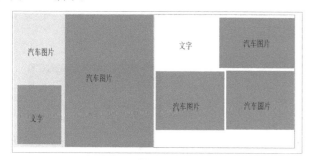

图14-102

完成后的参考效果如图14-103所示。

图14-103

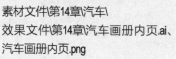

知识要点　使用矩形工具、使用文字工具、使用渐变

配套资源　素材文件\第14章\汽车\
效果文件\第14章\汽车画册内页.ai、
汽车画册内页.png

扫码看视频

14.3.3　制作汽车画册内页

下面制作汽车画册内页，具体操作如下。

1 新建一个780mm×362mm的文件，打开"汽车3.jpg"素材文件，将其拖动到画板中，调整其大小和位置，如图14-104所示。

图14-104

2 选择"矩形工具" ，在画板左侧绘制一个填充颜色为"C:82、M:69、Y:63、K:27"、大小为110mm×362mm的矩形，如图14-105所示。

图14-105

3 选择"矩形工具" ，在画板右侧绘制一个大小为一个390mm×362mm的矩形；打开"渐变"面板，设置线性渐变颜色为从"白色"到"C:57、M:48、Y:45、K:0"，如图14-106所示。

图14-106

4 选择"矩形工具" ，在汽车图片右侧绘制一个填充颜色为"白色"、大小为65mm×362mm的矩形，设置不透明度为"30%"，如图14-107所示。

图14-107

技巧

一般情况下，一本画册包括封面、封底和内页等部分，本例为了方便讲解，只介绍制作画册内页的操作。在实际制作画册时，建议读者在同一个文件中创建多个画板，同时制作画册的多页内容，这样制作的画册统一性强，同时也更便于后期拼版。

5 打开"汽车5.jpg"素材文件，将其拖动到左侧的矩形中，并调整其大小和位置。

6 选择"钢笔工具" ✍，在素材上方绘制图14-108所示的形状，并设置填充颜色为"白色"。

图14-108

7 选择形状和图片，按【Ctrl+7】组合键建立剪切蒙版，如图14-109所示。

8 选择"文字工具" T，输入图14-110所示的文字，设置文字字体为"Adobe 宋体 Std L"，颜色为"白色"，完成后调整文字的大小和位置。

图14-109

图14-110

9 打开"汽车1.jpg""汽车2.jpg""汽车4.jpg"素材文件，将它们拖动到画板右侧，调整素材的大小和位置，如图14-111所示。

图14-111

10 选择"文字工具" T，输入图14-112所示的文字，设置文字字体为"方正兰亭中黑_GBK""方正兰亭刊黑_GBK"，颜色为"黑色"，完成后调整文字的大小和位置。

图14-112

11 选择"矩形工具" □，在画板右侧绘制一个大小为42mm×10mm的矩形；打开"渐变"面板，设置线性渐变颜色为从"白色"到"C:35、M:28、Y:26、K:0"。

12 选择"文字工具" T，输入"BMW"文字，设置文字字体为"方正兰亭中黑_GBK"，颜色为"黑色"，完成后调整文字的大小和位置，如图14-113所示。

图14-113

13 选择"直线段工具" ╱，在汽车图片下方绘制斜线，并设置描边颜色为"黑色"，描边粗细为"1.5pt"，如图14-114所示。

14 选择绘制的斜线，按住【Alt】键向右拖动以复制斜线，效果如图14-115所示。

图14-114　　　　　　　图14-115

15 完成后按【Ctrl+S】组合键保存汽车画册内页。

14.4 UI设计：美食App首页界面

> UI设计凭借其统一、美观的视觉感官体验，强大的交互功能和真实的用户体验快速得到了用户的认可。越来越多的企业开始重视人机交互界面的设计，即UI设计。本节将为"速食天下网"美食App设计首页界面，在该界面中需要体现美食品类、热卖美食，方便用户快速选择。

14.4.1 行业知识

在设计美食App首页界面前需要先掌握UI设计的相关知识，如什么是UI、App首页界面的类型、App首页界面的设计要点等。

1. 什么是UI

UI是User Interface（用户界面）的缩写，UI设计也叫界面设计，是指对产品的人机交互、操作逻辑、界面等多个内容进行设计，从而实现产品的应用价值。简单来说，UI设计主要包括以下3个方面的内容。

● 界面设计：界面设计主要是对产品的外形进行设计，让产品更加美观。界面设计是UI设计中非常重要的一部分，美观的界面能够在第一时间吸引用户的视线，从而让用户有继续浏览的欲望；同时还能提升用户对产品的好感度，加深用户对界面的印象。

● 交互设计：交互设计主要是对产品界面的操作流程、结构、规范等内容进行设计，让整个产品界面的交互流程更加简单、方便，并突出产品界面的特点。

● 用户体验：用户体验即用户的心理感受，是UI设计中不可或缺的重要内容。在UI设计中表现为从用户的角度进行设计，以满足用户的需求，提升用户的体验感。

图14-116所示为"宠物之家"App的界面。从界面设计上来看，该App界面的主题色为紫色，各个界面的色彩非常统一，效果美观。从交互设计上来看，每个界面中都有导航超链接或按钮，能够帮助用户在App的各个界面之间跳转，并让用户更加了解和熟练使用该App。从用户体验上来看，首先，统一、美观的界面设计能够让用户在第一时间对App产生好感；其次，App界面中清晰的视觉结构和便于操作的按钮都能够满足用户对产品的功能性需求。例如，第1排中的3个界面都属于App中的一级界面，在这3个界面中，用户可以了解到自己当前停留的界面及其与其他界面之间的关系，界面的结构层次非常清晰；第2排中的3个界面都属于App中的

二级界面，该界面上方都有返回按钮，各个界面中也有不同的功能性按钮和超链接，用户点击按钮或超链接后，App界面中会出现相应的效果和界面，操作起来既方便又快捷。

图14-116

2. App首页界面的类型

首页界面属于App界面中的一个界面，不同功能的App有不同类型的首页界面。在设计首页界面时，可根据App的功能选择合适的类型，常见的App首页界面类型有聚合型、列表型、卡片型、瀑布型、综合型5种。

● 聚合型：聚合型首页常用于进行功能入口的聚合展示，起到分流、展现重要信息的作用。用户只需打开App，进入App首页界面，即可通过首页界面中的各个功能入口进入其他界面。例如，京东App将许多功能入口聚合到首页界面中，用户只需点击某功能入口对应的图标，即可进入该功能模块。在设计聚合型App首页界面时，可根据功能的优先级进行排列，将优先级高的功能入口放在靠前的位置。图14-117所示为聚合型App首页界面，该首页界面将不同内容通过板块的形式进行展现，用户可以从首页界面中轻松跳转到各板块对应的界面。

● 列表型：列表型是App首页界面中常见的类型，是指在一个界面中展示同一级别的分类模块，目的是展示同类别的信息，供用户筛选。分类模块由标题文案和图片组成，用户可滑动查看列表内容。图14-118所示为列表型首页界面，通过将信息以列表的形式展示，呈现了更多的内容。

图14-117

图14-118

● 综合型：对于内容较多的App，如电商App，一种布局形式往往不能完全展现界面内容，此时可使用综合型App首页界面，通过分割线、背景颜色、模块大小的不同，区分不同板块内容，这样的界面布局更清晰。图14-121所示为综合型App首页界面。

图14-121

● 卡片型：卡片型是指将整个首页界面切割为多个区域，每个区域有不同的大小、形式和内容。卡片型的设计可以让不同的内容混合搭配，使整体效果在统一呈现的前提下更有识别性。卡片型App首页界面不但能让分类按钮和信息紧密联系在一起，让用户对界面内容一目了然，还能有效地强调App首页界面中的重点内容。但是，由于卡片型App首页界面中需要为卡片预留间距，因此其信息展现量有限。图14-119所示为卡片型App首页界面，该界面先通过大图展现热门内容，再通过下面的小模块展现歌单内容，整体效果美观，且展现的信息主次明确，具有识别性。

● 瀑布型：瀑布型是一种多栏布局方式，适合内容相近、没有侧重点、每个板块高度不一、视觉表现力参差不齐的界面。在设计时，由于屏幕宽度有限，所以一般采用两栏布局的方式，通过竖向的排版方式更好地展现内容。图14-120所示为瀑布型App首页界面，该首页界面采用了双栏布局的方式，将内容分为了不同的板块，用户只需要滑动屏幕即可查看更多内容。

技巧

在设计App首页界面时，应根据展现信息的不同特点选择恰当的类型（列表型、卡片型等），或者提供多种浏览方式供用户选择。淘宝、京东App的商品列表界面就提供了列表型和卡片型两种类型的展示方式。

3. App首页界面的设计要点

在设计App首页界面时，需要注意以下要点，否则容易出现设计不符合需求的情况。

● 浏览环境清晰：为了避免用户在浏览App首页界面内容的过程中，注意力被其他不重要的内容干扰，在设计App首页界面时，应减少无关的设计元素，给用户提供简约、清晰的浏览环境。

● 界面重点突出：每个App界面都应有明确的重点，以便用户进入每一个界面时，都能快速了解该界面中的内容。在确定界面的重点后，还应尽量避免在界面中出现其他与用户的决策和操作无关的干扰因素。

● 界面目标明确：设计人员应该在App首页界面中清晰明确地告诉用户界面的主要内容和操作点，保证用户有良好的使用体验。

● 导航栏明确：导航栏是确保用户在界面中浏览、跳转时"不迷路"的关键。导航栏的作用主要是告诉用户：当前界面属于哪个界面，可以前往哪个界面，如何返回其他界

图14-119

图14-120

面等。由于App不提供统一的导航栏样式，因此，设计人员可根据需要自行设计App各个界面中的导航栏，建议在所有二级界面的左上角提供用于返回上一级界面的操作按钮或超链接。

14.4.2　案例分析

在制作该案例前，需要先构思界面的整体布局和图标细节，具体分析如下。

1. 整体构思

作为美食App的首页界面，其内容的直观性是设计时需考虑的首要问题。在设计本案例时，可根据主题的不同，按照卡片型的构图方式，用不同的板块对内容进行划分，整体布局如图14-122所示。

图14-122

2. 图标构思

在图标的构思上，为了体现简约性，可采用细线条描边的手法，使用设计简单、明确的图标，并在图标下方添加不同的底色，以提高图标的美观度。图14-123所示为图标设计参考。

图14-123

完成后的参考效果如图14-124所示。

图14-124

知识要点	使用矩形工具、使用文字工具、使用铅笔工具
配套资源	素材文件\第14章状态栏.png、素材1.png、素材2.png、素材3.png、素材4.jpg 效果文件\第14章美食App首页.ai

扫码看视频

14.4.3　制作美食App首页界面

下面制作美食App首页，具体操作如下。

1 新建一个1080像素×1920像素的文件。

2 按【Ctrl+R】组合键打开标尺，选择"矩形工具" □，在画板顶部绘制一个70像素×70像素的矩形；然后沿着矩形添加参考线，完成状态栏参考线的创建。

3 选择"矩形工具" □，在画板顶部绘制一个160像素×160像素的矩形；然后沿着矩形添加参考线，完成后删除矩形，如图14-125所示。

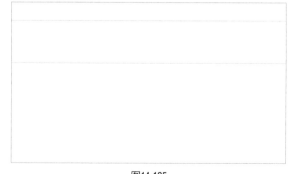

图14-125

4 使用相同的方法在图像的底部绘制一个144像素×144像素的矩形，然后创建参考线。

5 打开"状态栏.png"素材文件，将其中的素材拖动到画板顶部，并调整素材的大小和位置，如图14-126所示。

6 选择"圆角矩形工具" ▢，在工具属性栏中取消填充，设置描边颜色为"C:13、M:10、Y:10、K:0"，描边粗细为"2 px"，圆角半径为"50"，然后在状态栏的右下方绘制一个250像素×90像素的圆角矩形，如图14-127所示。

图14-127 　　　　　　　　图14-126

7 选择"椭圆工具" ▢，在工具属性栏中取消填充，设置描边颜色为"黑色"，描边粗细为"5 px"，然后在圆角矩形中绘制一个50像素×50像素的圆形。

8 使用"椭圆工具" ▢，在工具属性栏中设置填充颜色为"黑色"，然后在圆形的中间绘制一个19像素×19像素的圆形，如图14-128所示。

9 使用相同的方法在圆形的左侧绘制3个不同大小的圆形，效果如图14-129所示。

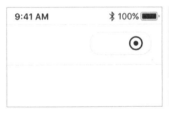 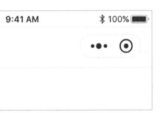

图14-128 　　　　　　　　图14-129

10 选择"直线段工具" ╱，在工具属性栏中设置描边颜色为"C:13、M:10、Y:10、K:0"，描边粗细为"2 px"，然后在圆形与圆形的中间绘制一条竖线，如图14-130所示。

11 选择"文字工具" Ｔ，输入"速食天下网"文字，在工具属性栏中设置文字字体为"方正粗倩_GBK"，颜色为"黑色"，并调整文字的大小和位置，如图14-131所示。

图14-130 　　　　　　　　图14-131

12 打开"素材1.png"素材文件，将图片拖动到文字的下方，然后调整文字的大小和位置，如图14-132所示。

13 选择"矩形工具" ▢，在工具属性栏中设置填充颜色为"黑色"，绘制一个1080像素×400像素的矩形，如图14-133所示。

图14-132 　　　　　　　　图14-133

14 选择矩形和图片，按【Ctrl+7】组合键创建剪切蒙版，然后将其与参考线对齐，如图14-134所示。

15 选择"文字工具" Ｔ，在图片的左侧输入"吃货看这里"文字，在工具属性栏中设置文字字体为"汉仪字研卡通"，颜色为"白色"，并调整文字的大小和位置，如图14-135所示。

图14-134 　　　　　　　　图14-135

16 选择【效果】/【风格化】/【投影】命令，打开"投影"对话框，设置不透明度为75%，X位移为"9 px"，Y位移为"5 px"，模糊为"1 px"，颜色为"C:63、M:96、Y:96、K:60"，单击"确定"按钮，如图14-136所示。

图14-136

17 选择"文字工具" Ｔ，输入图14-137所示的文字，在工具属性栏中设置文字字体为"方正粗倩简体"，颜色分别为"C:19、M:5、Y:82、K:0""白色"，并调整文字的大小和位置。

图14-137

18 选择"圆角矩形工具" ，在工具属性栏中设置填充颜色为"C:100、M:96、Y:42、K:17"，绘制一个190像素×60像素的圆角矩形。

19 选择"椭圆工具" ，绘制一个144像素×144像素的圆形，打开"渐变"面板，设置渐变颜色为从"C:9、M:80、Y:95、K:0"到"C:0、M:91、Y:56、K:0"，如图14-138所示。

20 选择绘制的圆形，按住【Alt】键，向右拖动复制出3个圆形，并分别修改渐变颜色为从"C:59、M:46、Y:0、K:0"到"C:82、M:61、Y:0、K:0"，从"C:6、M:13、Y:78、K:0"到"C:11、M:32、Y:90、K:0"，从"C:64、M:80、Y:0、K:0"到"C:37、M:53、Y:0、K:0"，效果如图14-139所示。

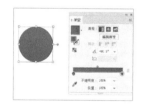
图14-138

图14-139

21 打开"符号"面板，单击"符号库菜单"按钮 ，在弹出的下拉列表中选择"网页图标"选项，打开"网页图标"符号库面板，选择"主页"符号，将该符号添加到左侧圆形中，调整其大小和位置，并将其颜色更改为"白色"，如图14-140所示。

图14-140

22 选择"铅笔工具" ，在左侧圆形中绘制形状，并设置描边颜色为"白色"，描边粗细为"5 pt"。在其他圆形上方绘制形状，效果如图14-141所示。

图14-141

23 选择"文字工具" ，输入图14-142所示的文字，在工具属性栏中设置文字字体为"思源黑体 CN Regular"，颜色为"C:79、M:74、Y:71、K:45"，调整文字的大小和位置。

图14-142

24 选择"矩形工具" ，在文字下方绘制一个1080像素×30像素的矩形，并设置填充颜色为"C:2、M:1、Y:0、K:0"。

25 选择【效果】/【风格化】/【投影】命令，打开"投影"对话框，设置不透明度为"60%"，X位移为"9 px"，Y位移为"11 px"，模糊为"7 px"，颜色为"C:63、M:97、Y:97、K:61"，单击"确定"按钮，如图14-143所示；然后选择矩形，设置不透明度为"30%"。

图14-143

26 在距画板左右边缘30像素的位置，分别添加两条参考线；选择"圆角矩形工具" ，在工具属性栏中设置填充颜色为"C:0、M:100、Y:100、K:0"，圆角半径为"10px"，绘制3个65像素×65像素的圆角矩形，如图14-144所示。

图14-144

27 选择"文字工具"[T]，输入图14-145所示的文字，在工具属性栏中设置文字字体为"思源黑体 CN Regular"，颜色分别为"C:79、M:74、Y:71、K:45""白色""C:26、M:100、Y:100、K:0"，并调整文字的大小和位置。选择"椭圆工具"[⬭]，在工具属性栏中设置填充颜色为"黑色"，在"本期特卖"文字右侧绘制3个10像素×10像素的圆形。

图14-145

28 打开"素材2.png""素材3.png""素材4.jpg"素材文件，将图片拖动到文字的下方，并调整其大小和位置，如图14-146所示。

图14-146

29 选择"文字工具"[T]，输入"——全部特卖——"文字，在工具属性栏中设置文字字体为"思源黑体 CN Regular"，颜色为"黑色"，调整文字的大小和位置，如图14-147所示。

30 选择"矩形工具"[▭]，在文字下方绘制一个1080像素×144像素的矩形，并设置填充颜色为"C:2、M:1、Y:0、K:0"。

图14-147

31 选择【效果】/【风格化】/【投影】命令，打开"投影"对话框，设置不透明度为"20%"，X位移为"9 px"，Y位移为"−8 px"，模糊为"8 px"，颜色为"黑色"，单击"确定"按钮，如图14-148所示。

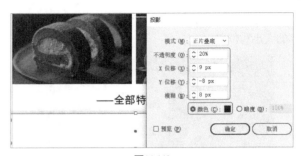

图14-148

32 在"符号"面板中单击"符号库菜单"按钮[⬛]，在弹出的下拉列表中选择"网页图标"选项，打开"网页图标"符号库面板，选择图14-149所示的符号，将该符号添加到矩形中，并调整其大小和位置；断开链接后，修改颜色为"C:53、M:45、Y:42、K:0"。

33 选择"文字工具"[T]，输入"首页""关注""购物列表""我的"文字，调整文字的大小和位置，并设置文字颜色为"C:51、M:42、Y:40、K:0"，如图14-150所示。

34 按【Ctrl+;】组合键隐藏参考线，完成后按【Ctrl+S】组合键保存文件，完成本例的制作。

图14-149

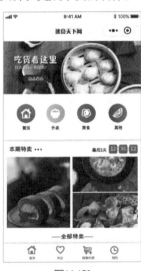

图14-150

学习笔记

1. 制作画册封面

本练习将使用素材图片制作一本画册的封面与封底，以此巩固前面所学的画册封面的设计方法，完成后的参考效果如图14-151所示。

 配套资源　素材文件\第14章\风景\
效果文件\第14章\画册封面.ai

图14-151

2. 制作饼干包装

本练习将制作一款简单大方、具有温馨感的饼干包装。主要使用钢笔工具、高斯模糊、渐变填充、文字工具等来完成，完成后的参考效果如图14-152所示。

配套资源　效果文件\第14章\饼干包装.ai

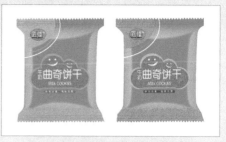

图14-152

3. 绘制化妆品包装

本练习将绘制化妆品包装，其色调清新自然，主要体现出包装的立体感，使包装设计的效果更丰富，完成后的参考效果如图14-153所示。

 配套资源　素材文件\第14章\化妆水.ai
效果文件\第14章\化妆品包装.ai

图14-153

本章主要介绍了书籍装帧、包装设计、画册设计、UI设计的相关知识，在设计过程中设计人员往往还会遇到有关书籍装订、画册版式的知识。

1. 书籍装订的方式

书籍装订的方式主要有以下4种。

● 无线胶装订：无线胶装订是指用胶水将印制品的各页固定在书脊上的一种装订方式。其优点是物美价廉、通用性强，能够创造出一个可供印刷的书脊，可以满足出版物全面的视觉诉求；其缺点是档次较低、牢固度差等。图14-154所示为无线胶装订书籍。

图14-154

● 骑马钉装订：骑马钉又称"骑马订"，是指将书籍整理好后，跨放在铁架上，以穿压铁线钉。其优点是装订周期短、成本较低；其缺点是牢固度较差，使用的铁线钉难以穿透较厚的纸页。需注意的是，超过32页的书籍不适宜使用骑马钉装订。图14-155所示为骑马钉装订书籍。

图14-155

● 锁线胶装订：锁线胶装订是指用线将各页穿在一起，然后用胶水将印制品的各页固定在书脊上的一种装订方式。该方式常用于装订页数较多的书籍，如字典等，避免了无线胶装订方式容易散页、脱胶的情况。图14-156所示为锁线胶装订书籍。

图14-156

● 活页装订：活页装订是指一种书籍的封面和书芯不做固定订联，可以自由加入和取出书页的装订方式。通常使用热熔封套、铁圈、螺旋圈、胶圈等对书籍进行装订。其优点是易于翻看和更换页面，其缺点是操作烦琐、拿取不便等。图14-157所示为铁圈活页装订书籍。

图14-157

2. 画册版式

画册版式分为网格型、满版型、自由型、上下分割型、左右分割型、中轴型、倾斜型、三角型、曲线型等。

● 网格型：网格型是指以网格的形式展现画册内容。网格型版式经常用于混排图文，让版面显得既理性、有条理，又活泼、有弹性。常见的网格型版式有通栏、双栏、三栏和四栏等的横向和竖向分割样式。

● 满版型：满版型是指图片充满整个版面，文案布局在上下、左右、中间的位置，其特点是以图片为主，视觉表现效果直观、强烈，能给人大方、舒展的感觉。

● 自由型：自由型是指无规律的、随意的版式，能给人活泼、轻快的感觉。

● 上下分割型：上下分割型是指将整个版面分成上下两个部分，在上半部分或下半部分放置图片（可以是单张或多张）或者大色块，在另一部分放置文字。图片感性而有活力，文字则理性而静止，一动一静，一张一弛，能给人生动活泼的感觉。

● 左右分割型：左右分割型是指将整个版面分割为左右两个部分，分别放置文字和图片。如果将分割线虚化处理，或将文字左右重复穿插排列，则整个版面显得非常自然、协调。

● 中轴型：中轴型是指将图片沿水平或垂直方向排列，文字放置在上下或左右两侧；水平排列的版面给人稳定、安静、平和的感觉，垂直排列的版面则给人强烈的动感。

● 倾斜型：倾斜型是指将主体形象或多张图片做倾斜编排，让版面有强烈的动感，引人注目。

● 三角型：使用三角型布局可增强整个版面的平稳感，在圆形、矩形、三角形等基本形状中，三角形的稳定性更好，其中正三角形（金字塔形）具有良好的稳定性。

● 曲线型：曲线型是指将版面中的图片以曲线的形式进行编排，使版面既有曲线的节奏感和韵律感，又有流动的趣味性和变化性。